“十三五”职业教育国家规划教材
中等职业教育专业技能课教材
中等职业教育建筑工程施工专业规划教材

建筑应用电工

（第2版）

主　编　孙志杰　王雪平
副主编　房跃华　闫余铭
主　审　张洪武

武汉理工大学出版社
·武　汉·

内容提要

本书是作为“中等职业教育建筑工程施工专业规划教材”之一而编写的。主要内容包括电工基础知识部分、电工专业知识部分、电气施工技能部分和建筑智能化简介。全书分为10个单元、3个实验、3个实训。在简要阐明基本原理的基础上，将重点放在工程实际所需知识和技能上，力争能使学生对电气工程有一定的正确认识。

本书是按60学时编写的，既可作为中等职业教育建筑工程施工专业教材使用，也可作为工程造价、建筑智能化、物业管理等相关专业的教材，还可作为岗位技能培训教材和相关技术人员的参考用书。

图书在版编目(CIP)数据

建筑应用电工/孙志杰，王雪平主编. —2版. —武汉：武汉理工大学出版社，2018.2
(2020.12重印)
ISBN 978-7-5629-5718-8

Ⅰ.①建… Ⅱ.①孙… ②王… Ⅲ.①建筑工程-电工技术 Ⅳ.①TU85

中国版本图书馆CIP数据核字(2017)第331425号

项目负责人：张淑芳　　**责任编辑**：余晓亮
责 任 校 对：丁　冲　　**装帧设计**：芳华时代
出 版 发 行：武汉理工大学出版社
社　　址：武汉市洪山区珞狮路122号
邮　　编：430070
网　　址：http://www.wutp.com.cn
经　　销：各地新华书店
印　　刷：武汉市籍缘印刷厂
开　　本：787×1092　1/16
印　　张：17.75
字　　数：443千字
版　　次：2018年2月第2版
印　　次：2020年12月第2次印刷　总第5次印刷
印　　数：3000册
定　　价：36.00元

中等职业教育建筑工程施工专业规划教材

出 版 说 明

为了贯彻《国务院关于大力发展职业教育的决定》精神，落实《教育部关于进一步深化中等职业教育教学改革的若干意见》，适应中等职业教育对建筑工程施工专业的教学要求和人才培养目标，推动中等职业学校教学从学科本位向能力本位转变，以培养学生的职业能力为导向，调整课程结构，合理确定各类课程的学时比例，规范教学，促使学生更好地适应社会及经济发展的需要，武汉理工大学出版社经过广泛的调查研究，分析了图书市场上现有教材的特点和存在的问题，并广泛听取了各学校的宝贵意见和建议，组织编写了一套高质量的中等职业教育建筑工程施工专业规划教材。本套教材具有如下特点：

1. 坚持以就业为导向、以能力为本位的理念，兼顾项目教学和传统教学课程体系；

2. 理论知识以“必需、够用”为度，突出实践性、实用性和学生职业能力的培养；

3. 基于工作过程编写教材，将典型工程的施工过程融入教材内容之中，并尽量体现近几年国内外建筑的新技术、新材料和新工艺；

4. 采用最新颁布的《房屋建筑制图统一标准》、《混凝土结构设计规范》、《建筑抗震设计规范》、《建设工程工程量清单计价规范》等国家标准和技术规范；

5. 借鉴高职教育人才培养方案和教学改革成果，加强中职、高职教育的课程衔接，以利于学生的可持续发展；

6. 由骨干教师和建筑施工企业工程技术人员共同参与编写工作，以保证教材内容符合工程实际。

本套教材适用于中等职业学校建筑工程施工、工程造价、建筑装饰、建筑设备等专业相关课程教学和实践性教学，也可作为职业岗位技术培训教材。

本套教材出版后被多所学校长期使用，普遍反映教材体系合理，内容质量良好，突出了职业教育注重能力培养的特点，符合中等职业教育的人才培养要求。全套教材被列为教育部“**中等职业教育专业技能课教材**”，其中《**建筑力学与结构**》被评为“**中等职业教育创新示范教材**”，《**建筑材料及检测**》等10种教材被评为“‘**十二五’职业教育国家规划教材**”。与此同时，随着各学校课程改革成果的完成，也对本套教材进行了必要的扩展和补充，并逐步涵盖建筑装饰、工程造价和园林技术等专业课程。

中等职业教育建筑工程施工专业规划教材编委会

武汉理工大学出版社

2016 年 1 月

中等职业教育建筑工程施工专业规划教材

编委会名单

第 2 版前言

随着科学技术的发展，无论人类的日常生活还是工业生产，电能的应用都越来越广泛，在建筑领域中这个特点更为明显。从在建项目中动力设备的应用，到已投入使用的建筑中建筑设备的控制、建筑的供电与照明、建筑的防雷与接地、智能化建筑等方面均离不开电能。由此可见，作为建筑工程施工专业的中职学生，不仅应掌握土建知识，还应具有一定的电学知识与用电常识。

本书是依据"突出职业教育理念，开发基于工作过程"的思路，按适于 60 学时左右的教学要求进行编写的建筑工程施工专业教材，共计 10 个单元。在内容取舍、顺序编排上，尽量体现中职教育的特点并做了一些尝试。

参加编写工作的有：天津建筑工程学校的孙志杰、杨俊兰、刘艳霞；山西城乡建设学校的王雪平；宜昌城市建设学校的闫余铭；石家庄城乡建设学校的房跃华、祁倩。本书由孙志杰、王雪平任主编，房跃华、闫余铭任副主编。具体分工为：绪论、单元 4、单元 5 由孙志杰编写；单元 1、单元 3 由王雪平编写；单元 2、单元 8 由闫余铭编写；单元 6 由杨俊兰编写；单元 7 由刘艳霞编写；单元 9 由祁倩编写；单元 10 由房跃华编写。全书由孙志杰负责修改、统稿、定稿工作。

本书由天津市机电设备安装公司电气专业技术带头人、一级建造师张洪武任主审，他结合工程实践从编写大纲至成书，均提出了许多宝贵的修改意见，在此表示衷心的感谢。

在历时一年的编写过程中，编写者参阅了大量的技术文献和教材，深受启发，在此谨对原作者表示深深的敬意；同时，本书的编写工作也得到了天津建筑工程学校实习科孙昕樵老师的大力协助，在此一并表示谢意。

由于编者水平有限，书中难免有不当之处，敬请使用者批评指正。

本书配有电子教案，选用本教材的老师可拨打 13971389897 或发邮件到 1029102381@qq.com 联系有关赠阅事宜。

编　者

2017 年 10 月

目　　录

绪　论

一般人会认为，搞建筑施工的技术人员只要学好了常用的建筑知识，如：建筑制图、建筑结构、建筑防水、建筑施工工艺、建筑施工组织与管理、建筑工程造价等课程就可以了，还有必要学习建筑应用电工知识吗？建筑应用电工知识与建筑施工有什么必然联系呢？建筑应用电工知识包括什么内容？学习建筑应用电工知识应达到什么要求？这既是建筑施工专业的学生普遍存在的疑问，也是本教材开篇——“绪论”部分首先要弄明白的问题。

一、本课程的学习目的

电能是现代能源中应用最广泛的二次清洁能源。随着科学技术的进步，整个社会进入了信息化、智能化的新阶段，电能的应用也更加广泛和深入。

先从建筑施工角度看：在施工现场所使用的生产机械和设备中，除一小部分采用了气压传动或液压传动外，其余绝大多数均采用的是电力拖动。

再从已投入使用的建筑分析：建筑设备的控制与调节离不开电；日常生活离不开电；智能建筑更离不开电。建筑电气已由早先单一的动力与照明应用，发展为有声能、光能、热能、电能、通信等知识综合应用的技术，建筑电气的应用已成为现代建筑和施工先进性的主要标志之一。

为什么会是这样？这主要得益于电能所单独具有的下列优点：

(1) 电能可方便地转换为其他形式的能量而被人类所利用，并且电能的交流与直流之间转换也很方便。

(2) 电能可大规模地生产，产生电能的一次能源是多样性的。电能可以远距离地输送、分配并且较为经济。

(3) 电能的生产、传输、分配、消耗几乎是在同一时间内完成，电能本身无污染，电能本身不可储存。

(4) 电能易于自动调节、检测、变换等。

目前工程界按电能作用范围，把建筑电气工程分为两大部分：一是以传输电能为主的动力与照明系统，即通常所说的“强电”部分，这部分主要包括建筑供配电、建筑照明、建筑防雷、安全接地等方面，“强电”部分主要考虑的是“能量的损失”问题，其特点是电压高、电流大、功率大、频率低；二是以传输信号为主的通信与控制系统，即通常所说的“弱电”部分，这部分主要包括广播音响、电话通信、共用天线、设备控制、消防报警、保安监控、综合布线等方面，“弱电”部分主要考虑的是“信号的失真”问题，其特点是电压低、电流小、功率小、频率高。

在某种意义上可毫不夸张地讲：建筑电气设备的选用是否恰当、布置是否合理、控制是否灵敏、工作是否可靠、运行是否安全、成本是否适中等，将直接影响到建筑物应有的功能是否能够得到完美的实现。

可见，建筑电气是建筑工程的重要分部工程，无论是在建项目还是已投入运行的建筑设备，都是围绕着同一栋建筑物的。作为建筑施工技术人员，不但要掌握传统意义上的土建知识，而且还要理解电工在建筑业的应用知识，以提高在现场施工中综合解决各种技术问题的能力。从这个角度分析，《建筑应用电工》讲述的也是属于建筑施工专业的基础知识范畴。

二、本课程的性质和任务

“建筑应用电工”是建筑工程施工专业的一门实践性较强的专业基础课程。

本课程的基本任务是：使学生获得一定的电工基本理论；能够识别常用的电工材料、常用电工工具、常见电工仪表等；熟悉并掌握常用的电器与设备的选择原则、使用要求等；初步具有查阅相关技术标准、技术规范、技术手册和标准图集的能力；初步掌握阅读电气施工图的步骤和方法；初步具有一点用电的技能。

三、本课程的主要内容

本书为“中等职业教育建筑工程施工专业规划教材”，共分10个单元，主要内容有：

电工基础知识：本书主要从工程观点阐述电工基础知识。如电路基本概念及工作状态；电路中各电量基本概念及相互关联；电路的基本定律、定理及计算；常用电工材料及应用；常用电工工具的使用；常见电工仪表及测量方法等。

变压器与电动机：由于变压器、电动机在建筑工程实际中应用十分广泛，本书主要讲述了变压器及电动机的机构、工作原理、主要参数、基本用途；介绍了常用低压电器的类别、用途、布局、安装、验收要求；研究了异步电动机常用的控制电路及方法，特别是建筑施工现场机械设备的控制常识等。

建筑供配电：这部分内容实质上归属建筑电气施工技术范畴，是现场施工中不可缺少的技术，应当是本课程的核心内容。本书主要讲述了电力负荷的分类及计算、主要电气设备的选择与布置、导线选择与敷设、照明灯具的选择与布置、建筑的防雷与安全用电、建筑施工现场临时用电及要求等，掌握这些知识决定了建筑产品投入使用后是否能正常发挥使用效益。

电气施工图：是一种依据国家颁布的相关技术标准、规定的图形符号和文字符号，采用标准的标注方式和特殊绘制方法绘制的工程简图，是工程技术的通用语言。本书介绍了电气施工图的种类、用途及阅读方法。

现代智能建筑发展：近年我国的智能化建筑发展迅速，随着种类复杂、功能多样的家用电器逐步进入千家万户，建筑设备自动控制也向着低能耗、高效率、多功能方向发展，有必要对智能建筑进行介绍。

通过本课程内容的学习与研究，应当使学生理解建筑电气施工中存在着以下主要特点：

(1) 电气施工作业空间范围广，施工周期相对长，原材料及设备品种多。

(2) 手工作业多，工序复杂，使用的工具与机具是繁杂的，经常拆装、移动工具与机具，技术要求高。

(3) 工程质量要求高，强制性标准、规范多，这不但影响到设备是否正常运行，而且还将影响到人身安全。

(4) 建筑施工现场供电临时性强、用电量变化大、自然环境恶劣、安全条件差。因此，安全用电极为重要。

(5) 建筑应用电工技术人员还应当掌握阅读电气施工图的步骤与方法，否则将无法承担施工现场的管理任务。

四、建筑应用电工与其他专业的配合

1. 与土建工程的配合

在建筑物、构筑物中预先埋入电气工程所需的固定件及线路导线敷设所用管材等，这不但可保持建筑物的美观、整洁，更为避免以后进行钻、凿等作业对建筑结构的破坏提供了保证，同时也可以保证电气设备安装后正常运行时的安全性。

当现场施工人员对预埋件的用途及要求不了解时，不一定能够按照电气工程的要求，对预埋件进行正确的预埋(如预埋的金属管与塑料管不能直接相连等问题)，这必然会影响到后续施工质量，这就要求土建技术人员也要学一些电气施工知识，按电气施工图的要求正确进行预埋、核实，避免发生错误。

2. 与主体工程的配合

电气工程与建筑主体工程有着紧密联系，如配电箱、开关箱、灯口盒、插座等低压设备若采用明配时，可在抹灰及表面装饰工作完成后再进行施工；若进行暗配工程时，应当穿插于土建钢筋或砌墙施工过程中，将配件按照施工图纸进行正确预埋，待土建专业施工具备安装条件后(如模板拆除)再进行后续电气施工。

3. 与其他设备工程的配合

建筑电气工程还要考虑到与其他设备工程的关联，如电气管道与供热工程中热水管交叉时，其最小距离为 100 mm；与给排水工程中水管平行排列时，其最小距离应为 100 mm 等。

4. 常用标准、规范、图集

现代化大生产是伴随社会化分工而产生的，既然是分工，彼此间就会有联系、就会有统一的要求，这就产生了不同等级的标准、强制规范、验收规范等，这些标准、规范就是我们搞设计、施工、验收的法律，必须执行。但经过一段时间后，这些标准、规范也会被修改或被新的标准、规范所替代，故应随时关注。

例如，建筑电气方面常用的标准、规范与标准图集有：

《低压配电设计规范》(GB 50054—2011)；

《火灾自动报警系统设计规范》(GB 50116—2013)；

《电气简图用图形符号 第 7 部分：开关、控制和保护器件》(GB /T 4728.7—2008)；

《建筑电气工程施工质量验收规范》(GB 50303—2015)；

《建筑照明设计标准》(GB 50034—2013)；

《建筑物电子信息系统防雷技术规范》(GB 50343—2012)；

《施工现场临时用电安全技术规范》(JGJ 46—2005)；

《建筑设计防火规范》(GB 50016—2014)；

《电气装置安装工程 接地装置施工及验收规范》(GB 50169—2016)；

《综合布线系统工程验收规范》(GB /T 50312—2016)；

《民用建筑电气设计规范》(JGJ 16—2008)；

《供配电系统设计规范》(GB 50052—2009)；

《建筑电气照明装置施工与验收规范》(GB 50617—2010)；

《建筑物防雷设计规范》(GB 50057—2010)；

《建设工程施工现场消防安全技术规范》(GB 50720—2011)；

《建筑电气工程设计常用图形和文字符号》(09DX001)。

5. 建筑电气施工阶段

建筑电气施工同其他工程施工一样,分为三个主要的施工阶段,分别是:施工准备阶段、施工过程阶段、竣工验收阶段。

施工准备阶段是保证施工能正常顺利进行的前提条件。包括:施工技术的准备、施工机具和工具的准备、施工主要材料的准备、施工队伍的准备、施工现场的准备等工作。主要目的是:理解设计意图、熟悉该设计选用的国标等依据、明确施工要求、了解各专业间与建筑电气的交叉配合情况、避免在施工中与其他专业发生碰车现象。若经图纸会审后发现存在技术及其他问题,应由设计单位出具设计变更书并按变更后的图纸进行施工,以确保施工质量。

施工过程阶段是按照施工方案、施工图纸、施工规范进行正常的施工阶段。同时既要注意与其他专业施工的配合,又要考虑今后的扩容等问题,还要做好本专业的施工组织与进度控制等工作。特别是对隐蔽工程、阶段工程都应该适时进行检查验收,并按规范及时编制好验收资料,不能等到整个工程完结后再进行检查,否则有可能因返工而造成经济损失。这样做能充分反映出整个施工现场的管理水平。

竣工验收阶段是工程综合性检查的阶段。此阶段主要工作内容大致上可分为工程实体检测、试验与施工过程资料的归集、整理两大类。注意在工程实体检测、试验时,主要依据的应当是现行技术标准、施工图纸、相关招标技术文件要求、合同约定的对整个电气工程施工质量进行实际的综合性检验评定要求等。

五、本课程的学习方法

本课程是理论性和实践性并重的课程,具有相对独立的知识体系。本教材不仅有理论的分析推导,同时还有结合工程实际的操作技能;既有常用的工程材料、电学基础知识,又有电气施工图图纸阅读等工程实际情况,这是学习本课程时务必要注意的,也是本课程的难点所在。因而在本课程教学时,采取将课堂教学与实训教学相结合的方法,尽量采用实物教学、参观现场、电化教学、动手实训等教学手段来完成。同时也要注意与其他专业课程在某些知识点上的衔接。

在学习本课程时可注意下面几点:

(1) 领会基本概念,掌握相关理论知识、原理。

(2) 对施工程序、施工工艺、施工要求的学习,要认真听讲,做好记录,通过强化实训环节加深理解。

(3) 对于施工图的学习,要结合工程实际,多看多练,多阅读标准图集,逐步掌握读图方法。

(4) 了解其他相关专业知识,做好课前预习,课后复习。

单元1　电工基础知识

1. 了解电路的基本组成和基本物理量；
2. 熟悉电路的基本定律；
3. 理解正弦交流电的基本概念，掌握三相交流电路及功率计算；
4. 熟练掌握常用电工材料、工具和仪表。

1.1　电路基础知识

1.1.1　电路的组成

通常将电流的通路定义为电路。电路一般由电源、中间环节(控制与保护环节、连接导线)和负载三部分组成。图1.1是一个最简单的电路，它是由一节电池、一只灯泡、一个开关及连接导线组成。在工程上为了画图方便，常用规定的统一符号来表示各元件，这样做出的图称为电路图，如图1.2所示。

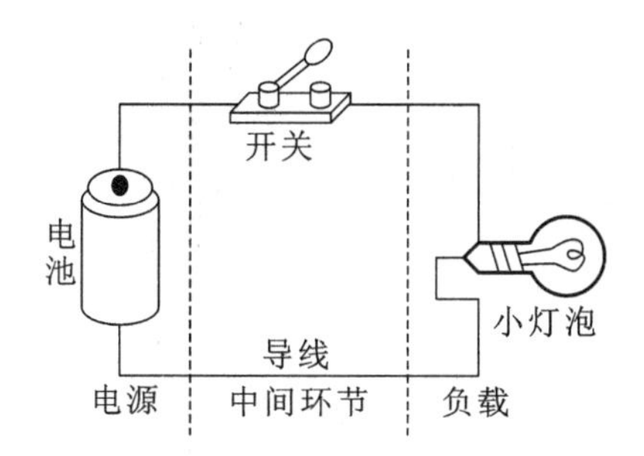

图1.1　简单照明电路实物图

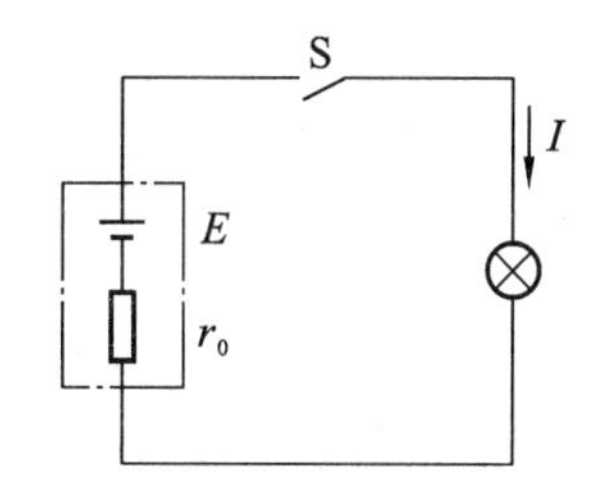

图1.2　简单照明电路原理图

1. 电源

电源是电路中提供电能的装置，其作用是把其他形式的能量转化为电能，为电路提供原动力。如电池、发电机等都属于电源。

2. 负载

即用电设备，其作用是将电能转化为其他形式的能量并消耗掉。如电炉、电动机、扬声器等都属于负载。

3. 控制与保护电器

用来控制电路接通和断开的装置，称为控制电器，如负荷开关、刀开关等。当电路出现故障时，能及时将电路切断，保护线路或设备不至于损坏，或者使故障限制在一定范围的装置，称为保护电器,如熔断器、漏电开关等。把上述各设备连接在一起的金属导体称之为导线,其主要的作用是联通电路、传输电能。

1.1.2　电路的状态

1. 通路(负载状态)

闭合开关有电流通过时,电路处于正常工作状态,如图 1.3(a)所示。一般可分为三种运行状态:电路在额定状态下工作的满载运行;电路在超过额定状态下工作的过载运行;电路在低于额定状态下工作的欠载运行。过载运行是不安全的,欠载运行是不经济的,都是要尽量避免的。

2. 短路

短路是指电源的两端未经负载、直接由导线形成闭合回路的状态。当电源短路时,电流很大,电源产生的电能全部消耗在内阻上,会损坏电源及导线,是严格禁止的,如图 1.3(b)所示。

3. 开路(断路)

电路断开,电路中没有电流通过,设备不能正常工作。包括人为操作的正常开路和突发非正常的事故断路,如图 1.3(c)所示。

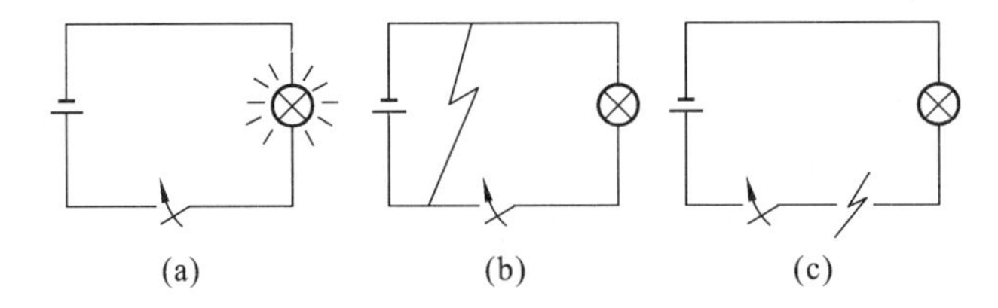

图 1.3　电路的三种状态

(a)通路;(b)短路;(c)断路

1.1.3　电路的基本物理量

1. 电流强度

符号为 I,单位为安培,简称安(A)。

衡量电流强弱的物理量称为电流强度。它在数值上等于单位时间内通过导体横截面的电荷量。

$$I=q/t \tag{1.1}$$

在国际单位制中,常用的电流单位还有毫安(mA)、微安(μA)、千安(kA),它们的换算关系是:

$$1\ \text{mA}=10^{-3}\ \text{A}\quad 1\ \mu\text{A}=10^{-6}\ \text{A}\quad 1\ \text{kA}=10^{3}\ \text{A}$$

习惯上将正电荷的运动方向规定为电流的方向。而实际上在金属导体中,电流的方向与自由电子定向移动的方向恰恰相反。

2. 电阻

符号为 R,单位为欧姆,简称欧(Ω)。

用来衡量导体对电流阻碍作用大小的物理量称为电阻。导体电阻值越大表示导体对电流的阻碍作用就越大。电阻是导体本身的一种特性,不同导体的电阻是不同的。图 1.4 所示是一些电阻元件。

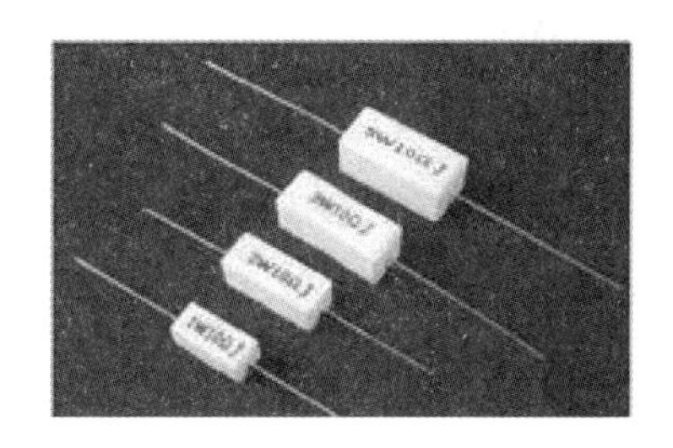
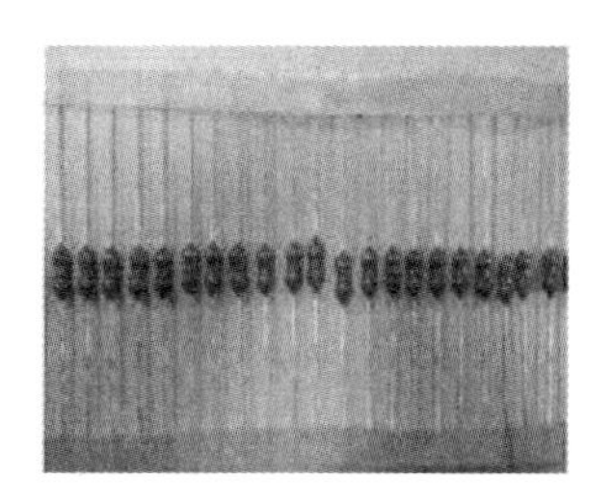

图 1.4　电阻

在国际单位制中，常用的电阻单位还有千欧(kΩ)、兆欧(MΩ)，它们的换算关系是：

$$1\ \mathrm{M\Omega}=10^6\ \Omega \quad 1\ \mathrm{k\Omega}=10^3\ \Omega$$

导体的电阻值大小除了与温度有关以外，主要是取决于导体长度、粗细、材料种类。物理实验证明：某种材料导体的电阻与该导体的长度成正比，与其横截面面积成反比。

电阻的定义式可表达为：

$$R=\rho\frac{L}{S} \tag{1.2}$$

式中　ρ——制成电阻的材料电阻率，国际单位制为欧姆·毫米^2/米($\Omega\cdot \mathrm{mm}^2/\mathrm{m}$)；

L——绕制成电阻的导线长度，国际单位制为米(m)；

S——绕制成电阻的导线横截面面积，单位为平方毫米(mm^2)；

R——电阻值，国际单位制为欧姆(Ω)。

电阻器是所有电子电路中使用最多的元器件。电阻的主要物理特征是变电能为热能，是一个耗能元件，电流经过它就产生内能。电阻在电路中通常起分压及分流的作用，对信号来说，交流与直流信号都可以通过电阻。

物理界将某种材料制成长 1m、横截面面积是 $1\mathrm{mm}^2$ 的导线的电阻定义为这种材料的电阻率。它是描述材料性质的物理量，与导体长度 L、横截面面积 S 无关，只与物体的材料和温度有关，有些材料的电阻率随着温度的升高而增大，有些反之。

【例 1.1】　已知：铜的电阻率为 0.0175 $\Omega\cdot\mathrm{mm}^2/\mathrm{m}$，长 10 m、横截面面积为 10 mm^2 的铜导线，求其电阻值。

【解】　$$R=\rho\frac{L}{S}=0.0175\times10/10=0.0175\ (\Omega)$$

3. 电源的电动势

符号为 E，单位为伏特，简称伏(V)。

电动势的大小等于电源力把单位正电荷从电源的负极，经过电源内部移送到电源正极所做的功。如设 W 为电源中非静电力(电源力)把正电荷量 q 从负极经过电源内部移送到电源正极所做的功，则电动势大小为：

$$E=W/q \tag{1.3}$$

式中　W——电源力所做的功，焦耳(J)；

q——在电源内部被电源力移送的电荷量，库仑(C)。

在国际单位制中，较大和较小的电动势单位分别是千伏(kV)和毫伏(mV)，它们的换算关系是：

$$1\ \mathrm{kV}=10^3\ \mathrm{V}\quad 1\ \mathrm{mV}=10^{-3}\ \mathrm{V}$$

电动势的方向规定为从电源的负极经过电源内部指向电源的正极，由低电位指向高电位即电压升。

4. 电压

符号为 U，单位为伏特，简称伏(V)。

电压是指电路中两点 A、B 之间的电位差(简称为电压)，其大小等于单位正电荷因受电场力作用从 A 点移动到 B 点所做的功。电压的方向规定为从高电位指向低电位的方向，与电源电动势的方向正好相反即电压降。图 1.5 所示是常用的电压表。

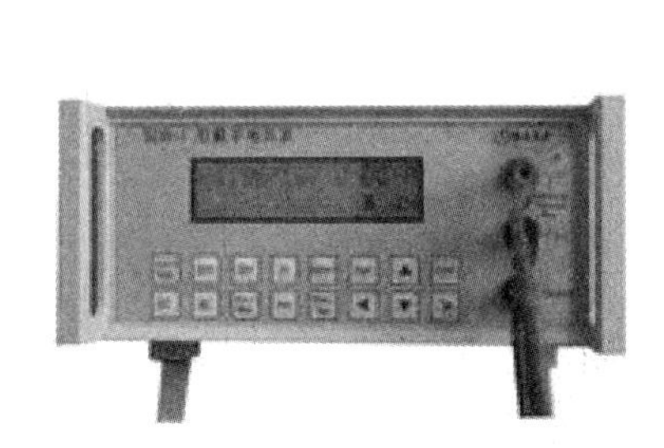

图 1.5　电压表

常用的电压单位有千伏(kV)、毫伏(mV)、微伏(μV)。它们之间的换算关系是：

$$1\ \mathrm{V}=10^3\ \mathrm{mV}=10^6\ \mu\mathrm{V}=10^{-3}\ \mathrm{kV}$$

5. 电功率与电能

电流在单位时间内所做的功叫作电功率。它是用来表示消耗电能快慢的物理量，其物理意义是电路元件或设备在单位时间内吸收或发出的电能，用 P 表示。它的单位是瓦特，简称瓦，符号是 W。在国际单位制中，常用的单位还有毫瓦(mW)、千瓦(kW)，它们与 W 的换算关系是：1 W＝1000 mW；1 kW＝1000 W。

在直流电路中，负载消耗的电功率等于负载两端的电压 U 与通过负载电流 I 的乘积，也称有功功率，即：

$$P=UI \tag{1.4}$$

用电设备工作一定的时间 t 之后，所消耗的电能用 W 表示，其值为：

$$W=Pt \tag{1.5}$$

当电功率的单位用千瓦、时间的单位用小时表示时，则电能的单位为千瓦·小时(kW·h)，习惯上称之为“度”，$1\ 度=1\ \mathrm{kW\cdot h}=3.6\times10^{-6}\ \mathrm{J}$。

6. 额定值的意义

每个用电器都有一个正常工作的额定值，包括额定电压、额定电流、额定电功率等指标。额定电压是指用电器正常工作下的电压，现行国标也将其称为标称电压。额定电流是指用电器在额定电压下工作时的电流。额定电功率是指用电器在额定电压下正常工作的功率，而用电器在实际电压下工作的功率被定义为实际电功率。

1.1.4　电路的基本定律

在同一电路中，流过电阻的电流与该电阻两端的电压成正比，与该电阻值成反比，这就是欧姆定律。图1.6是利用欧姆定律测电阻的电路图。

1. 部分电路的欧姆定律

闭合回路中的一段电路，如果不包含电动势而仅含有电阻，那么这段电路就成为一段电阻电路或一段无源电路，如图1.7所示。

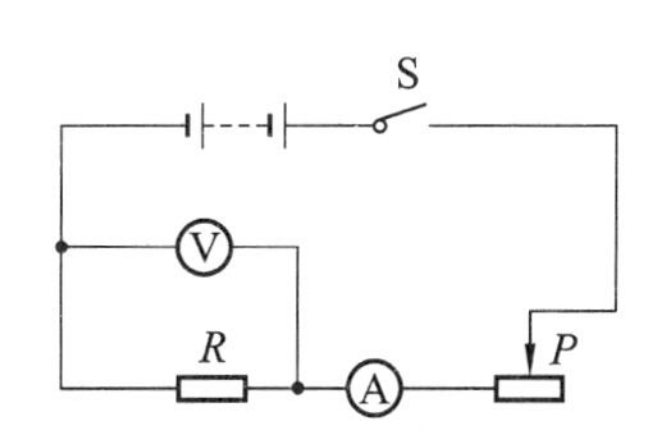

图1.6　利用欧姆定律测电阻

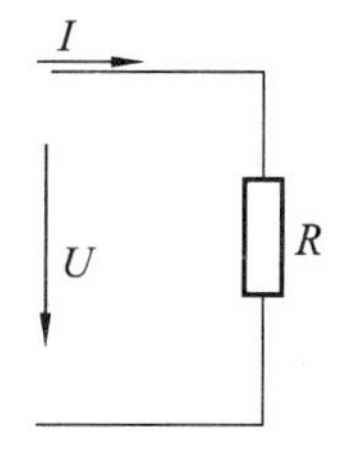

图1.7　一段电阻电路

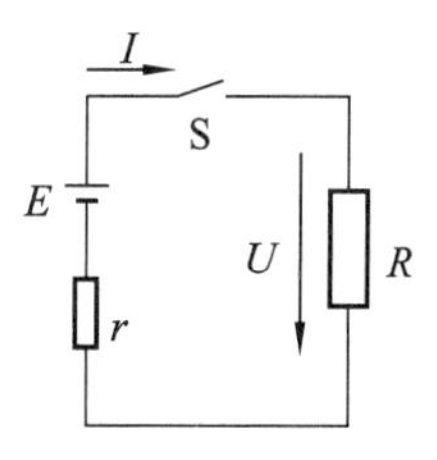

图1.8　闭合回路

部分电路的欧姆定律表达为：

$$I=\frac{U}{R} \tag{1.6}$$

应用欧姆定律时要注意两点：一是电压与电流参考方向选得一致时适用，如果电压与电流参考方向选得相反时，其表达式为$U=-IR$；二是欧姆定律只适用于线性电阻（电阻值不随其两端电压及通过的电流而变化）。

2. 全电路欧姆定律（也称闭合电路的欧姆定律）

如图1.8所示是最简单的闭合回路。闭合回路由两部分组成：一部分是电源外部的电路，叫作外电路，包括用电器和导线；另一部分是电源内部的电路，叫作内电路。外电路的电阻通常叫作外电阻，用R表示。内电路的电阻通常叫作电源的内电阻，简称内阻，用r表示。

全电路欧姆定律为：

$$E=IR+Ir \quad 或 \quad I=E/(R+r) \tag{1.7}$$

上式表示：闭合电路中的电流，与电源的电动势成正比，与整个电路的电阻成反比。

因为$U=IR$是外电路上的电压降（也叫端电压），$U_0=Ir$是内电路上的电压降，所以电源的电动势等于内、外电路电压降之和：

$$E=U+U_0 \tag{1.8}$$

【例1.2】　如图1.8所示，当开关S合上时，$E=5\ \text{V}$，$R=48\ \Omega$，$r=2\ \Omega$，求加在电阻R两端的电压。

【解】　根据全电路欧姆定律　　$I=E/(R+r)$

得　　$I=E/(R+r)=5/(48+2)=0.1\ (\text{A})$　　$U=IR=0.1\times48=4.8\ (\text{V})$

1.2　单相正弦交流电路

在现代工农业生产和日常生活中，仍广泛地使用由尼古拉·特斯拉（Nikola Tesla，1856—

1943 年)发明的交流电,主要原因是交流电在生产、输送和使用方面具有明显的优势和重大的经济意义。例如,在远距离输送电能时,采用较高的电压可以减少输电线路上的电能损失。对于用户来说,采用较低的电压既安全又可降低对电器设备的绝缘要求。这种电压的升降,在交流供电系统中可以很方便而又经济地由电力变压器来实现。此外,交流异步电动机比起直流电动机来说,具有构造简单、价格便宜、运行可靠等优点,而在一些非用直流电不可的场合,如工业上的电解和电镀等,也可利用整流设备,将交流电转化为直流电。

正弦交流电的变化平滑且不易产生高次谐波,这有利于保护电器设备的绝缘性能和减少电器设备在运行中的能量损耗。另外,各种非正弦交流电都可由不同频率的正弦交流电叠加而成,因此可用分析正弦交流电的方法来分析非正弦交流电。

1.2.1　正弦交流电基本概念

大小及方向均随时间按正弦规律做周期性变化的电量被定义为正弦交流电,简称交流电,符号 AC。基本电量包括:正弦交流电流、正弦交流电压、正弦交流电动势等。可用三角函数式(解析式)来表示上述各正弦量在某一时刻 t 的瞬时值,即:

$$\left.\begin{aligned} i(t)&=I_m\sin(\omega t+\varphi)\\ u(t)&=U_m\sin(\omega t+\varphi)\\ e(t)&=E_m\sin(\omega t+\varphi)\end{aligned}\right\}\tag{1.9}$$

式中　I_m、U_m、E_m——交流电流、电压、电动势的振幅(也叫作峰值或最大值),表示正弦量变化幅值大小的范围;

ω——交流电的角频率,单位为弧度/秒(rad/s),表示正弦量变化的快慢程度;

φ——电流、电压、电动势的初相位或初相,单位为弧度(rad)或度(°),表示正弦量变化的初始位置。

由此可见,完整表达一个正弦交流电的三要素是:振幅、频率和初相角。

1. 交流电的大小

(1) 瞬时值:交流电在任一时刻的实际数值叫瞬时值,它是随时间而变化的,是时间的函数。规定瞬时值用小写字母表示,如 u、i、e、p 分别表示正弦交流电的电压、电流、电动势及功率的瞬时值。

(2) 最大值:交流电在变化过程中出现的最大的瞬时值叫最大值,用大写字母并在右下角标 m 表示,如 U_m、I_m、E_m 分别表示正弦交流电的电压、电流及电动势的最大值。图 1.9 所示为正弦量的示意图。

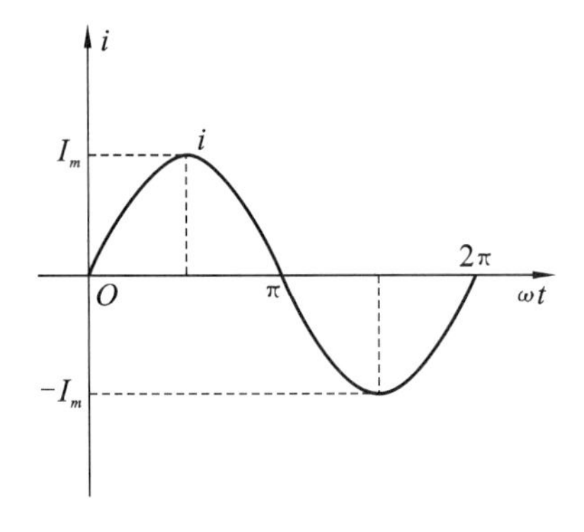

图 1.9　正弦量的示意图

(3) 有效值:正弦交流电的瞬时值和最大值均为交流电在某一瞬间的数值,并不能反映交流电在电路中的实际效果,而且测量和计算都不方便。像我们常常说到的 220 V、380 V 指的是电压有效值,各种用电设备上所标的额定电压和额定电流的数值,也都是有效值。交流电的有效值是根据电流的热效应来规定的。让交流电和直流电分别通过同样阻值的电阻,如果它们在同一时间内产生的热量相等,就把这一直流电的数值叫作这一交流电的有效值。用大写字母表示，如 U、I、E 等都是有效值。正弦交流电的有效值等于它的最大值除以$\sqrt{2}$。即：

$$U=U_m/\sqrt{2}=0.707U_m \quad 或 \quad U_m=\sqrt{2}U \tag{1.10}$$

2．交流电的频率和周期

（1）周期：正弦交流电完成往复变化一周所需的时间叫周期，用字母 T 表示，其单位是秒（s），它表示交流电变化一周的时间。

（2）频率：每秒时间内正弦交流电往复变化的次数叫频率，也就是每秒钟内交流电变化的周期数。用字母 f 表示，其单位为赫兹（Hz）。

周期与频率的关系是互为倒数关系，即：

$$f=1/T \quad 或 \quad T=1/f \tag{1.11}$$

我国提供的交流电，周期 $T=0.02$ s，标准频率（简称工频）$f=50$ Hz，电流方向每秒改变100次。正弦交流电变化一个周期相当于正弦函数变化了 $2\pi(360°)$，把它称为电角度，交流电在每秒钟变化的电角度叫角频率，用 ω 表示，单位是弧度/秒（rad/s）。角频率与周期及频率的关系是：

$$\omega=2\pi f=2\pi/T \tag{1.12}$$

在波形图中，ωt 表示弧度，即交流电每变化一个周期正好对应 2π 弧度。如图1.10所示。

3．交流电的相位与初相角

交流电是随时间变化的，在不同时刻对应着不同的电角度，从而得到不同的瞬时值。在交流电变化过程中，用$(\omega t+\varphi)$表示交流电随时间变化的进程。把$(\omega t+\varphi)$叫正弦量的相位，如图1.11所示，它是随时间变化的角度，所以也叫相位角。当 $t=0$ 时的相位角 φ 叫初相角。

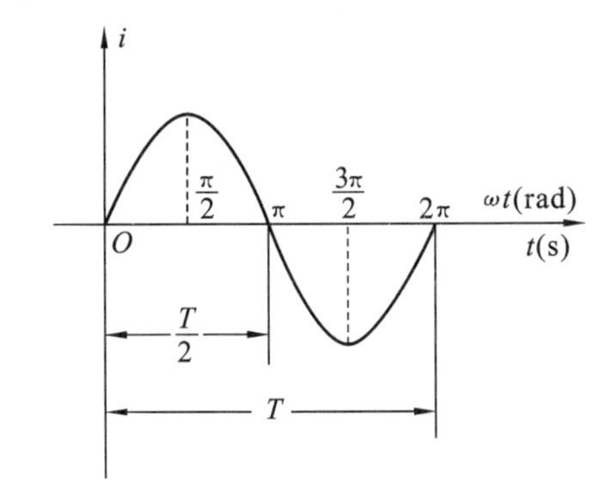

图1.10　正弦交流电的周期

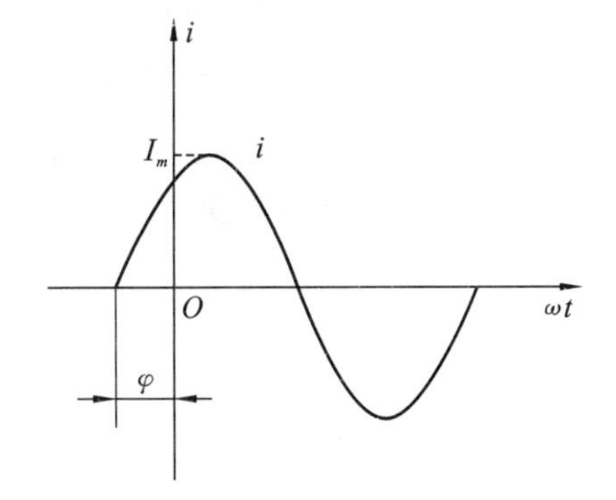

图1.11　正弦交流电的相位

两个同频率的正弦量在任何瞬时的相位之差叫相位差。由于频率相同，所以相位差就等于两个交流电初相角之差，不随时间变化而变化。如

$$i_1(t)=I_m\sin(\omega t+\varphi_1) \quad i_2(t)=I_m\sin(\omega t+\varphi_2)$$

则相位差

$$\varphi=(\omega t+\varphi_1)-(\omega t+\varphi_2)=\varphi_1-\varphi_2 \tag{1.13}$$

可见，相位差就是两个同频率正弦交流电的初相角之差。以正弦交流电流为例：若 $\varphi_1>\varphi_2$，则称 i_1 比 i_2 超前 φ 角，或者说 i_2 比 i_1 滞后 φ 角；若 $\varphi_1=\varphi_2$，说明两个正弦量具有相同的初相角，则称这两个正弦交流电流为同相位；若两个正弦量的相位差为180°或－180°，则称这两个正弦交流电流为反相位，它们中的一个达到正的最大值时另一个恰好达到负的最大值。

【例 1.3】 已知一个正弦交流电的正弦电压 $u=311\sin(314t+30°)$，写出此交流电压的最大值、有效值、周期和频率及初相角各是多少？

【解】 最大值$U_m=311$ (V)　　有效值 $U=311/\sqrt{2}=220$ (V)　　初相角 $\varphi=30°$

周期 $T=2\pi/\omega=2\pi/314=0.02$ (s)　　频率 $f=1/0.02=50$ (Hz)

1.2.2 正弦交流电的表示方法

正弦交流电可以用解析式、波形图、相量图和复数表示。这里简单介绍一下前三种表示方法。

1. 解析式表示法

正弦交流电压、电流、电动势的瞬时表达式就是交流电量的解析式，即式(1.9)的表述。

【例 1.4】 已知某正弦交流电电流的最大值为 10 A，频率 $f=50$ Hz，初相角＝30°，则它的解析式为：

$$i=I_m\sin(\omega t+\varphi)=10\times\sin(314t+30°)\quad(\text{A})$$

当 $t=0.01$ s 时，其电流的瞬时值

$$i=I_m\sin(\omega t+\varphi)=10\times\sin(314\times0.01+30°)=-5\ (\text{A})$$

2. 波形图表示法(曲线法)

正弦交流电是随时间按正弦规律变化的，可以用横坐标表示时间或电角度 ωt，纵坐标表示随时间变化的电动势、电压和电流的瞬时值。如图 1.12 所示。

3. 相量(矢量)图表示法

正弦电量是有大小和方向的矢量，表示其大小和方向的图叫正弦电量的相量图。常用的是有效值相量图。在图上正弦电量相量用大写字母上面加黑点表示，即用 $\dot{U}$ 表示电压相量的有效值，用 $\dot{I}$ 表示电流相量的有效值(注：只有同频率的正弦量才能画在同一相量图上。当正弦交流电的初相位为正时，相量与横轴正向按逆时针转动一个角度；若初相位为负，相量则按顺时针转动一个角度)。如图 1.13 所示，用相量图表示正弦量：

$$u(t)=U\sin(\omega t+\varphi_1)\qquad i(t)=I\sin(\omega t+\varphi_2)$$

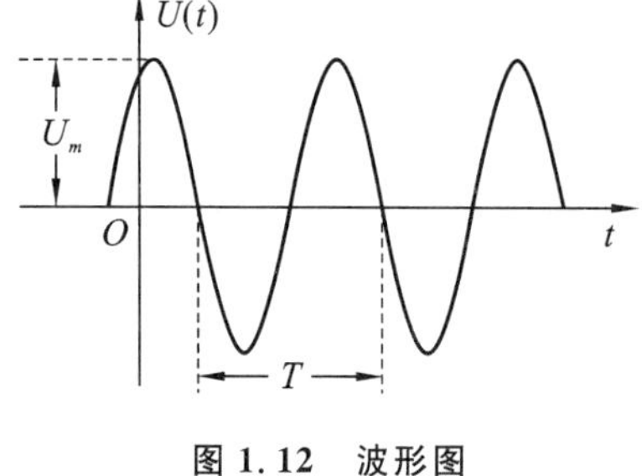

图 1.12　波形图

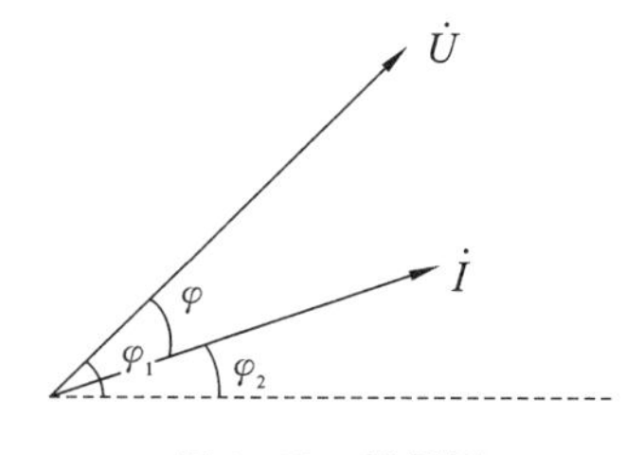

图 1.13　相量图

1.2.3 单一参数的正弦交流电路

电阻(R)、电感(L)、电容(C)都是表征电路性质的物理量，统称为电路参数。因为电感和电容只有在电压或电流突变时才能表现出它们的作用，故而在恒定的直流电路中，电感相当于短路，电容相当于开路。所以，只有在电压和电流不断变化的交流电路中，电感和电容才对电

流起着不可忽略的阻碍作用。

在实际电路中，电阻、电感和电容三个参数是同时存在的。但是，在一定的情况下，通常先把三个参数中起重要作用的一个作为分析对象，而忽略另外两个参数的影响，这种理想化的电路称为单一参数电路。掌握单一参数电路的基本规律以后，再进一步分析多种参数的电路。

1. 纯电阻元件交流电路

在交流电路中，常常遇到如白炽灯、电炉等电阻性负载，这种电路称为纯电阻电路。如图1.14所示。

(1) 电压与电流的关系：在如图1.14所示电阻元件的交流电路中，当电阻两端加上正弦交流电压 u 后，在电路中就会有电流 i 流过，根据欧姆定律，按图中所标参考方向，电压与电流有如下关系式：

$$i=\frac{u}{R} \tag{1.14}$$

从图1.15(a)电压和电流的波形图可见，电流与电压成正比，且相位相同，方向总是一致的，即电压为正，电流也为正；电压为零时，电流也为零；电压反向，电流也反向，变化仍符合正弦规律。其相量图如图1.15(b)所示。

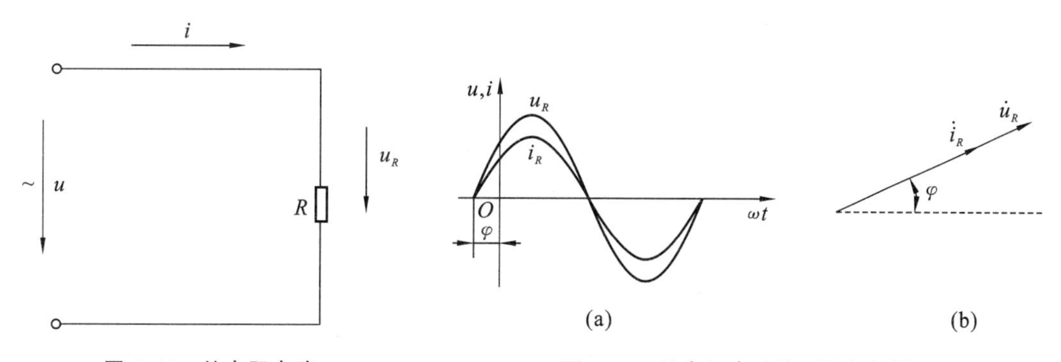

图1.14 纯电阻电路　　图1.15 纯电阻电路波形图和相量图

$$\left.\begin{aligned}&\text{电流最大值与电压最大值的关系为：}\quad I_m=U_m/R\\&\text{电流有效值与电压有效值的关系为：}\quad I=U/R\end{aligned}\right\} \tag{1.15}$$

由此可见，电压与电流有效值仍满足欧姆定律的形式。

(2) 功率：当电压和电流变化时，电阻所消耗的功率也随着变化，某一时刻电阻所消耗的功率称为瞬时功率，用字母 p 表示。在一个周期内瞬时功率的平均值称为平均功率(也称有功功率)，用字母 P 表示，单位为瓦。其关系式为：

$$P=UI=RI^2=U^2/R \tag{1.16}$$

它表示电阻在一个周期内消耗电能的平均值，可见电阻是耗能元件。

2. 纯电感电路

电路中很多元器件都含有感性线圈(如电动机的绕组、变压器的线圈)，当电阻可以忽略不计、电流通过线圈时，将电能全部转化成磁场能，这样的交流电路称为纯电感电路。如图1.16(a)所示。电感线圈对电流的阻碍作用称为感抗，用字母 X_L 表示：

$$X_L=2\pi fL\quad(\Omega) \tag{1.17}$$

式中　f——交流电的频率，单位为赫兹(Hz)；

L——电感线圈的自感系数,单位为亨利(H)。

由式(1.17)可见,当电感一定时感抗与电感成正比,频率越高,电感线圈对电流的阻碍作用越大;频率越低,电感线圈对电流的阻碍作用越小,即电感线圈具有"通低频,阻高频","通直流,阻交流"的作用。

(1) 电压与电流的关系:在电感电路两端加上正弦交流电压,如图 1.16(a)所示,就会产生正弦交流电流,该电流的变化会在电感中产生感应电动势,来阻碍交流电流的变化。电压与电流的波形图如图 1.16(b)所示。相量图如图 1.16(c)所示。从图中可以看出:电压和电流不能同时达到最大值和最小值,电压总是比电流早 1/4 周期出现最大值,即电压超前电流 90°。

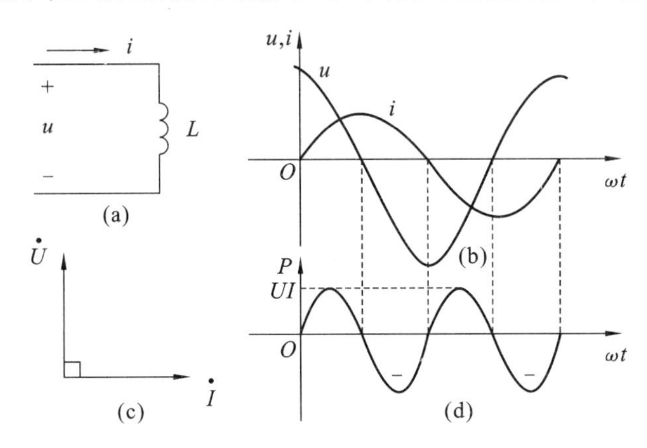

图 1.16　纯电感电路

$$\left.\begin{array}{ll}\text{电流最大值与电压最大值的关系为:} & I_m = U_m / X_L \\ \text{电流有效值与电压有效值的关系为:} & I = U / X_L\end{array}\right\} \quad (1.18)$$

(2) 功率:当电流发生变化时,电感线圈从电源中得到的瞬时功率也随着变化,可以导出在一个周期内瞬时功率的平均值为零即有功功率为零,它表示电感线圈在一个周期内消耗的电能的平均值为零,即 $P=0$,可见纯电感是储能元件。为了表示电源与线圈之间能量的相互转化规模,引入无功功率的概念,用 Q_L 表示,单位为乏(var)。其关系式为:

$$Q_L = UI = I^2 X_L = \frac{U^2}{X_L} = \frac{U^2}{\omega L} \quad (1.19)$$

【例 1.5】 一个线圈的电感 $L=0.01$ H,其电阻可忽略不计,接至频率为 50 Hz、电压为 220 V 的交流电源上。求流过线圈的电流 I 是多少?并计算有功功率和无功功率。

【解】 $\because X_L = 2\pi f L = 2\times3.14\times50\times0.01 = 3.14\ (\Omega)$

$\therefore I = \dfrac{U}{X_L} = \dfrac{220}{3.14} = 70\ (\text{A})$

$P=0$

$Q_L = UI = 220\times70 = 15400\ (\text{var})$

3. 纯电容电路

电路中只含有电容性负载,如电容器等,电能在电源和电容器之间互相交换,这样的电路称为纯电容电路。图 1.17(a)所示。电容通常是由两个金属极板并在中间填有绝缘介质构成,两个极板能够积累电荷,极板间能储存电场能,一般连接电容极板的导线电阻很小。电容器对电流的阻碍作用称为容抗,用 X_C 表示,单位为欧姆。

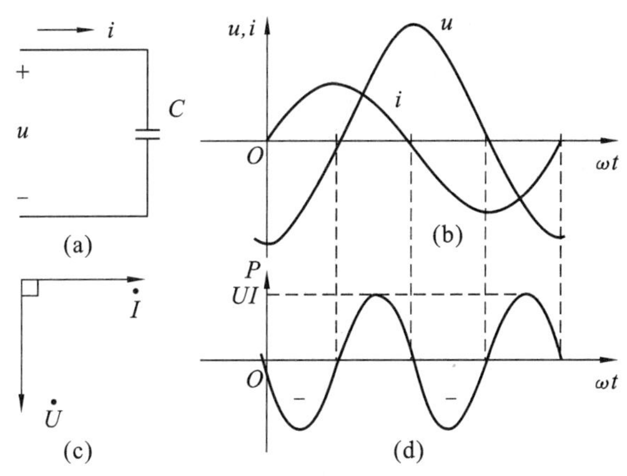

图 1.17　纯电容电路

$$X_C=\frac{1}{2\pi fC}\quad(\Omega)\tag{1.20}$$

式中　f——交流电的频率，单位为赫兹(Hz)；

　　　C——电容器的电容，单位为法拉(F)。

由式(1.20)可见，当电容一定时容抗与电容成正比，频率越低，电容器对电流的阻碍作用越大；频率越高，电容器对电流的阻碍作用越小，即电容器具有“通高频，阻低频”，“通交流，阻直流”的作用。

(1) 电压与电流的关系：电压与电流的波形图如图 1.17(b)所示，相量图如图 1.17(c)所示。从图 1.17 中可以看出：电压和电流不能同时达到最大值和最小值，电流总是比电压早1/4周期出现最大值，即电压滞后电流 90°。

电流最大值与电压最大值的关系为：　$I_m=U_m/X_C$

电流有效值与电压有效值的关系为：　$I=U/X_C$　　(1.21)

(2) 功率：当电流发生变化时，电容器从电源中得到的瞬时功率也随着变化，可以导出在一个周期内瞬时功率的平均值为零即有功功率为零，它表示电容器在一个周期内消耗电能的平均值为零，即 $P=0$。可见，纯电容也是储能元件。为了表示电源与电容器之间能量的相互转化规模，同理，引入无功功率 Q_C，单位为乏(var)，其关系式为：

$$Q_C=IU=I^2X_C=U^2/X_C\tag{1.22}$$

【例 1.6】 设有一个 $C=15$ F 的电容器，接在 $f=50$ Hz、$U=220$ V 的交流电源上，求电流与无功功率分别是多少？

【解】 $\because X_C=\frac{1}{2\pi fC}=\frac{1}{2\pi\times50\times15\times10^{-6}}=212\ (\Omega)$

$\therefore I=\frac{U}{X_C}=\frac{220}{212}=1.03\ (\text{A})$

$P=0$

$Q_C=UI=220\times1.03=226.6\ (\text{var})$

1.2.4　非单一参数的正弦交流电路(*R-L-C* 串联电路)

1. 各电压间有效值的关系

在 R-L-C 串联电路[图 1.18(a)]中，通过每个元件的电流都是相同的，但电压却不同，电阻上电压与电流是同相位的，电感上电压超前电流 90°，电容上电压滞后电流 90°，可以画出的相量图如图 1.18(b)所示。从图中可以看出，U、U_R 和 U_L-U_C 构成了一个三角形，把它称为电压三角形，它说明在电阻、电感、电容串联电路中，各元件的电压有效值与总电压之间不是简单的加减关系，而是满足直角三角形“勾股定理”的关系，如图 1.19(a)所示。

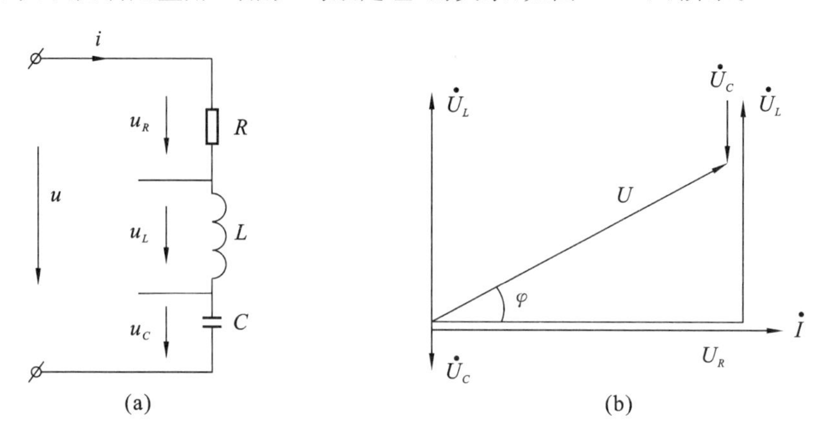

图 1.18　R-L-C 串联电路

(a)电阻、电感、电容串联电路；(b)电压、电流相量图

即

$$U^2=U_R^2+(U_L-U_C)^2 \tag{1.23}$$

2. 电压与电流有效值的关系

由于前述结论：　$U_R=RI\quad U_L=X_LI\quad U_C=X_CI$

代入式(1.23)中，得：$U=\sqrt{(RI)^2+(X_LI-X_CI)^2}=\sqrt{R^2+(X_L-X_C)^2}I$

令

$$Z=\sqrt{R^2+(X_L-X_C)^2} \tag{1.24}$$

则

$$U=ZI \tag{1.25}$$

其中，Z 定义为阻抗，具有对电流起阻碍作用的性质，单位是欧姆，其大小由电阻 R、感抗 X_L、容抗 X_C 共同决定。把 $X=X_L-X_C$ 定义为电抗，单位也是欧姆。

Z、R、X 构成一个直角三角形，叫阻抗三角形，如图 1.19(c)所示，其中电阻 R 为水平直角边，电抗 X 为垂直直角边。阻抗 Z 为斜边，Z 与 R 的夹角 φ 称之为阻抗角。

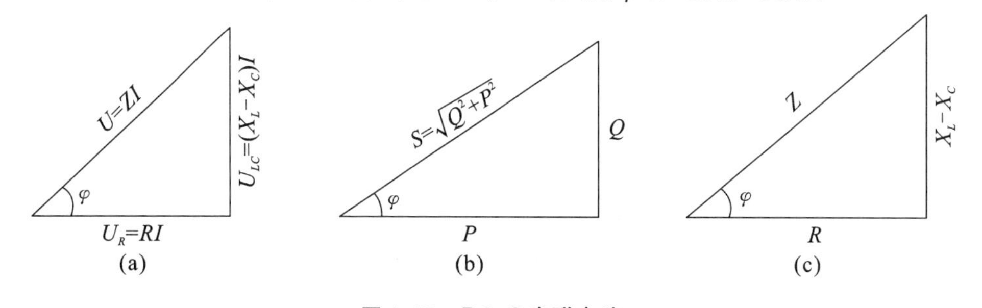

图 1.19　R-L-C 串联电路

(a)电压三角形；(b)功率三角形；(c)阻抗三角形

3. 功率的关系

总电压与总电流有效值的乘积，虽然有功率的形式，但它既不是有功功率，也不是无功功率，将其定义为视在功率，用大写字母 S 表示，单位是伏安(V·A)。电力系统中常用 kV·A 作单位。视在功率虽然不是有功功率和无功功率，但它包含着有功功率和无功功率，它们之间满足直角三角形的关系，这个直角三角形叫功率三角形，如图 1.19(b)所示。

$$\left.\begin{aligned} &\text{有功功率} \quad && P=UI\cos\varphi \\ &\text{无功功率} \quad && Q=UI\sin\varphi \\ &\text{视在功率} \quad && S=\sqrt{P^2+Q^2} \end{aligned}\right\} \tag{1.26}$$

P 与 S 的夹角称为功率因数角。当视在功率一定时，有功功率越大，表示电能利用率越高，把有功功率与视在功率的比值称为功率因数，用 $\cos\varphi$ 表示，因此提高设备的功率因数就是提高了电能的利用率。从图 1.19 可以看出，在同一电路中，阻抗三角形、电压三角形及功率三角形是相似的，故电路的功率因数可由下式求得：

$$\cos\varphi=\frac{P}{S}=\frac{U_R}{U}=\frac{R}{|Z|} \tag{1.27}$$

4. 提高电路功率因数的意义

电路功率因数的大小取决于负载的性质和大小，实际工程中的负载多数为感性负载，功率因数大部分是远小于 1 的，这对电源设备和电能的利用是非常不利的。提高功率因数可使电源的能量得到充分利用，也可减小输电线路功率的损失。

提高电路的功率因数时，一是要保证负载正常工作，二是不增加额外的功率损失。提高功率因数的方法：一是保证负载在满负荷下工作；二是在感性负载上并联电容，即电容补偿法。如在企业变配电所内集中安装静电电容器来补偿。对于日光灯等感性负载，可在负载两端并联适当容量的电容器来提高功率因数。

1.3 三相正弦交流电路

目前，电力系统都采用三相三线制输电、三相四线制配电。这是因为三相交流电在生产、输送和应用等方面较单相交流电具有很多优点。由于建筑施工现场既有动力负荷，又有照明负荷，因此一般都采用三相四线制供电。

1.3.1 三相交流电源

1. 三相对称电动势的产生

三相对称电动势是由三相交流发电机产生的，三相交流发电机主要由定子和转子两部分组成。定子包括定子铁芯和定子绕组。三相定子绕组的结构(包括导线材质、截面积、匝数等)完全相同，首端分别用 A、B、C 表示，末端分别用 X、Y、Z 表示，三个首端(或末端)在空间互差 120°，如图 1.20 所示。

转子铁芯一般由直流电磁铁构成。转子绕组绕在转子铁芯上，当转子绕组中通入直流电而产生固定磁极，极面做成适当形状，以使定子与转子的空气隙的磁感应强度按正弦规律分布。当转子由原动机带动按顺时针方向以 ω 速度匀速旋转时，三个定子绕组被切割磁力线而产生正弦感应电动势 e_A、e_B、e_C。由于三个绕组的结构完全相同，以同一速度切割磁力线，彼此在空间互差 120°,所以,三个感应电动势是幅值相等、频率相同、相位互差 120°的三相对称电动势。能提供对称三相电动势的电源为对称电源。发电厂提供的三相电源均为对称三相电源。

规定电动势的正方向是从每相绕组的末端指向首端。如以 A 相电动势为参考相量,则三相电动势的瞬时值表达式为:

$$\left.\begin{aligned} e_A &= E_m \sin\omega t \\ e_B &= E_m \sin(\omega t - 120°) \\ e_C &= E_m \sin(\omega t + 120°) \end{aligned}\right\} \tag{1.28}$$

它们的波形图和相量图如图 1.21 所示。

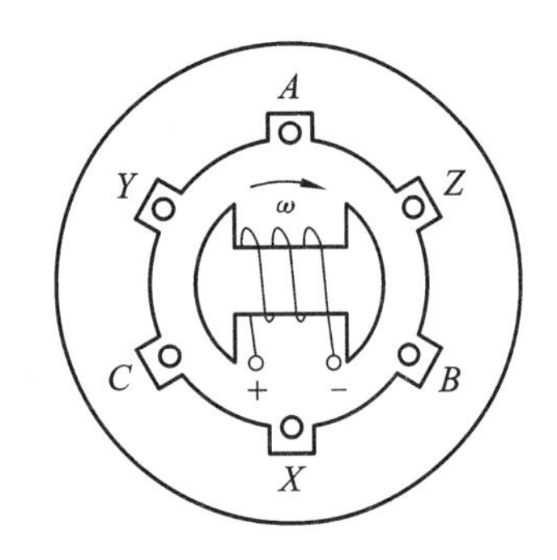

图 1.20　三相发电机原理图

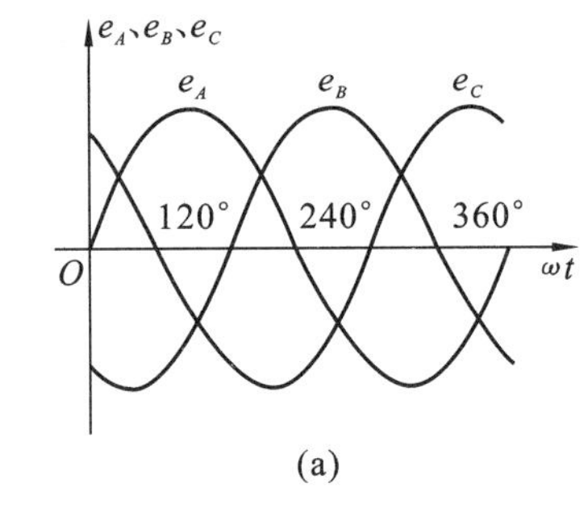

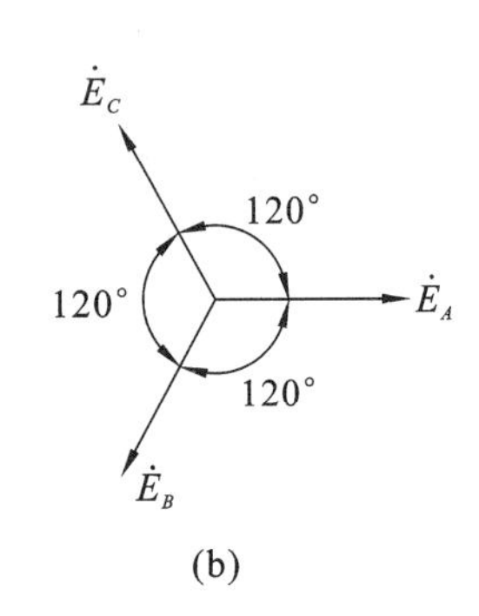

图 1.21　三相对称交流电源

(a)三相电动势波形图;(b)三相电动势相量图

三相电动势依次达到正的最大值的先后顺序称为相序。从图 1.21 可见,三相电动势的相序为 $A \to B \to C$。从图中还能推得,三相电动势的瞬时值之和或相量和都等于零。

2. 三相电源的连接

三相互相分开的定子绕组怎样连接组成三相电源呢?三相电源有两种连接方式:星形(Y形)连接和三角形(△)连接。

(1) 星形(Y 形)连接

如图 1.22 所示,将三相定子绕组的三个末端 X、Y、Z 连在一起,从三个首端 A、B、C 分别引出三根导线,统称为相线,俗称火线,分别用黄、绿、红三色表示。三个末端的连接点 N 称为电源中性点,从中性点 N 引出的导线称为中线,用黑色或白色导线来表示。通常,中性点与大地连在一起,此时中性点又称为零点,中线又称为零线。

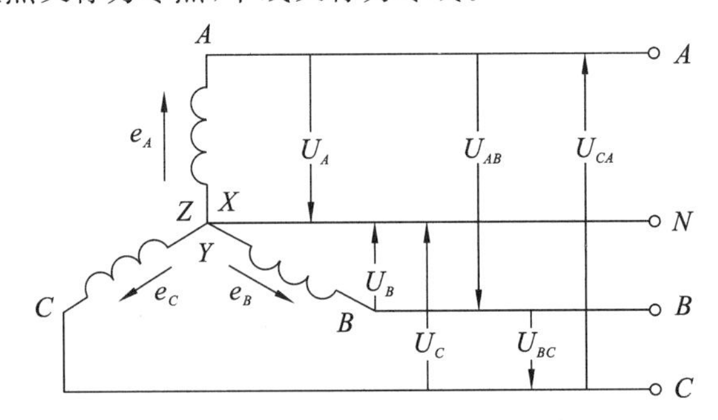

图 1.22　三相电源的星形连接

从发电机或变压器引出一根中线和三根相线的供电方式称为三相四线制；不引出中线只引出三根相线的供电方式称为三相三线制。三相四线制可以向负载提供两种电压：一种是相电压，即相线与中线之间的电压，其有效值分别用 U_A、U_B、U_C 表示，或一般用 U_P 表示；另一种是线电压，即两根相线之间的电压，其有效值分别用 U_{AB}、U_{BC}、U_{CA} 表示，或用 U_L 表示。各相相电压的正方向，选定为自始端指向末端（自相线指向中线），而线电压的正方向，例如 U_{AB} 是自 A 端指向 B 端，如图 1.22 所示。

(2) 三角形(△)连接

三相绕组按顺序将始端与末端依次连接，即 X 与 B、Y 与 C、Z 与 A 分别相连，再从三个连接点 A、B、C 分别引出三根导线。三相电源的三角形连接，线电压等于相应的相电压，电源只能提供一种电压，如图 1.23 所示。

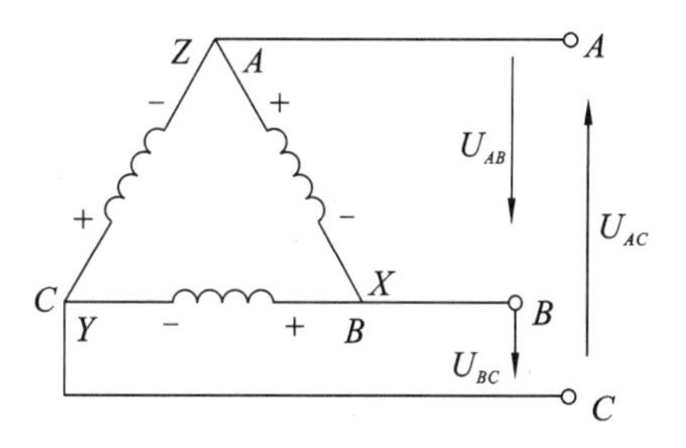

图 1.23　三相电源的三角形连接

1.3.2　三相负载的连接与计算

三相负载包括两类：一类是对称三相负载，另一类是不对称三相负载。若每相负载的阻抗模相同，阻抗角也相等，即 $|Z_A|=|Z_B|=|Z_C|$、$\varphi_A=\varphi_B=\varphi_C$，且三相负载的性质相同，则此三相负载称为对称三相负载，否则称为不对称三相负载。三相负载有两种接法：星形连接与三角形连接。

1. 三相负载的星形连接

若每相负载的额定电压等于电源的相电压，即等于电源线电压的 $1/\sqrt{3}$时，则三相负载应接成星形。三相负载的星形连接如图 1.24 所示。

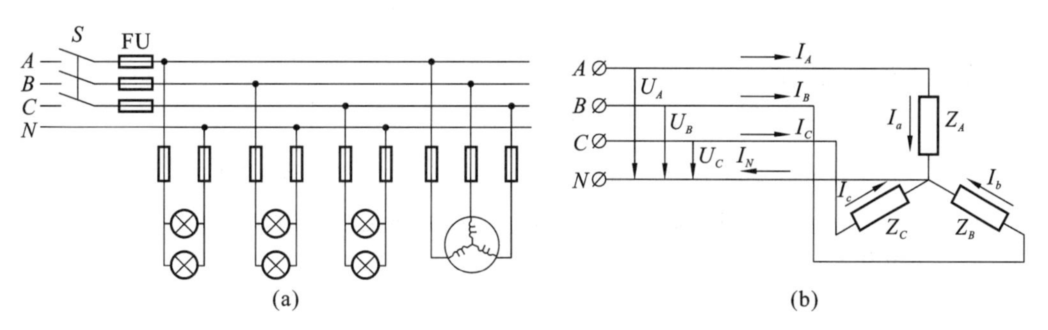

图 1.24　三相负载星形连接

(a)三相负载星形连接实际电路；(b)三相负载星形连接原理图

在图 1.24(b)所示电路中，Z_A、Z_B、Z_C 为非对称负载。加在各相负载两端的电压分别等于电源的相电压，其有效值分别为 U_A、U_B、U_C，在各相电压作用下，便有电流分别通过各相线、负载和中线。通过各相负载的电流称为相电流，其有效值分别为 I_a、I_b、I_c，其正方向规定为从负载的一端流向负载中点。通过相线的电流称为线电流，其有效值分别用 I_A、I_B、I_C 表示，其正方向规定为从电源流向负载。通过中线的电流称为中线电流，其有效值用 I_N 表示，其正方向规定为从负载中点流向电源中点。

星形接法特点：相电流＝线电流　$\dot{I}_p=\dot{I}_l$

$$\dot{I}_A=\dot{I}_a,\quad \dot{I}_B=\dot{I}_b,\quad \dot{I}_C=\dot{I}_c \tag{1.29}$$

中线电流：

$$\dot{I}_N=\dot{I}_a+\dot{I}_b+\dot{I}_c \tag{1.30}$$

线电压$=\sqrt{3}$相电压并且线电压超前相应相电压 30°，即

$$U_l=\sqrt{3}U_p \tag{1.31}$$

(1) 三相负载对称，即

$$|Z_A|=|Z_B|=|Z_C|$$

每相负载中电流的有效值分别为：

$$I_A=\frac{U_A}{|Z_A|},\quad I_B=\frac{U_B}{|Z_B|},\quad I_C=\frac{U_C}{|Z_C|} \tag{1.32}$$

由于电源相电压都相等，即 $U_A=U_B=U_C$，而三相负载对称，所以线电流也是对称的，即 $I_A=I_B=I_C$。所以中线电流的有效值 I_N 为零。中线中没有电流流过，故中线可以省去，成为星形连接的三相三线制。三相三线制在输电与配电线路中运用广泛，如三相异步电动机均只有三根相线供电。

$$\dot{I}_N=\dot{I}_A+\dot{I}_B+\dot{I}_C=0 \tag{1.33}$$

各相负载的电压与电流之间的相位差分别为：

$$\varphi_A=\arctan\frac{X_A}{R_A},\quad \varphi_B=\arctan\frac{X_B}{R_B},\quad \varphi_C=\arctan\frac{X_C}{R_C} \tag{1.34}$$

【例 1.7】 有一星形连接的三相负载，每相 $R=6\ \Omega$，$X_L=8\ \Omega$，电源电压对称。设 $u_{AB}=380\sqrt{2}\sin(\omega t+30°)$ V，试求每相电流及表达式。

【解】 因为负载对称，只需计算一相。

$$I_A=I_B=I_C=22\ \text{A}\quad I_N=0\quad \varphi=\arctan\frac{X_L}{R}=\arctan\frac{8}{6}=53°$$

因为电流对称，则

$$i_A=22\sqrt{2}\sin(\omega t-53°)\ (\text{A})$$

$$i_B=22\sqrt{2}\sin(\omega t-53°-120°)=22\sqrt{2}\sin(\omega t-173°)\ (\text{A})$$

$$i_C=22\sqrt{2}\sin(\omega t-53°+120°)=22\sqrt{2}\sin(\omega t+67°)\ (\text{A})$$

(2) 三相负载不对称，即

$$|Z_A|\neq|Z_B|\neq|Z_C|$$

在三相四线制供电系统中，由于电源相电压都相等，即 $U_A=U_B=U_C$，但三相负载不对称，故线电流也不是对称的，故中线电流的有效值 I_N 不为零。中线电流的大小随负载不对称程度而异。各相负载越接近对称，中线电流就越小。一般情况下，中线电流总小于最大一相的线电流，因此，在三相四线制供配电线路中，中线截面可以比相线截面小一个等级。设电源相电压为参考正弦量，则可分别求出每相负载电流：

$$I_A=\frac{U_A}{|Z_A|},\quad I_B=\frac{U_B}{|Z_B|},\quad I_C=\frac{U_C}{|Z_C|}$$

由此可见，当三相负载对称时($Z_A=Z_B=Z_C=Z$)，$I_A+I_B+I_C=0$，零线可以取消，成为三相三线制。当三相负载不对称时，各相须单独计算。

负载不对称而又没有中线时，负载上可能得到大小不等的电压。有的超过用电设备的额定电压，有的达不到额定电压，都不能正常工作。比如：照明电路中各相负载不能保证完全对

称，所以绝对不能采用三相三线制供电，而且必须保证零线可靠。

中线的作用在于，使星形连接的不对称负载得到相等的相电压。为了确保零线在运行中不断开，其上不允许接熔断器，也不允许接开关。

2. 三相负载的三角形连接

当每相负载的额定电压等于电源线电压时，三相负载应采用三角形连接。负载三角形的接法是把各相负载依次接在两根相线之间，如图 1.25 所示。

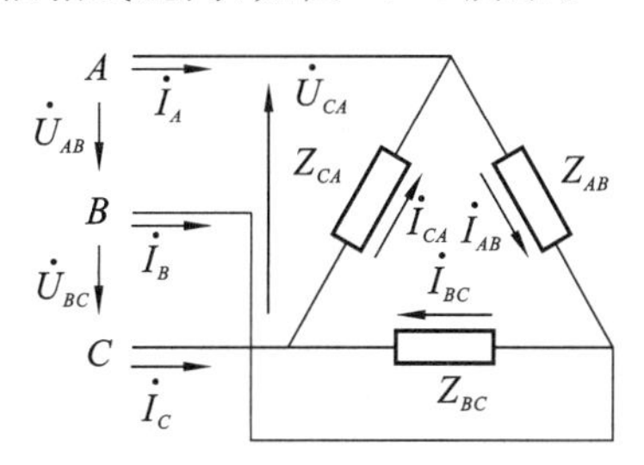

图 1.25　负载三角形连接

这时不论负载对称与否，若忽略相线阻抗，则各相负载所承受的电压均为对称的电源线电压。在负载三角形连接的电路中负载的相电压与电源的线电压相等，不论负载对称与否，其相电压总是对称的，相位互差 120°。

$$\dot{U}_l=\dot{U}_p \quad 即 \quad U_{AB}=U_{BC}=U_{CA} \tag{1.35}$$

流过每相负载的电流即相电流，用 $\dot{I}_{AB}$、$\dot{I}_{BC}$、$\dot{I}_{CA}$ 表示；流过相线的电流即线电流，用相量 $\dot{I}_A$、$\dot{I}_B$、$\dot{I}_C$ 表示。电压和电流的正方向都已在图中标出。相电流与线电流的关系为：

$$\dot{I}_A=\dot{I}_{AB}-\dot{I}_{CA}, \quad \dot{I}_B=\dot{I}_{BC}-\dot{I}_{AB}, \quad \dot{I}_C=\dot{I}_{CA}-\dot{I}_{BC} \tag{1.36}$$

且负载的相电流和相电压有如下关系：

$$\dot{I}_{AB}=\frac{\dot{U}_{AB}}{Z_{AB}}, \quad \dot{I}_{BC}=\frac{\dot{U}_{BC}}{Z_{BC}}, \quad \dot{I}_{CA}=\frac{\dot{U}_{CA}}{Z_{CA}} \tag{1.37}$$

(1) 负载对称，即

$$|Z_{AB}|=|Z_{BC}|=|Z_{CA}|=|Z|$$

负载的相电流也是对称的，即幅值相等，相位互差 120°。然后由相量图 1.26 可得出负载三角形对称连接时，负载的相电流和线电流的关系。

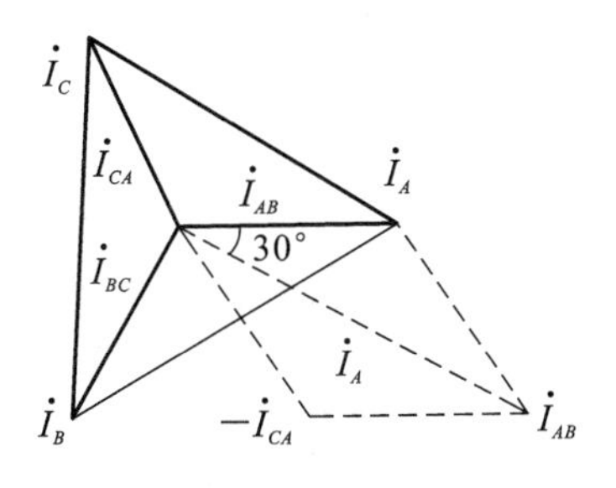

图 1.26　电流相量图

即线电流与相电流的关系为：

$$I_l=\sqrt{3}I_p \tag{1.38}$$

可见，对称负载三角形连接时，线电流是相电流的$\sqrt{3}$倍，在相位上比相应的相电流滞后 30°。

（2）负载不对称，即

$$|Z_{AB}| \neq |Z_{BC}| \neq |Z_{CA}|$$

由于电源线电压对称，而三相负载不完全相同，所以相电流 $\dot{I}_{AB}$、$\dot{I}_{BC}$、$\dot{I}_{CA}$ 是一组非对称电流，线电流 $\dot{I}_A$、$\dot{I}_B$、$\dot{I}_C$ 一般也不对称。

1.3.3 三相负载的功率

不论负载是星形连接还是三角形连接，三相负载消耗的总功率必定等于各相有功功率之和，总无功功率必定等于各相无功功率之和。

1. 不对称电路中功率的计算

负载不对称，则必须分别求出各相有功功率、无功功率，然后分别相加，其计算公式如下：

星形连接时：

$$\left.\begin{aligned}&P=P_A+P_B+P_C=U_AI_A\cos\varphi_A+U_BI_B\cos\varphi_B+U_CI_C\cos\varphi_C\\&Q=Q_A+Q_B+Q_C=U_AI_A\sin\varphi_A+U_BI_B\sin\varphi_B+U_CI_C\sin\varphi_C\\&S=\sqrt{P^2+Q^2}\end{aligned}\right\}\tag{1.39}$$

三角形连接时：

$$\left.\begin{aligned}&P=P_A+P_B+P_C=U_{AB}I_{AB}\cos\varphi_A+U_{BC}I_{BC}\cos\varphi_B+U_{CA}I_{CA}\cos\varphi_C\\&Q=Q_A+Q_B+Q_C=U_{AB}I_{AB}\sin\varphi_A+U_{BC}I_{BC}\sin\varphi_B+U_{CA}I_{CA}\sin\varphi_C\\&S=\sqrt{P^2+Q^2}\end{aligned}\right\}\tag{1.40}$$

上述公式中，功率因数角 φ 均为负载相电压与相电流之间的相位差。

2. 对称电路中功率的计算

负载对称时，由于每相负载的相电压、相电流和功率因数角大小都相等，把式(1.39)和式(1.40)简写为：

$$\left.\begin{aligned}&P=P_A+P_B+P_C=3U_pI_p\cos\varphi\\&Q=Q_A+Q_B+Q_C=3U_pI_p\sin\varphi\\&S=\sqrt{P^2+Q^2}=3U_pI_p\end{aligned}\right\}\tag{1.41}$$

由于对称负载星形连接时，$U_l=\sqrt{3}U_p$、$I_l=I_p$；对称负载三角形连接时，$U_l=U_p$、$I_l=\sqrt{3}I_p$。因此，不论负载作星形还是三角形连接，均可得：

$$\left.\begin{aligned}&P=3U_pI_p\cos\varphi=\sqrt{3}U_lI_l\cos\varphi\\&Q=3U_pI_p\sin\varphi=\sqrt{3}U_lI_l\sin\varphi\\&S=\sqrt{P^2+Q^2}=3U_pI_p=\sqrt{3}U_lI_l\end{aligned}\right\}\tag{1.42}$$

【例 1.8】 三相交流电源星形连接，线电压 $U_l=380$ V，有一个对称三相负载，各相电阻 $R=6\ \Omega$，感抗 $X_L=8\ \Omega$，试求：负载作星形连接和三角形连接时的线电流、相电流和三相有功功率，并作比较。

【解】 （1）各相阻抗及阻抗角

$$|Z|=\sqrt{R^2+X_L^2}=\sqrt{6^2+8^2}=10\ (\Omega)\qquad \varphi=\arctan\frac{X_L}{R}=\arctan\frac{8}{6}=53.1°$$

(2) 对称负载作星形连接时

$$I_l = I_p = \frac{U_p}{|Z|} = \frac{\frac{380}{\sqrt{3}}}{10} = 22\ (\mathrm{A})$$

$$P_{\mathrm{Y}} = \sqrt{3}U_l I_l \cos\varphi = \sqrt{3} \times 380 \times 22 \times \cos 53.1° = 8.68\ (\mathrm{kW})$$

(3) 对称负载作三角形连接时

$$I_p = \frac{U_p}{|Z|} = \frac{380}{10} = 38\ (\mathrm{A}) \qquad I_l = \sqrt{3}I_p = \sqrt{3} \times 38 = 65.8\ (\mathrm{A})$$

$$P_{\triangle} = \sqrt{3}U_l I_l \cos\varphi = \sqrt{3} \times 380 \times 65.8 \times \cos 53.1° = 26\ (\mathrm{kW})$$

(4) 分析比较

在同一电源下，同一负载作三角形连接时，线电流是星形连接时的 3 倍；相电流是星形连接时的$\sqrt{3}$倍；三相有功功率是星形连接时的 3 倍。由此可见，在同一电源电压下，三相负载消耗的总功率与连接方式有关。

1.4　电气工程常用材料、工具和仪表

1.4.1　常用材料

电工材料有导电材料、绝缘材料、安装材料、磁性材料、半导体材料五大类，电气工程常用材料是前三类。

1. 导电材料

具有高电导率的材料，在电工设备中用作导体，如铜、铝等，其典型制品是电线、电缆的导电线芯。属于导电材料的还有用于制造电触头、温差电偶、熔丝等的材料。这些材料除电导率高外，还有一些另外的特殊性能，例如，制造熔丝的材料需要具有相对低的熔点；触头材料需要高的耐电弧性能等。

高电阻合金如镍铬、铬镍铁、锰铜、康铜也属于导电材料，可用作加热元件，将电能转化为热能，或用于制造电阻器。

石墨是一种特殊的导体，虽然电导率低，但由于它的化学惰性和高熔点，以及它的制品具有低的摩擦系数、一定的机械强度，被广泛地用作电刷、电极等。

属于导电材料的还有低温导电材料和超导材料。例如，纯铝在 20 K 下，即液氢温度范围中是最好的低温导电材料；而铍在 77 K 左右，即液氮温度下电阻率也只有常温下的 1/10000～1/1000。超导材料一般在接近 0 K 的温度下工作，其电阻率已测不出。20 世纪 80 年代已发现上千种超导材料，其中有元素类，也有化合物。较为实用的是 Nb_3Sn、Nb_3Al 等。1986 年发现的钡、钇、铜、氧化物陶瓷在液氮温度(77 K)即具有超导性。

2. 半导体材料

半导体材料的电导率介于导电材料和绝缘材料之间，其电导率随温度升高而增大。半导体的性质随缺陷和杂质含量而显著变化，所以可利用掺杂来控制其性能。例如，硅、锗中掺入磷、砷、锑等元素可制成电子型(N 型)半导体，掺入硼、铝、镓、铟等元素可制成空穴型(P 型)半导体。利用 N 型和 P 型的不同组合，可获得整流和放大作用，在电工中作为电源和控制、调节之用。

半导体的电导率对外界因素极为敏感，在其作用下可观察到一系列物理现象。例如，利用光电导性，可制成光敏元件；热电效应、霍尔效应、磁阻效应、压电效应、场效应和隧道效应等都可加以利用。

3. 绝缘材料(也称电介质材料)

工程中优良绝缘材料的电阻率在室温下都大于 $10^{12}\ \Omega \cdot m$。通常所用的绝缘材料都含有杂质。绝缘材料常按其聚集状态而分为固态、液态和气态。液态和气态绝缘材料一般不能起力学上的支撑作用，所以较少单独使用。

(1) 气体绝缘材料的特点是电导率、介电常数和介质损耗均低，击穿强度一般比液体和固体绝缘材料也低得多，但击穿后能自行恢复绝缘状态，具有自愈性。六氟化硫气体(SF_6)具有较高的击穿强度，广泛用作封闭式电器的绝缘。

(2) 液体绝缘材料一般用来替代空气，填充电气设备中的空间，或浸渍设备绝缘结构中的孔隙。除了绝缘作用，它还可以起散热或灭弧作用。在选择液体绝缘材料时应考虑它在电场作用下的稳定性、热稳定性、黏度、闪点、酸值、碱值、杂质含量、水含量、热膨胀系数以及与其他绝缘和结构材料的相容性等。应用最多的液体绝缘材料是矿物绝缘油。为了保证液体材料成分的纯净，目前发展多种合成绝缘油，如高温下使用的硅油以及十二烷基苯等。

(3) 固体绝缘材料可以分成天然的和合成的。天然的有棉纱、丝绸、纸、虫胶、沥青、矿物油、橡胶、石棉、云母等，在 19 世纪已开始用于电工设备。合成材料，特别是高分子材料，在 20 世纪得到迅速发展。原因在于高分子材料的绝大多数具有高电阻率，并且高分子材料(包括塑料、合成橡胶和合成纤维等许多品种)有着更为优异的介电性能、力学性能和耐高温性能，在绝缘材料中占有重要地位，能满足多种使用场合的要求。如聚乙烯、聚苯乙烯、聚丙烯、聚四氯乙烯、聚酯和不饱和聚酯、环氧树脂、有机硅树脂，以及聚酰亚胺为代表的芳杂环高分子材料等。

在无机绝缘材料方面，也有重大的进展。例如，制成了粉云母纸，解决了云母资源的不足；玻璃纤维布的出现，使纤维的耐热等级大大提高；陶瓷品种的发展满足了高机械强度、高温度和高介电常数的要求。由于超导技术的迅速发展，低温电工材料也相应取得重大进展。低温电绝缘漆胶和黏合剂、电工薄膜和层压制品以及低温无机绝缘材料，如玻璃、石英、陶瓷等，都有很大发展。

4. 磁性材料

电工中应用的磁性材料主要有铁磁性材料和铁氧体。按其矫顽力可分为用于交变磁场的软磁材料和用于交变磁场的永磁材料两大类。按材料组成可分成金属和非金属两种。金属有 Fe、Co、Ni、Gd 及其合金，也可包括稀土类元素，如 Sm、Ce 和 Pr。非铁磁元素的合金也可以成为铁磁材料，如 Mn、Cu 和 Al 等。非金属型材料有铁氧体，它具有磁畴结构，能自发磁化而具有铁磁性。铁磁性材料具有磁滞回线，在交变磁场中造成损耗，称为磁滞损耗，必须设法降低磁滞损耗。交流磁场作用下引起的涡电流，也会造成损耗，称为涡流损耗。磁滞损耗与涡流损耗统称为铁损耗，都造成设备发热，这在高频率下特别突出。铁氧体的铁耗在高频下特别小，成为适用于高频的磁性材料。

磁性材料的某些特殊性能还可用于特殊场合。例如，具有直角磁滞回线的材料可以用作磁记忆材料。某些磁性材料在磁场强度变化时其几何尺寸发生变化，称为磁致伸缩材料，可用于超声发生器和接收器及机电换能器中，用以测量海洋深度、探测材料的缺陷等。

1.4.2　常用工具

电工工具是电气操作的基本工具，电气操作人员必须掌握电工常用工具的结构、性能和正确的使用方法。通常电工工具分为三类：

第一类，通用电工工具：指电工随时都可以使用的常备工具，有测电笔、螺丝刀、钢丝钳、活络扳手、电工刀、剥线钳等。

第二类，线路装修工具：指电力内外线装修必备的工具，包括用于打孔、紧线、钳夹、切割、剥线、弯管、登高的工具及设备。主要有各类电工用凿、冲击电钻、管子钳、剥线钳、紧线器、弯管器、切割工具、套丝器具等。

第三类，设备装修工具：指设备安装、拆卸、紧固及管线焊接加热的工具。主要有各类用于拆卸轴承、联轴器、皮带轮等紧固件的拉具，安装用的各类套筒扳手及加热用的喷灯等。

1. 测电笔

测电笔是用于检测线路和设备是否带电的工具，有笔式和螺丝刀式两种，其结构如图 1.27(a)、(b)所示。使用时手指必须接触金属笔挂(笔式)或测电笔的金属螺钉部分(螺丝刀式)。

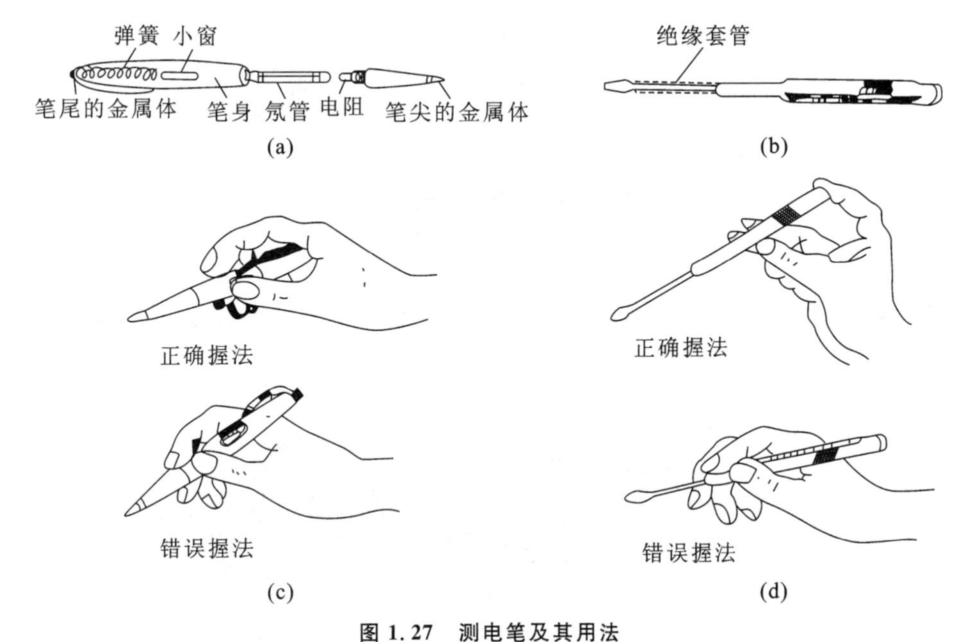

图 1.27　测电笔及其用法

(a)笔式；(b)螺丝刀式；(c)笔式测电笔用法；(d)螺丝刀式测电笔用法

使电流由被测带电体经测电笔和人体与大地构成回路。只要被测带电体与大地之间电压超过 60 V 时，测电笔内的氖管就会起辉发光。操作方式如图 1.27(c)、(d)所示。由于测电笔内氖管及所串联的电阻较大，形成的回路电流很小，不会对人体造成伤害。

应注意，测电笔在使用前，应先在确认有电的带电体上试验，确认测电笔工作正常后，再进行正常验电，以免氖管损坏造成误判，危及人身或设备安全。要防止测电笔受潮或强烈震动，平时不得随便拆卸。手指不可接触笔尖露出的金属部分或螺杆裸露的部分，以免触电造成伤害。

2. 螺丝刀

螺丝刀又名改锥、旋凿或起子。按其功能不同，头部可分为一字形和十字形，如图1.28所示。其握柄材料又分为木柄和塑料柄两类。

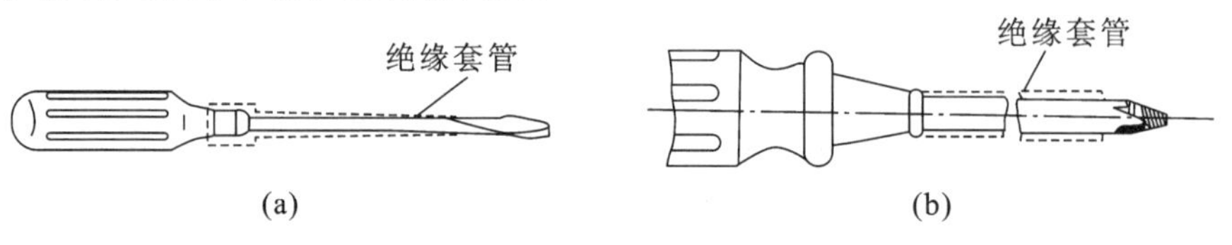

图 1.28　螺丝刀

(a)十字形;(b)一字形

一字形螺丝刀以柄部以外的刀体长度表示规格,单位为 mm,电工常用的有 100 mm、150 mm、300 mm 等。十字形螺丝刀按其头部旋动螺钉规格的不同,分为四种型号:Ⅰ、Ⅱ、Ⅲ、Ⅳ,分别用于旋动直径为 2～2.5 mm、3～5 mm、6～8 mm、10～12 mm 的螺钉。其柄部以外刀体长度规格与一字形螺丝刀相同。

使用螺丝刀时,应按螺钉的规格选用合适的刀口,以小代大或以大代小均会损坏螺钉或电气元件。螺丝刀的正确使用方法如图 1.29 所示。

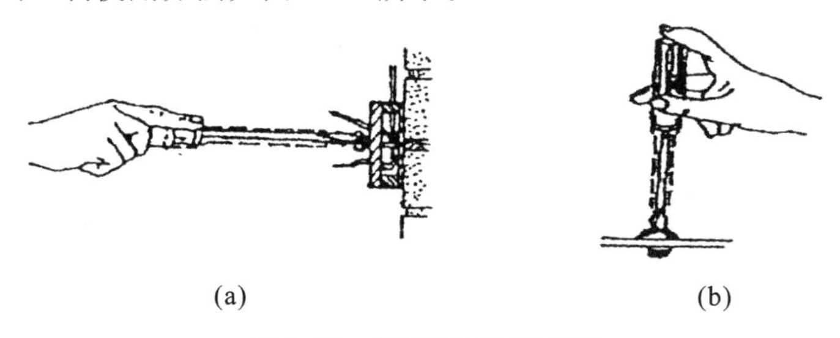

图 1.29　螺丝刀的正确使用

(a)大螺丝刀的使用;(b)小螺丝刀的使用

3. 钢丝钳

钢丝钳是电工用于剪切或夹持导线、金属丝、工件的常用钳类工具,其结构和用法如图 1.30所示。

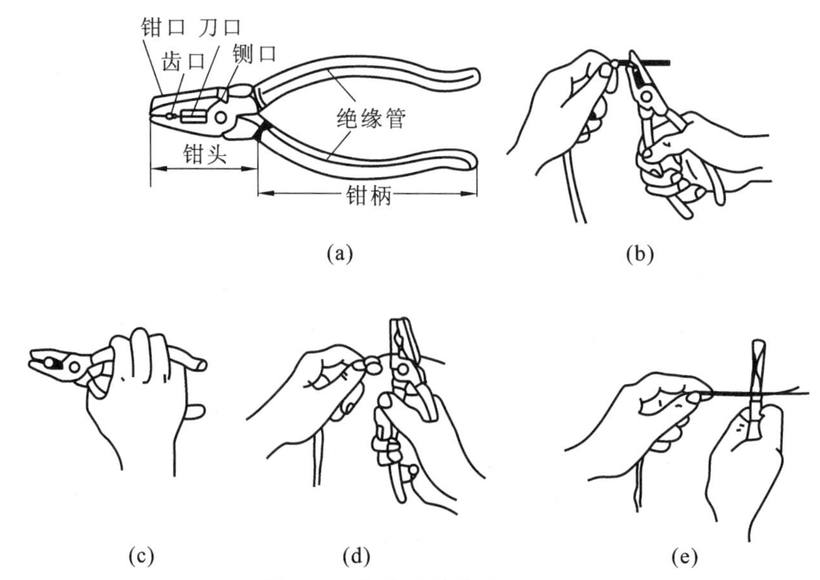

图 1.30　钢丝钳的构造和使用

(a)钢丝钳构造;(b)弯绞线头;(c)扳旋螺母;(d)切断电线;(e)削剥导线绝缘层

其中，钳口用于弯绞和钳夹线头或其他金属、非金属物体；齿口用于旋动螺钉螺母；刀口用于切断电线、起拔铁钉、削剥导线绝缘层等；铡口用于铡断硬度较大的金属丝，如钢丝、铁丝等。

钢丝钳规格较多，电工常用的有 175 mm、200 mm 两种。电工用钢丝钳柄部加有耐压 500 V 以上的塑料绝缘套。使用前应检查绝缘套是否完好，绝缘套破损的钢丝钳不能使用。在切断导线时，不得将相线或不同相位的相线同时在一个钳口处切断，以免发生短路。

属于钢丝钳类的常用工具还有尖嘴钳、断线钳等。

尖嘴钳——头部尖细，适用于在狭小空间操作。主要用于切断较小的导线、金属丝，夹持小螺钉、垫圈，并可将导线端头弯曲成型。如图 1.31 所示。

断线钳——又名斜口钳、偏嘴钳，专门用于剪断较粗的电线或其他金属丝，其柄部带有绝缘管套。如图 1.32 所示。

图 1.31　尖嘴钳

图 1.32　断线钳

4. 活络扳手

活络扳手的钳口可在规格范围内任意调整大小，用于旋动螺杆螺母，其结构如图 1.33(a)所示。

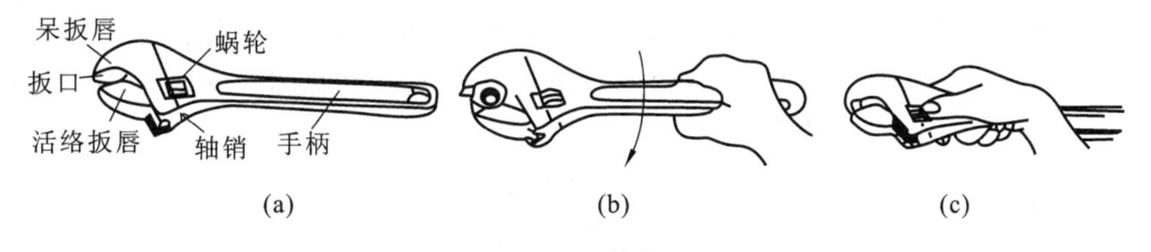

图 1.33　活络扳手

(a)构造；(b)扳大螺母握法；(c)扳较小螺母握法

活络扳手规格较多，电工常用的有 150 mm×19 mm、200 mm×24 mm、250 mm×30 mm 等，前一个数表示体长，后一个数表示扳口宽度。扳动较大螺杆螺母时，所用力矩较大，手应握在手柄尾部，如图 1.33(b)所示。扳动较小螺杆螺母时，为防止钳口处打滑，手可握在接近头部的位置，且用拇指调节和稳定螺杆，如图 1.33(c)所示。

使用活络扳手旋动螺杆螺母时，必须把工件的两侧平面夹牢，以免损坏螺杆螺母的棱角。使用活络扳手不能反方向用力，否则容易扳裂活络扳唇；不准用钢管套在手柄上作加力杆使用，不准用作撬棍撬重物，不准把扳手当手锤，否则将会对扳手造成损坏。

5. 电工刀

电工刀在电气操作中主要用于剖削导线绝缘层、削制木榫、切割木台缺口等。由于其刀柄处没有绝缘，不能用于带电操作。割削时刀口应朝外，以免伤手。剖削导线绝缘层时，刀面与导线成 45°倾斜切入，以免削伤线芯。电工刀的外形如图 1.34 所示。

图 1.34　电工刀

6. 镊子

镊子主要用于夹持导线线头、元器件、螺钉等小型工件或物品，多用不锈钢材料制成，弹性较强。常用类型有尖头镊子和宽口镊子，如图 1.35 所示。其中尖头镊子主要用于夹持较小物件，宽口镊子可夹持较大物件。

7. 剥线钳

剥线钳主要用于剥削直径在 6 mm 以下的塑料或橡胶绝缘导线的绝缘层，由钳头和手柄两部分组成，它的钳口工作部分有 0.5～3 mm 的多个不同孔径的切口，以便剥削不同规格的芯线绝缘层。剥线时，为了不损伤线芯，线头应放在大于线芯的切口上剥削。剥线钳外形如图 1.36所示。

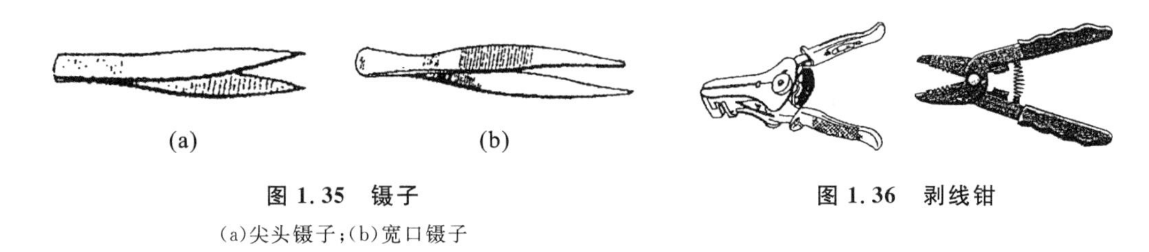

图 1.35　镊子

(a)尖头镊子；(b)宽口镊子

图 1.36　剥线钳

1.4.3　常用仪表

1. 万用表

(1) 万用表又称万能表，是一种多量程、多用途的电工测量仪器。一般的万用表可以测量交直流电路的电压、电流和电阻等，有的还可以测量电感、电容和晶体管参数。万用表的外形如图 1.37 所示。

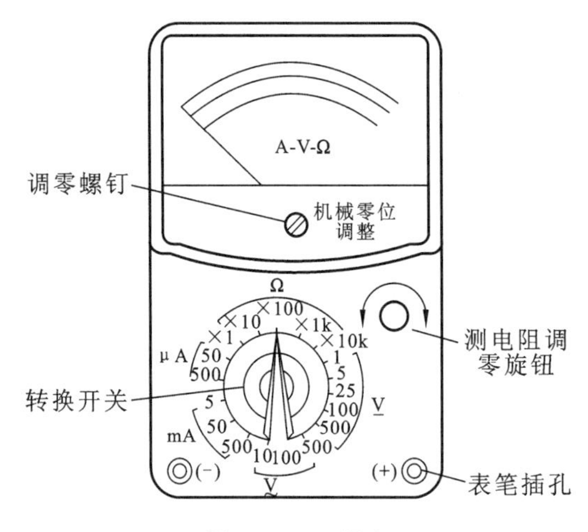

图 1.37　万用表

万用表有指针式万用表、数字式万用表、晶体管万用表等。目前已出现智能数字万用表，可以自动处理数据。

(2) 万用表的使用

① 测量电阻：转换开关旋到“Ω”内的适当量程。先将表棒搭在一起短路，使指针向右偏转，随即调整“Ω”调零旋钮，使指针恰好指到 0。然后将两根表棒分别接触被测电阻(或电路)

两端,读出指针在欧姆刻度线(第一条线)上的读数,再乘以该挡标的数字,就是所测电阻的阻值。例如用 R×100 挡测量电阻,指针指在 80,则所测得的电阻值为 80×100=8 k。由于"Ω"刻度线左部读数较密,难以看准,所以测量时应选择适当的欧姆挡。使指针在刻度线的中部或右部,这样读数比较清楚、准确。每次换挡,都应重新将两根表棒短接,重新调整指针到零位,才能测准。

② 测量直流电压:测量直流电压之前,先用螺丝刀在表头"调零螺钉"上慢慢把指针调到零位,然后再进行测量。首先估计一下被测电压的大小,然后将转换开关拨至适当的"V"量程,将红表棒接被测电压"+"端,黑表棒接被测电压"-"端。然后根据该挡量程数字与标直流符号"DC"刻度线(第二条线)上的指针所指数字,读出被测电压的大小。如用 300 V 挡测量,可以直接读 0~300 V 的指示数值。如用 30 V 挡测量,只须将刻度线上 300 这个数字去掉一个"0",看成是 30,再依次将 200、100 等数字看成是 20、10,即可直接读出指针指示数值。例如,用 30 V 挡测量直流电压,指针指在 15,则所测得电压为 1.5 V。

③ 测量直流电流:先估计一下被测电流的大小,然后将转换开关拨至合适的"mA"量程。再把万用表串接在电路中,同时观察标有直流符号"DC"的刻度线。如电流量程选在 3 mA 挡,这时,应把表面刻度线上 300 的数字,去掉两个"0",看成 3,又依次把 200、100 看成是 2、1,这样就可以读出被测电流数值。例如用直流 3 mA 挡测量直流电流,指针在 100,则电流为 1 mA。

④ 测量交流电压:测量交流电压的方法与测量直流电压相似,所不同的是因交流电没有正、负之分,所以测量交流电压时,表棒也就无须分正、负。读数方法与上述的测量直流电压的读法一样,只是数字应看标有交流符号"AC"的刻度线上的指针位置。

2. 钳形电流表

钳形电流表分为机械式和数字式两种,如图 1.38 所示。图 1.38(a)为机械式钳形电流表,图 1.38(b)为数字式钳形电流表。其用途是在不断电的情况下,直接测量电路中的交直流电流。其使用方法和注意事项如下:

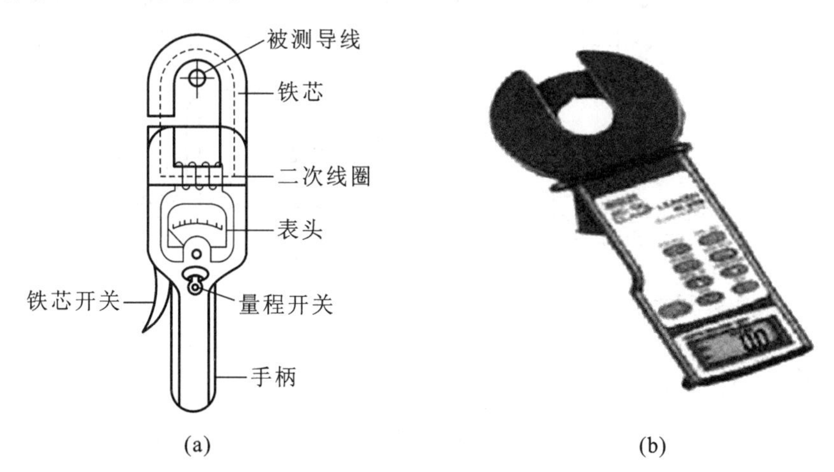

图 1.38　钳形电流表

(a)机械式钳形电流表;(b)数字式钳形电流表

(1) 使用前应仔细阅读说明书,弄清是交流还是交直流两用。

(2) 被测电路电压不能超过钳形表上所标明的数值,否则容易造成接地事故,或者引起触电危险。

(3) 每次只能测量一相导线的电流,被测导线应置于钳形窗口中央,不可以将多相导线都夹入窗口测量。

(4) 钳形表测量前应先估计被测电流的大小,再决定用哪一量程。若无法估计,可先用最大量程挡,然后适当换小些,以准确读数。不能使用小电流挡去测量大电流,以防损坏仪表。

(5) 钳口在测量时闭合要紧密,闭合后如有杂音,可打开钳口重合一次,若杂音仍不能消除时,应检查磁路上各接合面是否光洁,有尘污时要擦拭干净。

(6) 由于钳形电流表本身精度较低,在测量小电流时,可采用下述方法:先将被测电路的导线绕几圈,再放进钳形表的钳口内进行测量。此时钳形表所指示的电流值并非被测量的实际值,实际电流应当为钳形表的读数除以导线缠绕的圈数。

(7) 维修时不要带电操作,以防触电。

(8) 测量完毕,将量程开关旋到最大量程处,以免下次使用时不慎过流,并应保存在干燥的室内。

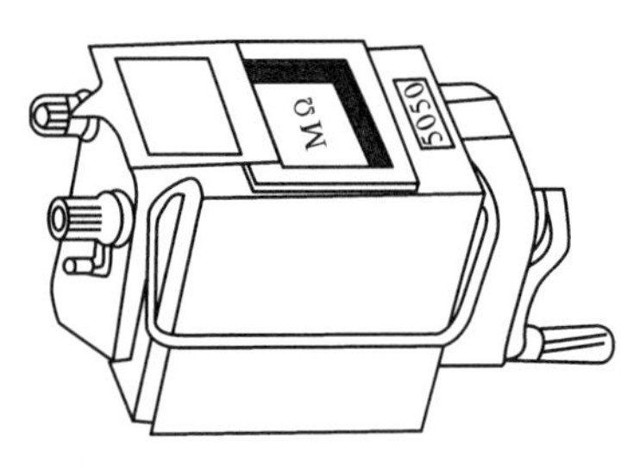

图 1.39　兆欧表外形

3. 兆欧表

兆欧表俗称摇表,是专门用来测量大电阻和绝缘电阻的仪表。它的计量单位是 MΩ,量程范围在几兆欧到几百兆欧之间。

(1) 兆欧表的分类

有手摇发电机式、晶体管式,其工作原理都相同,常用的普通兆欧表外形如图 1.39 所示。

(2) 兆欧表的用途

兆欧表可以测量照明或电力线路的绝缘电阻,接线如图 1.40(a)所示;电动机绕组的绝缘电阻接线如图 1.40(b)所示;电缆的线芯与外壳的绝缘电阻,接线如图 1.40(c)所示。

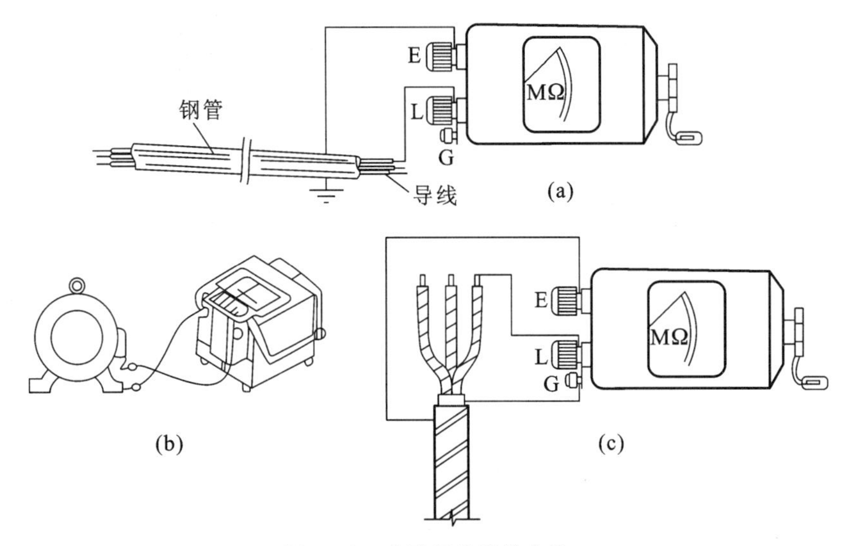

图 1.40　兆欧表的接线方法

(a)测量线路的绝缘电阻;(b)测量电动机的绝缘电阻;(c)测量电缆的绝缘电阻

(3) 兆欧表的使用应注意以下几点：

① 正确选择其电压和测量范围。50～380 V 的用电设备检查绝缘情况，可选用 500 V 兆欧表。

② 选用兆欧表外接导线时，应选用单根的多股铜导线，不能用双股绝缘线。绝缘强度要在 500 V 以上，否则会影响测量的准确度。

③ 测量前必须将被测设备电源切断，并对地短路放电，绝不允许设备带电进行测量，以保证人身和设备的安全。

④ 被测物表面要清洁，以减少接触电阻，确保测量结果的正确性。

⑤ 测量前要检查兆欧表是否处于正常工作状态，主要检查其"0"和"∞"两点。即摇动手柄，使电机达到额定转速，兆欧表在短路时应指在"0"位置，开路时应指在"∞"位置。

⑥ 兆欧表使用时应放在平稳、牢固的地方，且远离大的外电流导体和外磁场。

⑦ 在测量电容器的绝缘电阻时须注意：电容器的耐压必须大于兆欧表发出的电压值。测量完毕后，应先取下摇表线再停止摇动摇把，以防已充电的电容器向摇表放电而损坏仪表。测完的电容器要用电阻进行放电。

⑧ 做好上述准备工作后就可以进行测量了。在测量时，还要注意兆欧表的正确接线，否则将引起不必要的误差甚至错误。兆欧表的接线柱共有三个：一个为"L"即线端，一个为"E"即地端，再一个为"G"即屏蔽端(也叫保护环)。一般被测绝缘电阻都接在"L"、"E"端之间，但当被测绝缘体表面漏电严重时，必须将被测物的屏蔽环或不须测量的部分与"G"端相连接。特别应该注意的是，测量电缆线芯和外表之间的绝缘电阻时，一定要接好屏蔽端钮"G"，因为当空气湿度大或电缆绝缘体表面不干净时，其表面的漏电电流将很大。为防止被测物因漏电而对其内部绝缘测量所造成的影响，一般在电缆外表加一个金属屏蔽环，与兆欧表的"G"端相连。当用兆欧表摇测电器设备的绝缘电阻时，一定要注意"L"和"E"端不能接反。正确的接法是："L"线端钮接被测设备导体，"E"地端钮接接地的设备外壳，"G"屏蔽端接被测设备的绝缘部分。当"L"与"E"接反时，"E"对地的绝缘电阻同被测绝缘电阻并联，而使测量结果偏小，会给测量带来较大误差。

⑨ 线路接好后，按顺时针方向摇动兆欧表摇把，转速由慢逐渐加快，一般达 120 r/min，大约 1 min 以后转速稳定，同时表针也稳定下来，即可读数。测量时，不要用手触摸被测物及兆欧表接线柱，以防触电。如果被测电气设备短路，表针摆动到"0"时，应停止摇动摇把，以免兆欧表过流发热而被烧坏。

⑩ 使用兆欧表测试完毕后也应对电气设备和兆欧表进行一次放电。

4. 电度表

电度表俗称电表，接在电路中可以累计测量某段时间内负载所消耗的电能。其计量单位为：有功电度表为 kW·h(俗称度)，无功电度表为 kvar·h。

(1) 电度表分类：有感应式电度表、电子式电度表、单相电度表、三相电度表、有功电度表、无功电度表。

(2) 感应式电度表的使用。感应式电度表是利用电磁感应原理工作的，根据通电线圈在某段时间内旋转的圈数来确定所消耗的电能。单相感应式电度表的外形如图 1.41(a)所示，单相电子式预付费电度表的外形如图 1.41(b)所示。

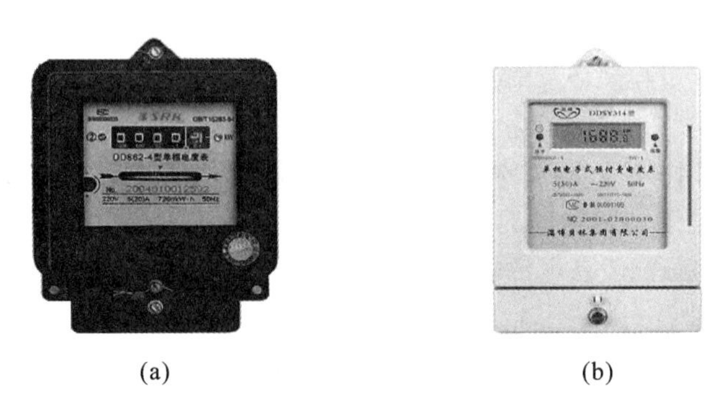

(a)　(b)

图 1.41　电度表外形

(a)单相感应式电度表;(b)单相电子式预付费电度表

(3) 单相电度表接线

单相电度表外形如图 1.42(a)所示,接线如图 1.42(b)所示,三相电度表接线如图 1.43 所示。

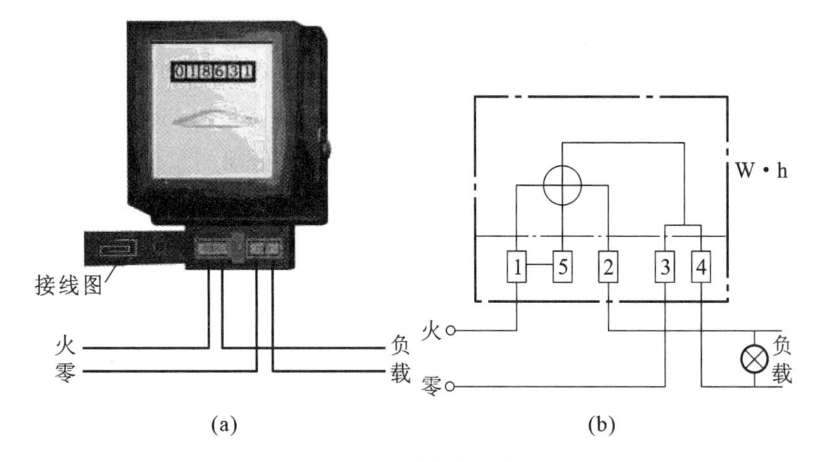

(a)　(b)

图 1.42　单相电度表

(a)外形图;(b)接线图

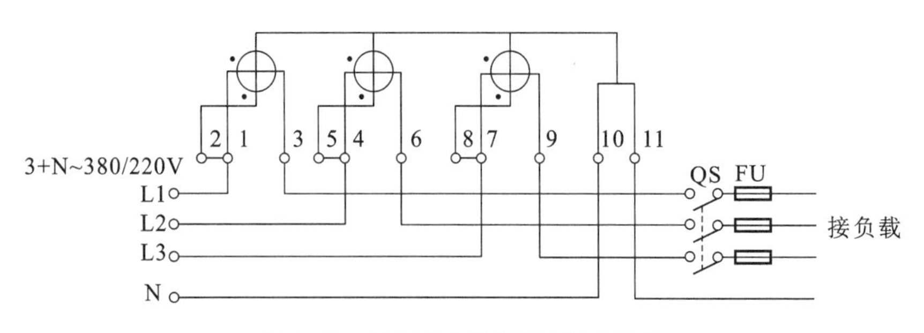

图 1.43　三相有功电度表直接式接线

5. 电子式预付费电度表

单相电路中常用感应式有功电度表,现在为了便于管理,已使用电子式预付费有功电度表,如图 1.41(b)所示。用户预先到供电部门购买一定的电量(IC 卡),使用时将 IC 卡插入电度表插孔,电路即通,电度表开始工作,再取出 IC 卡保存好。当电费用完时,电度表自动断电,直到再次购买电量后插入IC卡，才可恢复供电。实现了用户预先购电，一卡对一表，在其他表上不起作用，将电能转化为商品。

习 题

一、思考题

1. 电路在负载状态时，负载消耗的功率是电源产生的功率吗？
2. 当几个电阻串联接在外电路中时，各个电阻的电压、电流、功率如何？它们之间有什么关系？
3. 当几个电阻并联接在外电路中时，各个电阻的电压、电流、功率如何？它们之间有什么关系？
4. 正弦交流电的有效值220 V所对应的最大值是多少？为什么交流电比直流电危险性更大？
5. 什么情况下，三相负载应采用星形连接？什么情况下，三相负载应采用三角形连接？

二、填空题

1. 电路一般由________、________、________三部分组成。

2. 电流的方向习惯上规定为________运动的方向。在金属导体中，电流的方向与自由电子定向移动的方向________。

3. 电动势的方向规定__________，电压的方向规定________________。

4. 电路的工作状态有__________、__________、____________三种。

5. 功率是用来表示消耗电能的____的物理量，用______表示，它的单位是______，简称________，符号是______。

6. 用欧姆定律测量电阻的阻值时，电压表的内阻越________越好，电流表的内阻越__________越好。

7. 在全电路中，电源的电动势等于__________电压降之和。

8. 100 W的电灯泡工作10 h，消耗的电能为__________kW·h。

9. 流过电阻的电流与该电阻____________成正比，与__________成反比。

10. 正弦交流电的三要素是__________、__________、____________。

11. 一个正弦交流电，其电流的有效值为10 A，角频率为314，初相位是45°，写出此交流电电流的解析式：______________。

12. 三相四线制是由__________和________所组成的供电系统，其中相电压是指____________间的电压，线电压是指__________间的电压，且$U_l=$__________U_p。

13. 当负载的额定电压为三相电源线电压的1/3时，负载应采用__________；当负载的额定电压等于三相电源线电压时，负载应采用__________。

14. 三相不对称负载作星形连接时，中性线的作用是使负载相电压等于电源________，从而保证三相负载电压总是__________，使各相负载正常工作。

15. 在负载作星形连接时，若三相负载对称，则中性线电流为__________，可采用______________供电。若三相负载不对称，则中性线电流不为__________，只能采用______________供电。

三、判断题

1. 当外电路开路时，电源的端电压等于零。 (　　)
2. 当电路在短路状态时，电源的内阻的压降为零。 (　　)
3. 照明电路中的灯开得越多，总的负载电阻越大，消耗的功率也越多。 (　　)
4. 把两个“220 V,60 W”的灯泡串联接在端电压为220 V的电路两端，两个灯泡都能正常工作。(　　)
5. 把两个“220 V,60 W”的灯泡并联接在端电压为220 V的电路两端，两个灯泡都能正常工作。(　　)
6. 在闭合电路中，负载电阻增大，则端电压也增大。 (　　)
7. 根据欧姆定律，可以看出电阻的阻值大小与加在它两端的电压成正比，与流过它的电流成反比。 (　　)

8. 一个用电器功率的大小等于它在 1 h 内所消耗的电能。　(　)

9. 通常交流电的有效值就是其在一个周期内的平均值。　(　)

10. 两个不同频率的正弦量可以用向量来求它们的和。　(　)

11. 在纯电感电路中，电压超前电流90°。　(　)

12. 电阻、电感和电容都是有功元件，都要消耗电能。　(　)

13. 无功功率表示电路与电源互换电能的能力。　(　)

14. 三相四线制中性线上的电流是三相电流之和，因此中性线上的电流一定大于每根相线上的电流。　(　)

四、计算题

1. 一个正弦交流电的频率是 50 Hz，有效值是 5 A，初相角是 $-\pi/2$，写出它的表达式。

2. 在一个 R-L-C 串联电路中，已知电阻为 8 Ω，感抗为 10 Ω，容抗为 4 Ω，电路的端电压为 220 V，求电路中的总阻抗、电流、各元件两端的电压及有功功率、无功功率和视在功率。

3. 某变电所输出的电压为 220 V，额定视在功率为 220 kV · A，如果给电压为 220 V，功率因数为 0.75，额定功率为 33 kW 的单位供电，问能供给几个这样的单位？若把功率因数提高到 0.9，又能供给几个这样的单位？

4. 三相对称负载作星形连接，接入三相四线制对称电源，电源线电压为 380 V，每相负载的电阻为 60 Ω，感抗为 80 Ω，求负载的相电压、相电流和线电流。

5. 一台三相异步电动机采用三角形连接，接入线电压为 380 V 的三相电源上，$P=7.5$ kW，$I=19$ A，求每相定子绕组的功率因数和阻抗。

五、作图题

1. 做出纯电阻电路，电阻、电感和电容串联在电路中，总电压与电流的相位关系图。

2. 画出正弦交流电 R-L-C 串联电路中的三个三角形，且写出功率因数的三个表达式。

单元 2　变压器与配电设备

1. 了解变压器的基本知识；
2. 了解特殊用途变压器及用途；
3. 掌握常用低压配电装置的安装及要求。

2.1　电力变压器

2.1.1　变压器概述

1. 变压器的用途与分类

变压器是一种将交流电压升高或降低并保持频率不变的静止电气设备。变压器除了可改变电压之外，还可改变电流、变换阻抗、改变相位、传输信号、测量电量等。可见，它是一种重要的电气设备。

变压器主要分为电力变压器和特殊变压器两大类。还有其他分类方法，如依用途不同分为：输配电用的电力变压器，冶炼用的电炉变压器，电解用的整流变压器，焊接用的电焊变压器，实验用的调压器，用于测量高电压、大电流的仪用变压器；依据变压器输入电源相数的不同分为：三相变压器，单相变压器；依据变压器输入、输出端电压高低的不同分为：升压变压器，降压变压器等。虽然种类繁多，电气性能和要求也互有差异，但基本结构和工作原理都大同小异。

2. 变压器的构造

变压器主要由铁芯、绕组、变压器器身及冷却装置四部分组成。另外还有绝缘套管、储油柜、瓦斯气体继电器、防爆管、放油阀等电器部件，如图 2.1 所示。

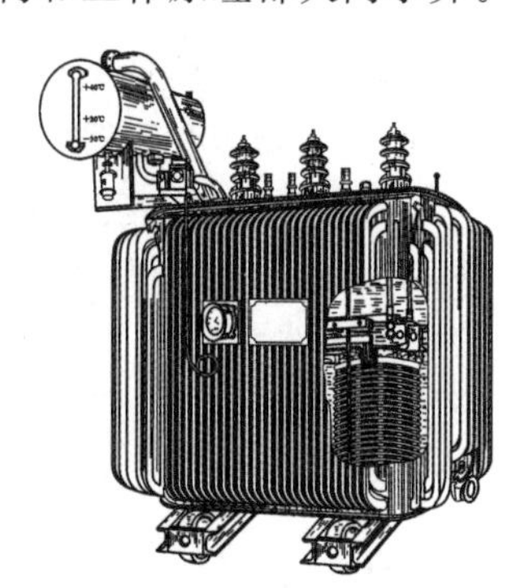

图 2.1　变压器构造

铁芯是变压器的磁路部分。铁芯上套有绕组，大部分磁力线通过铁芯形成闭合路径。为了减少磁滞损耗和涡流损耗，变压器铁芯通常用0.35 ～0.5 mm 的硅钢片叠压而成，硅钢片要涂绝缘漆，使片与片之间处于绝缘状态。

绕组是变压器的电路部分，通常用绝缘铜线或铝线绕制而成，与电源相连的绕组称为原绕组（原边），与负载相连的绕组称为副绕组（副边）。

变压器在工作过程中会产生许多热量，必须对变压器采取冷却散热措施。有采取空气自冷（干式）冷却方式，是依靠空气对流和辐射把热量散出去的；也可采用油浸式冷却方式，变压器的铁芯和绕组都浸在油箱里，为了增强散热效果，在变压器的箱壁上安装了许多散热管，使油通过管子循环，加强对流作用，促进变压器冷却。变压器油既是冷却介质，又是很好的绝缘材料。

为保证变压器正常工作，根据需要在变压器的顶部设有储油柜、防爆管、瓦斯气体继电器等部件，同时还装有分接开关，可以在空载时改变高压绕组的匝数，以调节输出电压的大小。

3. 变压器的工作原理

变压器是利用原、副绕组间的电磁感应来变换电压和传递能量的。原边与电源相连形成回路，副边与负载相连形成回路。它有两种运行方式：一种是副边开路，没有能量输出的空载运行；另一种是副边接上负载，有能量输出的有载运行。

变压器的副边处于开路时，当原边通入交变电压 U_1 后，原边中就有交变的空载电流 I_0 流过，并产生交变磁通 Φ，由于铁芯的磁导率远大于空气的磁导率，所以绝大部分磁通沿铁芯闭合，并且同时穿过原边和副边，称之为主磁通 Φ_m；还有很小的一部分磁通通过周围空气隙而闭合，称之为漏磁通，可忽略不计。

当交变的主磁通 Φ_m 穿过原、副边时，根据楞次定律，就在两个绕组中分别产生与电源频率 f 相同的感生电动势 E_1 和 E_2。原、副边感生电动势的有效值分别为：

$$\left.\begin{aligned}E_1 &= \frac{2\pi f N_1 \Phi_m}{\sqrt{2}} = 4.44 f N_1 \Phi_m \\ E_2 &= \frac{2\pi f N_2 \Phi_m}{\sqrt{2}} = 4.44 f N_2 \Phi_m\end{aligned}\right\} \tag{2.1}$$

式中　Φ_m—— 主磁通的最大值；

f—— 电源频率；

N_1—— 原绕组匝数；

N_2—— 副绕组匝数。

为了简化，常把漏磁通和其他损耗及绕组上电阻压降忽略不计（看作理想变压器）。便可认为原、副边的感生电动势的有效值 E_1、E_2 等于原、副边上电压降的有效值，即：

$$U_1 = E_1 = 4.44 f N_1 \Phi_m, \qquad U_2 = E_2 = 4.44 f N_2 \Phi_m$$

将原、副边感生电动势有效值 E_1、E_2 的比值称为变压器的变比 K。

$$K = \frac{U_1}{U_2} \approx \frac{E_1}{E_2} = \frac{N_1}{N_2} \tag{2.2}$$

若 $K < 1$，将低电压变为高电压，称之为升压变压器；反之，若 $K > 1$，将高电压变为低电压，称之为降压变压器。

当变压器副边接上负载时，副绕组中就有负载电流 I_2 流过。这时，变压器向负载输出电能。依能量守恒定律，副边向负载输出的电能越多，原边从电源输入的电能也就越多，这样，原边电流必然要增大。原边中的电流随负载电流的增加而增加、随负载电流的减小而减小。若忽略变压器的损耗，变压器输入的电能 P_1 和输出的电能 P_2 相等，即 $P_1 = P_2$。

又 ∵ $P_1 = I_1U_1 \quad P_2 = I_2U_2 \quad I_1U_1 = I_2U_2$

∴ $\dfrac{I_1}{I_2} = \dfrac{U_2}{U_1}$

原边电流与副边电流的关系为：

$$\frac{1}{K} = \frac{I_1}{I_2} \approx \frac{U_2}{U_1} = \frac{N_2}{N_1} \tag{2.3}$$

【例 2.1】 某单相变压器的电压为 220/36 V，副边接有两个 36 V、100 W 的白炽灯。若原边的匝数为 220 匝，求副绕组匝数；如果两个灯泡点亮时，原绕组、副绕组的电流各为多少？

【解】 根据 $\dfrac{U_1}{U_2} = \dfrac{N_1}{N_2}$

副绕组匝数为：$N_2 = N_1 \dfrac{U_2}{U_1} = 220 \times \dfrac{36}{220} = 36$(匝)

两个灯泡点亮时，副绕组的电流为：$I_2 = 2 \times \dfrac{P}{U_2} = 2 \times \dfrac{100}{36} = 5.6$(A)

变压器原绕组的电流为：$I_1 = I_2 \dfrac{U_2}{U_1} = 5.6 \times \dfrac{36}{220} = 0.92$(A)

4. 变压器的外特性

当加在原绕组上的电压 U_1 和负载的功率因数不变的情况下，把 U_2 和 I_2 的变化关系称为变压器的外特性，如图2.2所示。

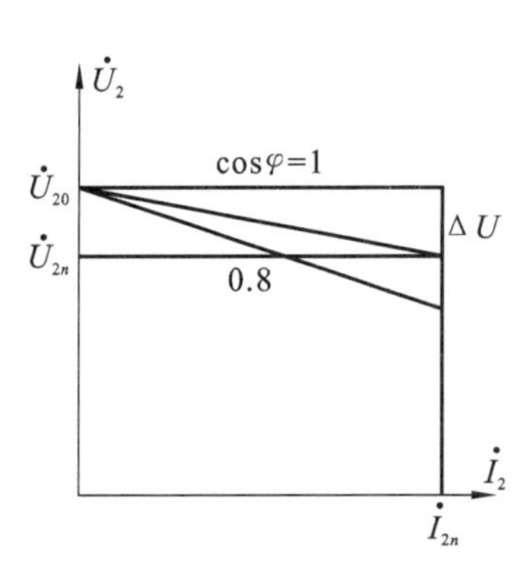

图2.2　变压器的外特性

对电阻性或电感性负载来说，当电源电压 U_1 不变时，如果副边的负载增加，副绕组电流 I_2 随之增加，副绕组中内部的阻抗压降都要增加，副绕组的端电压 U_2 随着降低，故变压器的外特性是一条稍微向下倾斜的曲线。其倾斜的程度随负载功率因数的不同而不同，功率因数越小，曲线倾斜越剧烈，副边输出电压波动就越大，从而影响设备的正常工作。

电压 U_2 随负载电流 I_2 变化的程度可用电压调整率来表示。电压调整率是指变压器从空载到额定负载时，副边电压变化的数值 ΔU 与空载运行时副边电压 U_{20} 的比值。

电压调整率 $\Delta U(\%)$：

$$\Delta U(\%) = \frac{\Delta U}{U_{20}} = \frac{U_{20} - U_2}{U_{20}} \tag{2.4}$$

式中　U_{20}——变压器空载时副边绕组的额定电压；

U_2——变压器带上负载时副边绕组的电压。

对负载而言，总希望电压愈稳定愈好，即 $\Delta U(\%)$ 愈小愈好。所以，在配电系统中常采用功率因数补偿器，提高功率因数来实现电压稳定。

5. 变压器的铭牌及主要参数

(1) 型号：变压器的型号由两部分构成，前一部分由汉语拼音字母组成，表示变压器的类别、结构特征和用途；后一部分由数字组成，表示变压器的容量和高压侧的电压。变压器的型号标注如图2.3所示。

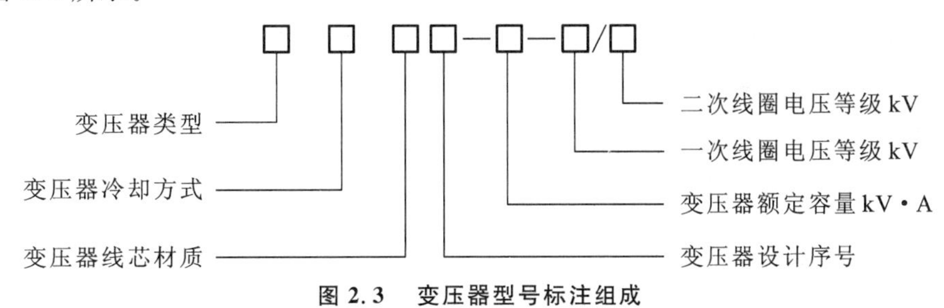

图2.3　变压器型号标注组成

(2) 额定电压：原边额定电压 U_{1n} 指正常运行时加在原绕组上的电压；副边额定电压 U_{2n} 指原绕组加上额定电压后副绕组两端的空载电压。在三相变压器中指的都是线电压，单位为kV。

(3) 额定电流：原、副边额定电流 I_{1n}、I_{2n} 指长期工作所允许通过的电流。在三相变压器中指的都是线电流，单位为 A。

(4) 额定容量：指额定条件下副边输出的视在功率 S_n，单位为 kV · A。S_n 反映了变压器带负载能力，而实际输出功率的大小取决于负载的大小和性质。

(5) 额定频率：指运行时所允许的外加电源频率 f_n，额定频率不同的变压器是不能换用的。

(6) 阻抗压降：阻抗压降 U_{kk} 是指副边短路，原边施加电压使副边短路电流慢慢升高到额定值时，原边所加电压的数值。通常以额定电压的百分数表示，一般为 5% ～ 10%。阻抗电压是考虑短路电流和继电保护特性的依据，又是变压器并联运行时必须满足的条件。

(7) 额定温升：是变压器在额定状态下运行时，允许内部温度超过周围环境温度的数值。它取决于变压器所用绝缘材料的等级。

(8) 连接组：连接组决定了高低压线圈间的电压相位关系。变压器并联运行时连接组别必须相同。

6. 变压器的选型和安全使用

(1) 变压器的选型原则

① 优先选用节能型产品：一般场合优先选用油浸式 S9 系列及其派生产品，特殊场合应优先选用干式 SC8 系列及其派生产品。S9 和 S7 相比虽价格高，但其空载损耗平均降低 8%，负载损耗平均降低 25%，节能效果显著。

② 满足防火防爆的特殊要求：环氧树脂浇注型干式变压器是目前大量采用的具有防潮防火防爆功能的变压器，常用于高层建筑和易燃易爆场所。它没有外壳，绕组直接暴露在外，通过浇注环氧树脂，把高、低压绕组浇注成一体，既可绝缘，又可耐潮湿、耐腐蚀，但冷却效果要差些。

③ 适当选取变压器的容量：通过负荷计算，正确选取变压器的容量，使负载能正常工作。

(2) 变压器的安全使用

① 变压器的安装要符合有关规范的规定。

② 严禁变压器长时间超载运行，以免损坏变压器。

③ 认真做好对变压器的日常巡视和检查：如检查变压器运行的声音是否正常。若声音是均匀的“嗡嗡”声，说明运行正常；若声音突然加重且发生震动，说明有短路发生；若内部有“劈啪”的放电声，应迅速停电检修；若内部有“沙沙”声，可能是铁芯紧固件松动造成的；若出线端有“吱吱”的放电声，说明绝缘套管外部不清洁或有裂纹，应擦拭或更换，等等。

检查变压器油枕的油位高低，是否有漏油迹象，并做到及时加油。油温指示器的指示温度一般不应超过 95 ℃(在环境温度为 40 ℃ 的条件下)。

2.1.2 电力变压器安装

1. 变电所的安装形式

按电力变压器安装位置的不同分为室内和室外安装。室内安装是将变压器和配电装置安装在建筑物内，其特点是变电所较接近用电负荷的中心，维护方便，受气候条件及环境因素影响小，但投资较高。一般变压器的容量在 315 kV · A 以上的，大都采用室内安装方式。

室外安装是将变压器和配电装置安装在室外，最简单的室外变电所就是将变压器安放在室外电杆上或台墩上。

在建筑施工现场,由于个别设备容量较大(如塔式起重机),启动时对低压电网会有较大的影响,故现场一般都设有独立的变压器。其作用就是将 10 kV 的高压市电,降低到用电设备的额定电压 380/220 V。因这种用电属于临时供电,为了节约投资,在计算负荷在 315 kV·A 以下的情况下,均采用室外杆上变电所,其特点是投资小、通风散热好。主要设备有降压变压器、高压开关(跌落式熔断器)、低压开关、测量仪表、避雷装置、继电保护装置等。

2. 现场临时供电变压器位置的选择

在绘制施工现场临时供电平面图时,要合理地选择变电所的位置。确定变电所的位置应遵循以下原则:

① 变电所要尽量靠近高压电源、尽量靠近负荷中心,这样可缩短输电距离,降低线路电压损失,减少维护工作量,从而节省现场临电投资与日常运行费用。

② 变电所应选择在地势较高而又干燥的地方,应符合防火、防爆、防尘和防潮等要求,同时要有利于变压器的装卸运输,易于安装。

③ 为保障安全,防止人身触电事故的发生,变电所要远离交通要道和人畜活动频繁的地方。

2.1.3　特殊用途变压器

1. 仪用变压器(仪用互感器)

它是在测量交流电路中高电压、大电流时,为了保障安全,扩大测量仪表的量程范围使用的一种变压器。仪用互感器又分为电压互感器、电流互感器两种。

(1) 电压互感器

这是一种专用降压变压器,测量时,原边与被测高压电网相连且电压等级一致。副边与电压表相连,副边电压统一设计成 100 V 的标准值,当它与电压表配套使用时,可从电压表刻度上直接读出被测高压电数值。常用的额定电压比有 3000/100,6000/100,10000/100 等。其工作原理如图 2.4 所示。

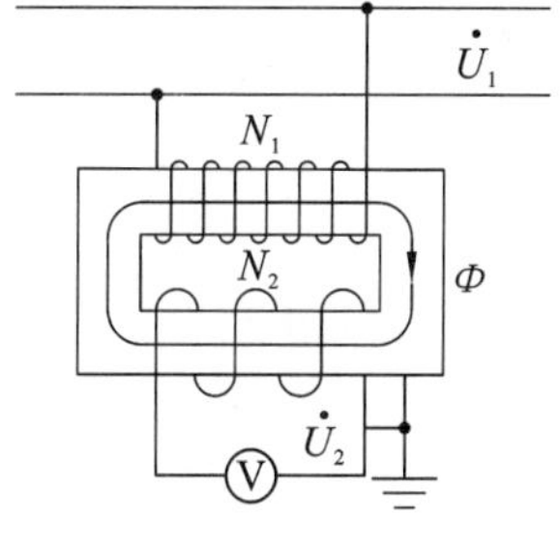

图 2.4　电压互感器工作原理图

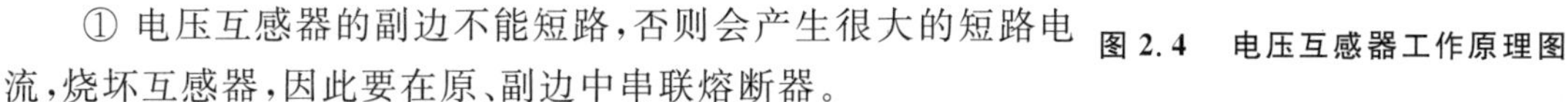

电压互感器在使用过程中应该注意以下几点:

① 电压互感器的副边不能短路,否则会产生很大的短路电流,烧坏互感器,因此要在原、副边中串联熔断器。

② 电压互感器的铁壳和副边都要可靠接地。若绕组间的绝缘损坏时,可以防止与电压互感器连接的测量仪表对地出现高电压,从而保护人身和设备的安全。

③ 电压互感器副边中串入的阻抗值不能太小,即不能并联太多的电压表,否则会降低测量精度。

(2) 电流互感器

电流互感器的原边导线粗、匝数少,副边导线细、匝数多,是把大电流转换为小电流的一种升压变压器,工作原理如图 2.5 所示。测量时,原边串联在被测电路中,其电流与被测电路电流的大小相一致。副边与电流表相连,副边电流统一设计成 5 A 的标准值,当它与电流表配套使用时,可从电流表刻度上直接读出被测电路的电流数值。常用的电流互感器的电流比有 10/5、20/5、30/5、40/5、50/5、75/5、110/5 等。

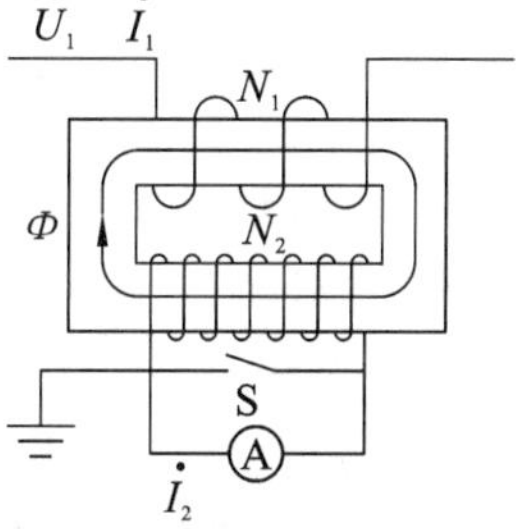

图 2.5　电流互感器工作原理图

电流互感器在使用过程中应该注意以下几点：

① 电流互感器的副边不能开路，否则会在副边中产生一个高电压，击穿绕组绝缘，烧坏电流互感器。

② 电流互感器的铁壳和副边都要可靠接地。

③ 电流互感器的副边中串入的阻抗值不能超过有关标准。即不能串联太多的电流表，否则会降低测量精度。

2. 电焊变压器

这是交流电焊机中的一个重要组成部分，在结构上不同于一般的电力变压器。从变压器的外特性来分析，电力变压器外特性曲线比较平缓，当负载发生变化时，副边两端的输出电压变化是愈小愈好；对于电焊变压器，要求空载时应有足够的电压(60 ～ 75 V)，以保证电极间产生电弧，一旦引弧完毕开始焊接时，焊接电流增大，而副边电压要求迅速下降(约为 30 V)，只要能维持电弧即可。所以，电焊变压器的外特性曲线是比较陡的，如图 2.6 所示。

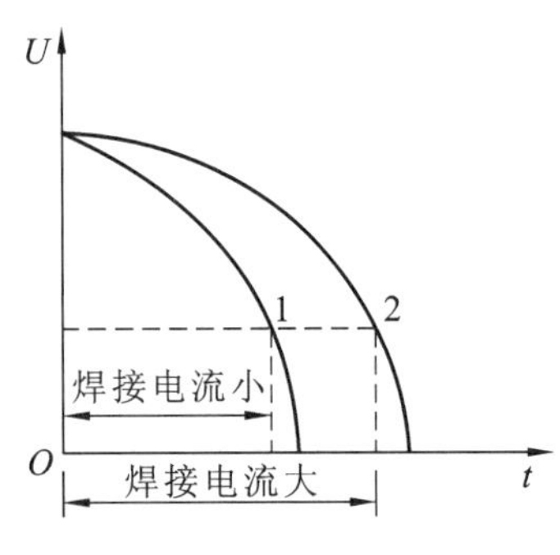

图 2.6 电焊变压器外特性

当电焊机在工作时，焊条与焊件间的电弧相当于一个电阻，它的压降为 30 V 左右。当两者间的距离变化，而使电弧的长度发生变化时，电弧电压降沿着外特性曲线发生变化。由于外特性曲线比较陡，电压发生变化时，焊接电流的变化并不显著，从而使电弧比较稳定，以满足电焊的特殊要求。

为使电焊变压器具有陡降的外特性，需在其副边的电路中串联一个电抗可以调节的铁芯电抗器。当变压器处于空载时，由于副边无电流通过，电抗器将不起作用，保证焊条与焊件之间有足够的引弧电压；在焊接过程中，副边电路有焊接电流，由于电抗器存在较大的阻抗，使工作电压能迅速下降，当焊条与焊件接触时，出现短路，由于电抗器阻抗的限制，使短路电流也不会太大。

为了适应不同材质的焊件和不同规格的焊条，调节电抗器两块铁芯之间的距离，焊接电流的大小就会发生变化。当增大两铁芯之间的距离，即增大空气隙时，由于漏磁通增加，电抗器的电感和感抗要随之减少，电流就会增大；反之，可使焊接电流减少。一般在电焊机外部安装了一个摇柄，就是用来调节电流用的。

2.2 低 压 电 器

2.2.1 常用低压电气设备

低压电气设备指工作电压在 1000 V 以下的电气设备，主要应用于对线路进行切换、控制、保护、调节、检测。

1. 刀开关

这是最简单的手动控制电器，用在不需要频繁接通或断开的电路中。根据刀开关构造的不同，可分为多种类型。常用型号有 HD、HS、HK 系列。低压刀开关型号含义如下：

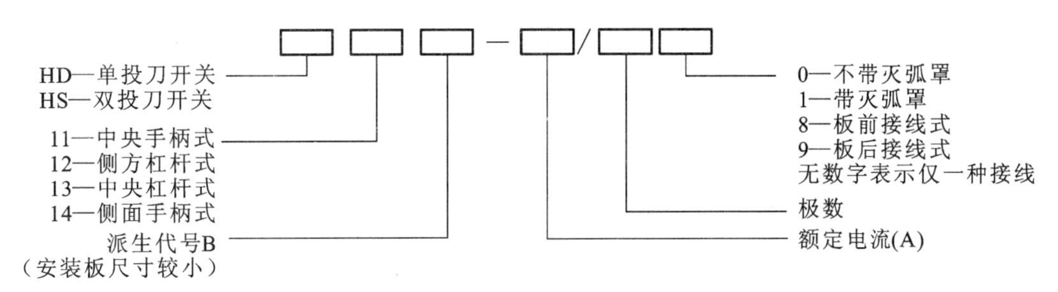

（1）胶盖开关

胶盖开关由操作手柄、刀刃、刀夹和绝缘底座组成，内装有熔丝。它的容量小，没有灭弧能力。广泛应用于照明电路和容量小于 3 kW 的电机电路，还可作电源的隔离开关使用。

胶盖采用优质绝缘材料，硬度好、耐高温。胶盖里面有槽，以分隔电弧。若无胶盖则各相间没有绝缘物隔开，熔丝熔断时产生的电弧能引起相间短路；另外，电弧引起的飞溅没有遮挡，会威胁人的安全。

一般情况下，开关要求垂直安装，上接电源，不能倒装，否则手柄可能因自重而落下引起误合闸，造成人员和设备的损伤。户外装设的胶盖开关应有防雨装置。操作动作要迅速，拉闸时要一拉到底，以利于灭弧。

（2）铁壳开关（封闭式负荷开关）

铁壳开关由刀开关、熔断器组成，装在有钢板防护的铁壳内。开关内装有速断弹簧，手柄由合闸位置转向分断位置的过程中将弹簧拉紧，当弹簧拉力克服与夹座之间的摩擦力时，闸刀很快与夹座脱离，电弧被迅速拉长而熄灭，电源也迅速被切断。

为了使用安全，铁壳开关内还装有联锁装置，保证开关在闭合时，盖子不能打开。

（3）隔离开关

隔离开关由动触头（活动刀刃）、静触头（固定触头或刀嘴）组成，动、静触头由绝缘子支撑，绝缘子安装在底板上，底板用螺丝固定在墙或构架上。

隔离开关主要用于保证电气设备检修工作的安全。在需要检修的部分和其他带电部分之间，用它构成足够大的绝缘间隔。但它没有灭弧装置，不能断开负荷电流和短路电流。只能用来切断电压，不能切断电流。隔离开关须安装在施工现场临时用电的低压配电箱中。

2. 熔断器

这是一种最简单的保护电器，它可以实现短路保护。由于结构简单、体积小、重量轻、维护简单、价格低廉，串联在被保护的电路中，应用很广泛。熔断器由熔体和安装装置组成，熔体由熔点较低的金属如铅锡合金等制成。当流过的电流足够大、时间足够长时，由于电流的热效应，熔体便会熔断而切断电源。

（1）瓷插式熔断器

瓷插式熔断器灭弧能力差，极限分断能力较低，且所用熔丝的熔化特性不很稳定，适用于负载不大的照明电路，或小功率的电动机的短路保护。RC1A 是目前广泛使用的系列产品，瓷插式熔断器的外形结构及符号，如图 2.7 所示。

（2）螺旋式熔断器

图 2.8 是 RL 型螺旋式熔断器的外形结构图。熔断管中除装有熔丝外，熔丝周围还填满了石英砂，作灭弧用；熔断管的一端有小红点，当熔体熔断时，小红点变色脱落，表明熔丝已被熔

断。安装时将熔断管有红点的一端插入瓷帽，然后一起旋入插座。

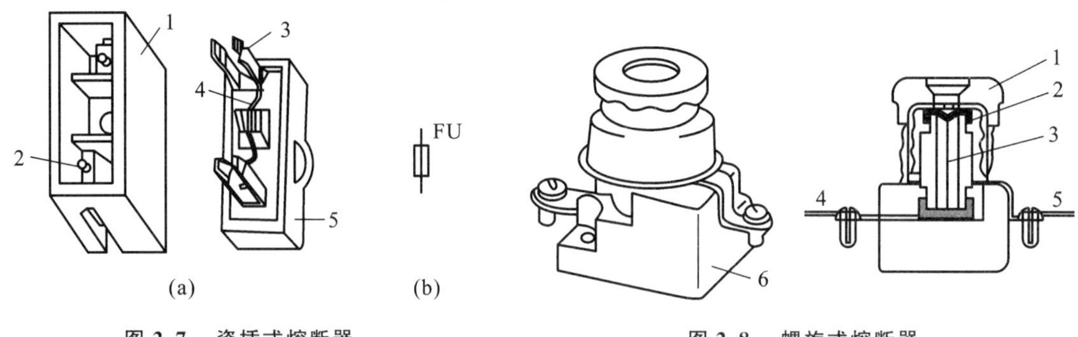

图 2.7　瓷插式熔断器

(a) 外形结构；(b) 符号

1— 底座；2— 静触头；3— 动触头；4— 熔丝；5— 瓷盖

图 2.8　螺旋式熔断器

1— 瓷帽；2— 熔断管；3— 熔丝；4— 上接线端；

5— 下接线端；6— 座子

使用时，将用电设备的连接线接到金属螺丝壳的上接线端，电源线接在插座底的下接线端，以保证在更换熔管时，瓷帽旋出后螺纹不带电。熔芯是一次性产品，价格也较高，该熔断器常用于配电柜中。

(3) 管式熔断器

管式熔断器有两种，一种是无填料密封管式熔断器，另一种是有填料密封管式熔断器。

① RM10 型无填料密封管式熔断器。它由纤维熔管、熔片和触头底座组成，其熔管和熔片的结构如图 2.9 所示。其熔片冲制成若干宽窄不一的变截面，在短路时，熔片的窄部首先熔断，过电压再击穿，又在窄处熔断，形成多段串联电弧，迅速拉长电弧，使电弧较易熄灭。

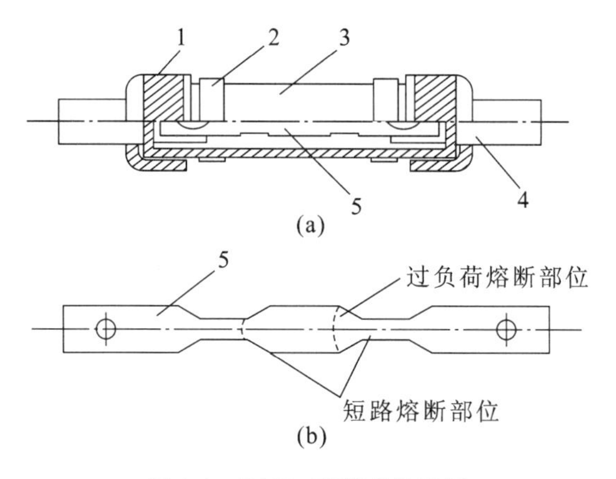

图 2.9　RM10 型管式熔断器

(a) 熔管；(b) 熔片

1— 铜管帽；2— 管夹；3— 纤维熔管；4— 触刀；5— 变截面锌熔片

② RTO 型有填料密封管式熔断器。RTO 型熔断器由瓷熔管、栅状铜熔体和触头底座等组成，RTO 型熔断器的栅状铜熔体具有引燃栅，由于等电位作用，可使熔体在短路电流通过时形成多根并联电弧。同时熔体又具有若干变截面小孔，可使熔体在短路电流通过时，在截面较小的小孔处熔断，从而又将长弧分割为多段短弧。因此这种熔断器的灭弧能力很强，具有“限流”特性。熔体熔断后，有红色的熔断指示器弹出，便于维护人员监视。

3. 低压断路器(自动空气断路器、空气开关)

低压断路器的特点:具有短路、过载、失压与欠压保护功能,在很多线路上替代了熔断器,故应用极为广泛。常用的有DZ、DW系列,新型号有C系列、S系列、K系列等。代号含义如下:

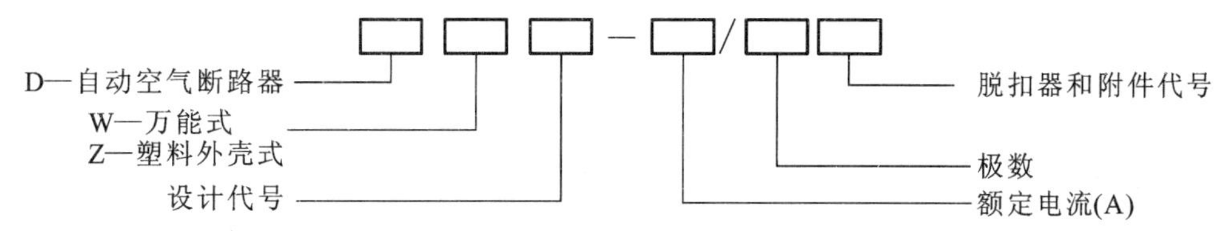

① DZ系列塑料外壳式断路器:此系列断路器动作迅速,工作安全可靠,在施工现场和城市建筑配电中应用较多。一般安装在没有强烈震动的地方(如配电箱内或配电屏上),以防止误动作。

② DW系列万能式断路器:具有框架式结构,所以又被称为框架式断路器。它灭弧能力较强,断流容量大,可以达到4000～5000 A;但由于操作机构复杂,动作稍慢,分断时间大于0.02 s。

③ C系列微型低压断路器:是建筑电气终端配电装置中使用最广泛的一种终端保护电器。包括单极、二极、三极、四极等。它的特点是:体积小,保护功能多,具有过载、短路及漏电保护。

4. 漏电保护开关

漏电保护开关由放大器、零序互感器和脱扣装置组成。它具有检测和判断漏电的能力,并在脱扣器的作用下跳闸,切断电路。它非常灵敏,可以在几十到几百毫安的漏电电流下动作。

工作原理:在设备正常运行时,主电路电流的相量和为零,零序互感器的铁芯无磁通,其二次侧没有电压输出。当设备发生单相接地或漏电时,由于主电路电流的相量和不再为零,零序互感器的铁芯有零序磁通,其二次侧有电压输出,经放大器放大后,输入给脱扣器,使断路器跳闸,切断故障电路,避免发生触电事故。需特别注意的是,安装漏电保护开关时,绝对不能接于保护零线上。

5. 按钮(按钮开关、控制按钮)

这是一种结构简单、专门接通或断开小电流的控制电路的手动电器,由按钮帽、恢复弹簧、桥式动触头、静触头和外壳等组成。按钮根据静态时触头的分合状况分为三种:常开按钮(启动按钮)、常闭按钮(停止按钮)以及复合按钮(常开、常闭组合为一体的按钮)。

常态下常闭触头是闭合的,按下按钮时触头被断开;当松开按钮后,在复位弹簧的作用下,触头复位,又处于闭合状态。也就是说,当按下按钮帽时,先断开常闭触头(动断触头),然后再接通常开触头(动合触头);当松开按钮后,在恢复弹簧的作用下,常开触头先断开,常闭触头后接通。

6. 交流接触器

接触器在电气控制系统中的作用是自动地接通和分断负载线路,分为交流接触器和直流接触器两种。其中交流接触器具有控制容量大、可频繁操作、工作可靠、寿命长的特点,在控制电路中广泛应用。

交流接触器由电磁机构、触头系统、灭弧装置三部分构成。电磁机构由励磁线圈、铁芯、衔铁组成。触头根据通过电流大小的不同分为:接在主电路中,用来通断大电流的主触头;接在控制电路中,用来控制小电流的辅助触头。触头根据自身特点的不同还可以分为常开与常闭触头。当励磁线圈不带电,电磁机构未动作时,若触点是断开的,称为常开触头;反之,触点是闭合的,称为常闭触头。

当励磁线圈通入单相交流电时，铁芯产生电磁吸力，弹簧被压缩，衔铁吸合，带动动触头向下移动，使常闭触头先断开，常开触头后闭合。当励磁线圈失电时，电磁力消失，在弹簧弹力作用下，使触点位置复原，常开触头先断开，常闭触头后闭合。

7. 热继电器

热继电器是一种利用电流的热效应工作的过载保护电器，与交流接触器配合使用，可对电机作频繁启动并作过载保护。

热继电器在结构上主要分为三部分：第一部分是热元件，相当于一个电阻，串接在电动机主线路中；第二部分是触头系统，常闭触头接于电动机线路接触器线圈的控制电路中；第三部分是双金属片，受热变形产生驱动力推动触头系统动作。

当电动机在额定电流下运行时，加热元件虽有电流通过，但因电流不大，它仍处于闭合状态。当电动机过载后，热继电器的电流增大，经过一定时间后，发热元件产生的热量使双金属片遇热膨胀并弯曲，推动导板移动，导板又推动温度补偿双金属片与推杆，使动触头与静触头分开，使电动机的控制回路断电，切断电动机的电源，起到保护作用。

2.2.2 常用低压电气设备的选择

1. 刀开关的选择

主要根据电源类别、电压等级、电动机容量、所需极数及使用场合来选用。要满足额定电压和额定电流的要求，并按线路短路时的电动稳定和热稳定进行校验。

刀开关安装在额定电压不超过 500 V 的线路上，通过刀开关的额定电流应大于线路的计算电流，若刀开关控制电动机时，由于电动机的启动电流很大，刀开关的额定电流要比电动机的额定电流大一些，其额定电流应不小于电动机额定电流的三倍。

2. 组合开关的选择

组合开关主要用作电源引入，又称电源隔离开关，分为保护式、普通板后接线式、普通板前接线式。开关箱内宜使用保护式或板后接线式(开关体装在开关箱电器安装板后，前面只有开关把)。使用组合开关时，必须配置熔断器等保护装置。

3. 熔断器的选择

选择的主要内容有熔断器的形式、熔体的额定熔断电流、熔体动作选择性配合，确定熔断器额定电压和额定电流的等级。应注意的是，熔体的额定熔断电流绝不能大于其底座的额定电流。

(1) 熔断器形式的确定

依据使用场合，电流、电压等级和周围环境确定。如工地配电箱、开关箱内常选用 RC1A 系列插入式熔断器，它具有结构简单、使用方便、价格便宜的特点，可代替已淘汰的 RC1 系列，也可使用 RM10 系列替代 RM1 系列。

(2) 熔断器熔体额定熔断电流的确定

熔体额定熔断电流 I_{Rn} 要满足以下条件：

① 熔体额定熔断电流 I_{Rn} 应不小于线路计算电流或设备额定电流 I_n，以使熔体在线路正常运行时不致熔断。

对电炉、照明等阻性负载的短路保护，熔体 $I_{Rn} \geqslant$ 负载 I_n；对单台电动机负载的短路保护，熔体的 I_{Rn} 与电动机 I_n 满足

$$I_{Rn} = (1.5 \sim 2.5) I_n$$

对多台电动机的短路保护，熔体 I_{Rn} 应满足：

$$I_{Rn} = (1.5 \sim 2.5) I_{n\max} + \sum I_n$$

式中　$I_{n\max}$—— 容量最大的一台电动机的额定电流；

$\sum I_n$—— 其他各台电动机额定电流的总和。

② 熔体额定熔断电流还应躲过线路的尖峰电流，以使熔体在线路出现正常的尖峰电流时也不致熔断。

对于单台电动机电路，熔体 I_{Rn} 与电动机的尖峰电流（启动电流）I_q 间应满足条件：

$$I_{Rn} \geqslant KI_q$$

K 为熔体选择计算系数，它的大小取决于电动机的启动状态和熔断器的特性；对于多台电动机电路的熔断器，熔体的额定电流 I_{Rn} 应满足以下关系：

$$I_{Rn} \geqslant KI_{qm} + \sum I_n$$

式中　I_{qm}—— 容量最大的一台电动机的启动电流；

$\sum I_n$—— 其他各台电动机额定电流的总和；

K—— 熔体选择计算系数。

当 I_{qm} 很小时，$K = 1$；当 I_{qm} 较大时，$K = 0.5 \sim 0.6$。

应说明的是：熔体的 I_{Rn} 选择，既要能够在线路过负荷时或短路时起到保护作用（熔断），又要在线路正常工作状态（包括正常的尖峰电流）下不动作（不熔断）。低压熔断器及熔体规格等级如表 2.1 所示。

表 2.1　各种常用类型低压熔断器及熔体规格等级表(380/220 V)

熔断器型号	熔断器额定电流(A)	熔体的额定电流(A)	熔断器型号	熔断器额定电流(A)	熔体的额定电流(A)
RC1A 瓷插式熔断器	10	2、4、6、10	RM10 无填料密封管式快速熔断器	15	6、10、15
	15	6、8、10、15		60	15、20、25、35、60
	30	15、20、25、30		100	50、60、80、100
	60	30、40、50、60		200	100、125、160、200
	100	50、60、80、100		350	200、225、260、300
	200	100、120、150、200		600	350、430、500、600
RL1 螺旋式熔断器	15	2、4、6、10、15	RTO 有填料密封管式熔断器	100	40、50、60、80、100
	60	20、25、30、35、40、50、60		200	100、120、150、200
				400	250、300、350、400
	100	50、60、80、100		600	450、500、550、600
	200	100、125、150、200		1000	700、800、900、1000

【例 2.2】　有一台 Y180L-8 型的三相异步电动机，其额定功率为 11 kW，额定电流为 25.1 A，启动电流倍数为 6，试确定熔断器熔体的额定电流。

【解】　考虑尖峰电流影响时，取 $K = 0.5$　$I_{Rn} = 0.5 \times 6 \times 25.1 = 75.3$ (A)

做短路保护时，取 $K = 2$，则熔断器熔体的额定电流为：$I_{Rn} = 2I_n = 2 \times 25.1 = 50.2$ (A)

取熔体的额定电流值为 80 A，取熔断器的额定电流值为 100 A。

(3) 熔体动作选择性配合

① 熔体熔断时间与启动设备动作时间的配合：当短路电流超过启动设备的极限遮断电流时，要求熔断器熔断时间小于启动设备的释放动作时间。即熔断器的熔体先于启动设备分断，以免损坏启动设备。一般要求熔体的熔断时间为启动设备动作时间的 1/2，即可靠系数为 2。

② 熔断器与熔断器之间的配合：在低压配电线路中常在干线、支线等多处安装熔断器，进行多级保护。在发生短路或严重过载时，应使最接近短路点的熔体熔断。这就要求上一级熔体的额定电流大于下一级熔体的额定电流，一般要求前级额定电流为后级额定电流的 2 ～ 3 倍。

(4) 熔断器额定电压与额定电流等级的确定

① 熔断器的额定电压应按线路的额定电压选择，即熔断器的额定电压应大于或等于线路的额定电压。

② 熔断器的额定电流等级应按熔体的额定电流确定，应大于或等于熔体的额定电流；在确定熔断器的额定电流等级时，还应考虑到熔断器的最大分断电流，熔断器的最大分断电流应大于线路上的冲击电流有效值。

4. 交流接触器的选择

交流接触器有 CJ_{10}-20、CJ_0 等型号，其中 CJ 表示交流接触器：下角标 10 和 0 表示设计序号；20 表示触头额定电流为 20 A，接触器的主要技术参数有触头额定电压、触头额定电流，主、副触头数量和种类，额定操作频率及电磁线圈额定电压等。

(1) 接触器主触头额定电流 I_{nc} 的选择：主触头额定电流 I_{nc} 根据电动机的容量 P_e 计算。对于 CJ_0、CJ_{10} 系列交流接触器，主触头电流可按下列经验公式计算：

$$I_n = \frac{P_e \times 10^3}{KU_e} \tag{2.5}$$

式中 K—— 经验常数，一般取 1 ～ 1.4；

P_e—— 被控电动机容量(kW)；

U_e—— 电动机额定线电压(V)。

被选定的接触器应满足：

$$I_{nc} \geqslant I_n \tag{2.6}$$

式中 I_{nc}—— 被选定接触器的主触头额定电流；

I_n—— 主触头电流。

(2) 接触器触头额定电压通常按下式选择：

$$U_{nc} > U_{ns} \tag{2.7}$$

式中 U_{nc}—— 电气线路的额定电压；

U_{ns}—— 交流接触器触头额定电压，一般为 500 V 或 380 V。

5. 断路器的选择

要考虑额定电压和额定电流、脱扣器的长延时动作整定电流和瞬时动作整定电流等。断路器的额定电压应大于或等于线路的额定电压；断路器的额定电流应大于或等于线路的计算电流；长延时动作的过电流脱扣器的整定电流应大于或等于线路的计算电流。上一级断路器脱扣器的整定电流一定要大于下一级断路器脱扣器的整定电流，对于瞬时脱扣器整定电流也是同样的。

当上一级为断路器，下一级为熔断器时，熔断器的熔断时间一定要小于断路器脱扣器动作所要求的时间；若上一级为熔断器，下一级为断路器时，断路器脱扣器动作时间一定要小于熔断器的最小熔断时间。

2.2.3　低压配电设备安装

1. 低压配电设备安装一般要求

低压配电设备一般包括配电柜、配电箱、控制盘等。配电设备安装质量直接影响到设备使用寿命及运行安全，为此作为施工技术管理人员掌握配电设备安装基本要求是十分必要的。

(1) 配电设备等在搬运和安装时应采用防震、防潮、防止框架变形和漆面受损等安全措施，必要时可将装置设备和易损元件拆下单独包装运输。当产品有特殊要求时，尚应符合产品技术文件规定。

(2) 配电设备应放置在室内或能避雨、雪、风、沙的干燥场所。对有特殊保管要求的装置性设备和电气元件，应按规定保管。

(3) 采用的设备及器材均应符合国家现行技术标准的规定，并应有合格证件。设备应有铭牌。

(4) 设备及器材到施工现场后，应及时验收检查。例如，包装及密封是否良好；开箱检查型号、规格是否符合设计要求；设备是否无损伤；附件及备件是否齐全；产品的技术文件是否齐全等。

(5) 施工安全技术措施，应符合国家现行有关安全技术标准及产品的技术文件规定。

(6) 与配电设备安装有关的建筑施工，应符合国家现行的建筑工程施工及验收规范中的有关规定，并符合下列条件：

① 屋顶、楼板施工完毕，不得渗漏。

② 结束室内地面施工工作，室内沟道无积水、杂物。

③ 预埋件、预留孔符合设计要求，预埋件牢固。

④ 进行装饰施工时有可能损坏已安装的设备，设备安装后不能再进行的装饰工作应全部结束。

2. 施工现场配电箱安装要求

施工现场配电箱是对外来电源进行电力分配的装置。为便于对施工现场配电系统做安全技术管理和维护，配电系统应设总配电箱、分配电箱和开关箱，实现三级配电管理。

为了保证施工现场照明的可靠性，动力配电箱与照明配电箱宜分别设置，不至于因动力线路故障而影响工作照明。当合并设置为同一配电箱时，动力和照明应分路配电，动力开关箱与照明开关箱必须分设。对施工现场的单相用电设备，要注意三相负荷平衡，应将单相用电负荷较均匀地分配在三相五线制配电系统中。

3. 配电箱、开关箱的布置

(1) 总配电箱应设在靠近电源的区域，分配电箱应设在用电设备或负荷相对集中的区域，分配电箱与开关箱的距离不得超过 30 m，开关箱与其控制的固定式用电设备的水平距离不宜超过 3 m。

(2) 配电箱、开关箱应装设在干燥、通风及常温场所，不得装设在有严重损伤作用的瓦斯、潮气及其他有害介质中，亦不得装设在易受外来固体物撞击、强烈震动、液体浸溅及热源烘烤场所。

(3) 配电箱、开关箱周围应有足够 2 人同时工作的空间和通道，不得堆放任何妨碍操作、维修的物品，不得有灌木、杂草。

(4) 配电箱、开关箱应装设端正、牢固。固定式配电箱、开关箱的中心点与地面的垂直距离应为 1.4 ～ 1.6 m。移动式配电箱、开关箱应装设在坚固、稳定的支架上，其中心点与地面的垂直距离宜为 0.8 ～ 1.6 m。

4. 配电箱、开关箱的安装

(1) 配电箱、开关箱应采用冷轧钢板或阻燃绝缘材料制作，钢板厚度应为 1.2 ～ 2.0 mm，其中开关箱箱体钢板厚度不得小于1.2 mm，配电箱箱体钢板厚度不得小于1.5 mm，箱体表面应做防腐处理。

(2) 配电箱、开关箱内的电器(含插座)应先安装在金属或非木质阻燃绝缘电器安装板上，然后方可整体紧固在配电箱、开关箱箱体内。金属电器安装板与金属箱体应做电气连接。

(3) 配电箱、开关箱内的电器(含插座)应按其规定位置紧固在电器安装板上，不得歪斜和松动。

(4) 配电箱的电器安装板上必须分设 N 线端子板和 PE 线端子板。N 线端子板必须与金属电器安装板绝缘；PE 线端子板必须与金属电器安装板做电气连接。进出线中的 N 线、PE 线必须通过 N 线端子板和 PE 线端子板连接，严禁混接。

(5) 配电箱、开关箱内的连接线一般采用铜芯绝缘导线。绝缘导线的颜色必须符合以下规定：相线 L1(A)、L2(B)、L3(C) 的颜色依次为黄、绿、红色；N 线的绝缘颜色为淡蓝色；PE 线的绝缘颜色为绿 / 黄双色。导线分支接头不得采用螺栓压接，应采用焊接并做绝缘包扎，不得有外露带电部分。

(6) 配电箱、开关箱的金属箱体、金属电器安装板以及电器正常不带电的金属底座、外壳等必须通过 PE 线端子与 PE 线做电气连接，金属箱门与金属箱体必须通过采用编织软铜线做电气连接。

(7) 配电箱、开关箱中导线的进线口和出线口应设在箱体的下底面，配电箱、开关箱的进、出线口应配置固定线卡，进出线应加绝缘护套并成束卡固在箱体上，不得与箱体直接接触。移动式配电箱、开关箱的进、出线应采用橡皮护套绝缘电缆，不得有接头。

5. 配电箱的检查与调试

(1) 柜内工具、杂物等清理出柜，并将柜体内外清扫干净。

(2) 电器元件各紧固螺丝牢固，刀开关、空气开关等操作机构应灵活，不应出现卡滞或操作用力过大现象。且开关电器接触面接触良好，辅助接点通断准确可靠。

(3) 电工指示仪表与互感器的极性应连接正确可靠。并检查熔断器的熔芯规格选用是否正确，继电器的整定值是否符合设计要求，动作是否准确可靠。

(4) 母线连接应良好，其绝缘支撑件、安装件及附件应安装牢固可靠。

6. 熔断器安装

(1) 低压熔断器安装，应符合施工质量验收规范的规定。安装的位置及相互间距应便于更换熔体。低压熔断器宜垂直安装。绝对不允许在中性线上安装熔断器，以确保用电的安全要求。

(2) 各熔断器及熔断器与其他电器的间距应便于更换熔体。要保证熔体与触刀以及触刀与刀座接触良好。安装有熔断指示器的熔断器，其指示器应安装在便于观察的一侧。同一配电板上安装多种规格的，应在底座旁标明熔断器的规格。安装带有接线标志的熔断器，电源配线应按标志进行接线。

7. 低压断路器安装

(1) 低压断路器的安装，应符合产品技术文件的规定；当无明确规定时宜垂直安装，其倾斜度不应大于5°。低压断路器与熔断器配合使用时，熔断器应安装在电源侧。

(2) 塑料外壳断路器在盘、柜外单独安装时，由于接线端子裸露在外部且很不安全，为此开关应装在专用配电箱体内。

(3) 为确保漏电断路器脱扣装置动作可靠，日常巡视时可用直接操作开关上的试验按钮，检查动作情况。周期性定量检测，可用计量合格的漏电保护测试仪实际测试漏电断路器的漏电动作电流及漏电动作时间。

习　　题

一、思考题

1. 若把变压器原边接入与额定交流电压相同的直流电源上，结果会如何？
2. 电流互感器副边为什么不能开路运行？电压互感器副边为什么不能短路运行？
3. 安装变压器应遵循什么原则？
4. 电焊变压器有什么特点？
5. 什么是低压电气设备？具体包括哪些？
6. 选择熔断器应注意什么？
7. 熔断器在电路中有何作用？它有哪几种类型？各有何特点？
8. 低压断路器在电路中有何作用？它有哪几种类型？各有何特点？
9. 配电箱布置时，应考虑哪些因素？
10. 配电箱安装完毕时，应注意哪些事项？

二、填空题

1. 热继电器属于________电器；熔断器属于________电器；接触器属于________电器。

2. 要求对线路能进行非频繁通断控制且具有________、________、________、和________保护，一般选择自动空气开关。

3. 接触器可以用于频繁________电路，并具有________和________保护作用。

4. 漏电保护开关由________、________和________组成。它具有________和________漏电的能力。

5. 刀开关要求________安装________接电源，不能________，否则手柄可能因________而落下引起误合闸。

6. 配电箱应设________、________和________，实行三级配电管理，每台用电设备应设有专用开关箱，必须实行________制。

三、计算题

1. 有一台单相变压器的额定容量是500 V·A，电压比是220/36 V，试求原、副边的额定电流。如果副边接一白炽灯泡(40 W，36 V)时，原边的电流是多少？

2. 额定电压为10 kV的单相变压器，额定功率$P=50$ kW，电压比为380/220 V，求变压器副边能并联100 W、220 V白炽灯多少盏？能供应$\cos\varphi=0.6$、电压为220 V、功率为40 W的日光灯多少盏？

3. 单相变压器的原边绕组接入220 V的交流电压，在空载时，用电压表测得副边的端电压为6.3 V。如果副边绕组匝数为20匝，则原边绕组的匝数是多少？此变压器的变压比是多少？

4. 有一台10 kV·A的单相变压器，其额定电压是10000/225 V，如果在原绕组两端加上额定电压，在额定负载运行时，测得副边电压为220 V。试求变压器原、副边两端的额定电流及电压调整率。

5. 电流互感器原边绕组的匝数为 2 匝，副边绕组为 40 匝，若原边电流为 100 A，则副边的电流读数为多少？

6. 若应用 6000/100 V 的电压互感器，副边接 100 V 的电压表，若电压表读数为 50 V，则被测电路的实际电压是多少？

7. 有一台 $Y100L_1$-4 型的三相异步电动机，其额定功率为 2.2 kW，额定电流为 5 A，启动电流倍数为 6.5，试确定熔断器熔体的额定电流。

实验一　认识实验

一、实验目的

1. 掌握万用表的使用及读数方法。
2. 掌握验电器的使用方法。
3. 了解常用低压电器及配电装置的使用及工作原理。

二、仪器及设备

1. 万用表一个；
2. 常用工具：验电器一只；
3. 常用低压电器：瓷插式熔断器、刀开关、漏电保护器各一只；
4. 配电箱实验板一块，常用电工工具，100 Ω、300 Ω、1000 Ω 电阻各一个，导线若干。

三、实验线路及原理

1. 在 220/380 V 供电线路中，开关断开和开关合上时，用验电器分别判断插座中是否有电。
2. 在 220/380 V 供电线路中，用万用表测量相电压和线电压值。
3. 装配开关箱。

四、实验步骤

1. 指导教师强调安全用电的知识，学习实验室规则。
2. 指导教师带领学生认识所准备的常用仪器和设备，并分别讲解其使用方法及用途。
3. 开关断开时，用验电器测试插座是否有电；开关合上时，用验电器测试插座是否有电。
4. 万用表应选择正确的量程，测量 220/380 V 供电线路中的相电压和线电压，并将结果填入表1中。
5. 用万用表的电阻挡测量电阻的阻值，填入表2中，并与理论值比较。
6. 按开关箱的要求，将瓷插式熔断器、刀开关、漏电保护器装入配电箱实验板中，用电线进行连接。

五、实验记录及结果

表1

万用表量程	相电压			线电压		
	A/N	B/N	C/N	A/B	A/C	B/C
交流 250 V				—	—	—
交流 500 V	—	—	—			

表 2

电阻值	实测值	误差率
100 Ω		
300 Ω		
1000 Ω		

六、作业

1. 写出首次电工实验的收获和体会。
2. 简要分析电阻的实测值与理论值存在误差的原因。

单元3　电动机及控制

1. 了解电动机的分类和工作原理；
2. 熟悉三相异步电动机的结构、基本参数及使用维护；
3. 理解并掌握电动机的控制电路及方法；
4. 了解常见施工设备的控制电路。

电动机是根据电磁感应原理，实现将电能转换为机械能的一种专用机器(俗称马达)。它的主要作用是产生驱动转矩，作为各种机械设备的动力源，在电路中用字母"M"(旧标准用"D")表示。电动机的种类很多，它可以分为直流电动机和交流电动机及控制电机(如步进电动机和伺服电动机)等。

直流电动机按结构及工作原理可划分为无刷直流电动机和有刷直流电动机两类。有刷直流电动机又可分为永磁直流电动机(如稀土永磁直流电动机、铁氧体永磁直流电动机和铝镍钴永磁直流电动机)和电磁直流电动机(如串励直流电动机、并励直流电动机、他励直流电动机和复励直流电动机)两种。

直流电动机具有启动转矩大、调速性能好、过载能力强等优点，但需要专用设备将交流电源转换为直流电源，且结构复杂、成本较高、维护较麻烦，所以，直流电动机只应用在一些有特殊要求的场合中。

3.1　异步电动机概述

交流电动机又可分为交流同步电动机和交流异步电动机。在不致引起误解或混淆的情况下，交流异步电动机又被称为感应电动机，按接电源相数又可分为三相异步电动机和单相异步电动机。相对于直流电动机，因交流异步电动机具有结构简单、工作可靠、使用方便和价格便宜等优点，在工农业生产和日常生活中得到广泛应用，建筑施工机械的动力拖动设备除了少部分采用液压、气动外，其余大部分都是采用交流异步电动机拖动的，据粗略统计，此类设备用电量占建筑施工现场用电总容量的70%左右。

3.1.1　三相异步电动机

1. 三相异步电动机的构造

三相异步电动机分类方法不同名称也不同：按转子结构分为鼠笼式异步电动机(新标准称为笼型感应电动机)和绕线式异步电动机(新标准称为绕线转子感应电动机)；按机壳防护形式分为防护式异步电动机、封闭式异步电动机、开启式异步电动机、防爆式异步电动机等。虽分类方法与电动机名称有所不同，但异步电动机的基本结构却是近似的。

三相异步电动机由两个基本部分组成：定子和转子，定子和转子之间留有很小的空隙，一般 δ 为 0.2 ～ 2 mm，以保证转子能在定子内自由转动。此外，还有端盖、轴承及风扇等部件，其外形和结构如图 3.1 所示。

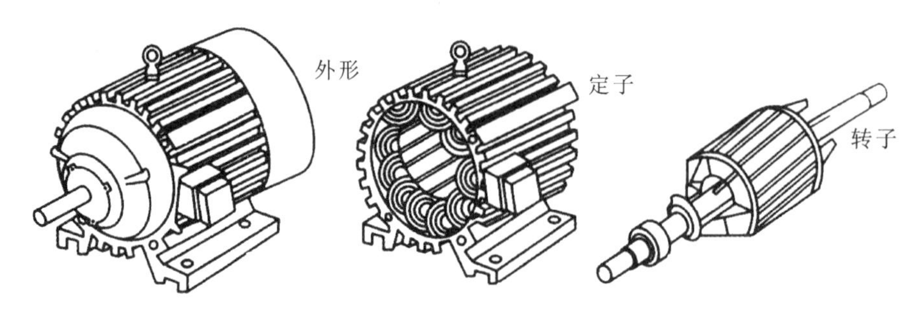

图 3.1　三相鼠笼式异步电动机的结构

(1) 定子

异步电动机的定子由定子铁芯、定子绕组和电机机座三部分组成，是异步电动机静止不动的部分。

① 定子铁芯。它是用来放置定子绕组的，是电动机主磁路的组成部分。通常用 0.5 mm 厚且两面涂有绝缘漆的硅钢片冲压叠成圆筒形。在定子铁芯的内圆表面开有均匀分布、形状相同的线槽，槽内放置三相对称的定子绕组。

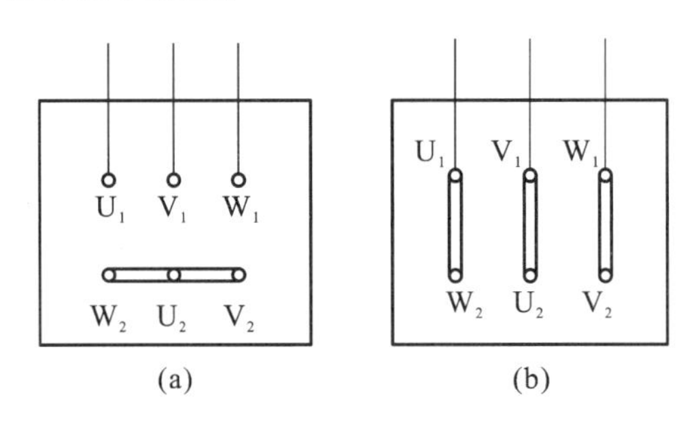

图 3.2　电动机三相绕组的连接

(a) 星形连接；(b) 三角形连接

② 定子绕组。它是电动机的电路部分，也是电动机中的核心结构，一般由绝缘铜线或铝线绕成。连接成三相，对称嵌入定子铁芯的线槽内，与三相电源连接。其主要作用是建立旋转磁场，产生感应电动势，实现能量的转换。三相定子绕组每一相都有两个出线端，始末端分别记作 $A \rightarrow X, B \rightarrow Y, C \rightarrow Z$。

首端 A、B、C 分别接在机座接线盒端子板 U_1、V_1、W_1 三个端子上；末端 X、Y、Z 分别接在 U_2、V_2、W_2 三个端子板上。由于末端采取了错位引出，U_2、V_2、W_2 在端子板的排列次序从左至右分别为 W_2、U_2、V_2，因此，实际接线时，可以很方便地将三相定子绕组接成星形[图 3.2(a)]或三角形[图 3.2(b)]。由于绕组有不同的接法，可提供不同电压，能满足异步电动机不同工作状态时的运行。

③ 电机机座。它是电动机的保护外壳，主要作用是用来固定和支撑定子铁芯与端盖的，同时还有散热和防护作用。机座通常由铸铁或铸钢制成。它的基本安装方式有机座带底脚或不带底脚，端盖有凸缘或无凸缘等类型，以分别适应卧式安装或立式安装。

(2) 转子

异步电动机的转子由转轴、转子铁芯和转子绕组等组成，是异步电动机转动的部分。

① 转子铁芯。它是电动机主磁路的一部分，由互相绝缘的硅钢片叠压而成，并固定在转轴上。转子铁芯的外表面上有均匀分布的平行线槽，槽内放置转子绕组。一般小型电动机的转子铁芯是直接压装在电动机转轴上的。

② 转子绕组。它是转子的电路部分，不须与其他电源连接。其作用是通过转子导体中产生的感应电流，产生电子转矩。它的结构类型有鼠笼式和绕线式两种。

A. 鼠笼式转子(图 3.3)。鼠笼式转子的结构是在转子铁芯的线槽内压入裸铜条，铜条两端分别焊接在两个端环上，使所有铜条短路，所以端环又称短路环。由于其形状如同鼠笼，故取名为鼠笼式。但铜条转子因工艺与成本的原因，仅用于功率较大的异步电动机，至于中小型异步电动机，常采用铸铝转子，将转子导条、端环、风扇叶取熔化的铝液一次浇铸而成。为了改善启动性能也有采取双鼠笼转子绕组和深槽式转子绕组的。

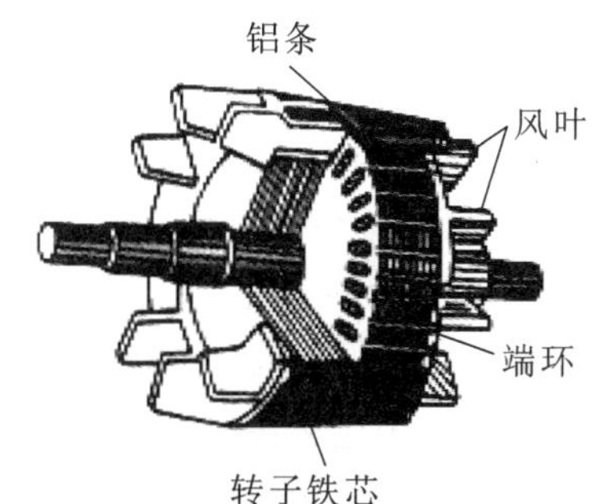

图 3.3　鼠笼式转子

B. 绕线式转子(图 3.4)。绕线式转子与鼠笼式转子相似，不同的是将绕线式转子嵌于转子铁芯槽内，连接成星形接法的对称三相绕组。三相绕组的末端连在一起，三个首端分别接到固定在转轴上的三个互相绝缘的滑环(即集电环)上，再通过集电环上三组电刷把电流引出来，与外接的变阻器连接，以改善电动机的启动性能或调节转速，如图 3.5 所示。为了减少电刷的磨损，有的星形连接绕线式异步电动机还装有提刷短路装置。因此，其结构比较复杂，价格也较高，多用于起重设备、鼓风机、压缩机、大型水泵设备中。

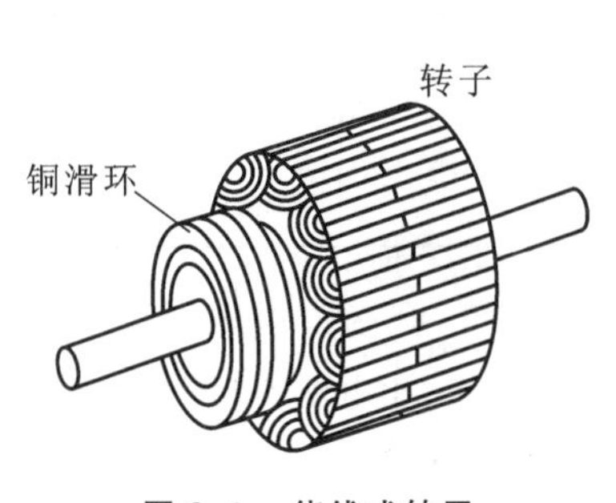

图 3.4　绕线式转子

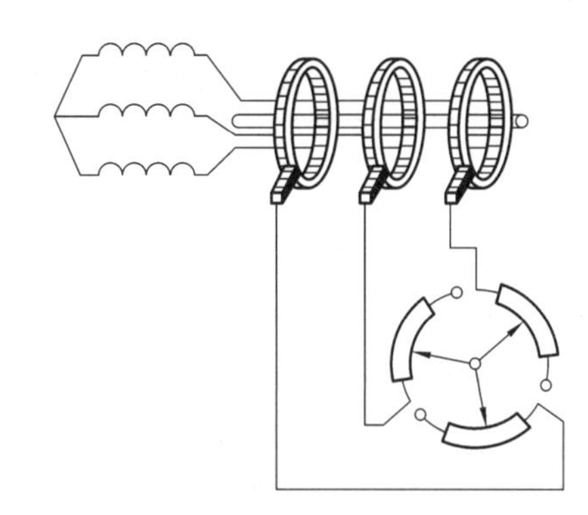
图 3.5　绕线式转子绕组星形连接示意图

(3) 气隙 δ 大小的意义

气隙是三相异步电动机定子与转子间留有的很小空隙，一般 δ 为 0.2～1.5 mm，它的大小会影响到电动机运行时的性能。若气隙大，磁阻也就大，磁通从电网中吸收的励磁电流也就越大，则异步电动机的功率因数也就越小；反之气隙小，异步电动机定子与转子运行期间易发生摩擦，从而造成电动机运行不稳，并且对装配工艺、装配钳工的技术也提出了更高的要求。

2. 三相异步电动机的工作过程

三相异步电动机定子是具有对称分布的三相定子绕组，接入三相交流电后在空间产生了旋转磁场，因而带动转子做旋转运动。转子的转速与旋转磁场的转速和极数有关，转子的旋转方向与旋转磁场的转向一致。

(1) 旋转磁场的产生

由 $A \rightarrow X$、$B \rightarrow Y$、$C \rightarrow Z$ 三个绕组组成的三相定子绕组，它们在空间位置彼此相隔 120°。如果将三相绕组按星形连接，三个始端 A、B、C 接到电源上，各绕组均有电流通过。因为电源是对称的，三个绕组是对称的，那么通过各相的电流也应当是对称的。当电流处于正半周时，每相电流均为从首端进而从末端出；反之，当电流处于负半周时，每相电流均为从末端进而从首端出，每相电流都会各自产生磁场。从分析在某一瞬时它们的合成磁场可以看出：在对称三相定子绕组中通过对称三相电流所产生的磁场是两极的(N 极和 S 极)，磁极对数是 $p = 1$，其合成磁场的方向是变化的。

当三相绕组通入三相交流电以后，每当电流变化一个周期，两极合成磁场的方向在空间就转动一圈，如果交流电的频率是 50 Hz，则合成磁场方向每分钟转动圈数即旋转磁场转速为 $n_1 = 60f = 3000$ r/min。三相绕组的旋转磁场转速除了与交流电的频率有关外，还与三相绕组的极数有关。如果每相定子绕组由两个线圈组成，线圈两边之间的宽度做成四分之一圆周，则组成四极电机的三相绕组。若四极三相绕组相应通入顺序一致的三相交流电以后，产生旋转磁场的旋转方向为三相绕组在空间相序的方向，但因其极数为 4，磁极对数 $p = 2$，故在空间的转速实为 2 极电机的一半，即 $n_1 = 60f/2$。同理，对于磁极对数为 p 的三相交流绕组，旋转磁场转速(也称同步转速)为：

$$n_1 = 60f_1/p \tag{3.1}$$

式中　f_1—— 交流电源频率(Hz)；

　　　p—— 旋转磁场磁极对数。

不同磁极对数 p 的同步转速 n_1 如表 3.1 所示。

表 3.1　异步电动机不同磁极对数的同步转速(r/min)

同步转速 n_1 ＼ 磁极对数 p ＼ 电源频率	1	2	3	4	5	6
$f_1 = 50$ Hz	3000	1500	1000	750	600	500

注意　如果三相绕组按顺时针方向排列，电流相序为 $A \rightarrow B \rightarrow C$，旋转磁场也将按绕组电流的相序，即旋转磁场按 $AX \rightarrow BY \rightarrow CZ$ 的方向顺时针旋转。如果三相电流连接的三根导线中的任意两根的线端对调位置，例如将 A 相与 C 相对调，则绕组电流的相序变为 $C \rightarrow B \rightarrow A$，根据改变后的绕组电流相序，旋转磁场也将按 $CZ \rightarrow BY \rightarrow AX$ 的方向逆时针旋转，随即旋转磁场也改变了转向。

(2) 转子转动原理

① 转子的转动。当三相异步电动机的定子中通过了三相交流电流后，产生了刚刚分析过的空间旋转磁场。设旋转磁场以同步转速 n_1 沿顺时针方向转动，这时静止的转子与旋转磁场之间便有了相对运动，转子绕组的导体因切割旋转磁场的磁力线而产生了感应电动势。由于转子导体构成了一个闭合的回路，因此在感应电动势的作用下，转子绕组中会形成感应电流。此电流又与磁场相互作用而产生电磁力 F。假设转子上半部分导体受到的电磁力方向向右，同

时，转子下半部分导体受到的电磁力方向向左，那么这个力对转轴就形成了一个电磁转矩，在这个转矩的驱动下，迫使转子顺着旋转磁场的方向转动起来。若旋转磁场的方向改变，则电动机转子的转动方向也随之改变。这个转矩被定义为电磁转矩或电磁力矩。

② 转子的转速与转差率。转子转速 n 总是小于旋转磁场转速 n_1。因为，如果 $n = n_1$，那么转子导体就与旋转磁场之间不存在相对运动，也就不存在切割磁力线现象，那么转子导体就不会产生感应电动势和感应电流，转子上因不会产生电磁转矩的作用而使转子的旋转逐渐慢下来。只有当 $n < n_1$ 时，转子才会不断地受到电磁转矩的作用而旋转。因此一般电动机转子的转速永远不会等同于同步转速 n，这就是异步电动机名称的由来。

异步电动机转子的转速与同步转速总是存在着转速差($n_1 - n$)，亦称转差。转速差与旋转磁场转速 n_1 的比值定义为转差率，用 S 表示。通常会取百分数，即：

$$S = \frac{n_1 - n}{n_1} \times 100\% \tag{3.2}$$

转差率是异步电动机的一个重要参数，上式可改写为：

$$n = n_1(1 - S) = 60f/p(1 - S) \tag{3.3}$$

在额定状态下，空载时异步电动机的转差率一般为 0.5% 以下；异步电动机的额定转差率一般为 0.02 ～ 0.06。

3. 三相异步电动机的参数

在三相异步电动机的外壳上都有一个铭牌。要正确使用电动机，必须先看懂铭牌，铭牌上标有电动机额定运行时的主要技术数据。下面以 Y160M-4 型异步电动机为例，来说明铭牌上各个数据的意义。

三相异步电动机

型号 Y160M-4	功率 11 kW	频率 50 Hz	电压 380 V	电流 22.6 A
转速 1460 r/min	温升 75 ℃	绝缘等级 B	防护等级 IP44	质量 120 kg
工作方式 S_1	接法 △			

××电机厂　　　年　月

(1) 型号：异步电动机的型号按照国家标准的规定，由汉语拼音大写字母和阿拉伯数字组成。按书写次序依次为名称代号、规格代号以及特殊环境代号。名称代号如：YR 表示绕线式异步电动机；YB 表示防爆式异步电动机；YK 表示高速异步电动机；YDF 表示电动阀门用异步电动机；YH 表示高转差率异步电动机，等等。特殊环境代号如：W 表示适用于户外；TH 表示适用于湿热带；WTH 表示适用于户外湿热带，等等。若无特殊环境代号则表示该电动机只适用于普通环境。下面以 Y160M-4 为例说明电动机型号含义。

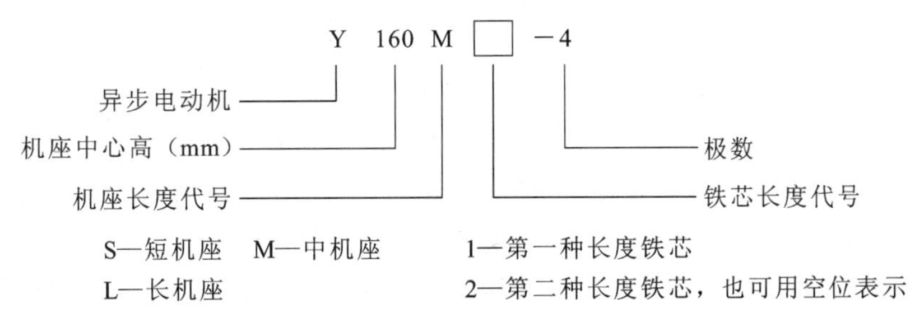

例如“Y132S2-2 电动机”表示为：Y 系列异步电动机，机座中心高为 132 mm，短机座中的第二种铁芯，磁极数为 2。

(2) 功率:铭牌上所标的功率是指电动机的额定功率。即电动机在额定运行时,电动机轴上输出的机械功率。单位为千瓦(kW),通常用 P_N 表示,工程上也称之为容量。

(3) 电压和接法:铭牌上所标的电压是指电动机的额定电压,即电动机额定运行时电源加在定子绕组上的线电压,单位为伏特(V),通常用 U_N 表示。额定功率 4 kW 及以上者,定子绕组为△接法,其额定电压为 380 V。额定功率 3 kW 及以下者,定子绕组为 Y/△接法,其额定电压为 380/220 V,即当电源电压为 380 V 时,应接成 Y 形,每相绕组所承受的电压为 380 V;当电源电压为 220 V 时,应接成△形,每相绕组所承受的电压为 220 V。

(4) 电流:铭牌上所标的电流是指电动机的额定电流,即电动机在额定频率、额定电压和额定输出功率时,电源提供给定子绕组的线电流,单位为安培(A),通常用 I_N 表示。如果定子绕组有两种接法,铭牌上就要标出两种接法相应的电流值。

(5) 转速:铭牌上的转速是指电动机在额定频率、额定电压和额定负载下,转轴上的每分钟转速,即额定转速。常用 N_n 表示,单位为转 / 分钟(r/min)。由于额定转速接近于同步转速,故从额定转速可以判断出电动机的磁极对数。例如,转速为 1400 r/min,则磁极对数 $p = 2$。

(6) 频率:是指电动机定子绕组所接三相交流电源的额定频率,单位为 Hz,通常用 f_N 表示。

(7) 工作方式:异步电动机的工作方式是指电动机额定状态下的运行方式,主要以持续运转时间判断,分为连续(代号为 S_1)、短时(代号为 S_2)、断续(代号为 S_3)三种。

连续工作是指允许在额定状态下长期连续工作。如拖动通风机、水泵、搅拌机、大型空调机组等生产机械的电动机常为连续工作方式。短时工作是指电动机只允许在规定时间内按额定功率运行,待冷却后再启动工作,运行时间短,停歇时间长。如拖动水闸闸门、厂区大门的电动机常为短时工作方式。断续工作是指电动机在额定状态下允许频繁启动,电动机的运行与停歇是周期性地交替进行,每一周期约为 10 min。如起重机械、垂直电梯、机床、电焊机等均属断续工作方式。这些内容将在单元 4 中讨论。

(8) 温升与绝缘等级:电动机在运行过程中产生的各种损耗会转化成热量,使电动机绕组温度升高。铭牌上的温升是指电动机运行时,其温度高出环境温度的允许值。环境温度一般规定为 40 ℃。允许温升取决于电动机绝缘材料的耐热性能,即绝缘等级。电动机常选用的绝缘材料为 A、E、B、F、H 五个等级。电动机绝缘材料的等级及其最高允许温度如表 3.2 所示。

表 3.2　电动机绝缘等级

绝缘等级	Y 级	A 级	E 级	B 级	F 级	H 级	C 级
最高允许温度(℃)	90	105	120	130	155	180	＞180

(9) 防护等级:是指电动机外壳防护形式的分级。前述铭牌中的 IP 是英文单词“国际防护”的缩写,第一位“4”是指防止直径大于 1 mm 的固体异物进入,第二位“4”是指防止水滴溅入。

(10) 效率与功率因数:电动机额定运行时,其轴上的输出功率与输入功率的比值称为效率,用 η 表示。一般鼠笼式电动机在额定运行时的效率为 72% ～ 93%。

异步电动机的功率因数较低,在额定负载时额定功率因数为 0.7 ～ 0.9,而在轻载和空载时更低,空载时功率因数只有 0.2 ～ 0.3,因此,在工程实际中必须正确选择电动机的容量,防止“大马拉小车”,并尽量缩短空载的时间。

（11）启动电流 / 额定电流：启动电流又叫堵转电流。启动电流与额定电流之比即 I_Q/I_N，反映的是启动电流的倍数和大小，在工程上，通常采用 I_Q/I_N 的数值来判断异步电动机是否能够直接启动。

4．三相异步电动机的选择

三相异步电动机的选择首先是安全、适用，其次是满足工作环境与生产需要。

（1）三相异步电动机类型的选择：选择电动机不但要考虑成本、运行、维护，还要考虑电动机的结构、性能与特性。如前述结构时所介绍的，绕线式异步电动机多用于有较大启动转矩的设备；鼠笼式异步电动机多用于无特殊调速要求的中小型设备。还可依据工作环境的不同，选择防护形式不同的电动机。如：对于干燥无灰尘的场所，可选择通风散热好、价格相对便宜的开启式异步电动机；若在较干燥或有少量灰尘但没有腐蚀性气体的场所，可选择能通风但不能防潮的防护式异步电动机；若在灰尘多、有腐蚀性气体、潮湿的场所，应选择外壳封闭、价格相对高的封闭式异步电动机；至于在有爆炸性气体，像煤矿井下、化工厂、农药车间等高危场所，就要选择严密封闭的防爆式异步电动机。凡是有新系列产品的电动机应当尽量选择采用新系列产品。

（2）三相异步电动机额定值的选择：依据电动机类型、功率的大小、电源选择电动机的额定电压。如一般中小型电动机额定电压为 380 V，大功率的电动机额定电压有 3 kV、6 kV、10 kV 等。根据生产设备的情况选择电动机的额定转速，一般不会选择 $n < 500$ r/min 的电动机，这是因为当电动机的功率一定时，额定转速慢则电磁转矩就大，造成电动机体积大，成本价格就高。应根据生产设备的具体情况，如：负载特性、电机工作性质、电动机发热与冷却过程等条件选择电动机的额定容量 S。容量过大（大马拉小车），不但使得一次性投资增加，而且电动机长期处于欠载运行，功率因数与效率低下，造成能源浪费，运行费用增加。容量过小（小马拉大车），不能保证电动机的安全运行，易出事故。额定电流是依据实际情况及电动机的额定功率选择的。

【例 3.1】　一台 Y160L1-4 三相异步电动机，其额定数值分别是：$P_N = 15$ kW，$\eta_N = 89\%$，$U_N = 380$ V，$\cos\varphi_N = 0.85$。试求电动机的额定电流和额定相电流。

【解】　因为电流与电动机的功率、电压、效率、功率因数均有关，所以额定电流为：

$$I_N = \frac{P_N}{\sqrt{3}U_N\eta_N\cos\varphi_N} = \frac{15 \times 10^3}{\sqrt{3} \times 380 \times 0.89 \times 0.85} \approx 30.13(\text{A})$$

额定相电流为：

$$I_{Np} = \frac{I_N}{\sqrt{3}} = \frac{30.13}{1.732} = 17.39(\text{A})$$

由此可分析，额定电压为 380 V 的三相异步电动机，$I_N \approx 2P_N$ 是一般的规律，在工程实际中，可根据三相异步电动机的额定功率推算出额定电流，一般是 2 A/kW。

5．三相异步电动机的故障与维护

（1）三相异步电动机的故障

异步电动机故障可分为机械故障和电气故障两大类，但主要故障是电气故障。

① 机械故障主要是轴承、转轴和机壳等方面出现的故障。常见的机械故障现象除机件产生明显的裂纹、缺块、弯曲、振动、轴承过热、损坏外，主要是扫膛故障。所谓扫膛是指转子转动时，机座、端盖、转子三者不同轴，引起转子与定子内膛互相碰擦的一种现象。这种现象会使异步电动机的温度升高、电磁性能下降、机身振动并产生噪声，严重时可使转轴无法转动。引起扫

膛的原因主要是端盖轴室内孔磨损或端盖止口与机座止口磨损变形、轴承内外圈之间空隙过大、轴承室过松或转轴弯曲等。

电动机本身产生的振动，多数是由转子动平衡不好，轴承不良、转轴弯曲，或端盖、机座、转子不同轴，或者电动机安装地基不平、安装不到位、紧固件松动，或联轴器不平衡、轴颈与轴衬间的间隙过大等引起的。振动会产生噪声，还会产生额外负荷。

此外，由于轴承里的润滑脂在长期运行中，因受温度、防护等因素的影响发生老化而干涸或掺有砂子、铁屑等杂物，若更换不及时会使转轴转动不灵活甚至不能转动。

② 电动机电气故障种类很多，常见的有以下几种：

A. 电动机接通后，不能启动，但有嗡嗡声。

可能原因：三相电源缺一相，形成电机单相运行（即跑单相）；电动机过载；被拖动机械卡住；绕线式电动机转子回路开路或断线；定子内部首端位置接错，或有断线、短路。

B. 电动机启动困难，加额定负载后，转速较低。

可能原因：电源电压较低；原本为三角形连接结果误接成了星形连接；鼠笼型转子的笼条端脱焊、松动或断裂。

C. 电动机启动后发热，超过温升标准或冒烟。

可能原因：电源电压过低，电动机在额定负载下造成温升过高；电动机通风不良或环境湿度过高；电动机过载；电动机启动频繁或正反转次数过多；定子和转子相擦。

D. 绝缘电阻低。

可能原因：绕组受潮或淋水滴入电动机内部；绕组上有粉尘、油污；定子绕组绝缘老化。

E. 电动机外壳带电。

可能原因：电动机引出线的绝缘或接线盒绝缘线板破损；绕组端部碰机壳；电动机外壳没有可靠接地。

F. 电动机运行时声音不正常。

可能原因：定子绕组连接错误，局部短路或接地，造成三相电流不平衡而引起噪声；轴承内部有异物或严重缺失润滑油。

G. 电动机振动。

可能原因：电动机安装基础不平；电动机转子不平衡；皮带轮或联轴器不平衡；转轴轴头弯曲或皮带轮偏心；电动机风扇不平衡。

上述这些故障都有可能会造成电动机短路，可能会使电流过大烧毁绕组，可能会使电动机机身产生剧烈震动、触电等事故的出现。

（2）三相异步电动机的维护

为了保证电动机正常工作，必须加强对电动机的检查与维护。使用电动机前，特别是初次使用前，一定要认真检查。

① 启动前的准备和检查

A. 检查电动机启动设备接地是否可靠和完整，接线是否正确与良好。

B. 检查电动机铭牌所示电压、频率与供电电源电压、频率是否相符，所选熔断器的额定电流是否符合要求。

C. 新安装或长期停用的电动机启动前应检查各相绕组之间、各相绕组对地绝缘电阻是否合格，工作电压在500 V以下的电动机用500 V摇表；工作电压在1000 V以下的电动机用1000 V摇表;工作电压在 1000 V 以上的电动机用 2500 V 摇表。绝缘电阻每千伏工作电压不得小于 1 MΩ,并应在电动机冷却状态下测量。如果低于此值说明电动机受潮,须将绕组烘干。

D. 对绕线式转子应检查其集电环上的电刷装置是否能正常工作,电刷压力是否符合要求。

E. 检查电动机转动是否灵活,滑动轴承内的润滑油是否达到规定油位,各紧固螺栓及安装螺栓是否拧紧。

F. 检查电动机启动设备与控制设备是否符合要求。

G. 检查电动机的电刷装配情况及举刷机构是否灵活,举刷手柄的位置是否正确。

上述各项检查全部达到要求后,可启动电动机。电动机启动后,空载运行 30 min 左右,注意观察电动机是否有异常现象,如发现有噪声、震动、发热等不正常情况,应采取措施,待情况消除后,才能投入运行。启动绕线型电动机时,应将启动变阻器接入转子电路中。对有电刷提升机构的电动机,应放下电刷,并断开短路装置,合上定子电路开关,扳动变阻器。当电动机接近额定转速时,提起电刷,合上短路装置,电动机启动完毕。

② 运行中的维护

对运行中的电动机要从温度、电压、电流、异味、异声等几个方面进行监视,做到勤看、勤听、勤摸、勤闻。日常的维护工作包括:清扫、保养、防潮、检查。如:防灰尘、查油污、保清洁、保干燥、保通风等。一般电动机的保养流程是:清洗定子与转子 → 更换碳刷或其他零部件 → 真空 F 级压力浸漆 → 烘干 → 校动平衡等。

A. 电动机应经常保持清洁,不允许有杂物进入电动机内部;进风口和出风口必须保持畅通。

B. 用仪表监视电源电压、频率及电动机的负载电流,电源电压、频率均要符合电动机铭牌数据,电动机负载电流不得超过铭牌上的规定值,否则要查明原因,采取措施,当不良情况消除后方能继续运行。

C. 采取必要手段检测电动机各部位温升。保证电动机在运行过程中良好的润滑。一般的电动机运行 5000 h 左右,或运行中发现轴承过热或润滑油变质时,应立即补充或更换润滑油。更换润滑油时,应清除旧的润滑油,采用汽油洗净轴承及轴承盖的油槽,然后将 ZL-3 锂基脂填充轴承内外圈之间空腔的 1/2(对 2 极电动机) 及 2/3(对 4、6、8 极电动机)。

D. 对于绕线式转子电机,应经常注意电刷与集电环间的接触压力、磨损及火花情况。电动机停转时,应断开定子电路内的开关,然后将电刷提升机构扳到启动位置,断开短路装置。

E. 检查轴承发热情况,若电动机运行的振动及噪声明显增大,检查轴承的径向游隙达到下限值时,即应更换轴承。

F. 注意电动机的气味、振动和噪声。

G. 电动机运行后定期维修,一般分小修、大修两种。小修属一般检修,对电动机启动设备及整体不做大的拆卸,约一季度一次;大修要将所有传动装置及电动机的所有零部件都拆卸下来,并将拆卸的零部件做全面的检查及清洗,一般一年一次。更换绕组时必须记下原绕组的形式、尺寸及匝数、线规等,当丢失了这些数据时,应向制造厂商索取。若随意更改原设计绕组,常常使电动机的某项或几项性能恶化,甚至无法使用。

3.1.2　单相异步电动机

单相异步电动机是由单相交流电源供电的，可直接接于市电网。由于单相异步电动机具有结构简单、价格较低、振动小、噪声小、运行可靠、输出功率小、后期维护方便等优点，应用还是很广泛的。例如：功率在 1 kW 以下的一些仪器设备、医疗设备和家用电器中的手电钻、冲击电钻、电扇、洗衣机、电冰箱、空调机、小功率电动工具等电器中都大量使用单相异步电动机。

1. 单相异步电动机的结构

单相异步电动机的结构与三相鼠笼式电动机相似，它也是由定子和转子两部分组成。转子多采用鼠笼式；定子绕组有两个：一个为单相工作绕组（也称主绕组），并嵌放在定子铁芯槽内；另一个为启动绕组（也称辅助绕组）。当在启动绕组支路中串联一个电阻并串联一个离心式开关，就形成了单相分相式启动异步电动机；在启动绕组支路中串联一个电容器，就形成了单相电容分相式异步电动机。

2. 单相异步电动机的工作过程

因单相电源只能产生交变磁场而无法产生旋转磁场，这样，单相异步电动机就无法自行启动。但是若能采取其他某种方法使得单相异步电动机转子能够转动起来，当转子达到并稳定在一定转速后，即便去掉外加方法，电动机仍能不断地旋转，这就完成了单相异步电动机的启动。通常采取电容分相式和罩极式两种方法。

在交流电动机中，当定子绕组通过交流电流时，建立了电枢磁动势，它对电动机能量转换和运行性能都有很大影响。所以单相交流绕组通入单相交流电后产生脉振磁场，该脉振磁场可分解为两个幅值相等、转速相同、转向相反的旋转磁场。这两个旋转磁场切割转子导体，并分别在转子导体中产生感应电动势和感应电流。该电流与磁场相互作用产生正、反电磁转矩。正向电磁转矩企图使转子正转，反向电磁转矩企图使转子反转。这两个转矩叠加起来就是推动电动机转动的合成转矩，如图 3.6 所示。

3. 单相电容电动机

单相异步电动机根据其启动方法或运行方法的不同，可分为单相电容运行电动机、单相电容启动电动机等。单相异步电动机容量一般较小，运行性能较差。单相电容运行异步电动机原理如图 3.7 所示。

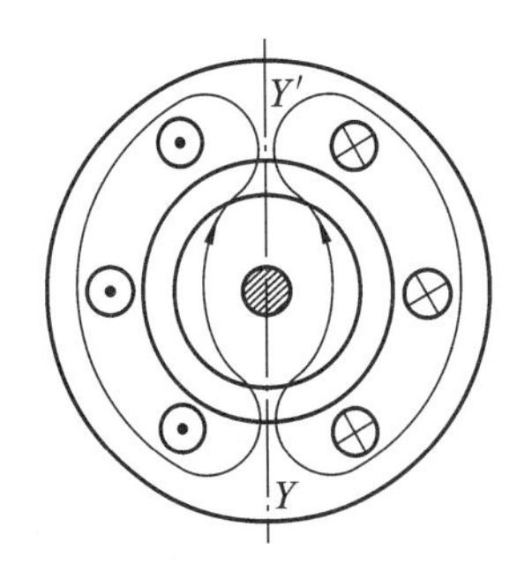

图 3.6　简单的单相电动机

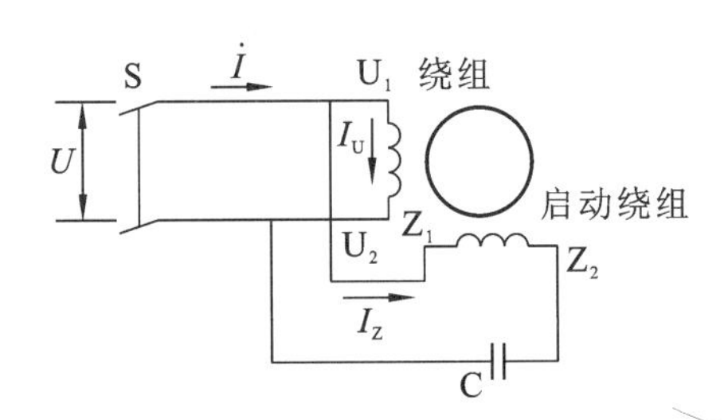

图 3.7　单相电容运行异步电动机原理图

单相电动机在定子铁芯上嵌放两套绕组，两套绕组在空间的位置上互差 90° 电角度。在启动绕组 Z_1—Z_2 中串联了一个容量较大的电容器 C 后再与工作绕组并联，设流过启动绕组

Z_1—Z_2 的电流为 I_Z，流过工作绕组 U_1—U_2 的电流为 I_U，当接上电源后，由于电容器作用使启动绕组中的电流在时间上比工作绕组的电流超前 90°，先达到最大值，如图 3.8 所示。

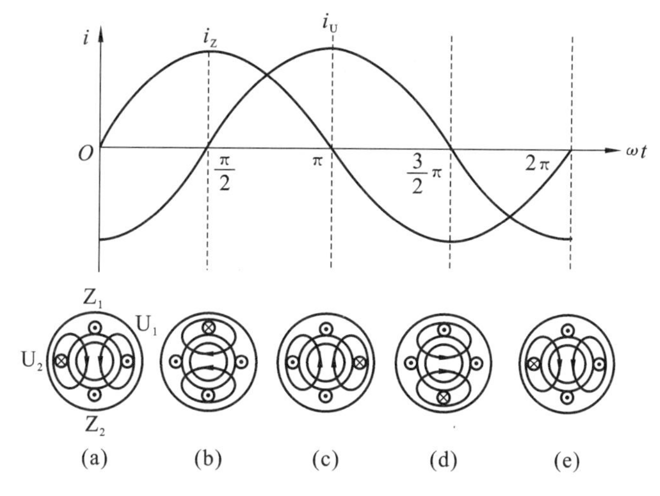

图 3.8　两相绕组的电流波形和旋转磁场

设电动机两个绕组接上交流电源后，电流为正值时，电流从绕组的首端进去尾端出来；电流为负值时，电流从绕组的尾端进去首端出来。

从图 3.8(a) 可看到：在 $t=0$ 瞬间，$i_Z=0$，绕组 Z_1—Z_2 中无电流流过；而这瞬时 i_U 为负值，绕组 U_1—U_2 中电流由 U_2 进 U_1 出。用右手定则可判断，此时电动机中会产生如图 3.8 所示磁场，其合成磁场方向向下。

从图 3.8(b) 可看到：在 $\omega t=\pi/2$ 瞬间，$i_U=0$，绕组 U_1—U_2 中无电流流过；这瞬间 i_Z 为最大值，绕组 Z_1—Z_2 中电流从 Z_1 进 Z_2 出。此时电动机内磁场的合成磁场方向较 $t=0$ 时刻顺时针方向旋转了一定角度。

依此类推，可看到单相鼠笼式异步电动机中 i_Z 与 i_U 两个电流在单相异步电动机中产生的合成磁场也是旋转磁场，如图 3.8 所示。在旋转磁场的作用下，电动机转子中产生感应电流，电流与旋转磁场互相作用产生电磁场转矩，使电机旋转起来。

单相鼠笼式异步电动机转子也是鼠笼式转子，即转子绕组是两端由短路环连接的鼠笼条。鼠笼条反方向切割旋转磁场，产生感应电动势和感应电流。在旋转磁场作用下，受电磁力使转子转动。只要改变工作绕组或启动绕组的首端、尾端与电源的接线，就可改变旋转磁场旋转方向，控制电动机的正反转。

4. 单相罩极式异步电动机

单相罩极式异步电动机是在定子上放置一对凸磁极，磁极上套有工作绕组，在磁极的约 1/3 部分套一短路铜环。短路铜环相当于电容分相式电动机中的启动绕组，因短路环罩住一部分磁极，故称为罩极式异步电动机。图 3.9 为单相罩极式异步电动机原理图。

定子铁芯的磁极上绕有绕组，而且在每个磁极面的一边开有一小槽，槽中嵌入短路铜环。当定子绕组上通过单相交流电时，它产生脉动磁场，该脉动磁场穿过短路铜环时，在铜环内就要感应出电流。

从图 3.9(a) 可看到：当定子绕组电流 i 从零增大到 a 点这一段时间内，穿过短路环的磁通

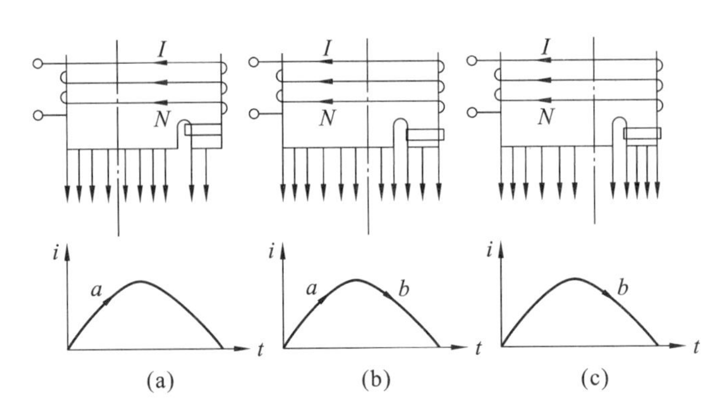

图 3.9 单相罩极式异步电动机原理图

增大，这时短路环内就要产生感应电流。根据楞次定律，感应电流产生的磁通方向与原磁通方向相反，即阻碍原磁通变化。这样，使铜环罩住的这一部分合成磁场减少，整个磁极的磁场中心线就偏离几何中心线而处于磁极的左边，即磁极左边磁场强，右边磁场弱。当定子绕组电流 i 从 a 点到 b 点这段时间内，电流变化较小。这时短路铜环内感应电流较小，其产生的磁通对原磁通影响很小，所以整个磁场的中心线与几何中心线基本重合，如图 3.9(b) 所示。当定子绕组中电流 i 从 b 点减小到零这段时间内，电流减小，穿过短路铜环内的磁通也减小，这时短路环内感应电流产生的磁通根据楞次定律，其方向与原磁通一致，这样，使铜环罩住的这一部分合成磁场增强，整个磁极的磁场中心就偏向磁极的右边，即磁场右边磁场强，左边磁场弱，如图3.9(c) 所示。

从上述分析可以看到，电动机内磁场中性线随定子绕组中交流电流的变化而做左右移动。这样，电动机转子鼠笼条就切割磁场而感应出电流，通电导线在磁场中就会受到电磁力，在这个电磁力的作用下，电动机便转动起来。

单相罩极式异步电动机虽然启动转矩较小、功率因数和效率较低、启动性能和运行性能也较差，但结构简单、成本低、维修方便，主要应用于小容量（数十瓦以下）的单相电动机上。

3.2 异步电动机基本控制电路及方法

3.2.1 基本控制环节

由于微型计算机技术的发展，主要代替继电器以实现逻辑控制的可编程逻辑控制器(PLC) 与电动机配合的发展趋势越来越密切，但考虑到成本、技术人员、配套设备等多种因素，这种技术适用于机电一体化大型设备、数控技术、人工智能等科技含量较高的场合，目前在建筑业上三相异步电动机的基本控制环节，大多数仍然是采用继电器、接触器、主令控制器等电器元件通过导线连接而成，用来控制电动机的启动、制动、反转及调速等。如果将电动机、低压电器、测量仪表等装置有机地结合起来，就组成了传统意义上电力拖动的自动控制系统。异步电动机的控制电路一般分为主电路、控制电路和辅助电路。主电路是强电流通过的电路，包括设备的电源、电动机及其他用电设备。控制电路包括控制、保护电器，是控制主电路工作的电路，通过电流较小。辅助电路是设备的照明和信号电路。

电气图中各电器元件的图形符号均应按照现行国家标准《电气简图用图形符号》(GB/T

4728）所规定的符号，在图形符号旁边应该标注文字符号（按现行国家标准 GB/T 4728 所规定的符号）。一般用粗细实线代表导线，电路中各电路触电位置通常按没有通电时的状态来画。同一电器的不同部分，按其作用通常画在电路中不同的位置，为了易于识别，都要求用同一文字符号标注。

1. 手动正转控制环节

它通过低压开关（也可用负荷开关、组合开关等）来控制电动机启动和停止。线路工作过程如下：

启动时合上（低压开关）QS，电动机 M 通电启动。停止时拉下 QS，电动机 M 断电停止运行，如图 3.10 所示。

2. 点动正转控制环节

点动控制电路是用按钮、接触器来控制电动机短时启动，如图 3.11 所示。所谓点动控制是指按下按钮，电动机就运转；松开按钮，电动机就停止运行。线路工作过程如下：

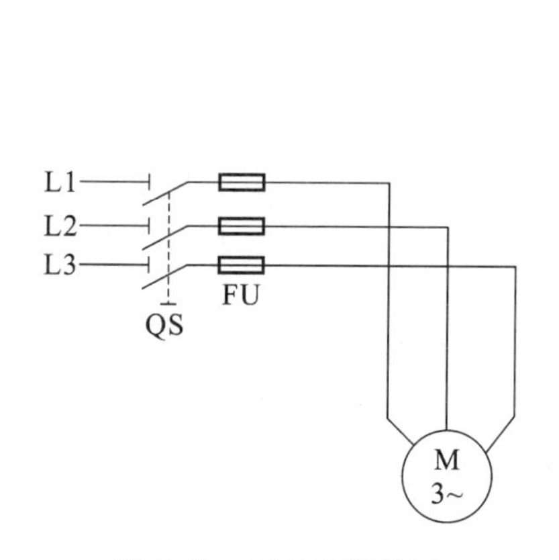

图 3.10　手动正转控制

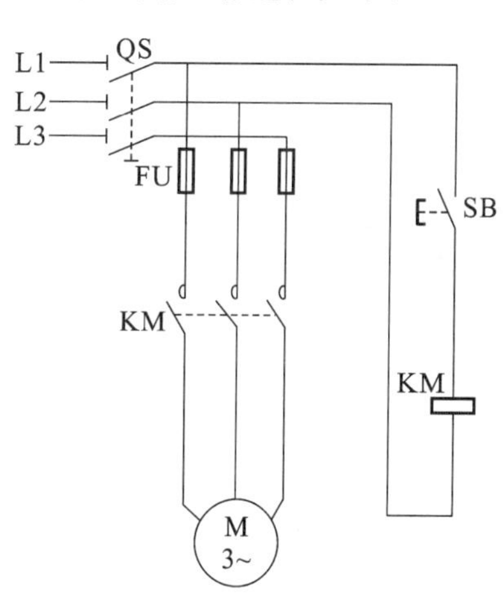

图 3.11　点动控制线路

当电动机需要点动时，先合上 QS，此时电动机 M 尚未接通电源。按下按钮 SB，接触器 KM 线圈得电，使衔铁吸合，同时带动 KM 的 3 对主触头闭合，使 M 接通电源而启动运转。

当需要停止时，松开 SB，使 KM 线圈断电，衔铁在复位弹簧的作用下，使 KM 主触头断开，M 断电停止，如图 3.11 所示。

3. 具有过载保护的自锁正转控制环节

控制电动机运行时，利用接触器 KM 具有的欠压和失压保护；用熔断器 FU 作短路保护，利用热继电器作过载保护，如图 3.12 所示。

当电动机短路时，短路电流很大，热继电器来不及动作，供电线路和电源设备已被损坏。所以热继电器与熔断器不能相互代替。线路工作过程如下：

先合上 QS，此时电动机 M 尚未接通电源。按下启动按钮 SB1 时接触器 KM 线圈得电，使衔铁吸合，使辅助触头闭合，实现“自锁”同时带动 KM 的 3 对主触头闭合，使 M 接通电源而启动运转。当按下停止按钮 SB2 时接触器 KM 线圈失电，所有触头恢复原状，电机失电而停转。工程上将利用接触器线圈自身常开触头，使线圈保持通电的作用称之为“自锁”，也称为“自保”。

当电动机过载时，工作电流增大到一定值，并持续一定时间时，热继电器双金属片弯曲变

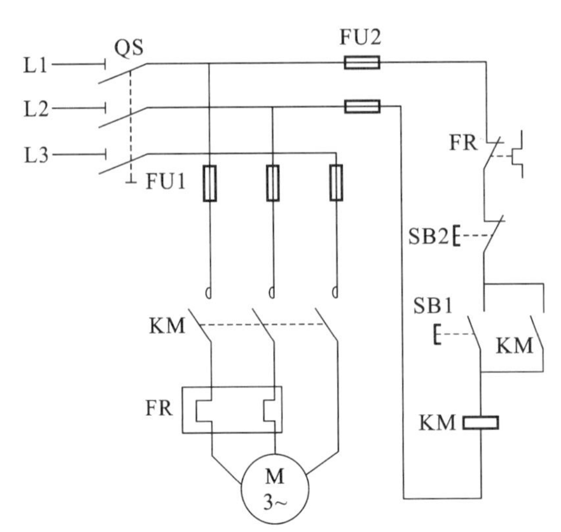

图 3.12　具有过载保护的正转控制

形到一定程度，其辅助触点 FR 动作，断开控制回路，以保护电动机不致因长时间过载而造成异常温升甚至损坏。

3.2.2　三相异步电动机的启动

三相异步电动机从接通电源开始转动，一直到等速运行为止，这个过程称之为电动机的启动。三相异步电动机的启动有直接启动和降压启动两种。这是因为在电动机启动时，启动电流很大，一般为额定电流的 4 ～ 7 倍。启动电流过大会使供电线路的电压显著下降，影响到接在同一线路上的其他用电设备的正常工作。同时，由于电压U降低也会影响电动机自身的启动转矩，严重时会导致电动机无法启动。所以，当电动机容量较大时，一般要采取降压启动来限制启动电流。

1. 鼠笼式电动机的启动

(1) 异步电动机直接启动

在电动机定子绕组上直接加上额定电压使之启动的方法称为直接启动或全压启动。对于中小型如功率在 10 kW 以下的电动机，若所接电源容量足够大，应尽量地采取直接启动。该方法的优点是设备简单、操作便利、启动过程短，但启动电流大。随着电网容量的增大，能够直接启动的电动机的容量也会增大。一般通过经验公式(3.4) 来判断，凡是符合此条件的均可直接启动。

$$\frac{I_{启动}}{I_{额定}}(\mathrm{A}) \leqslant \frac{3}{4}+\frac{电源总容量(\mathrm{kV \cdot A})}{电动机额定功率(\mathrm{kW})} \tag{3.4}$$

(2) 异步电动机降压启动

若异步电动机容量较大或启动频繁，为了减小启动电流，一般采用降压启动法。这种方法是在启动时降低定子绕组上的电压，启动完毕后，再加上额定电压投入运行。由于启动转矩与电压的平方成正比，所以降压启动时，启动转矩也大大降低，因此降压启动仅适用于电动机在空载或轻载情况下的启动。常用的降压启动法有星形 / 三角形启动和自耦变压器降压启动。

① 星形 / 三角形启动控制电路

星形 / 三角形启动是在启动时，定子绕组为星形连接，待转速升高到一定程度时直到电动机接近稳定运行后，改为三角形连接。由于启动时，定子绕组改接成星形，使加在每相定子绕组的电压只有三角形接法的1/3,其线电流为直接启动时的1/3,启动转矩也相应减小到直接启动的1/3,所以这种启动只能用于空载或轻载启动的场合。这种启动方法可采用自动星形/三角形启动器直接实现。启动器由按钮、接触器、时间继电器组成。

星形/三角形启动的优点是启动设备体积小、成本低、寿命长、动作可靠,且在启动过程中无电能损失,如图3.13所示。

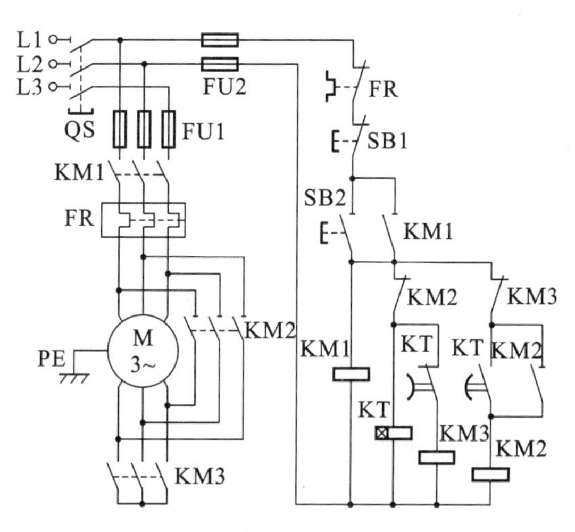

图3.13　星形/三角形启动控制电路

其工作过程是:按下SB2后,接触器KM1得电并自锁,同时KT、KM3也得电,KM1、KM3主触头同时闭合,电动机以星形接法启动。当电动机转速接近正常转速时,达到通电延时时间继电器KT的整定时间,其延时动断触头断开,KM3线圈断电,延时动合触头闭合,KM2线圈得电,同时KT线圈也失电。这时,KM1、KM2主触头处于闭合状态,电动机绕组转换为三角形连接,电动机全压运行。工程中把KM2、KM3的动断触头分别串联到对方线圈电路中,称之为"互锁"电路。所谓"互锁"是利用接触器常闭触头,避免接触器同时闭合引起电源短路的相互制约关系,也称之为"连锁"。

在电动机星形/三角形启动过程中,绕组的自动切换由时间继电器KT延时动作来控制。这种控制方式称为按时间原则控制,它在机床自动控制中得到广泛应用。KT延时的长短应根据启动过程所需时间来整定。

② 自耦变压器降压启动控制电路

对于正常运行时定子绕组接成星形的笼型异步电动机不能用星形/三角形启动法,可用自耦变压器降压启动。电动机启动时,电源接于自耦变压器的一次侧;定子绕组加上自耦变压器的二次电压,一旦启动完成就切除自耦变压器,定子绕组加上额定电压正常运行。图3.14为一种三相笼型异步电动机自耦变压器降压启动控制电路。

其工作过程是:合上隔离开关QS,按下SB2,KM1线圈得电,自耦变压器作星形连接,同时KM2得电自保,电动机降压启动,KT线圈得电自保;当电动机的转速接近正常工作转速时,达到KT的整定时间,KT的常闭延时触点先打开,KM1、KM2先后失电,自耦变压器T被切除,KT的常开延时触点后闭合,在KM1的常闭辅助触点复位的前提下,KM3得电自保,电机全压运转。电路中KM1、KM3的常闭辅助触点的作用是:防止KM1、KM2、KM3同时得电使自耦变压器T的绕组电流过大导致其损坏。

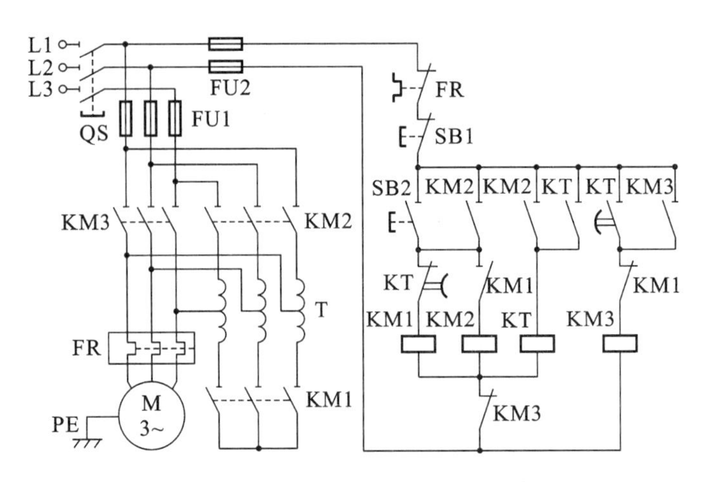

图 3.14　自耦变压器降压启动控制电路

自耦变压器二次绕组有多个抽头，能输出多种电源电压，启动时能产生多种转矩，一般比星形／三角形启动时的启动转矩大得多。自耦变压器虽然价格较贵，而且不允许频繁启动，但仍是三相笼型异步电动机常用的一种降压启动装置。

2. 绕线式异步电动机的启动

绕线式异步电动机启动时，在三相定子电路中串接电阻，使电动机定子绕组电压降低，启动结束后再将电阻切除，使电动机在额定电压下正常运行。正常运行时定子绕组接成星形的笼型异步电动机，可采用这种方法启动。图 3.15 是这种启动方式的电路图。

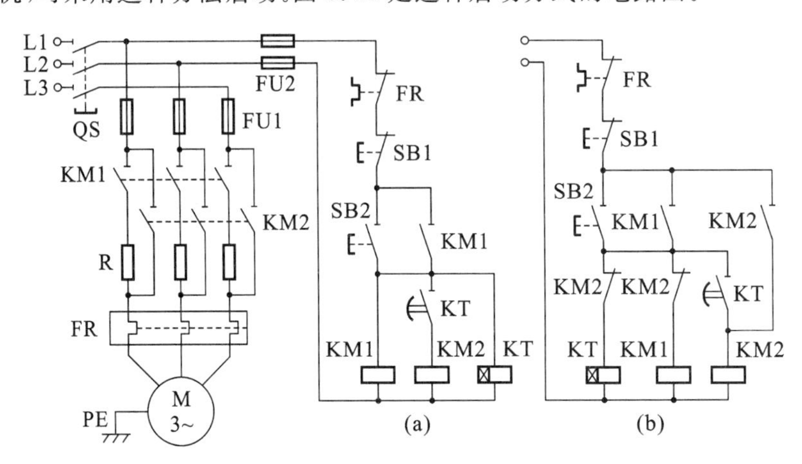

图 3.15　定子绕组串电阻降压启动电路

其工作过程是：合上隔离开关 QS，按下按钮 SB2，KM1 线圈得电自锁，其常开主触头闭合，电动机串电阻启动，KT 线圈得电；当电动机的转速接近正常转速时，达到 KT 的整定时间，其常开延时触头闭合，KM2 线圈得电自锁，KM2 的常开主触头 KM2 闭合将 R 短接，电动机全压运转。降压启动用电阻一般采用 ZX1、ZX2 系列铸铁电阻，其阻值小、功率大，可允许通过较大的电流。两图不同之处在于：

① 图中 KM2 得电，电动机正常全压运转后，KT 及 KM1 线圈仍然有电，这是不必要的。

② 图中的控制电路利用 KM2 的动断触头切断了 KT 及 KM1 线圈的电路，克服了上述缺点。

3.2.3　异步电动机的正反转控制

在生产实践中许多设备，如建筑施工设备起重机的提升、下降，机加工中牛头刨床刨刀的往复运动等都要求电动机能够正、反两个方向旋转。由三相异步电动机的转动原理得知，转子的转向同旋转磁场的转向一致，而磁场的转向又取决于三相电流的相序。因此，当改变电动机三相电流的相序，即只须将电动机的两相电源互换后，就可实现正、反转。因此需要两个不同时工作的接触器。

1. 用接触器进行互锁的控制电路

此控制电路如图 3.16 所示，KM1 为正转接触器，KM2 为反转接触器，两者接通电源的相序是不同的，所以绝对不能同时通电，否则会造成电源短路。

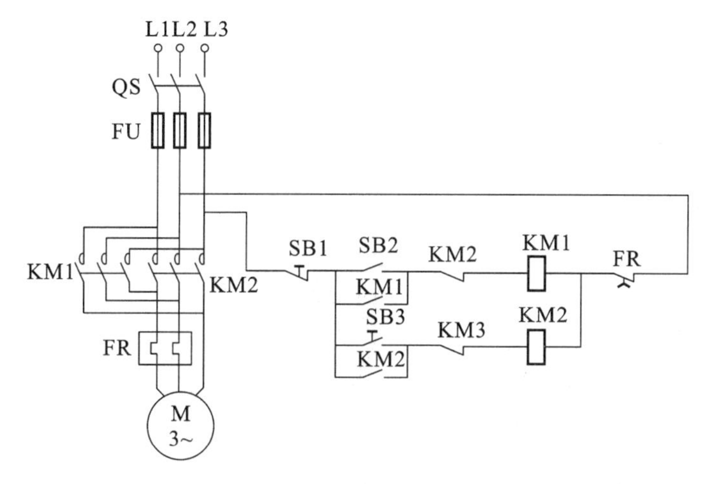

图 3.16　接触器互锁的正反转控制电路

其工作过程是：欲使电动机正转，按下 SB2，正转接触器 KM1 线圈通电动作并自锁；其动合主触头闭合，电动机接正相序电源正转；同时使接在反转接触器 KM2 线圈回路的常闭触头打开，进行互锁，以防止因误操作按下反转按钮 SB3，使线圈 KM2 也通电而造成主回路短路。欲使电动机反转，需先按停止按钮 SB1，使正转接触器 KM1 释放，再按反转按钮 SB3，反转接触器 KM2 通电并自锁；其主触头闭合，使电动机接反相序电源而反转；其常闭辅助触头分断，切断 KM1 线圈控制回路。

2. 用接触器与复合按钮进行互锁的控制电路

此控制电路如图 3.17 所示，采用接触器常闭触头和复合按钮常闭触头进行双互锁。其工作原理与用接触器进行互锁的控制电路基本相同。

其工作过程是：欲使正转的电动机变为反转，可直接按 SB3，先把串联在正转控制回路中的常闭触头打开，然后再接通反转控制回路，只要正转接触器 KM1 互锁触头复位，反转接触器 KM2 线圈就会通电。应用复合按钮机械动作的先后实现互锁称为“机械互锁”。这种操作不需要先按下停止按钮就可实现直接操作来改变电动机的运转方向的控制功能，可认为是“正 → 反 → 停”。但因其极易产生两相短路事故，也易造成反向启动困难甚至损毁电气设备，所以仅用于小型电动机的控制线路。

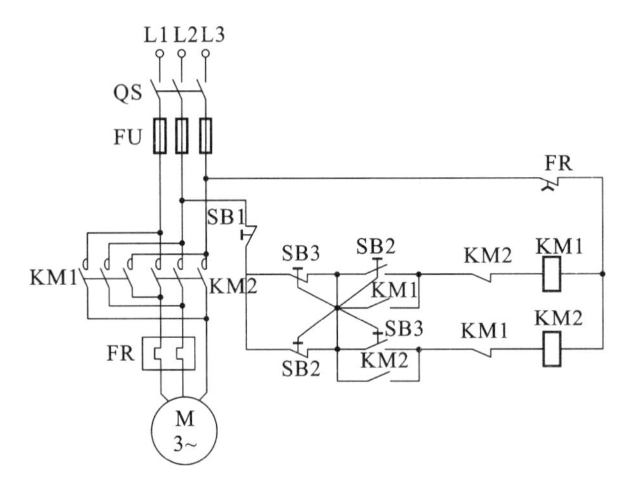

图 3.17　接触器和复合按钮进行双互锁的正反转控制电路

3. 双重(复合)互锁正反转控制线路

此控制电路如图 3.18 所示。这种线路具有操作方便、工作安全可靠等优点,所以被广泛应用。其工作过程是合 QS 使主电路带电。

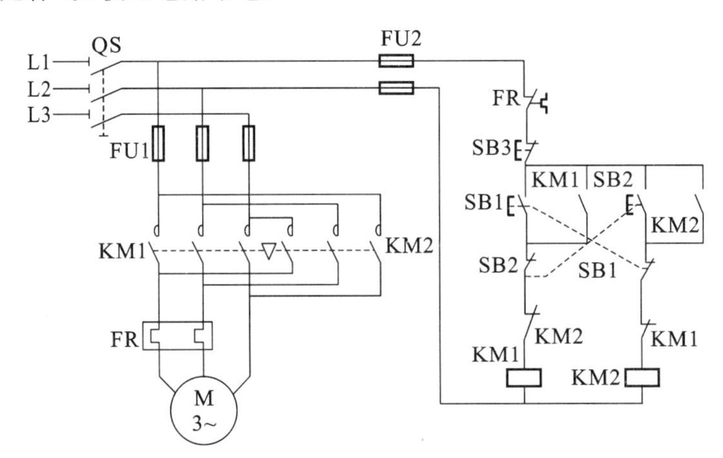

图 3.18　双重联锁正反转控制线路

(1) 正转控制:按下 SB1→KM1 线圈得电→KM1 自锁→电动机连续正转;同时 KM1 与 KM2、SB1 均互锁→切断反转控制电路。

(2) 反转控制:按下 SB2→KM1 线圈失电→电动机停转同时 KM1 所有触头恢复原状→同时 KM2 线圈得电→电动机连续反转;同时 KM2 与 KM1、SB2 均互锁→切断正转控制电路。

(3) 电动机停止转动:按下 SB3→整个电路失电→所有触头恢复原状→电动机失电而停止转动。

3.2.4　异步电动机的调速与制动

1. 异步电动机的调速

在同一生产机械负载不变的情况下,通过改变电动机的转速来满足各种工作需要的方法,称为调速。由于电动机的转速 $n = n_1(1-S) = 60f_1/p$,因此,电动机可通过改变电源频率 f_1

的变频调速、磁极对数 p 的变极调速、改变电动机的转差率 S 等方法来调节转速。

(1) 改变电源频率：由于异步电动机的转速 n 与电源的频率 f_1 成正比关系，连续调节电源的频率就能平滑地调节三相异步电动机的转速。经理论推导，变频调速特别适用于恒转矩负载。可见变频调速不仅调节范围大、效率高、可无级调速而且调速平滑、系统稳定性好，其调速性能可与直流电动机相媲美。但也有需要专门的变频装置系统较复杂、成本较高的特点。目前，利用晶闸管变频装置进行交流变频兼调压的调速方法得到广泛的应用，如泵类、通风机等设备的拖动。

(2) 改变磁极对数：通过改变磁极对数而使同步转速发生变化的三相异步电动机称为多速电动机，我国定型生产的变极多速异步电动机有双速、三速、四速三种类型。多速电动机均采用鼠笼式转子。

由于三相异步电动机的磁极对数 p 取决于定子绕组的分布与接法，因此，采用适当的方法来改变三相定子绕组的内部连接关系，就可以改变旋转磁场的磁极对数，从而改变电动机转速。由式 $n_1 = 60f/p$ 可知，如果磁极对数 p 减少一半，则旋转磁场的转速 n_1 便提高一倍，则转子转速也差不多提高一倍。

常用改变定子绕组接法的方法有两种：一种是从星形改接成双星形，因前者级数是后者的两倍，则后者的同步转速是前者的两倍且功率增大一倍，转矩保持不变。此方法适用于拖动起重机、电梯、传输带等恒转矩负载的调速。另一种是从三角形改接成双星形，后者比前者极数减半、转速增加一倍、转矩约减少一半，功率近似不变。适用于拖动恒功率负载的调速，如车床切削等。

由于改变定子绕组之间的连接只能使磁极对数一级一级地改变，所以，转速变化不平滑，是一种有极调速，且绕组结构复杂、调速级数少。

(3) 改变电动机的转差率 S：绕线式异步电动机的调速是通过调节串接在转子电路的调速电阻来进行的，加大转子电路中的调速电阻时，可使机械特性向下移动，如果负载转矩不变，转差率 S 上升，而转速 n 下降。串接的电阻越大，转速越小。这种调速方法损耗电能较多，很不经济，但调速方法简单方便，调速平滑，因此广泛应用于中小容量的绕线式电动机中，如起重运输机械设备等。

2. 异步电动机的制动

切断电源后，由于转子和被拖动的机械设备都有惯性，所以电动机还会继续转动一段时间才能停止下来。为了提高工作效率，确保生产安全，常常要求电动机迅速而准确地停止转动，这就需要对电动机进行制动，即刹车。电动机制动方法分为机械制动和电气制动两类。

(1) 机械制动

最常用的机械制动是电磁抱闸，如图 3.19 所示。

电动机通电转动时，定子绕组和电磁抱闸的线圈同时通电，电磁铁的吸力克服弹簧拉力，吸动电磁铁的可动铁芯，使闸瓦松开，电动机可以自由转动。电动机断电时，电磁线圈也同时断电，电磁铁失去磁性，使动铁芯释放。闸瓦在弹簧压力的作用下，立即抱紧闸轮，使电动机迅速停转。电磁抱闸制动方式大多数应用在起重设备中，如建筑施工所用的小型卷扬机等起重机械。

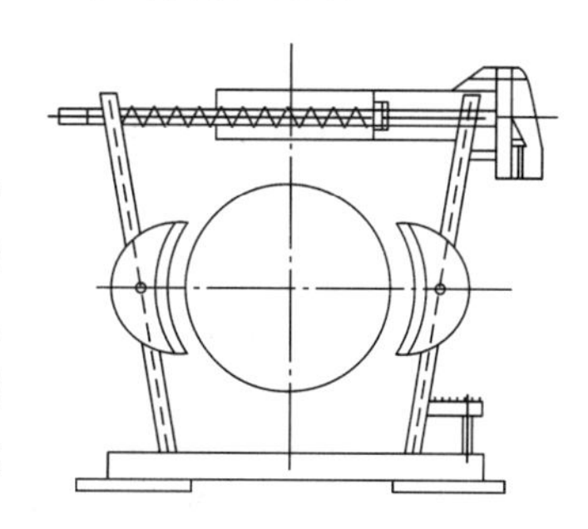

图 3.19　电磁抱闸结构示意图

(2) 电气制动

电气制动是一种通过让转子获得与转子旋转方向相反的制动转矩而使电动机迅速停转的方法。常用的电气制动方法有电源反接制动、能耗制动和回馈制动。

① 能耗制动:电动机切断交流电源后,转子因惯性仍继续旋转,立即在两相定子绕组中通入直流电,在定子中即产生一个静止磁场。转子中的导条就切割这个静止磁场而产生感应电流,在静止磁场中受到电磁力的作用。这个力产生的力矩与转子惯性旋转方向相反,称为制动转矩,它迫使转子转速下降。当转子转速降至零,转子不再切割磁场,电动机停转,制动结束。此法是利用转子转动的能量切割磁通而产生制动转矩的,其实质是将转子的动能消耗在转子回路的电阻上,故称为能耗制动。能耗制动的优点是:制动力强、制动平稳、无大的冲击;应用能耗制动能使生产机械准确停车,故被广泛用于矿井提升和起重机运输等生产机械。其缺点是:需要直流电源、低速时制动力矩小;电动机功率较大时,制动的直流设备投资大。

② 电源反接制动:电源反接制动即把接到电动机上的三根电源线中的任意两根对调,旋转磁场反向旋转,转子绕组中的感应电动势及电流的方向也随之改变,其方向与转子的旋转方向相反,故为一制动转矩,起制动作用。当转速降至接近零时,立即切断电源,避免电动机反转。反接制动的优点是制动力强、停转迅速、无须直流电源;缺点是制动过程冲击大,电能消耗多。

③ 回馈制动:即发电回馈制动,当转子转速 n 超过旋转磁场转速 n_1 时,电动机进入发电机状态,向电网反馈能量,转子所受的力矩迫使转子转速下降,起到制动作用。如起重机快速下放物体时,重物拖动转子,使其转速超过 n_1 时,转子受到制动,使重物等速下降。当变速多极电动机从高速挡调到低速挡时,旋转磁场转速突然减小,而转子具有惯性,转速尚未下降时,出现回馈制动。特点:经济性好,将负载的机械能转换为电能反送电网,但应用范围不广。

3.3 常见建筑施工设备控制电路

3.3.1 混凝土搅拌机控制电路

混凝土搅拌机的类型和种类很多,典型的混凝土搅拌机电气控制电路如图 3.20 所示。该机主要由搅拌机构、上料装置、给水等环节组成。

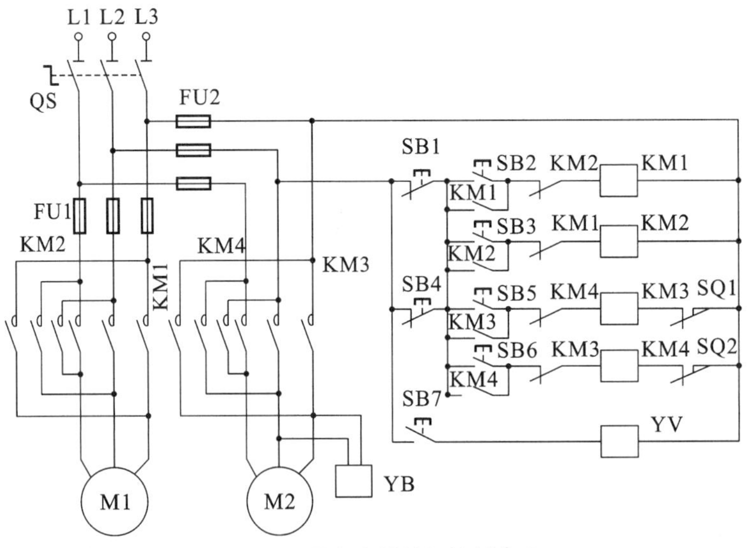

图 3.20　混凝土搅拌机控制电路

对搅拌机构的滚筒要求能正转搅拌混凝土，反转使搅拌好的混凝土能倒出，即要求拖动搅拌机构的电动机 M1 可以正、反转。其控制电路就是典型的用接触器触头互锁的正反转电路。上料装置的爬斗要求能正转提升爬斗，爬斗上升到位后自动停止并翻转将骨料和水泥倾入搅拌机滚筒。反转使料斗下降放平并自动停止，以接受再一次的下料、防止料斗负重上升时停电和可能要求其中途停止运行时保证安全，采用电磁制动器 YB 做机械制动装置，上料装置电动机 M2 属于间歇运行，所以未设过载保护装置。电磁抱闸线圈为单相 380 V 和电动机定子绕组并联，M2 得电时抱闸打开，M2 断电时抱闸抱紧，实现机械制动。SQ1 限位开关做上升限位控制，SQ2 限位开关做下降限位控制。给水环节由电磁阀 YV 和按钮 SB7 控制，电磁阀 YV 线圈通电打开阀门向滚筒加水。松开 SB7 关闭阀门停止加水。

3.3.2　皮带运输机控制电路

皮带运输机由输送带、托辊、滚筒及驱动、制动、张紧、改向、装载、卸载、清扫等装置组成。皮带机是由驱动装置拉紧输送带中部构架和托辊组成输送带作为牵引和承载构件，借以连续输送散碎物料或成件品。图 3.21(a) 是两条皮带各由一台鼠笼型电动机驱动的示意图。

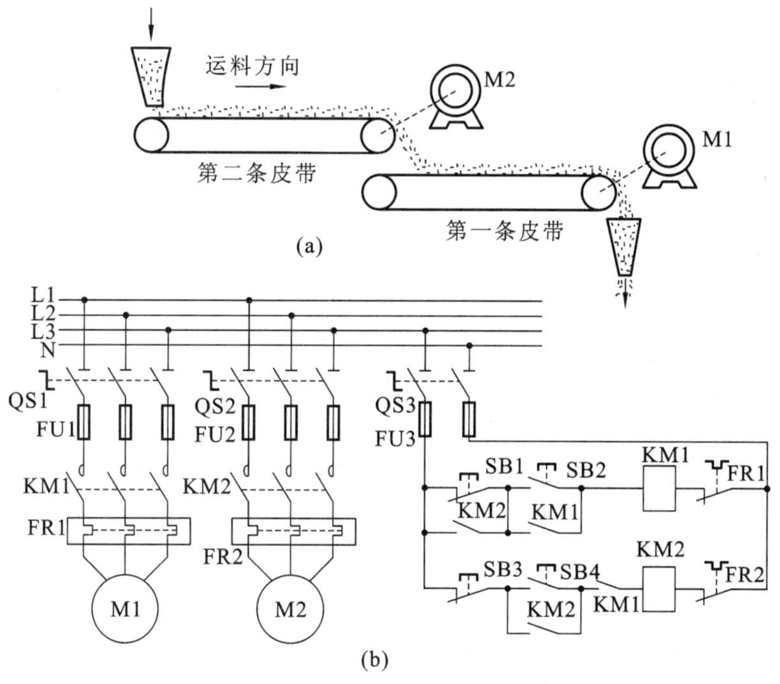

图 3.21　皮带运输机控制电路

为了防止运送物料在皮带上造成堵塞，对皮带运输机的启动和停止有一定的要求：启动时要先启动第一条皮带，后启动第二条皮带，即启动顺序是 M1 先启动，M2 后启动。停止时，先停止第二条皮带，后停止第一条皮带，即 M2 先停，M1 后停。

为了满足上述要求，在图 3.21(b) 所示的控制电路中，把接触器 KM1 的常开辅助触头串入接触器 KM2 的线圈回路中，当 KM1 不工作，电动机 M1 停止时，由于触点 KM1 断开，使得接触器 KM2 不能工作，这样就保证了电动机 M2 不能先启动。把接触器 KM2 的常开触头并联在按钮 SB1 的两端，当接触器 KM2 工作，电动机 M2 启动运行时，由于 KM2 的闭合，SB1 不起作用，即使按下它，接触器 KM1 线圈也不会断电，M1 不会先停止。

3.3.3　塔式起重机控制电路

塔式起重机简称塔机亦称塔吊，是目前建筑工地普遍应用的一种有轨道的、机身为塔架式结构的全回转动臂架式起重机械。因其作业空间大，主要用于房屋建筑施工中物料的垂直和水平输送及建筑构件的安装。塔式起重机一般由金属结构、工作机构和电气系统三部分组成。金属结构包括塔身、动臂和底座等；工作机构有起升、变幅、回转和行走四部分；电气系统包括电动机、控制器、配电柜、连接线路、信号及照明装置等。

塔式起重机分为上回转塔机和下回转塔机两大类。前者的承载力要高于后者，在许多施工现场所见到的就是上回转式上顶升加节接高的塔机。按能否移动又分为行走式和固定式。固定式塔机塔身固定不转，安装在整块混凝土基础上，或装设在条形或 X 形混凝土基础上。在房屋施工中一般采用的是固定式塔机。

塔式起重机的种类较多，可分为回转式、自升式、行走式、固定式、履带式等。如常见的 QTZ80 型塔式起重机为上回转自升式塔式起重机，图 3.22 为其结构简图。主要由龙门架、塔身、塔顶、起重臂、平衡臂、平衡重以及完成各种动作功能的行走机构、回转机构、变幅机构和提升机构等部分组成。起重机能在轨道上移动行走，根据需要可以改变起重臂的回转方向、仰角的幅度和使起吊重物上下运动。这种类型的起重机适用于占地面积较大的多层建筑施工。

QT60/80 型塔式起重机也是施工现场常见的一种起重设备，其控制电路的主电路原理图如图 3.23 所示。其主要工作原理如下：

1. 行走机构

行走机构采用两台起重机械专用的三相绕线式异步电动机(JZR2—31—8，7.5 kW)M2、M3 作为驱动电动机。为了减小启动电流，采用频敏电阻器 BP1、BP2 作为启动电阻。

频敏电阻器的阻抗随着电流频率的变化而显著地变化。电流频率高时，阻抗值也高；电流频率低时，阻抗值也低。这样，将频敏电阻器串联在绕线式转子异步电动机的转子回路中，它的阻抗值在启动开始时最大，随着电动机转速上升，转差率 S 减小，电动机转子电动势的频率减小，电阻器的阻抗也随之减小，这样使绕线式异步电动机的整个启动过程的启动电流逐步减小，接近于恒值启动转矩。正常转速时，通过接触器 KM11、KM12 将电阻器短接。

通过交流接触器 KM9 或 KM10 来控制电动机的正、反转动方向，决定起重机的行走和行走方向。为了行走安全起见，在起重机行走架的前后各装有一个行走限位开关，在轨道的两端各装有一块撞块起限位保护作用。当起重机往前或往后走到极限位置时，使行走电动机断电停转，起重机停止行走，防止脱轨事故。

2. 回转机构

回转机构由一台起重机构专用的三相绕线式异步电动机(JZR2—12—6，3.5 kW)M4 驱动。启动时接入频敏电阻器 BP3，以减小启动电流。操纵主令控制器，通过交流接触器 KM13 或 KM14 控制回转电动机 M4 的正、反转，来实现起重臂不同的回转方向。转到某一位置后，电动机停止转动。按下按钮，接触器 KM16 主触点闭合，三相电磁制动器 B1 通电，通过锁紧制动机构，将起重臂锁紧在某一位置上，使吊件准确就位。通常在接触器 KM16 的线圈电路中串入接触器 KM13、KM14 的常闭触点(图中未画出)，进行联锁，保证在电动机 M4 停止转动后，电磁制动器 YB1 才能工作。

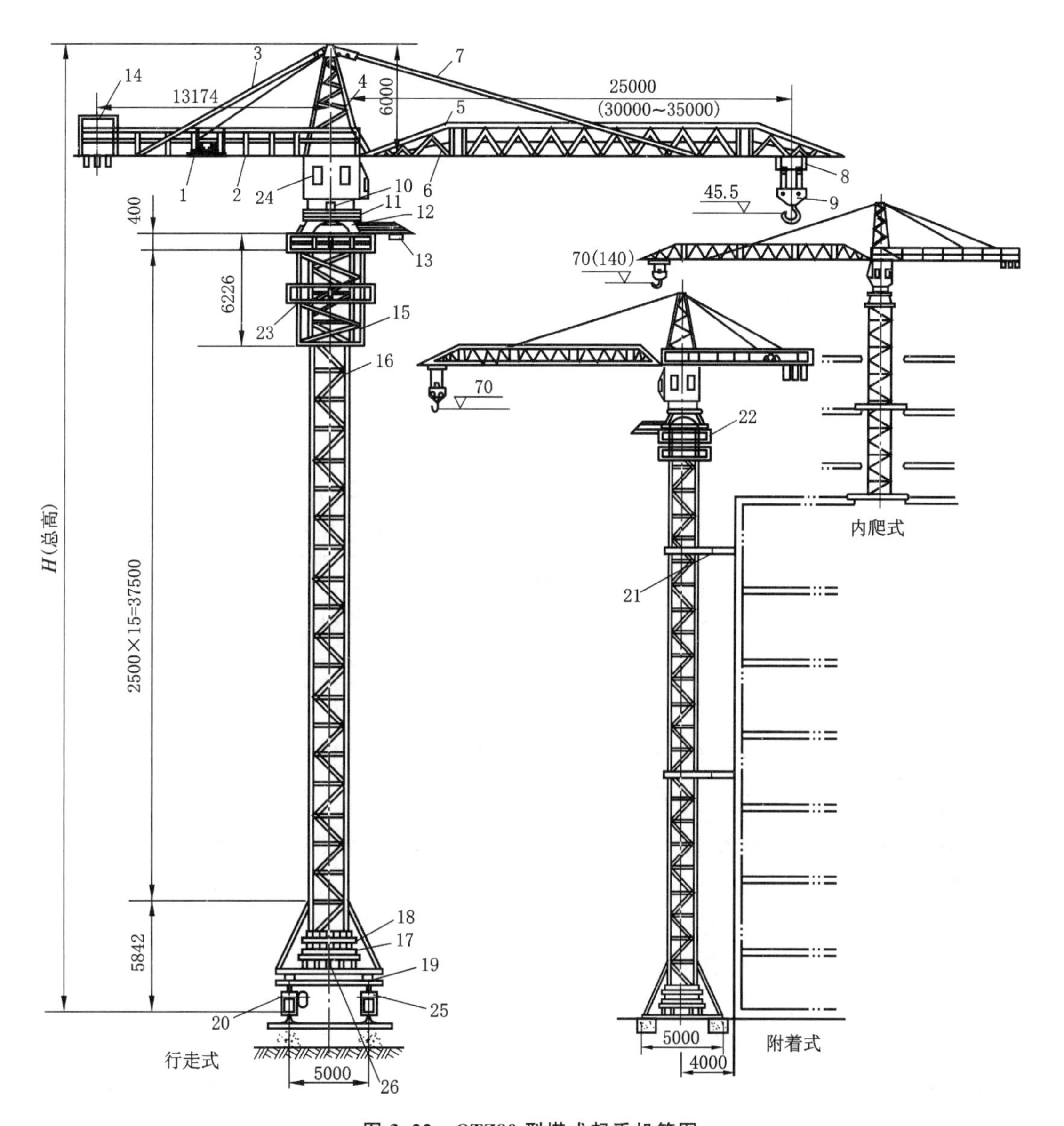

图 3.22 QTZ80 型塔式起重机简图

1—起升机构;2—平衡臂;3—平衡臂拉索;4—塔帽;5—起重臂;6—小车牵引机构;7—起重臂拉索;8—起重小车;9—吊钩滑轮;10—回转机构;11—回转支承;12—下支座;13—引进小车;14—平衡重;15—顶升架;16—塔身;17,18—压重;19—底架;20—主动台车;21—附着装置;22—平台;23—液压顶升机构;24—操纵室;25—被动台车;26—电缆卷筒

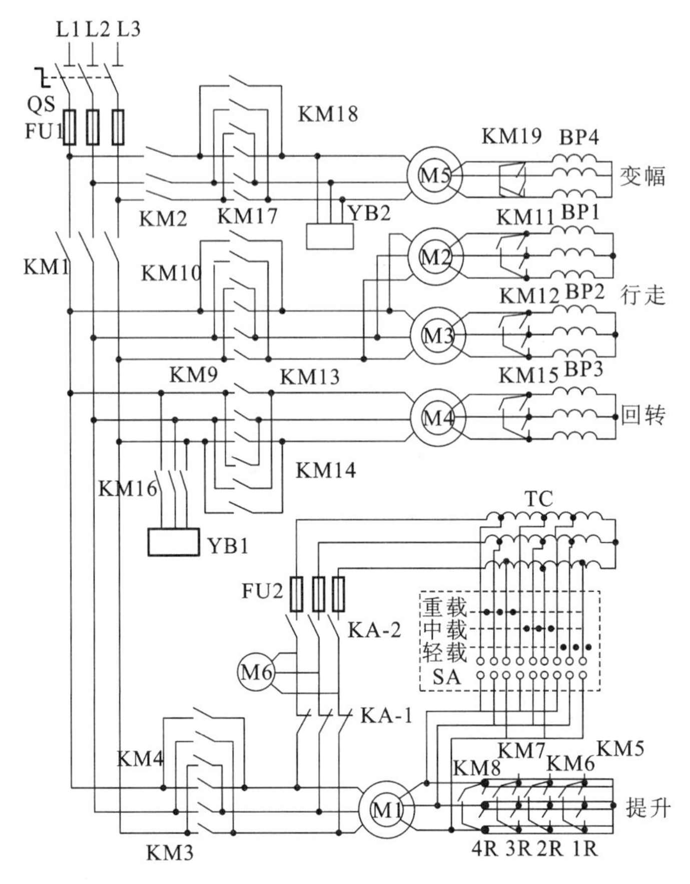

图 3.23　QT60/80 型塔式起重机控制电路主电路原理图

3. 变幅机构

变幅机构由一台三相绕线型异步电动机(JZR2—31—8,7.5 kW)M5 驱动,启动时接入频敏电阻器 BP4。操纵主令控制器,通过交流接触器 KM17、KM18,控制变幅电动机 M5 的转向,实现改变起重臂仰角的幅度。在变幅电动机的定子回路上,并联一个三相电磁制动器 YB2,制动器的闸轮与电动机同轴,一旦 M5 与 YB2 同时断电时,实行紧急制动,使起重臂准确地停止在某一位置上。

为了安全起见,在起重臂俯仰变幅的极限位置各装有一块撞块,交流接触器 KM17、KM18 的线圈电路中各接入一个幅度限位保护开关(图中未画出)。一旦到达极限位置,限位开关断开,切断 KM17 或 KM18 线圈的电路,主触点分断,停止供电,变幅电动机停转。

4. 提升机构

提升机构由一台三相绕线型异步电动机(JZR2—51—8,22 kW)M1 驱动曳引轮、钢丝绳和吊钩的运动。操纵主令控制器可以控制提升电动机的启动、调速和制动。

例如,通过接触器 KM3、KM4 控制电动机的启动和转向,使吊钩上升或下降。通过调速接触器 KM5、KM6、KM7、KM8 的主触点依次闭合,改变转子电路外接电阻的大小从而改变绕线式电动机的转速。接触器都不工作时,外接电阻全部接入,转速最低,吊件慢速提升。接触器 KM8 工作时,外接电阻被全部短接,电动机运行于自然特性上,转速最高,吊件提升速度最快。

提升电动机 M1 采用电力液压推杆制动器制动。电力液压推杆制动器由小型鼠笼式异步电动机 M6、油泵和机械抱闸等部分组成。制动器的闸轮与电动机 M1 同轴，当电动机 M6 高速转动时，闸瓦与闸轮完全分开，制动器处于完全松开状态。电动机 M6 转速逐渐降低时，闸瓦逐渐抱紧闸轮，制动器产生的制动力矩逐渐增大。当电动机 M6 停转时，闸瓦紧抱闸轮，使制动器处于完全制动状态。只要改变电动机 M6 的转速，就可以改变闸瓦与闸轮的间隙，产生不同的制动力矩。

当中间继电器 KA 不工作时，常闭触点 KA-1 闭合，常开触点 KA-2 分开，鼠笼式电动机 M6 与提升电动机 M1 定子电路并联。当接触器 KM3、KM4 均不工作，切断电源时，电动机 M1、M6 同时断电停转。只要电动机 M6 停止运转，制动器立即对提升电动机 M1 进行制动，迅速刹车使提升吊件固定在某一位置不动。

当需要慢速下降重物时，中间继电器 KA 工作，使常闭触点 KA-1 分开，常开触点 KA-2 闭合，鼠笼式电动机 M6 通过三相自耦变压器 TC、万能转换开关 SA 接到电动机 M1 的转子回路上。由于电动机 M1 转子回路的交流电压频率较低，使鼠笼式电动机 M6 转速下降，闸瓦与闸轮间的间隙减小，两者发生摩擦并产生制动力矩，使电动机 M1 慢速运行，提升机构以较低速度下降重物。

为了安全起见，提升机构的控制电路中还接入起重机的超高、钢丝绳脱槽和提升重物超重的保护开关。在正常情况下，它们是闭合的。一旦出现故障，相应保护开关断开，接触器 KM1、KM2 的线圈断电，主触点分开，切断电源，各台电动机停止运行，起到保护作用。

此外，在实际电路中，电源主电路接有电压表、电流表，大功率绕线式电动机 M1 ～ M5 的主电路都接有过电流继电器和表示工作状态的相应指示灯等，进行自动保护并使起重机操作人员随时发现异常情况，以便采取相应措施，保证起重机安全可靠地工作。

3.3.4　卷扬机控制电路

卷扬机作为提升设备在建筑施工中应用很广泛，该设备简单、方便、实用，深受使用者的青睐，如图 3.24 所示。

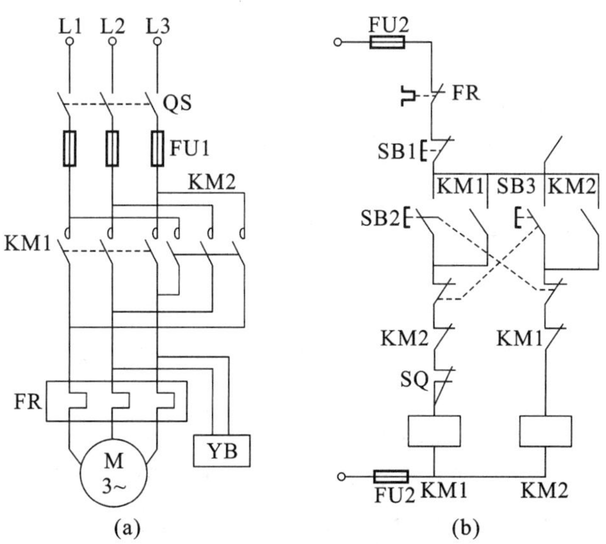

图 3.24　卷扬机控制电路图

图 3.24 中交流接触器 KM1 作为正转控制，交流接触器 KM2 作为反转控制，YB 为制动电磁抱闸。电气原理分析：当卷扬机需要提升（正转）时，按下正转启动按钮 SB2，交流接触器 KM1 线圈得电吸合且自锁，KM1 三相主触头闭合，电磁抱闸 YB 线圈得电松开抱闸，电动机正转运行；倘若中途需卷扬机落下（反转）时，直接按动反转按钮 SB3 无效，其原因是此时虽然按下了反转启动按钮 SB3，但串联在反转回路中 KM1 线圈的常闭触点仍是打开的，即前述的"互锁"，所以 KM1 线圈仍吸合，反转线圈 KM2 无法得到电源，反转按钮 SB3 操作无效。

若需反转，则必须先按下停止按钮 SB1，使已吸合的正转交流接触器 KM1 线圈失电释放，其互锁常闭触点恢复常闭状态，才能进行反转操作，此时按下反转启动按钮 SB3，交流接触器 KM2 线圈得电吸合且自锁，KM2 三相主触点闭合，电动机反转运行。若中间需停车则按下停止按钮 SB1，此时电动机失电停止运行，同时电磁抱闸 YB 线圈失电，电磁抱闸制动，从而完成停止操作。

SQ 为防雨型上升限位开关，将其安装在铁架两端，以防止提升过位造成拉垮铁架或吊笼坠落等严重事故的发生。

3.3.5 电梯控制简介

1. 电梯的基本结构

电梯是典型的机电一体的大型复杂机电设备，电梯基本结构主要由机房、曳引机、轿厢、对重以及安全保护设备等组成。电梯的轿厢在建筑物的电梯井道中上、下运行，井道上方设有机房，机房内有曳引机和电梯电气控制柜。

曳引机由交流电动机或直流电动机拖动，通过曳引钢丝绳和曳引轮之间的摩擦力，驱动轿厢和对重装置上、下运行，为了提高电梯的安全可靠性和平层准确度，曳引机上装有电磁式制动器。

轿厢用来运送乘客或货物，对重是对轿厢起平衡作用的装置，轿门设在轿厢靠近厅门的一侧，厅门与轿门一样供司机、乘用人员和货物出入，轿、厅设有开关门系统。

按电梯构件在电梯中所起的作用，可分为驱动部分、运动部分、安全设施部分、控制操作部分和信号指示部分。

2. 电梯电气控制系统

电梯的电气控制设备由控制柜、操纵箱、选层器、换速平层器、自动开关门装置、指层灯箱、召唤箱、超速保护、上下限位保护、轿顶检修箱等部件组成。

3. 轿厢门电动机控制电路

图 3.25 为轿厢门电动机的控制电路。电路分为下班关门、上班开门、工作关门和工作开门四种控制方式。图中 SA2 为轿厢内切换开关，SA1 为厅外钥匙开关，SQ4 为电梯在基站（通常为一楼）时压下的井道位置开关。SQ1、SQ2、SQ3 均为电梯安全开关，通常 SQ1 受压常开触头闭合，而 SQ2 和 SQ3 通常不受压而常闭触头闭合。现分析四种控制方式的工作原理。

(1) 下班关门

当电梯停用时，司机或管理人员将电梯开至基站（一层），使进道内的位置开关 SQ4 动作，将 SA2 扳向右边，然后用钥匙开关将 SA1 转向左边，此时电路接通，KA2 得电，发出关门信号，KA2 常开触头闭合，电动机 M 通电，轿厢门启动关闭，其调速过程如前所述。当门关闭后压上 SQ9，断开 KA2 线圈，电动机断电停止。

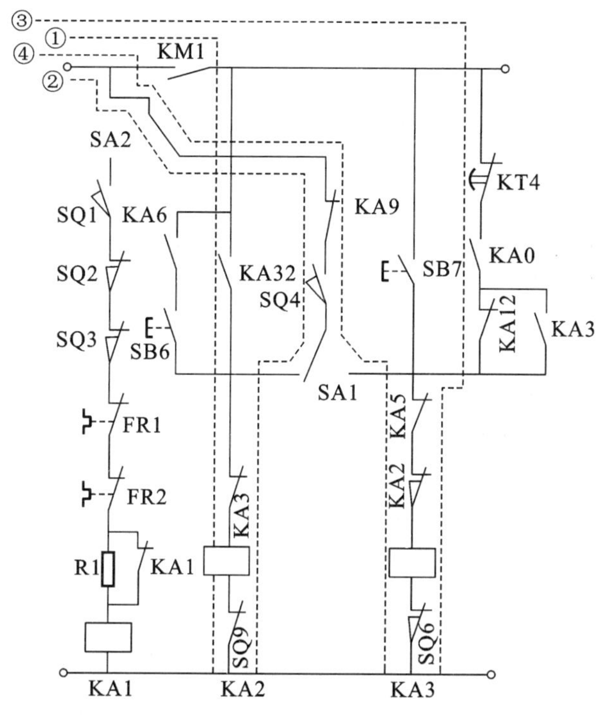

图 3.25 轿厢门电动机的控制电路

（2）上班开门

司机在进入轿厢前用钥匙开关使 SA1 转向右面，此时电路 ④ 接通，KA3 得电，KA3 常开触头闭合，电动机 M 得反向电压，电动机反转使轿门启动打开，打开到位时压上 SQ6，常闭触头断开，切断 KA3 回路，使电动机断电停止，司机进入轿厢。

（3）工作开门

当上班开门后，司机进入轿厢后将轿厢内切换开关 SA2 扳向左边，在安全条件满足的情况下 KA1 线圈通电，其常开触头闭合给控制电路接通电源。工作开门由自动和手动信号实现，见图中回路 ③。按下 SB7 按钮，KA3 通电，使电动机 M 启动开门，终了时压下 SQ6，KA3 失电，电动机 M 停止。自动信号由电梯控制系统产生，当电梯到达要停站的楼层时，控制系统中的继电器 KA9 得电，与停层减速控制时间继电器 KT4 的常闭触头配合，使 KA3 线圈通电同时可以实现工作开门。

（4）工作关门

工作关门也由手动信号和自动信号实现，但手动关门由 SB6 和 KA6 检修继电器配合，用于检修运行方式。自动信号由控制系统发出。当电梯所有的门（轿门和厅门）均关闭后，按下轿内向上或向下启动按钮时，关门继电器 KA32 先得电吸合，使常开触头接通 KA2 线圈，见电路 ③，使电动机 M 通电启动关门，然后慢速将门关至终点后压下位置开关 SQ9，电动机 M 停止，门闭上。这时门终点开关也闭合，向系统发出轿厢可以运行的安全检测信号，系统启动轿厢电动机进入运行状态。

习　题

一、思考题

1. 简述三相鼠笼型异步电动机的基本结构。

2. 如何理解电动机的“异步”?什么叫异步电动机的同步转速?什么叫转差率?同步转速与转子转速有什么区别?

3. 在电气原理图中,QS、KM、U、FR、SB、KT 等分别代表什么电气元件?

4. 异步电动机的调速方法有几种?分别是什么?

5. 分析一下控制电路中“自锁”与“互锁”各有什么含意?如何实现自锁和互锁?

6. 什么叫主电路、控制电路和辅助电路?

7. 简述电动机正反转控制电路的原理。

8. 分析一下定子产生旋转磁场的条件是怎样的?

9. 应从哪些方面选择电动机?

10. 三相异步电动机正常的维护有哪些?

二、判断题

1. 由异步电动机旋转磁场计算公式可判断二极电动机的旋转磁场转速为 1500 r/min,四极电动机的旋转磁场转速为 750 r/min。 (　　)

2. 异步电动机开始启动时,因旋转磁场以最大的相对速度切割转子导体,所以转子绕组电流最大,则定子绕组的电流也最大。 (　　)

3. 三相异步电动机输出功率就是电动机的额定功率。 (　　)

4. 三相异步电动机的额定温升就是异步电动机运行时的额定温度。 (　　)

5. 单相异步电动机分为单相电容运行电动机与单相电容启动电动机等。 (　　)

三、填空题

1. 三相异步电动机的定子是由________、________和________组成;转子是由________、________和________组成。

2. 直流电动机可划分为________和________两类。有刷的直流电动机又可以分为________和________两种,其中电磁直流电动机包括________、________、________和复励直流电动机。

3. 三相异步电动机的转差率是________的比值。当 $S=1$ 时电动机处于________状态,当 $S=0$ 时电动机处于________状态,三相异步电动机的转差率在额定运行时是________。

4. 三相异步电动机采用星形 - 三角形换接时,启动电流将减少到直接启动时电流的________,那么启动转矩会是直接启动时的________。

5. 依据电动机的转速公式可分析出异步电动机的调速方法有________、________和________。

四、计算题

1. 一台三相异步电动机,额定转速为 1470 r/min,试求电动机的转差率和磁极对数。

2. 一台三相异步电动机,已知其 $U_N = 380$ V,$P_N = 7$ kW,$\cos\varphi_N = 0.82$,试求该电动机的额定线电流。

3. 一台异步电动机接入 380 V 线路,已知 $f_N = 50$ Hz,$n_N = 730$ r/min,试求该电动机的磁极对数、同步转速、额定运行时的转差率。

实验二　三相交流鼠笼式异步电动机正反转控制

一、实验目的

了解接触器、继电器、按钮等的基本结构和特点，熟悉它们的接线方法。了解三相交流异步电动机的连接方法；熟悉其铭牌数据。学习三相交流异步电动机采用接触器实现正反转控制电路的接线并进行操作技能训练。明确正反转控制电路中自锁、互锁的必要性。

二、实验设备

三相交流鼠笼式异步电动机(0.8 kW)1台，交流接触器(CJ10-20)2只，三相刀开关1个；
熔断器5只(RL1-60型螺旋式熔断器3只，RL1-15型螺旋式熔断器2只)；
热继电器(JR0-20)1只，复合按钮3只(或三联一套)，兆欧表1只(500 V)。

三、实验内容及步骤

1. 检查电动机的接线是否符合规定，检验电动机是否绝缘。

2. 弄清接触器、继电器、按钮等各器件的接线位置，检查接触器、按钮等各触点通断状态是否良好。

3. 按照画好的电路图先接好控制电路，进行电气元件的安装。

4. 经指导教师检查后，合上电源开关QS，操作按钮SB1或SB2，观察两个接触器是否能正常吸合和释放，并先后操作SB2和SB3，观察两个接触器是否互锁。

5. 控制电路正常后，断开电源开关QS，按照电路图接主电路，接好经指导教师检查后，合上电源开关QS进行下列操作：

① 按下正转启动按钮SB1，观察电动机旋转方向并设此方向为正转。

② 按下停止按钮SB3，等待电动机停转。

③ 按下反转启动按钮SB2，观察电动机转向是否为反转。电动机确实反转则接线正确。

④ 电动机反转时直接按下正转启动按钮SB1，观察电动机是否会改变方向直接正转。

四、注意事项

1. 元件布置应合理，安装要牢固。

2. 接线或检查线路时，一定要注意先断开电源，安全操作。

3. 观察电动机直接正反转时不要过于频繁，否则会因启动电流太大而烧毁电动机定子绕组。

4. 当电动机转速较低或发出怪声时，应及时切断电源开关。

五、实验报告

1. 自锁触头和互锁触头有何区别？

2. 总结实验步骤和体会，分析故障的处理。

3. 会画三相交流异步电动机接触器互锁控制电路图。

单元4　建筑供配电

通常，建筑供配电是指对建筑物所需电能的供应和分配，除了个别的建筑物所需电能是采用自备发电机外，其余绝大多数均是由公共电力系统供给的。电能的生产、输送、分配、消耗的全过程几乎是在同一时间内完成，因此须将它们有机地联结成一体，这就构成了“电力系统”。只有对电力系统有了正确的了解，才能做好对建筑及建筑施工现场的电能供应。

4.1　电力系统

4.1.1　电力系统基本概念

电力系统是由发电设备、电力网、用电设备组成的完整体系，也称供电系统。如图4.1所示。

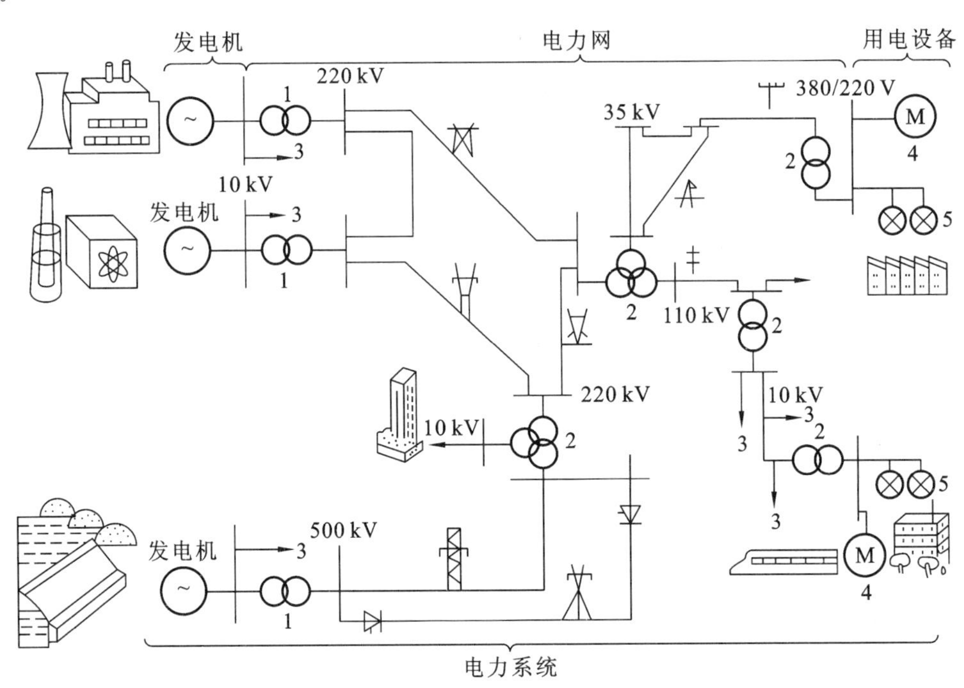

图4.1　电力系统和电力网示意图

1—升压变压器；2—降压变压器；3—负荷；4—电动机；5—电灯

1. 电力系统的组成

(1) 发电机

发电机是将其他形式的能源转换为电能的设备，它与升压变压器是构成发电厂的主要设备。发电厂大多数建造在燃料、水利资源、风能资源等一次能源较为丰富的地方，相对集中。

目前我国发电厂三相交流发电机采用的是6～10 kV中压发电。

(2) 用电设备

用电设备是将电能转换为其他形式能量而消耗掉的设备统称，也称电力负荷或电力用户。按用途可分为：以电动机为代表的动力用电设备，此类设备是将电能转换为机械能；以电焊机、热处理设备为代表的加工工艺用电设备和以电炉、空调为代表的电热用电设备，均是将电能转换为热能；以电光源为代表的照明用电设备，这类设备是将电能转换为光能；还有一些实验用电设备。用电设备往往是远离发电厂，相对于发电设备是分散的。

(3) 电力网

电力网是输送、交换和分配电能的装备的总称，是连接上述两部分之间的中间环节。由于电能是以光速传播的，至今未能实现工业规模储存，而发电量、输电量、用电量三者之间又是要严格平衡的，同时发电、输送、消耗的过程是非常短暂的。这样，发电、变电、输电、配电、用电各环节组成了始终处于连续工作的不可分割的一个整体。这就是电力网存在的必要性。

2. 电力网分类

电力网是由电力变压器、配电设备及不同电压等级的电力线路和换流站(实现交流电和直流电相互变换的技术装置)组成的。电力网络包括变电、输电、配电三个基本环节，其根本作用是变换、输送、控制、分配电能到终端电力用户。通常电力网是按功能而不完全是按电压的高低区分输电网和配电网的。

(1) 输电网

输电网是由35 kV以上的输电线路及相连接的变配电设备组成的电力网。任务是将电能输送到各地区、各电压等级的配电网或直接输送到大型电力用户处。

一般按电压的不同将输电网划分为以下几类：110 kV以上的为区域输电网；220 kV以下的为高压输电网；330 kV及以上、1000 kV以下的为超高压输电网；正在研究开发的1000 kV交流电压和正负800 kV直流电压为特高压输电网。目前我国输电网中实际运行的最高交流电压等级是750 kV(兰州—官亭线)、最高直流电压等级为正负500 kV(葛洲坝—上海南桥线等)。但绝大多数采用的是交流电压500 kV的输电网。

(2) 配电网

配电网是从输电网或地区发电厂接受电能，通过配电设施就地分配或按电压逐级分配给各类不同用户的电力网。通常是由35 kV以下的配电线路及相应配电设备组成的。

按电压等级不同，可分为高压配电网(35～110 kV)、中压配电网(6～20 kV)、低压配电网(1 kV以下)。在负载较大的特大型城市中，220 kV输电网常兼有配电功能。按供电区域功能不同，配电网可分为城市配电网、农村配电网、工厂配电网及主要担负城市电气化车辆供电任务的牵引电力网(又称为直流电力网)等。

3. 电力网的电压等级

电力网的额定电压是国家依现有电力工业的水平，经过技术、经济各方面的全面分析后确定的，是确定其他电力设备额定电压的基本依据。因为在输电线路上产生电压损失是必然的，所以只有当电力设备额定电压与电力网的额定电压相同时，才能保证电力设备的正常工作。

依据三相功率、线电压、线电流间的关系 $S=\sqrt{3}UI$，当输送功率一定的前提下，输送的电压越高则输送的电流就越小。损耗功率与电压的平方成反比，如电压提高10倍，则损耗功率降低到原来的1%。这样既可减少输电线路上的电能损失，输送距离远，又可减小线路导线的横截面面积，节约大量的金属材料，降低电力网的投资成本。例如，0.38 kV 架空线，其输送功率小于 100 kV，输送距离小于 0.25 km；而 10 kV 架空线，其输送功率小于 3000 kW，输送距离小于 15 km。据测算，1000 kV 交流特高压输电线路的输电能力超过 500 万 kW，接近 500 kV 超高压交流输电线路的 5 倍。单从输电角度分析，当然是希望电压高一些为好，但电压过高则相对的绝缘要求也高，成本增大。因此，应依线路输送距离、输送功率等合理地选择电压等级。

目前我国电力网的额定电压有 0.4～1000 kV 共 10 种电压等级。在工程实际中，常将电压分为三类：100 V 以下的安全电压，主要用于安全照明；1 kV 以下的低电压，主要用于一般动力和照明；1 kV 以上的高电压主要用于配送电能。

4. 联合电力系统（又称大电网）的优势

将两个或两个以上的小型电力系统连接起来并联运行，即可组成地区性电力系统。若干个地区性电力系统连接起来，即组成联合电力系统。形成这种并联的大电力系统具有很明显的优势，它构成了现代化工业社会传输能量的大动脉，可以在能源开发、工业布局、负荷调整、提高效率、减少损耗、系统安全与经济运行等方面带来显著的社会经济效益。既可提高供电的可靠性和电能质量，又可提高供电的稳定性及充分利用各种资源，提高供电运行的经济性。

比如，大电力系统中备用发电机组较多，且容量也比较大，则个别机组发生的故障对电力系统影响会较小，从而提高了供电可靠性。此外，由于联合电力系统容量较大，虽然个别负荷有变动，即使是较大的冲击负荷，也不会造成电压和频率的明显变化，故可增强抵抗事故能力，提高电网安全水平，改善电能质量。

又如，因为存在时间差和季节差，各系统中最大负荷出现的时间不同，所以综合起来的最大负荷，也就小于各系统最大负荷相加的总和，系统中总的装机容量可以减少些，备用容量也可减少些。这样，便可提高设备的利用率，增加了供电量。

5. 负荷分类及供配电要求

工程上将“用电设备消耗的功率或通过的电流定义为电力负荷”，按《供配电系统设计规范》（GB 50052—2009）规定，依对供电可靠性的要求及中断供电后的破坏与影响程度，将电力负荷进行分级，“其意义在于正确地反映负荷对供电可靠要求的界限，减小中断供电的影响程度，提高投资效益”。主要内容有以下几个方面：

（1）若中断供电将造成人员伤亡、无法挽回的重大经济损失、公共秩序发生严重混乱的均为一级负荷，应由两个独立电源供电。对于特别重要的场所，如中断供电将发生人员伤亡、中毒、爆炸、火灾等情况及不允许断电的一级负荷，还应设自备应急电源以便应急，并严禁将其他负荷接入应急供电系统中。

所谓的独立电源是指：任一电源发生故障或因某种原因停止供电时，并不影响其他电源的供电工作。如不同的发电厂、不同的变电站、同一变电站的不同母线等，均可认为是独立电源。

所谓的应急电源是指：独立于正常电源之外的发电机组、蓄电池组、专供的线路等。

（2）若中断供电将造成较大政治影响或经济损失、公共场所秩序混乱的为二级负荷。对其应依当地条件采取双回路供电（由两台电力变压器供电），并保证彼此互为备用。

（3）凡不属于上述负荷的均为三级负荷。并无特殊供电要求，虽可采用单回路供电，但应尽量提高供电可靠性和连续性。

具体到建筑行业，依《民用建筑电气设计规范》（JGJ 16—2008）将负荷分为三级，如表 4.1 所示。

表 4.1 负荷分级

建筑类别	建筑物名称	用电设备及部位	负荷级别
住宅建筑	高层普通住宅	电梯、照明	二级
旅馆建筑	高级旅馆	宴会厅、新闻摄影、高级客房、电梯等	一级
	普通旅馆	主要照明	二级
办公建筑	省、市、部级办公室	会议室、总值班室、档案室主要照明	一级
	银行	主要业务用计算机、设备电源、监控电源	
教学建筑	教学楼	教室及其他照明	三级
	重要实验室	主要用电设备	一级
科研建筑	重要实验室	主要用电设备	一级
	实验室、计算中心	电梯	二级
文娱建筑	大型歌剧院	舞台、贵宾室、广播及电视转播、电声	一级
医疗建筑	县级及以下医院	手术室、分娩室、急诊室、婴儿室	一级
		细菌培养室、电梯等	二级
商业建筑	省、直辖市的大型百货大楼	营业厅主要照明	一级
		其他附属照明	二级
博物建筑	省、市、自治区级及以上博物馆、展览馆	珍贵展品展示的照明、防盗信号电源	一级
		商品展览用电	二级
商业仓库建筑	冷库	大型冷库、有特殊要求的冷库压缩机及附属设备、电梯、库内照明	二级

6. 供电电源与质量指标

(1) 供电电源

一般高层建筑中一级负荷并不多，可采用市电和自备发电机实现双电源供电；多功能或超高层建筑可采用双市电和自备电源供电；一般建筑则采用单市电供电。目前中小型企业和建筑工地输电线路均采用 10 kV 供电，一般建筑物中用电设备采用 380/220 V 电源供电。

(2) 供电质量指标

现实供电中通常是从安全、可靠、优质、经济四方面来反映供电质量的。国家质量监督检验局在 2008 年重新修订并颁布了涉及"电能质量"五个方面的国家标准，即供电电压偏差、电压波动和闪变、电力系统频率偏差、三相电压允许不平衡度，以及公用电网谐波等项限制指标。其中，电源的电压和频率是衡量供电质量是否优质的两个基本参数。

① 电压指标包括电压偏差和电压波动两部分。电力系统在现实运行中，当用电出现高峰或低负荷时，其线路的始、末端电压是不一样的，将实际运行电压对系统标称电压的偏差相对值定义为电压偏差，用百分数表示。其计算公式为：

$$\Delta U\% = \frac{U-U_N}{U_N} \times 100\% \tag{4.1}$$

式中　U——实际电压；

U_N——系统标称电压。

在《电能质量·电压波动和闪变》(GB/T 12326—2008)中规定：运行过程中周期性或非周期性地从供电网中取用变动功率的负荷定义为波动负荷，如电动机、电弧炉、轧机、电弧焊机等设备。当波动负荷启动时，启动电流将造成供电系统电压忽高忽低，使供电系统电压短时产生快速变动，将"电压均方根值(有效值)一系列的变动或连续的变动"定义为电压波动，也用百分数表示。其计算公式为：

$$\Delta U\% = \frac{U_{\max} - U_{\min}}{U_N} \times 100\% \tag{4.2}$$

式中　$U_{\max}$——电压波动最高值；

$U_{\min}$——电压波动最低值；

U_N——系统标称电压。

在供电系统运行中，无论是电压偏差还是电压波动都有一个允许的范围值，如在《电能质量·供电电压偏差》(GB/T 12325—2008)中就规定，电力系统在正常运行条件下，用户受电端供电电压的允许偏差规定为：(a)35 kV 及以上供电电压正、负偏差绝对值之和不超过标称电压的 10%；(b)20 kV 及以下三相供电偏差为标称电压的±7%；(c)低压照明用户为额定电压的－10%～＋7%。

若超过了这个范围不但会造成电气设备不能正常工作，如电动机转速发生改变、电动机不能正常启动、光源效率下降、某些电子设备无法正常工作等，还会影响设备寿命甚至损坏。

② 频率指标是系统运行稳定性指标。在《电能质量·电力系统频率偏差》(GB/T 15945—2008)中规定：电力系统正常运行条件下频率偏差限值为±0.2 Hz，当系统容量较小时，偏差值可放宽到±0.5 Hz。虽然现行标准中并没有说明系统容量大小的界限，但在原《全国供用电规则》中规定："供电局供电频率的允许偏差：电网容量在 300 万 kW 及以上者为 0.2 Hz；电网容量在 300 万 kW 以下者为 0.5 Hz。"在工程实际运行中，我国各跨省电力系统频率都保持在±0.1 Hz 的范围内，否则过大的偏差会造成系统的瓦解。

此外，还应考虑到随着电力电子技术的广泛应用与发展，供电系统中增加了大量的非线性负载，它会引起电网电流、电压波形发生畸变，以及由大量整流负荷引起的电压波形变化即高次谐波的影响。高次谐波的值若过大，则会造成如下影响：计量仪表度量的不准确；自动化控制装置误动作；对通信设备和线路产生干扰；有可能使供电系统产生谐波振荡，促使供电线路出现过电压而击穿线路的绝缘，造成大面积停电故障，等等。目前来看，完全杜绝高次谐波的措施还是很不尽如人意的，这也寄希望于大家努力学习，能够早日突破这一技术瓶颈。

4.1.2　电力负荷计算

在供电系统的运行中，电力负荷的数值是变化的，整个建筑群或企业中设备的总负荷不是简单地将全部用电设备铭牌上的额定容量相加即可。因为全部用电设备并非同时运行，同一设备也并非一直是在额定状态下运行着，所以最大负荷不会在同一时间内出现，总是比全部用电设备铭牌上的额定容量之和要小。这就要求进行"负荷计算"。

1. 计算负荷概念

计算负荷也称需要负荷或需用负荷，这是一个按发热条件选择供电系统中各电气设备的假想负荷，它产生的热效应与实际负荷产生的最大热效应相等。求它的过程被称为“负荷计算”。

负荷计算的目的是通过准确计算求出电流或功率具体数值，为正确选择用电设备及导线截面提供科学的依据。若计算负荷过大，超过了设备的额定值会使所选设备不能满负荷正常运行，而造成投资浪费；反之，过小又会使设备处于长期过载运行，造成绝缘过早老化、损坏直至发生事故。

负荷计算的内容包括：为选择电气设备与导线提供依据的“计算负荷”；为计算电压波动、电压损失选择保护元件的“尖峰电流”；为工地或建筑群确定用电容量的“平均负荷”等。一般计算负荷要计算出：有功计算功率 P_{js}、无功计算功率 Q_{js}、视在计算功率 S_{js}及计算电流 I_{js}。

可以这样说：计算负荷是一个重要的概念；负荷计算则是一个严密的过程，它们相辅相成。本书仅介绍常用的几种计算方法与过程。

2. 计算方法种类与说明

负荷计算有多种方法，主要有需要系数法(需用系数法)、二项式系数法(二项系数法)、工地估算法等，各有其特点及适用场合。

(1) 需要系数法

需要系数有的手册也称为需用系数，用 K_x 表示。

这是一种将设备容量 P_S 乘以需要系数 K_x 和同时系数 $K_{\sum}$，直接求出计算负荷 P_{js}的方法。此方法简单易行，为工程界普遍所采用，但由于计算时将 K_x 看成了固定值，而忽略了大容量设备对计算负荷的影响，致使计算结果偏小，因此，它适用于方案估算及初步设计等方面。

需要系数 K_x 表示用电设备组投入运行后，从电网实际取用的功率与用电设备组功率之比。它不仅与用电设备组的工作性质、设备台数、设备效率、线路损耗有关，还与操作者技术水平、生产组织等多种因素有关，故 K_x 是一个综合的小于1的系数。K_x 通过查阅有关手册获得，它也仅是一个供参考的推荐值，如仅有一台用电设备时 K_x 应取1。常用各种系数如表4.2所示。

表4.2 民用建筑用电设备的需要系数 K_x、功率因数 $\cos\varphi$ 及 $\tan\varphi$

<table>
<tr><th>序号</th><th colspan="2">用电设备分类</th><th>K_x</th><th>$\cos\varphi$</th><th>$\tan\varphi$</th></tr>
<tr><td rowspan="3">1</td><td rowspan="3">通风和采暖用电设备</td><td>各种风机、空调器</td><td>0.7～0.8</td><td>0.8</td><td>0.75</td></tr>
<tr><td>分散式电热器(20 kW以下)</td><td>0.85～0.95</td><td>1.0</td><td>0</td></tr>
<tr><td>小型电热设备</td><td>0.3～0.5</td><td>0.95</td><td>0.33</td></tr>
<tr><td rowspan="2">2</td><td rowspan="2">给、排水用电设备</td><td>各种水泵(15 kW以下)</td><td>0.75～0.8</td><td>0.8</td><td>0.75</td></tr>
<tr><td>各种水泵(17 kW以下)</td><td>0.6～0.7</td><td>0.87</td><td>0.57</td></tr>
<tr><td rowspan="4">3</td><td rowspan="4">起重运输用电设备</td><td>客梯(1.5 t及以下)</td><td>0.35～0.5</td><td rowspan="2">0.5</td><td rowspan="2">1.73</td></tr>
<tr><td>货梯</td><td>0.25～0.35</td></tr>
<tr><td>运输带、传送带</td><td>0.6～0.65</td><td>0.75</td><td>0.88</td></tr>
<tr><td>起重机、升降机</td><td>0.1～0.2</td><td>0.5</td><td>1.73</td></tr>
<tr><td>4</td><td colspan="2">消防用电设备</td><td>0.4～0.6</td><td>0.8</td><td>0.75</td></tr>
</table>

续表 4.2

序号	用电设备分类		K_x	$\cos\varphi$	$\tan\varphi$
5	厨房及卫生间用电设备	食品加工机械	0.5～0.7	0.8	0.75
		电冰箱	0.6～0.7	0.7	1.02
		淋浴热水器	0.65	1.0	0
		电饭锅、电烤箱	0.85		
6	机修用电设备	修理车间机械设备	0.15～0.2	0.5	1.73
		移动式电动工具	0.2		
7	家用电器	电视机、收音机、洗衣机	0.5～0.55	0.75	0.88
		风扇、吊扇、电熨斗、电褥			
8	建筑工地常用设备	混凝土及砂浆搅拌机	0.65～0.7	0.65	1.77
		破碎机、筛、砾石洗涤机	0.7	0.7	1.02
		交流电焊机(电焊变压器)	0.45	0.45	1.98
		对焊机、点焊机、铆钉加热机	0.35	0.7	1.02
		工地办公室、住宅等临时照明	0.4～0.7	1	0
9	其他用电设备	电阻炉、干燥箱、加热器	0.7～0.8	1	0

同时系数(同期系数)$K_{\sum}$,计算有功时一般为0.8～0.97;计算无功时一般为0.9～1。为了计算的简便,不论有功还是无功,$K_{\sum}$ 统一取0.95即可。

(2) 二项式系数法

此法是将电力设备负荷分为两部分:一是用电设备组的平均最大负荷值,这是基本负荷值;二是考虑到数台大容量用电设备对系统的影响而计入的附加值。因两部分各有相对的系数(b 与 c),故称为二项系数。

依据机加工工业长期运行的统计分析,大容量电动机在某段时间内同时满载运行或同时启动,是造成电网"尖峰负荷"的主要原因。因而对用电设备总容量虽小但大容量电动机比重比较大的用户,采用此法计算更接近工程实际。但此法过分强调了数台大型电动机设备的影响,致使计算结果往往偏大,故适用于低压分支线或干线的计算,在建筑业上并不是常用的方法。

(3) 工地估算法

工地估算法分工业企业和建筑工地两种估算法,其实质是简化的需要系数法在工程中的具体应用。本书将在单元8中研究此方法。

3. 需要系数法计算步骤

(1) 确定设备容量

设备的功率在工程上也被称为设备容量,用 P_S 表示,单位为kW。因用电设备工作制各有不同,不能简单地将各铭牌上额定功率相加,而是要按同一周期内相同的发热条件,换算到同一工作制下的额定功率。将换算后的额定功率定义为设备容量。

① 长期连续工作制。指在规定环境温度下连续工作至少在半小时以上,设备任何部分的

温升不超过允许值。绝大多数设备属于此类工作制，例如，通风机、搅拌机、加工机床等，其设备容量等于铭牌额定功率值。

$$P_S = P_N \tag{4.3}$$

式中 P_S、P_N——设备容量、铭牌额定功率(kW)。

② 短时运行工作制。指用电设备运行时间短，停机时间长，设备温升尚未达到稳定温升就冷却的设备，如辅助机械等，一般此类设备的容量是不予换算的。

③ 反复短时工作制(断续周期制)。指以断续方式周期性地工作，其工作时间 t 与停歇时间 t_0 是交替出现的，一般一个周期不超过 10 min，例如，电焊机、起重机等。考虑各种因素后引入暂载率 $JC\%$(负载持续率 $JC\%$、接电率 $\varepsilon\%$)这个概念。

对于电焊机及电焊装置等设备，现行标准将暂载率规定为 50%、65%、75%、100%四种，确定设备容量时是将电焊机及电焊装置等设备功率统一换算到 $JC\%=100\%$ 的额定功率：

$$P_S = \sqrt{\frac{JC\%_N}{JC\%_{100}}} P_N = \sqrt{JC\%_N} S_N \cos\varphi_N \tag{4.4}$$

式中 P_S——电焊机设备容量(kW)；

P_N——电焊机铭牌上额定功率；

S_N——电焊机铭牌上额定容量(kV·A)；

$\cos\varphi_N$——电焊机铭牌上额定功率因数；

$JC\%_N$——电焊机铭牌上额定暂载率。

对于吊车、起重机等设备，现行标准将暂载率规定为 15%、25%、40%、60%四种。确定设备容量时是将吊车、起重机等设备容量，统一换算到 $JC\%=25\%$ 时的额定功率：

$$P_S = \sqrt{JC\%_N / JC\%_{25}} P_N = 2\sqrt{JC\%_N} P_N \tag{4.5}$$

式中 P_N——起重电动机铭牌上的额定功率(kW)；

$JC\%_N$——起重电动机铭牌上额定暂载率；

P_S——起重电动机设备容量(kW)。

④ 照明设备的功率应依电光源性质进行折算，白炽灯的设备容量是指灯泡上标出的额定容量，$\cos\varphi=1$；荧光灯及高压汞灯必须考虑镇流器的功率损耗，荧光灯的设备容量为灯泡额定容量的 1.2 倍，高压汞灯为灯泡额定容量的 1.1 倍。若在工程实际中并未明确给出照明设备容量时，为计算简便常取动力负荷的 10%为照明负荷容量。

(2) 确定各种系数

通过查阅相关手册，确定各用电设备的需要系数 K_x、功率因数 $\cos\varphi$ 及 $\tan\varphi$、同时系数 K_Σ 等。

(3) 确定各计算负荷

包括 P_{JS}、Q_{JS}、S_{JS}、I_{JS} 等。

① 单一组分，即需要系数 K_x、功率因数 $\cos\varphi$ 相同的一类设备，按式(4.6)计算：

$$\left.\begin{aligned}
&\text{有功计算功率} && P_{JS} = K_x \sum P_S \\
&\text{无功计算功率} && Q_{JS} = \tan\varphi P_{JS} \\
&\text{视在计算功率} && S_{JS} = \sqrt{P_{JS}^2 + Q_{JS}^2} \\
&\text{计算电流} && I_{JS} = \frac{S_{JS}}{\sqrt{3}U_N}
\end{aligned}\right\} \tag{4.6}$$

② 多组分，即需要系数 K_x、功率因数 $\cos\varphi$ 中有一个不相同的各类设备，按式(4.7)计算：

$$\left.\begin{aligned}&\text{有功计算功率} && P_{JS}=K_{\Sigma}(P_{JS1}+P_{JS2}+\cdots+P_{JSn})\\&\text{无功计算功率} && Q_{JS}=K_{\Sigma}(Q_{JS1}+Q_{JS2}+\cdots+Q_{JSn})\\&\text{视在计算功率} && S_{JS}=\sqrt{P_{JS}{}^2+Q_{JS}{}^2}\\&\text{计算电流} && I_{JS}=\frac{S_{JS}}{\sqrt{3}U_N}\end{aligned}\right\}\tag{4.7}$$

上述两式中：P_{JS}、Q_{JS}、S_{JS}、I_{JS}、U_N 的单位分别是 kW、kvar、kV·A、A、kV。

【例 4.1】 在机修车间 380 V 低压线路上，分别接有冷加工机床 15 台共计 40 kW、通风机 5 台共计 9 kW，并装有 10 kvar 的电容器一台，试求该线路的计算负荷。

【解】 (1) 确定设备功率

因为这是两种长期工作制设备，不用折算，其设备容量就是铭牌上的额定值。

所以 $P_{S1}=P_{N1}=40\ \text{kW}$，　$P_{S2}=P_{N2}=9\ \text{kW}$

(2) 确定各种系数

通过查阅相关手册，机床 K_{x1} 取 0.2，$\cos\varphi_1$ 取 0.5，$\tan\varphi_1$ 取 1.73；通风机 K_{x2} 取 0.8，$\cos\varphi_2$ 取 0.8，$\tan\varphi_2$ 取 0.75；同时系数 K_{Σ} 取 0.95。

(3) 分别计算各组的计算负荷

机床：$P_{JS1}=K_{x1}P_{S1}=0.2\times40=8\ (\text{kW})$　$Q_{JS1}=\tan\varphi_1 P_{JS1}=1.73\times8=13.84\ (\text{kvar})$

通风机：$P_{JS2}=K_{x2}P_{S2}=0.8\times9=7.2\ (\text{kW})$　$Q_{JS2}=\tan\varphi_2 P_{JS2}=0.75\times7.2=5.4\ (\text{kvar})$

(4) 计算总的计算负荷

$$P_{JS}=K_{\Sigma}(P_{JS1}+P_{JS2}+\cdots+P_{JSn})=0.95\times(8+7.2)=14.44\ (\text{kW})$$

$$Q_{JS}=K_{\Sigma}(Q_{JS1}+Q_{JS2}+\cdots+Q_{JSn})=0.95\times(13.84+5.4-10)=8.78\ (\text{kvar})$$

$$S_{JS}=\sqrt{P_{JS}^2+Q_{JS}^2}=\sqrt{14.44^2+8.78^2}=16.9\ (\text{kV}\cdot\text{A})$$

$$I_{JS}=\frac{S_{JS}}{\sqrt{3}U_N}=\frac{16.9\times1000}{1.732\times380}=25.68\ (\text{A})$$

如果将计算结果列表则更为清晰，如表 4.3 所示。

表 4.3 例题 4.1 计算结果

设备名称	额定功率(kW)	设备功率(kW)	计算负荷(K_{Σ} 取 0.95)								
			各相应系数			P_{JS} (kW)	Q_{JS} (kvar)	总有功功率 P_{JS}(kW)	总无功功率 Q_{JS}(kvar)	总视在功率 S_{JS} (kV·A)	总电流 I_{JS}(A)
			K_x	$\cos\varphi$	$\tan\varphi$						
机床	40	40	0.2	0.5	1.73	8	13.84	14.44	8.78	16.9	25.68
通风机	9	9	0.8	0.8	0.75	7.2	5.4				

4.1.3 单相负荷计算

在一般建筑物或建筑工地现场中，使用量最大的电气设备不是三相而是单相的用电设备，为避免某一相上负荷过大或过小，这些单相用电设备应尽量地平分在三相线路上，以使供电系统平衡。当计算范围内单相用电设备功率之和小于总功率的 15%时，也可按三相已平衡了考虑，把各单相负荷额定容量数值作为三相额定容量数值，可直接参加计算。对于单相用电设备额定总负荷超过了三相设备总额定负荷的15%，且有明显不对称时，则应将单相负荷换算成等效三相负荷。如果单相用电设备台数较多且容量不相等，无法平分在三相线路上时，应按3倍最大相负荷原则进行等效三相负荷的换算，然后采用最大那一相的负荷容量数值，取其3倍的数值作为等效的三相负荷容量。

将接于相电压的称为相负荷；接于线电压的称为线负荷。通常在负荷计算时，先将单相负荷换算为等效三相负荷，再与三相负荷相加，然后计算出三相线路总的计算负荷。

1. 单相设备接于相电压时的换算

看三相中哪一相的负荷最大，就以哪一相的相负荷为代表，取它的3倍即为等效三相计算负荷。

$$\left.\begin{array}{ll}\text{三相等效有功计算功率} & P_{JS}=3P_{p\max}\\ \text{三相等效无功计算功率} & Q_{JS}=3Q_{p\max}\\ \text{三相等效视在计算功率} & S_{JS}=\sqrt{P_{JS}^2+Q_{JS}^2}\\ \text{三相等效视在计算电流} & I_{JS}=\dfrac{S_{JS}}{\sqrt{3}U_N}\end{array}\right\}\tag{4.8}$$

注意式中：① 各电量的单位同前述；

② 各相相负荷的计算按式(4.6)进行；

③ 代入本式的$P_{p\max}$、$Q_{p\max}$应为同一相上的负荷。

2. 单相设备接于线电压时的换算

若为单台设备时，取最大线负荷的$\sqrt{3}$倍为等效三相计算负荷；若为多台设备时，先将各线间负荷相加，再取三相中最大线间负荷的3倍为等效三相计算负荷。

$$\left.\begin{array}{ll}\text{单台时：} & P_j=\sqrt{3}P_{l\max}\\ \text{多台时：} & P_j=3P_{l\max}\end{array}\right\}\tag{4.9}$$

式中P_j、$P_{l\max}$的单位均为kW。

【例4.2】 某工地有一台单相电焊机，接在AB相线上。该电焊机各数据为：$S_N=21$ kV·A，$U_N=380$ V，$JC\%=65\%$，$\cos\varphi_N=0.87$，$\tan\varphi=0.57$，$K_x=0.45$。求等效三相计算负荷为多少？

【解】 因为仅有一台电焊机且接于线电压上

又依式(4.4) $P_S=\sqrt{JC\%_N}S_N\cos\varphi_N=\sqrt{0.65}\times21\times0.87=14.7$ (kW)

所以等效三相负荷 $P_j=\sqrt{3}P_{l\max}=\sqrt{3}\times14.7=25.46$ (kW)

等效三相计算负荷

$P_{JS}=K_xP_j=0.45\times25.46=11.46$ (kW)

$Q_{JS}=\tan\varphi P_{JS}=0.57\times11.46=6.53$ (kvar)

$S_{JS}=\sqrt{P_{JS}^2+Q_{JS}^2}=\sqrt{11.46^2+6.53^2}=13.19$ (kV·A)

$I_{JS}=\dfrac{S_{JS}}{\sqrt{3}U_N}=\dfrac{13.19}{\sqrt{3}\times0.38}=20$ (A)

3. 单相设备一般状况下的换算(电力设备中既有接于线电压，又有接于相电压)

(1) 先将各相负荷按相分开，并计算出来。

(2) 再将各线负荷取规定的系数换算为相负荷，并按相分开。线电压单相负荷换算为相电压单相负荷的换算系数如表 4.4 所示。

表 4.4 线电压单相负荷换算为相电压单相负荷的换算系数

换算系数	负荷功率因数(选择与负荷 K_x 值对应的功率因数)								
	0.35	0.4	0.5	0.6	0.65	0.7	0.8	0.9	1.0
$p_{(AB)A}$，$p_{(BC)B}$，$p_{(CA)C}$	1.27	1.17	1.0	0.89	0.84	0.8	0.72	0.64	0.5
$p_{(AB)B}$，$p_{(BC)C}$，$p_{(CA)A}$	−0.27	−0.17	0.0	0.11	0.16	0.2	0.28	0.36	0.5
$q_{(AB)A}$，$q_{(BC)B}$，$q_{(CA)C}$	1.05	0.86	0.58	0.38	0.3	0.22	0.09	−0.05	−0.29
$q_{(AB)B}$，$q_{(BC)C}$，$q_{(CA)A}$	1.63	1.44	1.16	0.96	0.88	0.8	0.67	0.53	0.29

(3) 计算各相的相应计算负荷。

接于线电压的单相额定负荷换算成接于相电压的单相额定负荷的计算公式：

$$\left.\begin{array}{lll} A\text{相} & P_A=P_{(AB)}p_{(AB)A}+P_{(CA)}p_{(CA)A} & Q_A=P_{(AB)}q_{(AB)A}+P_{(CA)}q_{(CA)A} \\ B\text{相} & P_B=P_{(AB)}p_{(AB)B}+P_{(BC)}p_{(BC)B} & Q_B=P_{(AB)}q_{(AB)B}+P_{(BC)}q_{(BC)B} \\ C\text{相} & P_C=P_{(CA)}p_{(CA)C}+P_{(BC)}p_{(BC)C} & Q_C=P_{(CA)}q_{(CA)C}+P_{(BC)}q_{(BC)C} \end{array}\right\} \tag{4.10}$$

式中 $P_{(AB)}$、$P_{(BC)}$、$P_{(CA)}$——AB、BC、CA 相间的有功负荷；

P_A、P_B、P_C——换算为 A、B、C 各相的有功负荷；

Q_A、Q_B、Q_C——换算为 A、B、C 各相的无功负荷；

$p_{(AB)A}$、$p_{(AB)B}$——接于 AB 相间的有功负荷分别向 A、B 两相换算有功负荷时的换算系数；

$q_{(AB)A}$、$q_{(AB)B}$——接于 AB 相间的无功负荷分别向 A、B 两相换算无功负荷时的换算系数；

$p_{(CA)A}$、$p_{(CA)C}$、$p_{(BC)B}$、$p_{(BC)C}$、$q_{(CA)A}$、$q_{(CA)C}$、$q_{(BC)B}$、$q_{(BC)C}$——含义同上类推。

(4) 计算等效三相计算负荷，分别取最大相负荷的 3 倍，计算出等效三相有功、无功计算负荷。

$$\left.\begin{array}{ll} \text{三相等效有功计算功率} & P_{JS}=3P_{p\max} \\ \text{三相等效无功计算功率} & Q_{JS}=3Q_{p\max} \\ \text{三相等效视在计算功率} & S_{JS}=\sqrt{P_{JS}^2+Q_{JS}^2} \\ \text{三相等效视在计算电流} & I_{JS}=\dfrac{S_{JS}}{\sqrt{3}U_N} \end{array}\right\} \tag{4.11}$$

【例 4.3】 某工地 380/220 V 低压线路上，接有 220 V 单相电热干燥箱四台，其中：两台 10 kW 接于 A 相、一台 30 kW 接于 B 相、一台 20 kW 接于 C 相；还接有 380 V 单相对焊机四台，其中：两台($JC\%=100\%$)14 kW 接于 AB 相、一台($JC\%=100\%$)20 kW 接于 BC 相、一台($JC\%=60\%$)30 kW 接于 CA 相。试求此线路上三相计算负荷。

【解】 (1) 接于相电压的电热干燥箱的各相计算负荷

因为电热干燥箱为长期连续工作制电气设备，设备容量即为铭牌额定值，不用换算。查表 4.2 得电热干燥箱的 $K_x=0.7$，$\cos\varphi=1$，$\tan\varphi=0$，可见电热干燥箱没有无功计算负荷。

A 相：$P_{JSA(1)}=K_{x1}P_{SA1}=0.7\times(2\times10)=14\ (\text{kW})$ $Q_{JSA(1)}=0$

B 相：$P_{JSB(1)}=K_{x1}P_{SB1}=0.7\times30=21\ (\text{kW})$ $Q_{JSB(1)}=0$

C 相：$P_{JSC(1)}=K_{x1}P_{SC1}=0.7\times20=14\ (\text{kW})$ $Q_{JSC(1)}=0$

(2) 接于线电压的对焊机的各相计算负荷

因为对焊机属于反复短时工作制电气设备，设备容量要统一换算到 $JC\%=100\%$ 的额定功率。仅有一台($JC\%=60\%$)对焊机需要进行换算。

$$P_{CA}=\sqrt{\frac{JC\%_N}{JC\%_{100}}}P_N=\sqrt{JC\%_N}P_N=\sqrt{0.6}\times30=23.2\ (\text{kW})$$

查表4.2可知对焊机的 $K_x=0.35$，$\cos\varphi=0.7$，$\tan\varphi=1.02$。

查表4.4可知对焊机在 $\cos\varphi=0.7$ 时的换算系数：

$$p_{(AB)A}=p_{(BC)B}=p_{(CA)C}=0.8;\quad p_{(AB)B}=p_{(BC)C}=p_{(CA)A}=0.2$$

$$q_{(AB)A}=q_{(BC)B}=q_{(CA)C}=0.22;\quad q_{(AB)B}=q_{(BC)C}=q_{(CA)A}=0.8$$

求对焊机的各相设备容量

A 相：$P_A=P_{(AB)}p_{(AB)A}+P_{(CA)}p_{(CA)A}=(2\times14)\times0.8+23.2\times0.2=27.0\ (\text{kW})$

$Q_A=P_{(AB)}q_{(AB)A}+P_{(CA)}q_{(CA)A}=(2\times14)\times0.22+23.2\times0.8=24.7(\text{kvar})$

B 相：$P_B=P_{(AB)}p_{(AB)B}+P_{(BC)}p_{(BC)B}=20\times0.8+(2\times14)\times0.2=21.6\ (\text{kW})$

$Q_B=P_{(AB)}q_{(AB)B}+P_{(BC)}q_{(BC)B}=20\times0.22+(2\times14)\times0.8=26.8\ (\text{kvar})$

C 相：$P_C=P_{(CA)}p_{(CA)C}+P_{(BC)}p_{(BC)C}=23.2\times0.8+20\times0.2=22.6\ (\text{kW})$

$Q_C=P_{(CA)}q_{(CA)C}+P_{(BC)}q_{(BC)C}=23.2\times0.22+20\times0.8=21.1\ (\text{kvar})$

求对焊机的各相计算负荷

A 相：$P_{JSA(2)}=K_{x2}P_{SA2}=0.35\times27=9.5\ (\text{kW})$

$Q_{JSA(2)}=K_{x2}Q_{SA2}=0.35\times24.7=8.6\ (\text{kvar})$

B 相：$P_{JSB(2)}=K_{x2}P_{SB2}=0.35\times21.6=7.6\ (\text{kW})$

$Q_{JSB(2)}=K_{x2}Q_{SB2}=0.35\times26.8=9.4\ (\text{kvar})$

C 相：$P_{JSC(2)}=K_{x2}P_{SC2}=0.35\times22.6=7.9\ (\text{kW})$

$Q_{JSC(2)}=K_{x2}Q_{SC2}=0.35\times21.1=7.4\ (\text{kvar})$

(3) 各相总的计算负荷

A 相：$P_{JSA}=P_{JSA(1)}+P_{JSA(2)}=14+9.5=23.5\ (\text{kW})$

$Q_{JSA}=Q_{JSA(1)}+Q_{JSA(2)}=0+8.6=8.6\ (\text{kvar})$

B 相：$P_{JSB}=P_{JSB(1)}+P_{JSB(2)}=21+7.6=28.6\ (\text{kW})$

$Q_{JSB}=Q_{JSB(1)}+Q_{JSB(2)}=0+9.4=9.4\ (\text{kvar})$

C 相：$P_{JSC}=P_{JSC(1)}+P_{JSC(2)}=14+7.9=21.9\ (\text{kW})$

$Q_{JSC}=Q_{JSC(1)}+Q_{JSC(2)}=0+7.4=7.4\ (\text{kvar})$

(4) 线路上总的等效三相计算负荷

由前面三步计算结果发现：B 相上的计算负荷最大，应取 B 相计算负荷的3倍作为该线路总的等效三相计算负荷。

$$P_{JS}=3P_{JSB}=3\times28.6=85.8\ (\text{kW})\qquad Q_{JS}=3Q_{JSB}=3\times9.4=28.2\ (\text{kvar})$$

$$S_{JS}=\sqrt{P_{JS}^2+Q_{JS}^2}=\sqrt{85.8^2+28.2^2}=\sqrt{8156.88}=90.32\ (\text{kV}\cdot\text{A})$$

$$I_{JS}=\frac{S_{JS}}{\sqrt{3}U_N}=\frac{90.32}{\sqrt{3}\times 0.38}=\frac{90.32}{0.658}=137.26\ (\text{A})$$

如果也采取例 4.1 的方式，将计算结果列表则结论更为清晰，如表 4.5 所示。

表 4.5　例题 4.3 计算结果

用电设备	设备功率(kW)	设备台数	接于相电压设备容量(kW)			接于线电压设备容量(kW)			换算系数			需要系数	功率因数	各相计算负荷					
														有功功率 P_{JS}(kW)			无功功率 Q_{JS}(kvar)		
			A	B	C	AB	BC	CA	相序	p	q	K_x	$\cos\varphi$	A	B	C	A	B	C
干燥箱	10	2	20																
	20	1			20							0.7	1	14	21	14	0	0	0
	30	1		30															
对焊机	14	2				28			A	0.8	0.22								
									B	0.2	0.8								
	20	1					20		B	0.8	0.22	0.35	0.7	9.5	7.6	7.9	8.6	9.4	7.4
									C	0.2	0.8								
	30	1						30	C	0.8	0.22								
									A	0.2	0.8								
总计	124	8	20	30	20	28	20	30						23.5	28.6	21.9	8.6	9.4	7.4
	$S_{JS}=\sqrt{P_{JS}^2+Q_{JS}^2}=\sqrt{85.8^2+28.2^2}=\sqrt{8156.88}=90.32\ (\text{kV}\cdot\text{A})$ $I_{JS}=\frac{S_{JS}}{\sqrt{3}U_N}=\frac{90.32}{\sqrt{3}\times 0.38}=\frac{90.32}{0.658}=137.26\ (\text{A})$																		

4.1.4　照明负荷计算

照明负荷计算与 4.1.2 节负荷计算的思路基本相同，只不过是需要系数、具体方式略有不同而已。因为照明系统是由多个照明器、插座及多条支路组成，照明负荷计算时是从系统末端开始的：先确定每个照明器、插座等设备容量；再计算出每条支路的计算负荷；然后计算出各干线的计算负荷；直至计算出整个照明系统的计算负荷。注意，无论哪种设计手册还是设计方案，照明负荷计算普遍采取的都是这种方法。

1. 确定设备容量 P_n

对于热辐射型电光源（如白炽灯、卤钨灯等），因为其功率因数等于 1，所以热辐射光源设备容量不用折算，就是电光源的额定功率，即：

$$P_S = P_n \tag{4.12}$$

对于有电感镇流器的气体放电型电光源（如荧光灯、汞灯等），因为其功率因数不等于 1，所以气体放电型电光源设备容量需要折算，它是电光源的额定功率和镇流器的损耗之和，即：

$$P_S = P_n(1 + a) \tag{4.13}$$

式中　P_S—— 照明设备容量；

P_n—— 电光源的额定功率；

a—— 电感镇流器的功率损耗系数。

由于电子镇流器的功率损耗远比电感镇流器的功率损耗小得多，所以功率因数也比电感镇流器大许多，故自镇式气体放电电光源的设备容量不用折算，就是电光源的额定功率。气体放电灯功率因数和电感镇流器损耗系数如表 4.6 所示。

表 4.6　气体放电灯功率因数和电感镇流器损耗系数

光源种类	额定功率(W)	功率因数 $\cos\varphi$	$\tan\varphi$	电感镇流器损耗系数
荧光灯	40	0.53	1.60	0.2
	30	0.42	2.17	0.26
高压汞灯	1000	0.65	1.17	0.05
	400	0.6	1.33	0.05
	250	0.56	1.48	0.11
	125	0.45	1.98	0.25
高压钠灯	250 ～ 400	0.4	2.29	0.18
低压钠灯	18 ～ 180	0.06	16.59	0.2 ～ 0.8
金属卤化物灯	1000	0.45	1.98	0.14

在电气工程中一般将插座归属于照明线路，它是移动用电设备、家用电器和小功率设备的供电电源，一般插座是长期带电的，在设计和使用时要注意。根据线路的明敷设和暗敷设的要求，插座也有明装式和暗装式两种。插座按所接电源相数分三相和单相两类。单相插座按孔数可分两孔、三孔。两孔插座的左边是零线、右边是相线；三孔插座的左边是零线、右边是相线，只是中间孔接保护线(左零右火上接地)。若没有具体设备接入时，每个插座按 100 W 计算；对于计算机较多的办公室插座，则按每个 150 W 计算。

2. 计算负荷 P_{1J}

照明支线的计算负荷等于该支线上所有设备容量之和，即：

$$P_{1J} = \sum P_n \tag{4.14}$$

照明干线的计算负荷等于该干线上所有支线的计算负荷之和，再乘以需要系数，即：

$$P_{2J} = K_x \sum P_{1J} \tag{4.15}$$

式中　P_{1J}—— 支线计算负荷；

P_{2J}—— 干线计算负荷；

K_x—— 干线需要系数。

各类民用建筑照明负荷需要系数如表 4.7 所示。

表 4.7　民用建筑照明负荷需要系数

建筑物名称		需要系数(K_x)	备注
一般住宅楼	20 户以下	0.6	目前单元式住宅，大多数为每户两室，两室内插座为 6 ～ 8 个，并装户表
	20 ～ 50 户	0.5 ～ 0.6	
	50 ～ 100 户	0.4 ～ 0.5	
	100 户以上	0.4	
高级住宅楼		0.6 ～ 0.7	
单位宿舍		0.6 ～ 0.7	一开间内 1 ～ 2 盏灯、2 ～ 3 个插座
一般办公楼		0.7 ～ 0.8	一开间内 2 盏灯、2 ～ 3 个插座
高级办公楼		0.6 ～ 0.7	
科研楼		0.8 ～ 0.9	一开间内 2 盏灯、2 ～ 3 个插座
发展与交流中心		0.6 ～ 0.7	
教学楼		0.8 ～ 0.9	三开间内 6 ～ 12 盏灯、1 ～ 2 个插座
图书馆		0.6 ～ 0.7	
托儿所、幼儿园		0.8 ～ 0.9	
小型商业、服务业用房		0.85 ～ 0.9	
综合商业、服务楼		0.75 ～ 0.85	
食堂、餐厅		0.8 ～ 0.9	
高级餐厅		0.7 ～ 0.8	
一般旅馆、招待所		0.7 ～ 0.8	一开间内 1 盏灯、2 ～ 3 个插座、公共卫生间
高级旅馆、招待所		0.7 ～ 0.8	独立卫生间
旅游宾馆		0.35 ～ 0.45	一开间内 2 盏灯、2 ～ 3 个插座
电影院、文化馆		0.7 ～ 0.8	
剧场		0.6 ～ 0.7	
礼堂		0.5 ～ 0.7	
体育练习馆		0.7 ～ 0.8	
体育馆		0.65 ～ 0.75	
展览馆		0.5 ～ 0.7	
门诊楼		0.6 ～ 0.7	
一般病房楼		0.65 ～ 0.75	
高级病房楼		0.5 ～ 0.6	
锅炉房		0.9 ～ 1	

3. 计算电流 I_{JS}

线路中的计算电流应根据计算负荷求得，还要考虑是哪一类电光源。

(1) 对于热辐射型电光源，可直接计算。

$$\text{单相电路}: I_{JS} = \frac{P_{JS}}{U_p} \qquad \text{三相电路}: I_{JS} = \frac{P_{JS}}{\sqrt{3}U_l} \tag{4.16}$$

(2) 对于气体放电型电光源，还要考虑线路功率因数。

$$\text{单相线路}: I_{JS} = \frac{P_{JS}}{U_p \cos\varphi} \qquad \text{三相线路}: I_{JS} = \frac{P_{JS}}{\sqrt{3}U_l \cos\varphi} \tag{4.17}$$

式中　P_{JS}—— 计算负荷；

$\cos\varphi$—— 线路功率因数；

U_p—— 线路相电压；

U_l—— 线路线电压；

I_{JS}—— 线路计算电流。

【例 4.4】 某建筑物从分配电箱引出三条支线，分别依次带有 100 W 白炽灯 15 盏、13 盏、14 盏，带电感镇流器的 40 W 荧光灯为 10 盏、12 盏、10 盏，需要系数为 0.8，求干线的计算电流。

【解】 (1) 先计算白炽灯

设备容量：$P_S = P_n = 100$ (W)

支线 1 计算负荷：$P_{JS11} = \sum P_n = 15 \times 100 = 1500$ (W)

支线 2 计算负荷：$P_{JS21} = \sum P_n = 13 \times 100 = 1300$ (W)

支线 3 计算负荷：$P_{JS31} = \sum P_n = 14 \times 100 = 1400$ (W)

干线有功计算负荷：$P_{2J1} = K_x \sum P_{1J1} = 0.8 \times (1500 + 1300 + 1400) = 3360$ (W)

(2) 再计算荧光灯

设备容量：$P_S = P_n(1 + a) = 40 \times (1 + 0.2) = 48$ (W)

支线 1 计算负荷：$P_{1J21} = \sum P_n = 10 \times 48 = 480$ (W)

支线 2 计算负荷：$P_{1J22} = \sum P_n = 12 \times 48 = 576$ (W)

支线 3 计算负荷：$P_{1J23} = \sum P_n = 10 \times 48 = 480$ (W)

干线有功计算负荷：$P_{2J2} = K_x \sum P_{1J2} = 0.8 \times (480 + 576 + 480) = 1229$ (W)

(3) 干线总有功计算负荷：$P_{2J} = P_{2J1} + P_{2J2} = 3360 + 1229 = 4589$ (W)

查表 4.6，知荧光灯功率因数为 0.53。

干线总无功计算负荷：$Q_{2J} = Q_{2J1} + Q_{2J2} = 0 + 1229 \times \tan(\arccos 0.53) = 1966$ (var)

干线计算电流：$I_{JS} = \dfrac{P_{JS}}{U_p \cos\varphi} = \dfrac{P_{JS}}{U_p \dfrac{P_{JS}}{\sqrt{P_{JS}^2 + Q_{JS}^2}}} = \dfrac{4589}{220 \times \dfrac{4589}{\sqrt{4589^2 + 1966^2}}} = 22.7$ (A)

4.1.5　短路电流及影响

1. 短路基础知识

(1) 短路故障产生的原因

在电气工程上将电力系统运行中各种类型不正常的，相与相之间或相与地之间的不通过负荷而发生直接连接故障被定义为短路。短路是电力系统运行中发生的最严重的一种故障。电力系统发生短路的原因很多，基本包括三个方面：

① 设备原因。设备绝缘部分自然老化，在正常运行时被击穿所导致的短路；设计、安装、维护不当所造成的设备缺陷最终发展成短路等。

② 自然原因。由于气候恶劣，大风、低温、导线覆冰等原因，引起架空线倒杆断线所导致的短路；因遭受直击雷或雷电感应，导致设备产生过电压或绝缘被击穿所导致的短路；鸟兽等小动物跨越裸导线时引起的短路故障等。

③ 人为原因。工作人员违反操作规程，带负荷拉闸造成相间弧光短路；违反电业安全工作规程，带接地刀闸合闸造成金属性短路；人为疏忽接错线造成短路等。

(2) 短路故障的危害

由于系统发生短路后，系统电路阻抗比正常运行时阻抗要小很多，短路电流通常超过正常工作电流的数百倍，最大可达到几百 kA；系统中各点电压降低，离短路点越靠近则电压降得越快，三相短路时短路点的电压可降至零。如此带来的危害首先是造成停电事故，若短路故障点离电源越近则停电波及的范围就越大，损失也就越大。短路故障还带来下列严重危害：

① 短路电流造成的元件发热。由于电流发热量与电流的平方成正比，所以通过导体的短路电流是巨大的，在短时间内将产生很大的热量形成很高的温度，首先使元件绝缘材料老化失效，最终导致设备因过热而被损坏。若导体的温度未超过设计规定的允许温度，就认为导体对短路电流是稳定的，即短路热稳定性问题。

② 短路电流引起的机械应力。载流导体在通过电流时相互之间存在作用力，称为电动力。由于电动力与流过的电流的平方成正比，在短路刚发生时短路电流达到最大值(即冲击电流)，所以短路电流在导体间产生很大的电动力，可能会引起电气设备因机械变形而造成破坏。当电气设备具有足够承受这种电动力的能力时，就能安全工作，即短路动稳定性问题。

③ 短路时系统电压骤然下降。短路造成系统电压突然下降，过低的电压将造成电动机转速降低甚至停转；还会造成照明负荷不稳定工作，使一些气体放电的电光源会熄灭。

④ 不对称短路的磁效应。当系统发生不对称短路时，短路电流带来的磁效应所产生的足够大的磁通，在邻近的电路内可感应出很大的电动势，能强烈干扰附近的通信线路、铁路信号系统、电动机控制系统及其他电子设备。

⑤ 破坏系统稳定性造成系统瓦解。短路可能造成的最严重后果，可使并列运行的各发电机组之间失去同步，破坏电力系统的稳定性，最终造成系统瓦解形成大面积停电。

(3) 短路故障的类型

在三相系统中，可能发生的短路类型主要有：三相短路、两相短路、两相接地短路、单相短路，如图 4.2 所示。

三相短路是对称短路，用 $k^{(3)}$ 表示，因为短路回路的三相阻抗相等，所以三相短路电流和电压仍然是对称的，只是电流比正常值增大，电压比额定值降低。三相短路发生的概率最小，只有 5% 左右，但它却是危害最严重的短路形式。

两相短路是不对称短路，用 $k^{(2)}$ 表示。两相短路的发生概率为 10% ～ 15%。

两相接地短路也是一种不对称短路，用 $k^{(1.1)}$ 表示。它是指中性点不接地系统中两个不同的相，如 A、B 两相均发生单相接地而形成的短路，亦指两相短路后接地的情况。两相接地短路

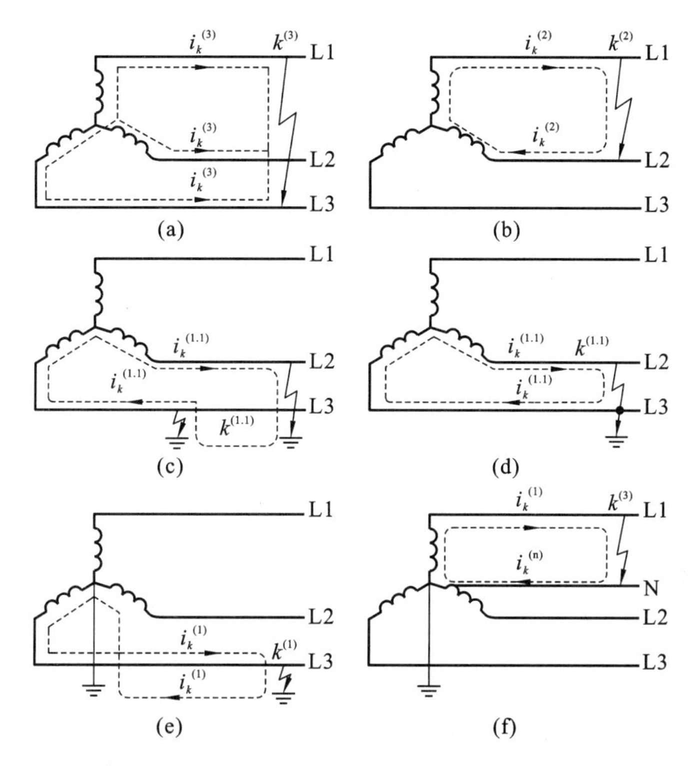

图 4.2　短路的类型

(a) 三相短路；(b) 两相短路；(c)、(d) 两相接地短路；(e)、(f) 单相短路

发生的概率为 10% ～ 20%。

单相短路用 $k^{(1)}$ 表示，也是一种不对称短路。它的危害虽不如其他短路形式严重，但在中性点直接接地系统中发生的概率最高，占短路故障的 90%。

2. 有关短路电流计算的说明

现实中突发短路后，供电系统从正常的稳定状态过渡到短路的稳定状态，一般用时仅 3 ～ 5 s。在这个暂态过程中，短路电流的变化却是很复杂的，会有多种短路电流分量出现。如在短路约半个周期后（0.01 s）将出现短路电流的最大瞬时值，将其定义为冲击电流 i_{ch}，它会产生很大的电动力。为消除或减轻这种冲击的后果，就应正确选择电气设备及保护装置，这样就需要计算出短路电流 I_d。

即使设定了一些假设条件，虽然一些设计手册也提供了简化计算图表，使计算方便一些，但要正确计算出短路电流还是十分困难的，对于一般用户也没有必要，理解结论即可。

（1）三相短路电流计算

对于无限大系统有三相短路电流周期分量有效值：

$$I_d^{(3)} = \frac{U_c}{\sqrt{3}Z_{\sum}} = \frac{U_c}{\sqrt{3}\sqrt{R_{\sum}^2 + X_{\sum}^2}}\ (\text{kA}) \tag{4.18}$$

式中　U_c—— 短路点的计算电压，一般取 $U_c = 105\%U_N$(kV)；

$Z_{\sum}$，$R_{\sum}$，$X_{\sum}$—— 短路电路的总阻抗、总电阻、总电抗(Ω)。

在低压电路中，当 $R_{\sum} > \frac{X_{\sum}}{3}$ 时，才需要考虑电阻的作用，如不计电阻，则式(4.18) 可简化为：

$$I_d^{(3)}=\frac{U_c}{\sqrt{3}X_{\sum}}\quad(\text{kA})$$

这样，可推出三相短路容量：

$$S_d^{(3)}=\sqrt{3}U_cI_d^{(3)}\quad(\text{MV}\cdot\text{A})\tag{4.19}$$

(2) 两相短路电流计算

在无限大系统中发生两相短路时，两相短路电流可这样计算：

因为 $$I_d^{(2)}=\frac{U_c}{2Z_{\sum}}$$

若只计电抗，则 $$I_d^{(2)}=\frac{U_c}{2X_{\sum}}=\frac{\sqrt{3}}{2}\times\frac{U_c}{\sqrt{3}X_{\sum}}$$

所以 $$I_d^{(2)}=\frac{\sqrt{3}}{2}I_d^{(3)}=0.866I_d^{(3)}\,(\text{kA})\tag{4.20}$$

式中各个物理量的意义与单位同式(4.18)。式(4.20)表明在无限大容量系统中，同一地点的两相短路电流小于三相短路电流，相差0.866倍，因此在短路电流校验时可按三相短路的对应短路电流公式进行计算。

(3) 单相短路电流计算

在大电流接地系统中或三相四线制低压配电系统中，相线L与中性线N之间、相线L与保护线PE之间、相线L与保护中性线PEN之间发生短路，均形成单相短路事故。

如：

$$I_d^{(1)}=\frac{U_p}{Z_{\text{P-N}}}\quad(\text{A})$$

式中　U_p——低压线路上相电压(V)；

$Z_{\text{P-N}}$——相线与N线短路回路的阻抗(Ω)。

由此可推出单相短路电流小于三相短路电流的结论。所以在选择导线及电气设备时，若考虑电动稳定性时仅采用三相短路电流进行检验即可。

(4) 短路冲击电流

短路冲击电流瞬时值：

$$i_{ch}=K_{ch}\sqrt{2}I_d^{(3)}\tag{4.21}$$

式中　K_{ch}——短路冲击电流系数。

短路冲击电流最大有效值：

$$I_{ch}=\sqrt{1+2\,(K_{ch}-1)^2}\,I_d^{(3)}\tag{4.22}$$

若在高压电网计算时，K_{ch}取1.8，则

$$\left.\begin{aligned}&\text{短路冲击电流瞬时值：}\quad i_{ch}=1.8\times\sqrt{2}\times I_d^{(3)}=2.55I_d^{(3)}\,(\text{kA})\\&\text{短路冲击电流最大有效值：}I_{ch}=\sqrt{1+2\times(1.8-1)^2}\,I_d^{(3)}\approx1.51I_d^{(3)}\,(\text{kA})\end{aligned}\right\}\tag{4.23}$$

若在低压电网计算时，K_{ch}取1.3，则

$$\left.\begin{aligned}&\text{短路冲击电流瞬时值：}\quad i_{ch}=1.3\times\sqrt{2}\times I_d^{(3)}=1.84I_d^{(3)}\,(\text{kA})\\&\text{短路冲击电流最大有效值：}I_{ch}=\sqrt{1+2\times(1.3-1)^2}\,I_d^{(3)}\approx1.09I_d^{(3)}\,(\text{kA})\end{aligned}\right\}\tag{4.24}$$

3．工地临时用电对短路保护的要求

根据《施工现场临时用电安全技术规范》(JGJ 46—2005)规定，工地临时用电施工组织设计要求对架空线路、电缆、室内配线必须做短路保护，规定内容如下：

(1) 架空线路必须有短路保护。采用熔断器做短路保护时，其熔体额定电流不应大于明敷绝缘导线长期连续负荷允许载流量的1.5倍。采用断路器做短路保护时，其瞬动过流脱扣器脱扣电流整定值应小于线路末端单相短路电流。

(2) 电缆线路必须有短路保护。采用熔断器做短路保护时，其熔体额定电流不应大于电缆长期连续负荷允许载流量的1.5倍。采用断路器做短路保护时，其瞬动过流脱扣器脱扣电流整定值应不小于线路末端单相短路电流。

(3) 室内配线必须有短路保护。短路保护电器和绝缘导线、电缆的选配与架空线路短路保护要求相同。对穿管敷设的绝缘导线线路，其短路保护熔断器的熔体额定电流不应大于穿管绝缘导线长期连续负荷允许载流量的2.5倍。

4.2　建筑供电

建筑供电主要是指对建筑物进行低压配电网络的设计和施工，包括选择导线、设备及配线工程等。

4.2.1　建筑物供电接线方式

建筑物低压供电接线方式目前经常采用的有放射式、树干式、混合式三种。

1．放射式接线

由低压输出母线上引出若干条干线，将电能输送到各配电箱或用电设备，如图4.3(a)所示，其特点是供电线路上各电力设备间互不影响，每一独立负荷或集中负荷均由一单独配电线路供电，操作维护方便。但所用设备与导线多，成本高，考虑到保护动作时限，仅限于两级内供电。适用于一级负荷或对供电可靠性要求较高的公共场所和大型设备等。有单、双回路和公共备用线三种形式。

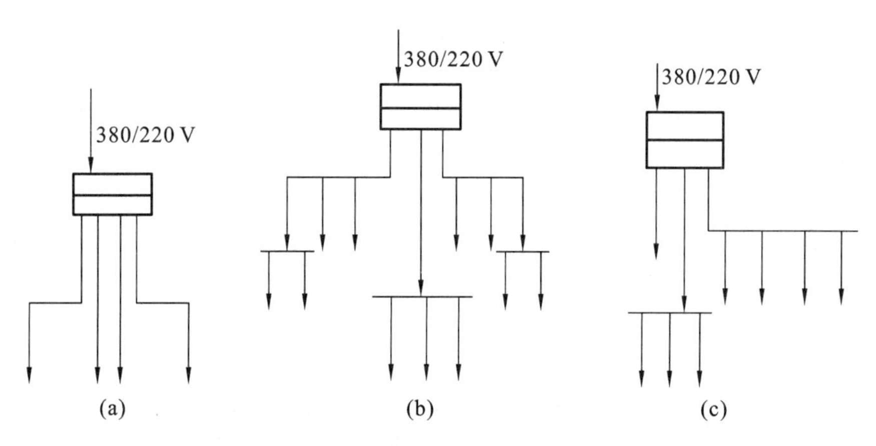

图4.3　常用低压配线示意图

(a)放射式配电示意图；(b)树干式配电示意图；(c)混合式配电示意图

2. 树干式接线

由低压母线引出若干条干线，再沿干线敷设方向引出分干线来输送电能，如图 4.3(b)所示，其特点是供电系统灵活、设备少、耗材少、成本低、敷设简单。但供电可靠性差，适用于容量小且分布较均匀的用电设备。有直接连接、链串式连接等形式。施工现场临时供电系统采用的“三级配电两级保护”的配线方式，即为典型的树干式接线。

3. 混合式接线

由低压母线引出若干条干线，再由其中几条主干线上引出分支干线若干，如图 4.3(c)所示，其实质是低压母线放射式配电的树干式接线。对于一般容量小的设备采用树干式供电；容量大的设备(如电热器、空调机组等)采用放射式供电。一般高层建筑或有少量重要负荷的建筑物常采用这种接线方式。

此三种方式各有优点，应从供电安全性、电压质量、运行经济性等方面综合考虑，然后再确定具体配电线路的接线方式。

4.2.2 建筑供电特点

1. 高层建筑用电负荷

高层建筑在一定程度上反映了当今建筑业乃至国民经济的水平，既有高层民用建筑又有高层工业厂房，高层建筑用电量大，对供电的可靠性要求高。因此，高层建筑必须符合《建筑设计防火规范》(GB 50016—2014)的要求，特别要注意对于消防设备、防排烟系统、安全防范系统、联动控制系统均应认定为一级负荷。高层建筑一般均要求有两条独立的电源进线，并设置柴油发电机作为应急电源。

就其电力负荷而言主要有给排水动力负荷，包括生活水泵、消防水泵，这些水泵机组约占设备总容量的 25%，专业消防水泵用电按一级负荷对待。

空调通风机组负荷包括冷冻机组、冷热机组、通风机组等设备，约占设备总容量的 30%，一般按三级负荷对待，而用于消防系统的通风机组按一级负荷对待。

电梯动力负荷包括垂直升降机、自动扶梯等，一般按二级负荷对待，在有重大影响的公共场所应按一级负荷对待。

照明负荷一般按三级负荷对待，应急照明则按一级、二级负荷对待。

由于高层建筑的结构原因，为了减小供电线路的损耗及电压损失，都设有专用配电竖井。为提高高层建筑的安全与自动化管理水平，通常设有通信系统、火灾自动报警与联动控制系统、安全防范系统，有的还设有微机管理系统。

2. 住宅配电要求

高层住宅供电要满足现行规范要求，如《民用建筑电气设计规范》等，电缆引入方式及接地方式同于多层住宅建筑，但照明与动力的电源应分别引入楼内 π 接箱和配电柜内，且两者的数量应一一对应。

3. 高层建筑供电方式

高层建筑供电必须符合确保供电可靠、减少电能损耗、运行经济、维护方便等原则。

目前常用的供电方式有：两路电源进线，单母线分段；两路电源进线，单母线不分段；一路高压电源为主电源，另一路可采取低压线路作为备用电源。对于按 GB 50016—2014 标准定义为一类建筑物的除上述接线方式外，还应设置自备发电机为第三电源，提高供电的可靠性。

4.2.3 低压电气设备与选择原则

依据在电路中所处地位与作用可归纳为配电电器、控制电器、保护电器。配电电器主要用于电网中配送电能、操作不是很频繁的场合，如空气开关、断路器、负荷开关等产品。控制电器主要用于电气线路的控制，如交流接触器、按钮开关、各种控制继电器等产品。保护电器主要用于保护用电设备与人身及供电线路的安全，如熔断器、漏电保护开关、热继电器、过流继电器等产品。

1. 选择电器设备的基本原则

应依工程实际，低压电气要符合现行国家有关标准，按照有关规范的规定力争做到供电安全可靠，技术先进，经济合理。虽设备各不相同，但基本原则是相同的。

(1) 按正常工作条件选择额定电压和电流。电器设备额定电压应符合所在线路的额定电压，并大于或等于正常工作时的最大工作电压；额定电流大于或等于正常工作时的最大电流。

(2) 按短路情况校验所选设备动、热稳定性。电气设备的极限电流要大于或等于线路三相短路冲击电流，满足短路时动稳定与热稳定条件。

(3) 按工作环境、地点、使用条件选择设备。

2. 开关设备

开关设备主要起通断电源、保护和隔离作用，如刀开关、铁壳开关、转换开关等。这些知识已在单元 2 中学习过，此处不再重复。

(1) 低压断路器(也称自动开关、空气自动开关)

这是一种具有失压、短路、过载保护作用并自动切换的电器。正常状态下起着合断闸的作用；当电路中出现短路或者过载时能自动切断电路，其动作值可调整，以适合于频繁操作的电路中。其种类多、应用广，分类方式也很多，但基本分为万能与装置两大类。

DZ 系列也称塑料壳式断路器，外形如图 4.4 所示。它的塑料外壳体积小，容量小于 600 A，适用于 380 A 电流的线路。其保护动作由不同脱扣器实现，拉、合闸时所有触头都是同时动作，避免了用熔断器做断路保护时因一相熔断而造成的电动机缺相运行，这种电动机损坏是建筑工地上最常见的。

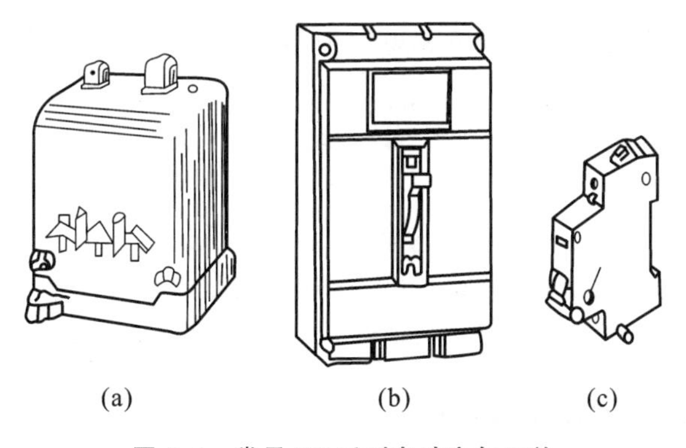

(a) (b) (c)

图 4.4 常见 DZ 系列自动空气开关

(a)DZS 型；(b)DZ15LE 型；(c)DZ47 型

原来使用较普遍的 DZ10 型、DZ12 型、DZ15 型因无漏电保护而逐步被淘汰，目前常用的有 DZ15LE 型、DZ47 型等系列产品。近来，新产品向体积小、工作可靠、寿命长等方向发展，如 C、S、MZ、AH 等系列产品。

(2) 漏电保护器

漏电保护器是将漏电保护装置与自动空气开关组合在一起的自动电器，又称漏电保护开关、触电保护器。漏电保护器的结构主要由三部分组成：一是检测元件，二是中间放大环节，三是操作执行机构。当线路或设备出现漏电或接地故障时，它能迅速自动切断电源，保护人身与设备的安全，避免事故进一步扩大，同时还能提供线路的过载与短路保护。因而要求民用建筑和施工现场必须使用，已成为国家强制认证产品，表示其性能的主要参数有：

① 额定电流。漏电保护器在正常工作下所承受的电流，如 16 A、25 A、40 A 等。它是与被保护的电气设备额定电流值相对应的。

② 额定漏电动作电流。指“在规定的漏电电流值达到漏电保护器动作切断电路时的电流”。当线路上的漏电电流值达到此值时，漏电保护器开始动作，立即切断电源回路。

电力线路或电气设备对地的漏电所产生的电流称为漏电电流，如 15 mA、30 mA、500 mA、1 A 等。其中 30 mA 以下的为高灵敏漏保，1 A 以上的为低灵敏漏保。目前常用的单机控制漏电保护器的漏电动作电流一般为 15 mA、30 mA 两种，用于分配电箱或总配电箱内的多机控制漏电保护器的漏电动作电流一般大于 30 mA。

③ 额定漏电动作时间。指“当漏电保护器接收到漏电电流信号后到切断电路动作完毕所需的时间”，如 0.1 s、0.2 s、2 s 等。其中 0.1 s 为快速型。这项指标极为重要，但却往往被工作人员忽视掉。

漏电保护器按动作原理可分为电压型、电流型、脉冲型；按结构可分为电磁式、电子式。它们各有用途。如脉冲型具有区别是电流突变的触电事故还是缓慢变化的漏电事故的能力，而电压型、电流型不具备这种能力；电磁式抗干扰能力强，不受电源电压波动、环境温度变化、缺相的影响，其可靠性高、寿命长，适用面更广。

为缩小停电范围，通常采用分级保护，常选用电压型的漏电保护器作为变压器二次侧中性点直接接地的低压电网漏电总保护；选用单相漏电保护器，作为单相线路的总保护、末端保护、单机保护等。

漏电保护器种类多、型号多，如 DZ 系列。也有引用国外先进技术生产的具有结构紧凑、体积小、性能稳定可靠、安装方便的新型漏电保护器，如 FIN、FNP 等型号。

4.3 导线选择

导线(包括裸导线、绝缘导线、母线、电缆等)是供电系统中用量最大的主要材料。选择导线应考虑导线类型、导线材质、导线规格、导线横截面面积等方面。合理选择配电导线既要保证供电安全可靠，又要考虑节约原材料降低成本，这是需要辩证考虑的综合性问题。

4.3.1 选择导线的一般原则与要求

1. 保证供电的安全可靠与经济性

选择导线首先要保证供电的安全可靠，其次是运行的经济性与安装维护的方便性。通常是首先考虑使用环境和敷设条件来选择导线的型号与规格。

有关导线、电缆的型号、名称及主要用途见表4.8。

表4.8 部分常用电缆、导线的名称、型号、规格及用途表

类别	型号	名称	额定电压(kV)	主要用途	截面范围(mm^2)	备注
裸导线	LJ	铝绞线		用于一般架空线路	10～600	
	LGJ	钢芯铝绞线	10及以上	用于高压线路的档距较长、杆位高差较大场所	10～400	
	LGJJ	加强型钢芯铝绞线			150～400	
橡皮绝缘导线	BLX(BX)	铝(铜)芯橡皮绝缘线	交流0.5及以下 直流1及以下	固定敷设	2.5～500	2、3、4芯的只有2.5～95 mm^2
	BLXF(BXF)	铝(铜)芯氯丁橡皮绝缘线	交流0.5及以下 直流1及以下	固定敷设，尤其适用于户外	2.5～95	
	BXR	铜芯橡皮软线	交流0.5及以下 直流1及以下	室内安装要求较柔软时采用	0.75～400	
塑料绝缘导线	BLV(BV)	铝(铜)芯聚氯乙烯绝缘线	交流0.5及以下 直流1及以下	固定明、暗敷设	0.75～185	共有1芯和2芯两种，其中2芯只有1.5～10 mm^2
	BLVV(BVV)	铝(铜)芯聚氯乙烯绝缘聚氯乙烯护套电线	交流0.5及以下 直流1及以下	固定明、暗敷设，还可以直埋敷设	0.75～10	共有1、2、3芯三种
	BVR	铜芯聚氯乙烯软线	交流0.5及以下 直流1及以下	同BV型，安装要求柔软时采用	0.75～50	
	BLV(BV)-105	铝(铜)芯耐热105 ℃聚氯乙烯绝缘电线	交流0.5及以下 直流1及以下	同BLV(BV)型，用于高温场所	0.75～185	只有单芯一种
塑料绝缘软导线	RV	铜芯聚氯乙烯绝缘软线	交流0.25	供各种移动电器接线	0.012～6	只有单芯一种
	RVB	铜芯聚氯乙烯平型软线	交流0.25	供各种移动电器接线	0.12～2.5	只有单芯一种
	RVS	铜芯聚氯乙烯绞型软线	交流0.25	供各种移动电器接线	0.12～2.5	只有双芯一种
	RVV	铜芯聚氯乙烯绝缘聚氯乙烯护套软线	交流0.5	供各种移动电器接线	0.12～6 0.1～2.5 0.1～125	(2、3、4芯) (5、6、7芯) (10、12、14、16、19、24芯)
	RV-105	铜芯耐热105 ℃聚氯乙烯软线	交流0.25	供各种移动电器接线，用于高温场所	0.012～9	只有单芯一种

续表 4.8

类别	型号	名称	额定电压(kV)	主要用途	截面范围(mm^2)	备注
塑料绝缘塑料护套电力电缆	VLV(VV)	铝(铜)聚氯乙烯绝缘聚氯乙烯护套电力电缆	6	敷设在室内、隧道内及管道中,不能承受机械外力作用	2.5～150	
	VLV29(VV29)	同VLV(VV)型,内钢带铠装	6	敷设在地下,可承受机械外力,不能承受大的拉力	4～150	
	VLV30(VV30)	同VLV(VV)型,裸细钢丝铠装	6	敷设在室内、矿井中,能承受机械外力及相当的拉力	16～300	
	VLV39(VV39)	同VLV(VV)型,内细钢丝铠装	6	敷设在水中,能承受相当的拉力	16～300	
	VLV50(VV50)	同VLV(VV)型,裸粗钢丝铠装	6	敷设在室内、矿井中,能承受机械外力及相当的拉力	16～300	
	VLV59(VV59)	同VLV(VV)型,内粗钢丝铠装	6	敷设在水中,能承受相当的拉力	16～300	
通用橡套软电缆	YZ(YZW)	中型橡套电缆	0.5	连接轻型移动电气设备,还具有耐气候和一定的耐油性能	0.5～6	有2、3芯和3+1芯共三种
	YC	重型橡套电缆	0.5	连接轻型移动电气设备,能承受较大的机械外力作用	2.5～120	有2、3芯和3+1芯共三种
	YCW	重型橡套电缆	0.5	同YC型,还具有耐气候和一定的耐油性能	2.5～120	有2、3芯和3+1芯共三种
	YQ	轻型橡套电缆	0.25	连接轻型移动电气设备	0.3～0.75	有2、3芯两种
	YQW	轻型橡套电缆	0.25	连接轻型移动电气设备,还具有耐气候和一定的耐油性能	0.3～0.75	有2、3芯两种
控制电缆	KLVV(KVV)	铝(铜)芯聚氯乙烯绝缘聚氯乙烯护套控制电缆	交流0.5,直流1及以下	敷设在室内、外及地下电缆沟中管道	0.75～6	其中:0.75～2.5 mm^2的有4、5、7、10、14、19、24、30、37芯的;4 mm^2的有4、5、7、10、14芯的;6 mm^2的只有4、5、7、10芯的
	KLVV29(KVV29)	同KLVV(KVV)型,裸钢带铠装		同KLVV(KVV)型,能承受较大机械外力作用	0.75～6	
	KLXV(KXV)	铝(铜)芯,橡皮绝缘聚氯乙烯护套控制电缆		同KLVV(KVV)型	0.75～6	

续表 4.8

类别	型号	名称	额定电压(kV)	主要用途	截面范围(mm^2)	备注
农用地下直埋绝缘线	NLV	农用地埋铝芯聚氯乙烯绝缘电线	交流 0.75,直流 1 及以下		2.5～50	
	NLVV,NLVV-1	农用地埋铝芯聚氯乙烯绝缘聚氯乙烯护套电线		铁路、固定装置敷设		
	NLYV,NLYV-1	农用地埋铝芯聚乙烯绝缘聚氯乙烯护套电线		隧道、矿井等防火要求较高场合		

2. 室内、外线路导线的选用

一般 380/220 V 配电系统选择 500 V 以下绝缘导线或电缆;有易燃、易爆、易腐蚀或有移动设备的,常选铜芯导线、橡胶绝缘导线。如 BXF、BLXF 系列产品耐油性好、耐光照、不易老化,多用于室外。塑料绝缘导线价格低但易老化,不适于室外敷设。聚氯乙烯复合绝缘软线如 RFS(双绞复合软线)、RFB(平型复合软线),具有耐热、耐油、耐燃、耐腐蚀、不易老化等性能,因此应用广泛。

当输电线路所经过的路径不宜敷设架空线路,或环境特别潮湿、具有腐蚀性气体、具有火灾爆炸等危险环境的,考虑采用电力电缆。在一般环境和建筑物内可采用铝芯电缆;在有震动和特殊要求的场合考虑采用铜芯电缆;在规模较大的或重要公共建筑也采用铜芯电缆;在需埋地敷设时宜采用有外护层的铠装电缆;在埋地敷设地点有可能发生土壤位移的应采用钢丝铠装电缆;在电缆沟、电缆隧道及室内明敷设时可采用裸铠装电缆;在无机械损伤、无鼠害场所、附近有抗电磁干扰要求的设备、自身有防外界电磁干扰要求的线路,均可允许采用非铠装电缆;在有较大高差的场所敷设时宜采用塑料绝缘电缆、不滴流电缆、干绝缘电缆等。

选择电力电缆的其他要求,可依据工程实际查相关手册确定。

4.3.2 导线、电缆横截面面积选择方法

若导线截面选择过大,将消耗大量有色金属,必定造成线路投资的增大;若导线截面选择过小,则工作中不安全。选择导线截面基本原则有三条。

1. 按允许载流量(允许发热条件)选择

电流通过导体时,因导体本身存在的电阻与电流热效应,必定会使导体发热造成温度升高。若温度过高有可能带来两个结果:一是加速绝缘导线老化甚至引起短路;二是加速裸导线接头处氧化,使接头处电阻增大而更加过热,甚至引起断路。所以,为避免导线过热就应当有个不能超过的允许值,只要在这个值内导体的温升就是安全的。即在一定环境温度下(25 ℃)不超过导线允许温度(65 ℃)所能传输的电流,被定义为允许载流量(安全载流量、安全电流)。对一定截面、不同材料、不同绝缘情况,只要通过的电流小于允许载流量,此时产生的温升就是安全的。其关系式应满足:

$$I_{JS} \leqslant I_n \tag{4.25}$$

式中 I_{JS}——线路上通过的电流(A);

I_n——导线额定允许载流(A)。

常见导线允许载流量见表 4.9。

表 4.9　绝缘导线明敷、穿钢管和穿塑料管时的允许载流量

①BLX 和 BLV 型铝芯绝缘线明敷时的允许载流量(A,导线正常最高允许温度为 65 ℃)

芯线截面(mm²)	BLX 型铝芯橡皮线				BLV 型铝芯塑料线			
	环境温度							
	25 ℃	30 ℃	35 ℃	40 ℃	25 ℃	30 ℃	35 ℃	40 ℃
2.5	27	25	23	21	25	23	21	19
4	35	32	30	27	32	29	27	25
6	45	42	38	35	42	39	36	33
10	65	60	56	51	59	55	51	46
16	85	79	73	67	80	74	69	63
25	110	102	95	87	105	98	90	83
35	138	129	119	100	130	121	112	102
50	175	163	151	138	165	154	142	130
70	220	206	190	174	205	191	177	162
95	265	247	229	209	250	233	216	197
120	310	280	268	245	283	266	246	225
150	360	336	311	384	325	303	281	257
185	420	392	363	332	380	355	328	300
240	510	476	441	403	—	—	—	—

②BLX 和 BLV 型铝芯绝缘线穿钢管时的允许载流量(A,导线正常最高允许温度为 65 ℃)

导线型号	线芯截面(mm²)	2 根单芯线				2 根穿管管径(mm)		3 根单芯线				3 根穿管管径(mm)		4～5 根单芯线				4 根穿管管径(mm)		5 根穿管管径(mm)	
		环境温度						环境温度						环境温度							
		25 ℃	30 ℃	35 ℃	40 ℃	G	DG	25 ℃	30 ℃	35 ℃	40 ℃	G	DG	25 ℃	30 ℃	35 ℃	40 ℃	G	DG	G	DG
BLX	2.5	21	19	18	16	15	20	19	17	16	15	15	20	16	14	13	12	20	25	20	25
	4	28	26	24	22	20	25	25	23	21	19	20	25	23	21	19	18	20	25	20	25
	6	37	34	32	29	20	23	34	31	29	26	20	25	30	28	25	23	20	25	25	32
	10	52	48	44	41	25	32	46	43	39	36	25	32	40	37	34	31	25	32	32	40
	16	66	61	57	52	25	32	59	55	51	46	32	32	52	48	44	41	32	40	40	(50)
	25	86	80	74	68	32	40	76	71	65	60	32	40	68	63	58	53	40	(50)	40	
	35	106	99	91	89	32	40	94	87	81	71	32	(50)	83	77	71	65	40	(50)	50	
	50	133	124	115	105	40	(50)	118	110	102	93	50	(50)	105	98	90	83	50		70	
	70	164	154	142	130	50	(50)	150	140	129	118	50	(50)	133	124	115	105	70		70	
	95	200	187	173	158	70		180	168	155	142	70		160	149	138	126	70		80	
	120	230	215	198	181	70		210	196	181	166	70		190	177	164	150	70		80	
	150	260	243	224	205	70		240	224	207	189	70		220	205	190	174	80		100	
	185	295	275	255	233	80		270	252	233	213	80		250	233	216	197	80		100	

续表 4.9

导线型号	芯线截面（mm^2）	2 根单芯线 环境温度				2 根穿管管径（mm）		3 根单芯线 环境温度				3 根穿管管径（mm）		4～5 根单芯线 环境温度				4 根穿管管径（mm）		5 根穿管管径（mm）	
		25 ℃	30 ℃	35 ℃	40 ℃	G	DG	25 ℃	30 ℃	35 ℃	40 ℃	G	DG	25 ℃	30 ℃	35 ℃	40 ℃	G	DG	G	DG
BLV	2.5	20	18	17	15	15	15	18	16	15	14	15	15	15	14	12	11	15	15	15	20
	4	27	25	23	21	15	15	24	22	20	18	15	15	22	20	19	17	15	20	20	20
	6	35	32	30	27	15	20	32	29	27	25	15	20	28	26	24	22	20	26	25	25
	10	49	45	42	38	20	25	44	41	38	34	20	25	38	35	32	30	25	25	25	32
	16	63	58	54	49	25	25	56	52	48	44	25	32	50	46	43	39	25	32	32	40
	25	80	74	69	63	25	32	70	65	60	55	32	32	65	60	50	51	32	40	32	(50)
	35	100	93	86	79	32	40	90	84	77	71	32	40	80	74	69	53	40	(50)	40	
	50	125	116	108	98	40	50	110	102	95	87	40	(50)	100	93	86	79	50	(50)	50	
	70	155	144	134	122	50	50	143	133	123	113	40	(50)	127	118	109	100	50		70	
	95	190	177	164	150	50	(50)	170	158	147	134	50		152	142	131	120	70		70	
	120	220	205	190	174	50	(50)	195	182	168	154	50		172	160	148	136	70		80	
	150	250	233	216	197	70	(50)	225	210	194	177	70		200	187	173	158	70		80	
	185	285	266	246	225	70		255	238	220	201	70		230	215	198	181	80		100	

2. 按允许电压损失选择

当电流通过线路时必定在线路的阻抗上产生电压降，为保证用电设备正常运行，线路电压降应限定在一个允许的范围之内。电压损失是由阻抗引起的，对于低压线路导线截面面积较小，线间距离一般很近，因此电阻的作用远大于电抗的作用，电抗可忽略不计。电压损失 $\Delta U\%$ 仅与有功功率 P、线路长度 L 成正比，与导线横截面面积成反比。电压损失 $\Delta U\%$ 应满足下式：

$$\Delta U\% = \frac{BPL}{CS}\% \tag{4.26}$$

式中　S——导线截面面积（mm^2）；

P——计算有功负荷（kW）；

C——电压损失计算常数（见表 4.10）；

B——修正系数；

L——供电线路长度（m）；

$\Delta U\%$——允许电压损失，一般照明允许电压损失为±5%，动力线则为±10%。

若已知 $\Delta U\%$ 值后可换算出导线的截面积：

$$S = \frac{PL}{C\Delta U\%}$$

表 4.10　计算电压损失的计算常数 C 值

线路额定电压（V）	系统体系及电流种类	系数 C 值	
		铜线	铝线
380/220	三相四线	77	46.3
380/220	三相三线	34	20.5

续表 4.10

线路额定电压(V)	系统体系及电流种类	系数 C 值	
		铜线	铝线
220	单相或直流	12.8	7.75
110		5.2	1.9
36		0.34	0.21
24		0.135	0.092
12		0.038	0.23

若是感性线路,则应查《电工手册》中修正参数 B 并代入式(4.26)分子处,进行修正计算。

3. 按允许机械强度选择

由于导线受自重和外界因素(风、冰雹、雨雪等恶劣天气)影响,会使导线产生一定的张力,故导线应满足一定的机械强度。导线线芯最小截面面积见表 4.11。

表 4.11　按机械强度允许的导线最小截面面积

<table>
<tr><th rowspan="2">序号</th><th rowspan="2" colspan="4">导线敷设条件、方式、用途</th><th colspan="3">导线最小截面面积(mm²)</th></tr>
<tr><th>铜线</th><th>软铜线</th><th>铝线</th></tr>
<tr><td>1</td><td colspan="4">架空线</td><td>10</td><td rowspan="4"></td><td>16</td></tr>
<tr><td rowspan="3">2</td><td rowspan="3" colspan="2">接户线</td><td rowspan="2">自电杆上引下</td><td>档距小于 10 m</td><td>2.5</td><td>4.0</td></tr>
<tr><td>档距 10～25 m</td><td>4.0</td><td>6.0</td></tr>
<tr><td colspan="2">沿墙敷设档距小于或等于 6 m</td><td>2.5</td><td>4.0</td></tr>
<tr><td rowspan="5">3</td><td rowspan="5">敷设在绝缘支持件上的导线</td><td rowspan="2">支持点间距 1～2 m</td><td colspan="2">室内</td><td>1.0</td><td rowspan="5"></td><td rowspan="2">2.5</td></tr>
<tr><td colspan="2">室外</td><td>1.5</td></tr>
<tr><td rowspan="3">支持点间距</td><td colspan="2">2～6 m</td><td rowspan="2">2.5</td><td>4.0</td></tr>
<tr><td colspan="2">6～12 m</td><td>6.0</td></tr>
<tr><td colspan="2">12～25 m</td><td>4.0</td><td>10</td></tr>
<tr><td>4</td><td colspan="4">穿管敷设和槽板敷设的绝缘线或塑料护套线的明敷设</td><td>1.0</td><td></td><td>2.5</td></tr>
<tr><td rowspan="3">5</td><td rowspan="3" colspan="2">照明灯头线</td><td colspan="2">民用建筑室内</td><td>0.5</td><td>0.4</td><td>1.5</td></tr>
<tr><td colspan="2">工业建筑室内</td><td>0.75</td><td>0.5</td><td rowspan="2">2.5</td></tr>
<tr><td colspan="2">室外</td><td>1.0</td><td>1.0</td></tr>
<tr><td>6</td><td colspan="4">移动式用电设备导线</td><td></td><td>1.0</td><td></td></tr>
</table>

4. 选择导线截面方法总结

上述三条原则的运用是灵活而非固定的,对于距离小于 200 m 且以动力负荷为主的线路,发热为主要矛盾,先按发热条件计算,再用允许电压损失、允许机械强度进行校核;对于距离大于 200 m 或以照明负荷为主的线路,保证电压降为主要矛盾,先按电压损失计算,再用允许发热、允许机械强度校核。对于 35 kV 及以上的高压输电线路,还应综合考虑线路投资效益与电能损耗，除了满足上述三条原则外，还应按国家规定的经济电流密度 j_{es}(A · mm^{-2}，其值查相应《电工手册》)选择导线或电缆截面，以达到最佳经济效益。

总之，导线要满足上述三条原则的综合要求，并以三条原则计算中最大截面为准，否则就会造成供电的不安全和不可靠。

5. 中性线和保护线截面的选择

(1) 中性线(N 线)的选择。工作中性线的选择，理论上应依流过的最大电流值发热条件选择，在工程上依经验也可选 1/2 相线截面或与相线相同。由于各相的三次谐波电流都要通过中性线，所以此时中性线截面面积宜大于相线截面面积。

(2) 保护线(PE 线)的选择。按《低压配电设计规范》(GB 50054—2011)规定，当 PE 线材质与相线材质相同时，最小截面应符合表 4.12 的要求。

表 4.12 PE 线最小截面

相线线芯截面面积	小于 16 mm^2	小于 35 mm^2	大于 35 mm^2
PE 线最小截面面积	与相线截面面积相等	16 mm^2	为$\frac{1}{2}$相线

(3) 保护中性线(PEN)截面面积的选择。低压系统中的保护中性线的截面面积，应同时满足上述中性线和保护线选择的条件。按《低压配电设计规范》(GB 50054—2011)规定，采用单芯导线为 PEN 干线时，铜线线芯截面面积不应小于 10 mm^2，铝线线芯截面面积不应小于 16 mm^2；采用多芯电缆的芯线 PEN 干线时，无论铜线、铝线其横截面面积不应小于 4 mm^2。

【例 4.5】 某车间有一条 150 m 的干线，$U_N=380$ V。接有异步电动机 25 台(10 kW 18 台，4.5 kW 4 台，4 kW 3 台)，敷设地点环境温度为 30 ℃，设 $K_x=0.6$，平均 $\cos\varphi=0.75$，试求该干线的导线截面面积。

【解】 因为此干线 $L<200$ m，且以动力负荷为主，所以计算以发热条件为主。

电动机设备功率：$P_S=10\times18+4.5\times4+4\times3=210$ (kW)

有功计算负荷：$P_{JS}=K_xP_S=0.6\times210=126$ (kW)

视在计算负荷：$S_{JS}=\dfrac{P_{JS}}{\cos\varphi}=\dfrac{126}{0.75}=168$ (kV · A)

总计算电流：$I_{JS}=\dfrac{S_{JS}}{\sqrt{3}U_N}=\dfrac{168}{\sqrt{3}\times0.38}=255$ (A)

查表 4.9 取 120 mm^2 BLV 导线，其 $I_n=266$ A$>I_{JS}$。查表 4.10 取 $C=46.3$，查感性线路修正系数 B 取 2.1。

由式(4.26)可推算电压损失：$\Delta U\%=\dfrac{BPL}{CS}\%=\dfrac{2.1\times126\times150}{46.3\times120}\%=7.14\%$

因为 $\Delta U\%=7.14\%<10\%$，所以满足电压损失要求。

查表 4.8，120 mm^2 BLV 导线在规定的 0.75～185 mm^2 范围内。所以选择 BLV-120 型绝缘导线。

习　题

一、填空题

1. 低压配电线路的接线方式有________、________、________，其中树杆式的特点是________________。

2. 低压线路选择导线的方法有________种，分别是________、________、________。

二、思考题

1. 什么是电力网？什么是供电系统？各有何用途？

2. 什么是电力负荷？分几级？对供电有何要求？

3. 供电质量的主要指标有哪些？特别是对电压、频率有什么要求？

4. 计算负荷与负荷计算有什么不同？主要方法有哪些？

5. 造成短路的原因是什么？主要危险是什么？

6. 工程上要考虑短路电流的什么效应？

7. 什么是冲击电流？如何计算？

8. 选择电器设备的基本原则是什么？

9. 选择导线的原则与方法是什么？

10. 如何考虑单项负荷的计算？

三、计算题

1. 某建筑工地有相同的卷扬机 4 台，铭牌上标出：$P_N=15$ kW，$JC\%_N=60\%$，$\cos\varphi_N=0.6$。则其设备容量为多少？

2. 某建筑工地有混凝土搅拌机 2 台共 20 kW，砂浆搅拌机 1 台 10 kW，交流电焊机 3 台各为 15 kV·A，$JC\%_N=65\%$，$\cos\varphi_N=0.6$，工地照明共 10 kW。该工地的计算负荷为多少？

3. 某车间的 380/220 V 低压线路改造，接有 220 V 单相加热器 4 台，其中：2 台 10 kW、1 台 30 kW、1 台 20 kW；还接有 380 V 单相对焊机 2 台，其中：1 台（$JC\%=100\%$）14 kW、1 台（$JC\%=60\%$）30 kW。试合理分配这些设备并求此线路上三相计算负荷。

4. 某车间低压线路上发生了短路事故，已知短路点的短路电压为 0.4 kV，线路总阻抗为 10 Ω，问短路的三相短路电流如何？

5. 某办公楼有电力负荷 25 kW，采用三相五线制供电，楼距变电所 200 m，要求 $\Delta U\%=2.5\%$，若采用 BLX 导线，试确定其截面。

单元5　建筑照明

1. 理解光学基本知识并掌握主要物理量；
2. 理解照明种类、照明方式、照明质量要求等基本概念；
3. 了解常用电光源特点、性能、用途；
4. 初步掌握电光源选择方法；
5. 了解常用照明器材和保护器材的特点、用途及选用方法。

良好的照明既是保证安全生产、提高生产率、改善劳动条件、保护劳动者视力健康的必要条件，又是满足人类日常生活需求，更是装饰环境、美化生活的基本方法之一。建筑照明被分为以阳光为主的天然照明和以电光源为主的人工照明两大类。建筑电气照明的基本任务就是创造一个满足照明、消除阴影、避免眩光、绿色环保、经济适用的照明环境。研究照明的实质就是研究对光的利用技术。

5.1　照明技术基本知识

研究光的特性是为了了解它对建筑照明会产生什么样的影响和影响的程度有多大。研究光的本质一般采用两种理论：一种是从宏观角度研究光在空间传播的电磁理论；另一种是从微观角度研究光吸收、光电效应的量子理论。两种理论研究的是同一物质的两个方面，并不矛盾。本书仅研究光的传播和对光的利用问题。

5.1.1　光学基本物理量

1. 光的概念与光谱

光是一种可引起视觉的物质，是以电磁波形式在空间传播的辐射能量。所谓辐射，是指能量即使在没有任何介质的情况下，也会不断地向外发射和传播的过程。由于光的传播路线是以直线形式出现的，所以光的传播也被称之为光线。光的波长 λ（单位：nm）仅占电磁波中极窄的一个波段，光是紫外线、可见光、红外线三部分的统称。

$\lambda < 380$ nm 的辐射位于光谱中紫色光的外侧，因而被称为紫外线。紫外线有使荧光物质发光的荧光效应，能起到杀菌作用。而 $\lambda > 780$ nm 的辐射位于光谱中红色光外侧，所以称为红外线。红外线具有很强的热效应。两者虽不能引起人的视觉，但因它们的其他特性与可见光极为相似，故被称为不可见光。紫外线与红外线主要应用在医疗、军事、探测、生产等非照明领域。

380 nm $\leqslant \lambda \leqslant$ 780 nm 的辐射能够引起人眼的感知，称之为可见光。可见光主要应用于照明与信号领域中。波长不同引起人的色觉也不同。1666 年，英国科学家牛顿在剑桥大学实验室发现了三棱镜现象，为后人揭示了光的本质。科学家们将光按波长的次序进行了排列形成图表，称为光谱图（简称光谱），光谱呈现出赤、橙、黄、绿、青、蓝、紫七种色彩。图 5.1 所示为电磁波及可见光光谱。

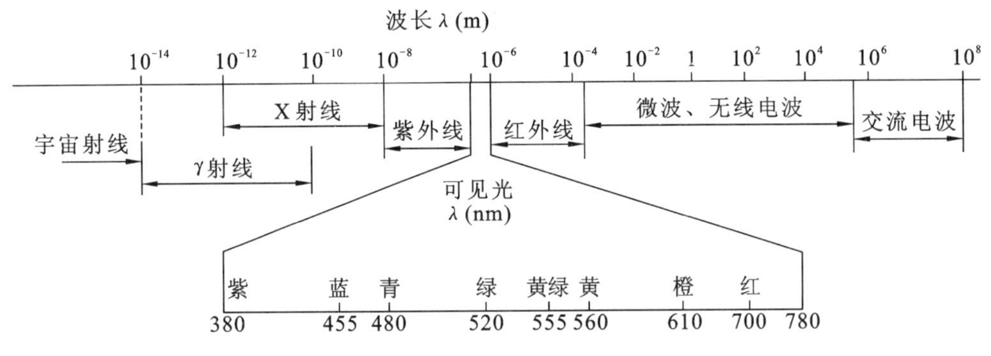

图 5.1　电磁波及可见光光谱

人的视觉与光的波长有关，这种特性在光学上被定义为光感的光灵敏度。如人眼对 555 nm 的黄绿色最为敏感，对远离此波段的辐射，则灵敏度就低，这也是雾灯、交通标志灯等选用黄色的原因。

2. 光学的基本物理量（即对光进行度量的物理量）

（1）光通量。光源在单位时间内向周围空间辐射可见光的能量，定义为光通量。符号为 Φ，单位为 lm（流明）。光通量表示了电光源的发光能力，光通量与光辐射的强弱及其波长均有关系。如 220 V 100 W 白炽灯的光通量为 1250 lm；220 V 40 W 荧光灯的光通量为 2400 lm；220 V 400 W 高压钠灯的光通量高达 40000 lm。

（2）发光强度。光源在指定方向上单位立体角内辐射的光通量定义为该方向上的发光强度，简称光强。符号为 I，单位为 cd（坎德拉）。发光强度是一个表征光源发光能力大小的物理量，它表示了电光源与灯具发出的光通量在空间各方向上的分布密度。如 220 V 100 W 的白炽灯向四周均匀发出光通量 Φ，其发光强度 $I = 99.5$ cd。cd 也是国际单位制和测光度的基本单位之一。

（3）亮度。光源在给定方向上向单位投影面上的发光强度定义为亮度。符号为 L，单位为 cd/m^2。亮度表示人眼对发光物表面感觉的明亮程度，只有在有了一定亮度的基础上，物体才能在人眼的视网膜上成像，即人能看到这个物体。亮度越高则成像越清晰，看得也就越清楚。所以，亮度 L 是照明设计的内容和依据之一。如晴朗的天空亮度 $L \approx 0.5 \times 10^4$ cd/m^2，40 W 荧光灯表面亮度 $L \approx 0.7 \times 10^4$ cd/m^2。

一般来讲，亮度越大感觉越亮。但当 $L > 16 \times 10^4$ cd/m^2 后，人会产生刺眼的感觉，这样一来反而会使视觉下降。所以，合理的亮度是一个范围值。

（4）照度。被照物体单位面积上接受的光通量定义为照度。符号为 E，单位为 lx（勒克斯）。照度表示了被照面上接受光的强弱。如晴天室内地面照度为 100 ~ 150 lx，中午阳光直射处约为 100000 lx，晴天室外太阳扩散光下地面处照度约为 10000 lx，220 V 40 W 白炽灯下 1 m 处照度约为 30 lx。

照度是照明的重要指标之一，根据我国的经济情况和电力承受能力，国家在《建筑照明设计标准》(GB 50034—2013) 中规定照度等级有：0.5 lx、1 lx、2 lx、3 lx、5 lx、10 lx、15 lx、20 lx、30 lx、50 lx、75 lx、100 lx、150 lx、200 lx、300 lx、500 lx、750 lx、1000 lx、1500 lx、2000 lx、3000 lx、

5000 lx 等。其中：500 lx 以下的低照度，主要用于简单视觉作业的照明；500 lx 以上(含 500 lx)的高照度，主要用于特殊视觉作业的混合照明。我国照度的标准值是综合考虑了视觉功效特性、视觉疲劳、主观感觉、照明经济性等因素后确定的。表 5.1 列出了各类建筑物照度标准值。

表 5.1 各类建筑物照度标准值

建筑类别	具体用途	照度标准值(lx)
居住建筑	起居室，一般生活	100
	书房，阅读、精细作业	300
	卫生间、盥洗室	100
	厨房、餐厅	150
公共办公建筑	办公室、报告厅、会议室、医务室	300
	设计室、绘图室	500
	一般阅览室、实验室、教室	300
	资料、档案室	200
商业建筑	一般商场营业厅	300
	一般超市营业厅	300
	字画商店、收款处、高档商店营业厅	500
	门厅、洗手间、热水间、库房、楼梯间	50
图书馆建筑	一般阅览室、少年儿童阅览室、美工室	300
	老年阅览室、善本书和绘画阅览室	500
	图书馆书库	50
医疗建筑	医生值班室，门诊挂号、病案室	200
	手术室	750
	病房	100
	治疗室、重症监护室	300
影院建筑	美工室、排练厅、会议厅、观众厅	200
	转播室、录音室、化妆室	150
	报告厅、接待厅、礼堂	200

(5) 照度、发光强度与亮度的关系。照度、发光强度、亮度三者之间互有影响，它们之间的关系如图 5.2 所示。

对于一个已知发光强度的点光源，可以依照图 5.2(a) 的关系求出它对受照表面所产生的照度，如点 B 的照度为：

$$E = \frac{I_\alpha \cdot \cos\alpha}{r^2} \tag{5.1}$$

式中 E—— 受照表面的照度(lx)；

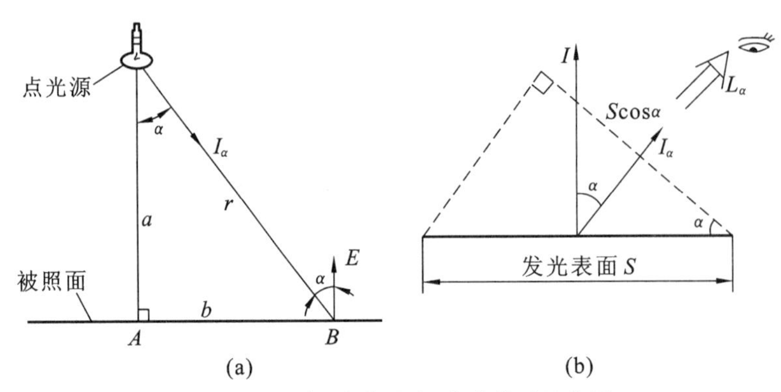

图 5.2　照度、发光强度、亮度关系示意图

(a) 点光源产生的照度；(b) 发光表面沿 α 角方向的亮度

I_α—— 沿 α 角方向的发光强度(cd)；

α—— 光源的入射角；

r—— 点光源到受照表面的距离(m)。

上式表明：点光源所产生的照度和它到受照面的距离的平方成反比，和入射角的余弦成正比。对于图 5.2(b)，当在面积 S 上沿 α 角方向的发光强度相等时，其亮度为：

$$L_\alpha = \frac{I_\alpha}{S \cdot \cos\alpha} \tag{5.2}$$

式中　L_α—— 发光表面沿 α 角方向的亮度(cd/m^2)；

I_α—— 发光表面沿 α 角方向的发光强度(cd)；

$S \cdot \cos\alpha$—— 发光表面的投影面积(m^2)。

5.1.2　照明方式与种类

照明方式是指照明设备按其安装部位构成的基本制式，按用途及特点区分的照明称为照明种类，二者有一定的关联，但毕竟讲的是两个方面。目前虽没有统一规定分类的方法，但只要区分得合理即可得到认可。选择合适的照明方式与种类，对改善照明质量、提高照明效益、节约电能有着十分重要的意义。

1. 按照明器布置划分照明方式(图 5.3)

(1) 一般照明。一般照明是指为照亮整个场所而设置的均匀照明。通常由照明器均匀对称地排列而成，可获得较均匀的水平照度。如会议室、教室、阅览室、办公室等处的照明，均属于此类性质的照明。

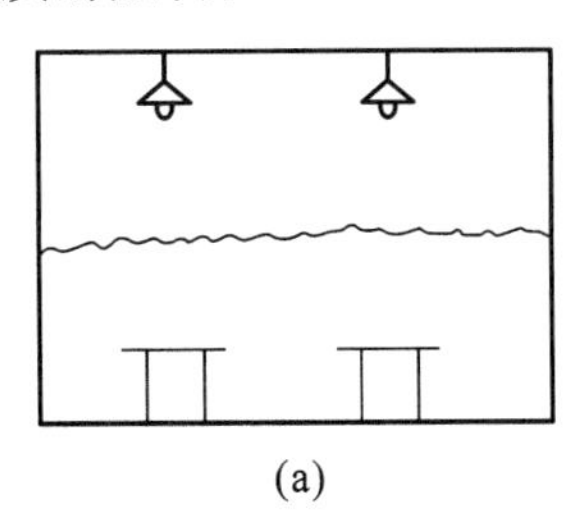

(a)

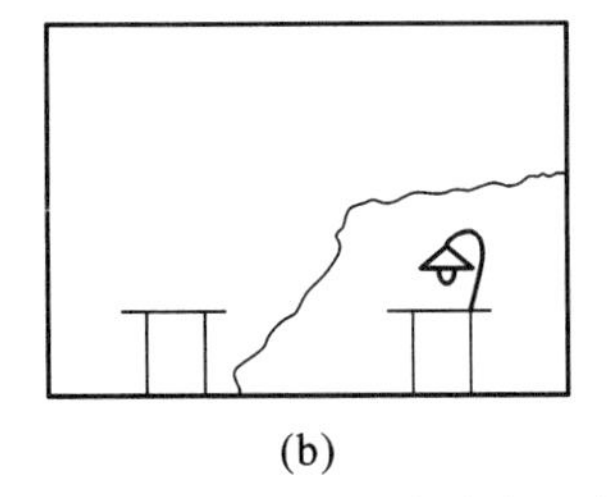

(b)

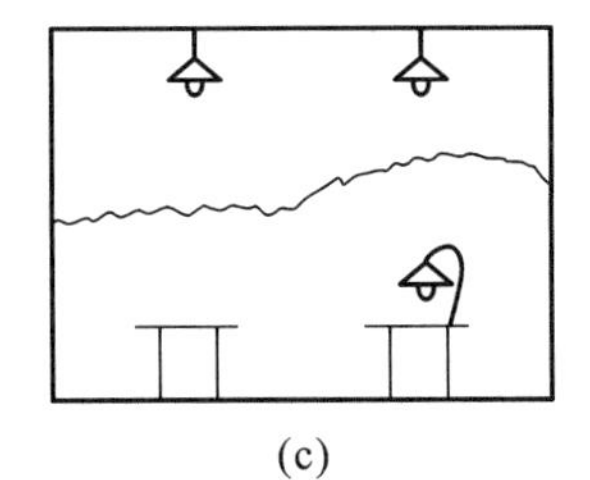

(c)

图 5.3　照明方式及照度分布示意图

(a) 一般照明；(b) 局部照明；(c) 混合照明

（2）局部照明。它是指为确保照亮某个局部可进行特定视觉工作而设置的照明。局部照明对照度和照射方向有一定要求，只照亮某一特定的工作区域，开闭灵活方便，突出要表达的对象。如工作台、橱窗、展示台、舞台等处的照明，均属于此类性质的照明。

（3）混合照明。由一般照明和局部照明两者共同组成的照明。对于工作位置需要有较高照度并对照射方向有特殊要求的场所，如机床、精密器件工作台、办公桌等处的照明，均属于此类性质的照明。混合照明中的照度应当按该等级混合照明照度的5%～10%选取，至少不得低于30 lx。

2. 按照明用途、照明功能特点划分照明种类

（1）正常照明。它是指保证正常状态下使用的室内外照明。可单独也可与其他照明共用，但控制线路应分开。一般生活、学习、工作使用的照明，如居住房间、办公地点、行人走道、庭园场地等处的照明，均属于此类性质的照明。

（2）值班照明。它是指非工作时间内为保证安全，供值班人员使用的照明。如重要生产车间、仓库、大面积场所及传达室、值班室等处的照明，均属于此类性质的照明，可利用正常照明中独立控制的部分或应急照明系统承担。

（3）障碍照明。它是指在高大建筑物或交通要道上作为障碍标志的照明。如水塔、广播电视塔、高大建筑物、水运航道等处装置的照明，均属于此类性质的照明。障碍照明宜采用能透雾的黄灯、警示的红灯或闪光灯等光源，并且要接入应急线路中。

（4）警卫照明。它是指为有警戒任务的建筑物或重要场所而设置的照明。一般是根据警戒范围按要求设置的，为安全起见应采用单独线路进行供电。

（5）装饰照明。它是指为美化装饰某特定空间而设置的照明。如采用投光灯、彩灯、霓虹灯、发光二极管灯，均属于此类性质的照明，装饰照明也可以是正常照明的一部分。

（6）应急照明。"因正常照明的电源失效而启用的照明"定义为应急照明，也称事故照明。按现行规范，如《消防安全标志设置要求》(GB 15630—1995)、《建筑设计防火规范》(GB 50016—2014)对应急照明形式均有规定。应急照明分为疏散照明、安全照明、备用照明三种形式。

① 疏散照明。在正常照明因故障停止工作时，用于确保疏散通道被有效地辨认和使用而设置的照明。如人员密集的大型公共场所安全通道、安全出口、高层的安全疏散楼梯等处的照明，均属于此类性质的照明，应确保其最低照度不低于1 lx。

② 安全照明。在正常照明因故障停止工作时，为确保在工作环境有一定危险因素的车间、工地等处工人安全而设置的照明，对它的要求是照度不能低于原有照度的5%。

③ 备用照明。在正常照明因故障停止工作时，为确保正常的生活和工作能继续进行的照明。但要求其工作面上的照度不能低于原来一般照明时照度的10%，如急救中心、交通枢纽等处的照明均属于此类性质的照明。

应急照明应能常年保证处于良好的应急状态，即当正常的照明电源电压降至额定电压的60%以下时，能立即转换到应急电源上，转换时间由规范决定。应急照明工作的持续时间视具体情况而定，目前分为30 min、60 min、90 min、120 min、180 min五档。

3. 照明方式的选择

电气照明方式的选择，应当考虑工作场地的分类、照度的等级、照明的方式等因素，也可参照表5.2所示项目进行。

表 5.2　工作场地的分类、照度的等级、照明的方式选择

工作场地的分类	照度的等级(lx)	照明方式的选择
特殊工作场合照明	500 ～ 2000	优先采用一般照明与局部照明共用的混合照明方式，也可采用一般照明方式
一般工作场合照明	50 ～ 300	优先采用一般照明方式，也可采用一般照明与局部照明共用的混合照明方式
简单工作场合照明	1 ～ 30	推荐采用一般照明方式

5.1.3　照明质量基本要求

良好的视觉取决于照明质量的高低，它也是衡量照明工程优劣的主要指标。应当依据有关技术标准与工程规范，主要考虑照度、亮度、眩光、阴影、显色性、均匀度及稳定性等因素，以控制照明质量。一般应考虑以下几方面因素：

1. 照度均匀性与稳定性

工作面上照度及照度均匀度都要符合国家标准的有关规定。通常将工作面上的最低照度与平均照度的比值定义为照度均匀度，以此来衡量工作面上照度的均匀程度。在国家标准《建筑照明设计标准》中规定：“公共建筑的工作房间和工业建筑作业区域内的一般照明照度均匀度，不应小于 0.7，而作业面邻近周围的照度均匀度不应小于 0.5。”低于这个标准值时不均匀性十分明显，易导致视觉疲劳。

比较满意的照度均匀度，一般是通过照明器的布置和选择合适的距高比(L/A)来实现的。即照明器布置距高比不得大于所选用照明器允许的最大距高比。

照度稳定性是通过稳定电源电压来实现的，因为电源电压波动会造成光源光通量的变化，变化的结果致使照度不稳定。一般照明供电采用的是 220 V 单相交流电。对于 1.5 kW 及以上的高强度气体放电灯的电源电压宜采用 380 V，并应注意三相负荷平衡。应将动力与照明两种负荷分开供电。对于照明质量要求高的场所，当电压偏移或波动不能保证照明质量或光源寿命时，可采取照明专用变压器或有载调压变压器、调压器等稳压措施。当然，电光源的老化和电光源的不固定也会引起照度不稳定，但电源电压波动是造成照度不稳定的主要因素。

综上所述，照度过小达不到照明要求，照度过大必然浪费电能；照度不均匀和不稳定都会引起视觉疲劳而降低工作效率。因此，照度的基本要求应当是合理、均匀、稳定，工作面上照度与平均照度之差不得超过 ±1/6。

2. 亮度均匀性与阴影

在电气照明中不但要求要看得清楚而且要求视觉要舒服，这种要求体现在亮度均匀性这一指标上。亮度适当且分布均匀合理，能营造出良好的视觉环境效果。亮度均匀性包含两层技术含义：

一方面亮度是否适当，如果亮度过小会造成视觉模糊，亮度过大会刺激眼睛，使视觉的灵敏度下降；另一方面亮度变化是否过大，如果视野范围内亮度变化过大，易使视觉反复地适应这一环境，致使视觉很快就疲劳。

可见，只要这两者中有一方面达不到要求，就有可能影响视觉效果。但亮度过于均匀又容

易造成环境气氛的呆板。因此，可通过合理选择电光源的亮度、选择工作面反射系数、选择灯具、合理布置灯位等方法来解决此类问题。

当照明灯具布置不当，特别是指向性很强的灯具，在远离工作面的地方分散布置或只采取局部照明，都会产生阴影现象，这是很不利的。因此，选择合适的亮度、安排合适的灯具布置，是消除照明阴影的主要措施之一。而有时在具体实践中，我们又要利用阴影来表现建筑物的立体感和实体感，如利用射灯等指向性很强的灯光来表示建筑物外沿，进行装饰美化等。但是，要注意方向性过强的灯光也会使阴影过分显著，那样也会显得气氛呆板和生硬。

3. 眩光的限制与利用

由于视野中亮度分布不合理、亮度对比过大、采用大面积采光面等因素，使视觉环境中超过了合适的亮度比，“对眼睛产生了强烈的刺激作用”，照明中的这种现象被定义为眩光。眩光是一种不良的照明现象，当光环境令人不舒适而形成眩光时称之为“眩光污染”。

眩光的后果可能会使人产生视觉不舒适的不舒适眩光或失去视觉功能的失能眩光。前者称为心理眩光，主要影响人的视觉心理；后者也称为生理眩光，主要影响人的视觉功能。并且，不舒适眩光是比失能眩光更难解决的实际问题。因为在进行光环境设计时，不舒适眩光出现的概率要比失能眩光的大。所以，心理眩光出现的概率要远远大于生理眩光出现的概率。这两种眩光效应有时分别出现也经常同时存在。对室内环境来说，控制不舒适眩光更为重要。只要将不舒适眩光控制在允许限度以内，失能眩光也就自然消除了。

注意：虽然视觉不舒适不会像视觉失能那样，使人当时丧失视觉功能，但若长时间在有不适感觉的照明环境下工作与学习，会引起视觉的疲劳、烦躁，从而使学习效果不好或降低工作效率，严重的甚至会引发事故，造成损失。因此，在工程实际中要限制眩光，而为限制眩光就要了解是什么原因造成了眩光的出现。

按眩光引发原因分类可分为反射眩光、光幕眩光和直射眩光三类。由于眩光类型不同，故其控制措施也不同。一般是通过限制光源亮度、合理布置光源位置、保证灯具悬挂高度与保护角、提高环境亮度以减小亮度对比、增加光源数量等方法，来减小眩光的影响。现就三类眩光产生的原因、危害及如何防止等简述如下：

(1) 直射眩光

它是由视觉方向上特别是在靠近视线方向存在的发光体造成的眩光。例如，有些施工工地夜晚用投光灯照射，由于灯的位置较低，光投射得较平，对迎面推车过来的人就产生眩光，很容易出事故。在建筑环境中常遇到大玻璃窗、发光顶棚等大面积光源，或小窗、小型灯具等小面积光源。当这些光源过亮时就会成为直射眩光的光源。由光源发出的直射眩光对人的眼睛影响较大。对于直射眩光，国家有关规范有相应要求。将直射眩光具体地分为三级，各级要求如下：

① 有特殊要求的高质量照明处定为一级，如手术室、设计室、机房等处的照明，不允许有眩光的感觉。

② 允许有轻微眩光处定为二级，如一般办公室、教室等处的照明，满足一般照明质量的要求即可。

③ 照明质量不高的定为三级，没有特殊的限制要求，如仓库等处的照明。

目前依据现行标准，室内有效控制直射眩光的方法是限制灯具的悬挂高度和照明器的遮光角，其要求见表5.3。

表 5.3　常见灯具最低悬挂高度及遮光角

光源种类	灯具形式	灯具遮光角	光源功率(W)	最低悬挂高度(m)
白炽灯	有反射罩	10° ～ 30°	≤ 100	2.5
			150 ～ 200	3.0
			300 ～ 500	3.5
	乳白玻璃漫射罩	—	≤ 100	2.0
			150 ～ 200	2.5
			300 ～ 500	3.0
荧光灯	无反射罩	—	≤ 40	2.0
			＞ 40	3.0
	有反射罩	—	≤ 40	2.0
			＞ 40	2.0
荧光高压汞灯	有反射罩	10° ～ 30°	＜ 125	3.5
			125 ～ 250	5.0
			≥ 400	6.0
	有反射罩带格栅	＞ 30°	＜ 125	3.0
			125 ～ 250	4.0
			≥ 400	5.0
金属卤化物灯、高压钠灯、混光光源	有反射罩	10° ～ 30°	＜ 150	4.5
			150 ～ 250	5.5
			250 ～ 400	6.5
			＞ 400	7.5
	有反射罩带格栅	＞ 30°	＜ 150	4.0
			150 ～ 250	4.5
			250 ～ 400	5.5
			＞ 400	6.5

(2) 反射眩光

它是由视野范围内光源的定向反射造成的。

反射眩光产生的机理和效果与直射眩光相似。大视野范围内很难避开反射眩光，它的相对危害较大。在室内最有效控制反射眩光的方法是正确安排人与电光源的位置，这样就有可能避免反射光直接射入人的眼睛。

(3) 光幕眩光

它是由视觉对象的镜面反射引起的。

虽然反射面反射亮度不大，但却使被观察目标的对比度降低进而减小了能见度。比如教室黑板上出现的反射现象就属于此类眩光。限制光幕反射的主要方法是要求作业面上的大部分光线来自合适的投射方向，即产生的定向反射不直接投向观察者的眼睛。如在教室黑板的前上方安装专用黑板灯，限制黑板产生的光幕眩光。

多数情况下眩光是必须限制的，但在某些有特殊需要的场合，眩光也会被利用来创造某种必要的气氛，如装饰工程、广告、雕塑等利用眩光来烘托那种装饰美化的效果。

4. 光源具有良好的显色性

光源发出可见光的颜色称为色表，而照明光源对物体色表的影响，即光照射到物体表面所产生颜色的客观效果定义为光源显色性。这是两个不同的技术层面，显色性反映了光源对物体呈现颜色的真实程度。若光源所发射光中所含的各色光比例接近自然，则人所看到的物体颜色就越逼真、自然。具有连续光谱的光源，对物体颜色的显示性能好。如自然光、白炽灯光谱是辐射连续的光源，而有些气体电光源会在某些波段上辐射出很强的线状或带状光谱，所以自然光、白炽灯的显色性要优于气体电光源。

评价光源的显色性指标定义为显色指数，用符号 Ra 表示。显色指数是以颜色真实性为基础，并未考虑人们的主观爱好。显色指数越大表示光照下物体颜色越不会发生改变，光源显色性就越好；反之，显色指数低则光源显色性就不好。如白炽灯显色指数 $Ra = 100$，日光灯显色指数 $Ra = 98$，高压钠灯显色指数 $Ra = 25$。常见部分电光源的显色指数应用实例见表 5.4。

表 5.4　光源的显色指数应用

显色指数 Ra 范围		应用场合
优	$Ra \geqslant 90$	医疗诊断、画廊、印染、美术馆、展览馆等需要色彩判断精确的场合
良	$80 \leqslant Ra < 90$	商场、学校、办公室、费视力的工业生产等需要色彩判断正确的场合
一般	$60 \leqslant Ra < 80$	家庭、餐馆、其他工业生产等需要中等色彩判断程度的场合
较差	$Ra < 60$	对色彩要求低或无具体判断色彩要求的场合

在需要正确辨别颜色的场所要求采用显色指数高的光源。在显色指数低的光源照射下，物体颜色将会出现失真现象。为改善显色性可采用两种或两种以上光源混光的方法，调节室内光色的感觉。但混光效果是有限的，对于识别颜色要求高的场所，混光是不能满足要求的。

反映光源颜色方面还有一个指标是色调，不同颜色的光照在同一物体上时，会产生不同的视觉效果，如赤、橙、黄色给人以温暖的感觉，光学上将它们称为暖色光；绿、青、蓝、紫色给人以冷的感觉，光学上将它们称为冷色光。这种视觉颜色的特性被定义为色调，也称为色相。光源色调能影响人的情绪，进而能影响到人的工作状态和精神状态。通过色调在视觉上的反映，来选择确定光源适宜使用的场所。

但要注意：建筑照明并非都是以反映物体颜色为主要任务，而显色指数高的光源，其光效、亮度、照明质量不一定就高，毕竟建筑电气照明在社会生活中是有不同的目的和针对性的。

5. 消除频闪效应

气体放电电光源的光通量会随交流电的频率产生周期性的变化，在视觉上就产生了闪烁的感觉，这种现象是什么呢？按《建筑照明设计标准》(GB 50034—2013) 的解释："在以一定频率变化的光照射下，观察到物体运动呈现出不同于实际运动的现象。" 这种现象就是频闪效应。频闪效应一般含有两个技术层面的含义：

(1) 频闪，是指光源光通量波动的深度。光通量波动的深度越大，频闪深度也就越大。

(2) 频闪效应，是指频闪在视觉上的负效应。视觉上的负效应越大，频闪效应的危害也就越大。

那么，气体放电电光源的频闪效应有什么危害呢？频闪效应的危害主要有如下三个方面：

(1) 电光源的频闪造成观察者观察物体运动的错觉而引发工伤事故，如某些手工作业、机加工操作等；

(2) 电光源的频闪使人视觉疲劳、眼花造成生产定位困难，致使生产效率低下；

(3) 电光源的频闪影响了视力，伤害了眼睛。

为克服频闪效应，对电压波动较为敏感的电光源，常限制其波动幅度及频率。通常采用将气体电光源分相接入电源的方法。有实验数据表明，当光通量波动深度降低到 25% 以下时，频闪效应可有效避免。

6. 绿色照明

按照现行《建筑照明设计标准》的解释："绿色照明是节约能源、保护环境，有益于提高人们生产、工作、学习效率和生活质量，保护身心健康的照明。"具体就是：通过科学的电气照明设计，采用高效、少污染、性能稳定和在其生产加工过程中排放有害物质少的照明电气产品(如电光源、灯用电器附件、灯具、配件器材及调光控制的控制器件等)，以提高照明质量、工作效率、能源有效利用水平等，达到节能、低费用、减少发电和电器加工过程中排放污染物，充分体现现代文明照明的目的。这就是绿色照明。

结合我国的具体国情，绿色照明可从电光源、照明器具、照明控制设备、照明附件等方面综合考虑，重点是改变人们用电的观念，大力推广高效节能的照明电光源。至少下列三个方面是可行的：

(1) 将高压钠灯、金属卤化物灯为代表的高强度气体放电灯，应用于高大厂房、体育场馆、道路、交通枢纽等户外场地。由于这类场所的范围大，用灯数量多，节电效果明显。

(2) 以直管型 T8 荧光灯代替 T12 型直管荧光灯(即普通荧光灯)，若能推广普及 T5 直管型荧光灯，则节电效果会更为可观。

(3) 以紧凑型荧光灯代替普通荧光灯、白炽灯，进入家庭，作为住宅、餐厅、走廊等一般地点的照明。虽其价格相对高于普通光源，但由于可大量节电，延长了使用寿命，减少更换维护时间，其性价比还是很合适的。

5.2 电光源及控制设备

建筑电气照明设备包括电光源、照明器、灯用电气附件和各类专用照明材料等。其中电光源是建筑电气照明设备的核心部分，只有深刻理解电光源、照明器及附件的结构、基本特性、工作原理、适用场合、安装要求等基本知识，才能在工程实际中正确地选择与安装。

5.2.1 电光源分类及性能指标

工程上将能发出可见光的物体定义为光源，把能将电能转化为光能的发光体定义为电光源。

1. 常用电光源及分类

按发光原理的不同，可把电光源分为三类四代：热辐射电光源、气体放电电光源、固体电光源。前两类是工程上常用的、成熟的，已形成系统的产品；后一类为新型的、带有方向性研究的产品，有些已形成规模、成熟的系列产品，并投入了使用，而有些则尚未实现成熟的工程应用。这些电光源各有其特点和用途，目前几类电光源共存，见表 5.5。

表 5.5 常用电光源

电光源类别	俗称代数	电光源主要代表	
热辐射电光源类	第一代电光源	白炽灯、卤钨灯	
气体放电电光源类	第二代电光源	低压气体发光灯	普通荧光灯
			低压钠灯
	第三代电光源	高压气体发光灯（HID 灯）	高压汞灯、钠灯
			氙灯
			金属卤化物灯
			稀土节能灯
固体电光源类	第四代电光源	发光二极管（LED 灯）	

(1) 热辐射电光源

热辐射电光源包括白炽灯与卤钨灯，此类电光源属于第一代电光源产品，以具有耐高温低挥发特性的钨丝为辐射体，利用电流热效应将灯丝通电加热至白炽状态而辐射发光。因灯丝将电能大部分都转为热能和辐射能，仅有 10% 的电能转换为光能，所以白炽灯的最大缺陷是光效低。我国对电光源的开发研究相对起步较晚，20 世纪 70 年代前普遍采用的是此类电光源。

40 W 以下的小功率白炽灯灯泡采用真空形式。因在高温下钨丝极容易被蒸发变细而断丝，因此大功率白炽灯灯泡玻璃壳内要抽真空并填充氮气或惰性气体氩气，以防止灯丝被氧化，可有效地抑制钨丝的蒸发而延长寿命。白炽灯具有结构简单、价格低、能瞬间点燃和再启动、光谱能量连续分布、显色性好、无频闪现象、灯丝面积小故亮度极高、可在任意位置点燃、便于调光等优点；但也存在着光效低、寿命短的缺点。

电源电压变化对白炽灯灯泡的寿命和光效有很大的影响，当电压升高 5% 时，白炽灯灯泡的寿命将缩短 50%。

白炽灯按构造和工艺的不同可制造成不同类型的灯泡，以适用于不同的场所。如透明玻璃壳的普通型白炽灯，其亮度较强，适用于一般照明；对玻璃壳进行化学处理具有漫射光性能的磨砂型白炽灯和漫射型白炽灯，降低了灯泡亮度，适用于装饰性灯具；具有反射面的反射型白炽灯，使光通量向某定点方向投射，适用于投光灯；适用于移动、易碰撞、潮湿场所或局部照明类型的白炽灯；应用在水下装饰的能承受 25 个大气压的水下白炽灯及车辆、飞机、开关板指示等专用的白炽灯。虽种类繁多，但基本结构和工作原理大同小异。

(2) 气体放电电光源

气体放电电光源是利用气体通电后，以原子辐射的形式产生光辐射而发光的。依光源内气体压力的不同，可分为低压气体放电和高压气体放电两种。按放电气体可分为金属气体灯，如汞灯、钠灯；惰性气体灯，如氙灯、汞氙灯、氖气灯；金属卤化物灯，如钠铊铟灯、镝灯、钪钠灯等。

低压气体电光源属于第二代电光源，其代表者是低压汞蒸气放电灯，即普通荧光灯，仍是目前应用最广泛的电光源。荧光灯通电后镇流器产生的自感电压，使汞蒸气电离产生出的紫外线激发灯管内壁的荧光粉而发光。改变荧光粉的成分可获得不同的可见光谱，即通常所说的日光色、白色、暖白色、三基色四种光色的荧光灯。

直管型荧光灯与白炽灯相比具有发光效率高3倍、寿命长3～5倍、光线柔和、灯光表面温度低、光通量均匀、经济价值比高2倍等优点。但也存在着购置费用与维修费用大、电源电压波动对直管型荧光灯发光效率影响大、配件多安装复杂、低温下不能正常启动、启动时间长、有较明显的频闪显现等缺点。荧光灯的额定寿命指每开一次应点燃3 h以上。若频繁开关会使涂在灯丝上的发光物质很快损耗，缩短了使用时间。荧光灯只适用于无频繁启动的照明场合。

高压气体电光源的发光原理与低压气体电光源基本一样，仍是通电后靠气体原子辐射产生光辐射，如高压汞灯、高压钠灯、金属卤素灯、陶瓷金属卤化物灯等。不同的是此类灯的功率较大，超过3 W/m^2，管内气压高达几个大气压，依赖高压汞蒸气或高压钠蒸气被热激发而产生辐射发光，故被称为高强度气体放电光源，简称HID灯，属于第三代电光源。

金属卤化物灯是在高压汞灯基础上，为改善光色而发展起来的一种高压气体放电光源。其构造与高压汞灯基本相同，只不过是在放电管内充入了汞和惰性气体及不同的金属卤化物，此类光源主要是靠这些金属原子的辐射，来获得更高的光效和显色性，因而被统称为金属卤化物灯。其发光效率比高压汞灯高2倍，最高可达90 lm/W，显色性好，接近自然光，但它们的平均寿命低，最高才达到2000 h，电源电压变化对它们的影响极大。它也属于第三代电光源。

(3) 固体电光源 —— 发光二极管(LED)

发光二极管(LED)是利用半导体同质PN结、异质PN结、金属-半导体(MS)结、金属绝缘体-半导体(MIS)结制成的发光器件。其工作原理以及某些电学特性与一般晶体二极管相同，但是，使用的晶体材料不同。LED包括可见光、不可见光、激光等不同类型，生活中常见的为可见光LED。发光二极管的发光颜色决定于使用材料，目前有黄、绿、红、橙、蓝、紫、青蓝、白、全彩等多种颜色，可以制成长方形、圆形等各种形状。LED具有寿命长、体小量轻、耗电量小(节能)、成本低等优点，且具有工作电压低、发光效率高、发光响应时间极短、工作温度范围宽、光色纯、结构牢固(抗冲击、耐振动)、性能稳定可靠等特性。

LED灯具的应用领域主要有建筑物外观照明、景观照明、标识与指示性照明、室内空间展示照明、娱乐场所及舞台照明、车辆指示灯照明等。

LED是属于21世纪的绿色光源，以其巨大的节能潜力以及良好的照明性能为我们打开了一个全新的技术领域。

LED市场的相关调查显示，采用LED灯管的照明产品在2010—2012年间急速攀升。国内的LED灯应用范围已扩展到交通、景观、室内、装饰和汽车等领域，并且彩色节能灯被大量应用于旅馆、舞台、酒吧和卧室，因此室内LED灯将获得更大市场。此外，还在开发LED路灯、LED台灯、LED矿灯和太阳能LED灯。该产品线现仍然呈现出强劲的增长态势。正因其广阔的市场前景，LED产业近年来在国内迅速升温。

(4) 其他电光源

人类研发了许多新的电光源，使生活丰富多彩，同时也给社会带来了巨大的财富。可以说每一种新光源的出现，都是科学技术的进步，是时代的产物。特别是节能、环保的绿色光源，更是人类研究与开发的方向。

① 高频等离子无极放电灯，简称高频无极灯。此类灯是基于荧光气体放电和高频电磁感

应相结合的一种新型绿色电光源。

因高频无极灯的灯丝无电极，采用的是高频电磁耦合方式工作，不用灯丝预热即可瞬间点燃和低温启动，这样一来就克服了灯丝启动时所受到的冲击。高频无极灯能频繁地启闭，因而不存在电光源寿命的限制条件。从理论上讲，高频无极灯的寿命可达 4 万 ～ 8 万小时，平均寿命在 5 万小时左右；不含液态汞和其他有害气体，安全环保；不怕震动，可在任意地方安装，维护需求少。

高频无极灯工作电压范围宽，可在 180 ～ 250 V 范围内正常启动和稳定工作，光效在 65 lm/W 以上，无频闪现象，显色指数大于 80，功率因数可达 0.95，解决了其他节能灯不能解决的无功损耗问题。高频无极灯的最大特点是高节能。它与普通白炽灯相比节能可达 80% 以上，与金属卤化物灯相比节能可达 60% 以上，与普通节能灯相比节能可达 20% 以上。

此灯可广泛地应用于厂房、机场、车站、隧道、室外照明等处，尤其适用于照明可靠性要求高，需长期照明而维护和更换灯又困难的场合。

② 稀土节能灯。稀土元素是化学元素中一组十分特殊的金属元素的简称，包括元素周期表第三副族的镧系（La）元素及性质与其相似的钪（Sc）、钇（Y）等元素。由于它们原子结构的特殊性，具有多种特殊的能源跃迁和发光性能，可制成多种荧光发光材料。稀土节能灯是一种高效节能、舒适环保的新型绿色电光源。

以稀土元素为主要成分的稀土三基色荧光灯经过混光组合后，可产生暖白色光，比普通白炽灯节电可达 80% 以上，寿命却高出 5 ～ 8 倍。有与日光相似的色温，能使被照物体颜色不失真，比传统直管荧光灯显色性好。更重要的是其生产过程中产生的有害物质少，不污染环境。

稀土荧光灯一般制成外观小巧的紧凑型或细管径的直管型。随着功率增大，节能灯制造技术也越难。目前市场上的主流产品是用于室内照明的小功率节能灯，只有少数发达国家开发出大功率产品。我国也正抓紧研发大功率多规格稀土荧光灯，以扩大其使用范围。稀土金属卤化物灯目前被大量应用于城市广场、体育场馆、高层建筑的美化泛光照明等。

③ 准分子光源（ELS）。在光源辐射机理研究中，近年来利用准分子工作物质制造出了高功率的紫外线光源，同时通过微波放电和介质阻挡等无极放电形式制成的新型光源，其光能转换率最高可达 50% 以上，并无须用汞，没有污染，因而更加具有吸引力。

④ 冷阴极灯。这是一种新型的节能绿色光源，因其发射电子的电极无须加热，而具有超长寿命，可频繁启动，同时具有光效高、节能的特点。广泛应用于计算机液晶显示器、液晶电视、广告照明、城市视景、居室装饰照明上。此灯类型很多，将直径在 1.5 ～ 2 mm 之间的细管发光管制成各种形状的灯，可用于如显示板照明的平板型灯、各类基础照明的螺旋管灯等。

此外，还有石英冷光系列的射灯，如座式软杆石英灯、座式石英灯、轨道及轨道软管石英灯、座式与轨道射灯、吸顶石英射灯等。石英冷光系列灯广泛使用在商场大厅、展示柜台及民宅装修中。

2. 电光源主要技术指标

电光源，顾名思义其性能指标应分为电和光两个方面，这两个方面的性能指标彼此关联，但主要还是光的性能指标，电的指标也注重在对光性能的影响上。

(1) 电光源的额定值。电光源的额定值包括：电光源正常工作时的额定电压 U_N；在额定电压下正常工作时通过的额定电流 I_N；在额定工作状态下所消耗的额定功率 P_N；在额定工作状态下光源发出的额定光通量 Φ_N。这些都是电光源的重要性能指标。

(2) 发光效率，简称光效，符号为 η，单位为 lm/W。电光源在额定状态下每消耗 1 W 的电功率可发出的光通量定义为发光效率。发光效率越高，表示光源就越节约电能。

(3) 寿命(单位:h)。电光源从第一次点燃起至损坏熄灭止，累计点燃小时数为电光源的全寿命；电光源在使用过程中发光效率下降到额定值的 70% 所用时间为电光源的有效寿命；某型号电光源有效寿命的平均值为该类电光源的平均寿命。

(4) 色表与显色性。电光源的色表用色温(单位为 K) 表示；电光源的显色性用显色指数 *Ra* 表示，这是两个不同的概念。色表表示电光源本身发出的表观颜色；显色性表示电光源照到物体上，物体反映它本身真实颜色的程度。如高压汞灯，从远处看灯光白亮，说明色表较好；但站在灯光下看物体时其颜色却发生改变，如人脸呈现青色，说明高压汞灯的显色性不好。几种常见电光源的色表、显色性、色调如表 5.6 所示。

表 5.6　常见电光源的色表、显色性及色调

<table>
<tr><th>电光源种类</th><th>色温(K)</th><th>显色指数 Ra</th><th>电光源色调</th></tr>
<tr><td>白炽灯</td><td>2800 ～ 2900</td><td>97 ～ 100</td><td rowspan="2">偏红色光</td></tr>
<tr><td>卤钨灯</td><td>3000 ～ 3200</td><td>95 ～ 100</td></tr>
<tr><td>日光色荧光灯</td><td>4500 ～ 6500</td><td>80 ～ 94</td><td rowspan="2">与太阳光相似的白光</td></tr>
<tr><td>白色荧光灯</td><td>3000 ～ 5000</td><td>75 ～ 85</td></tr>
<tr><td>暖色荧光灯</td><td>4000 ～ 5000</td><td>80 ～ 90</td><td>接近白炽灯光</td></tr>
<tr><td>高压汞灯</td><td>5500</td><td>30 ～ 45</td><td>浅蓝 - 绿色光</td></tr>
<tr><td>高压钠灯</td><td>2000 ～ 2400</td><td>20 ～ 25</td><td>金黄色光</td></tr>
<tr><td>氙灯</td><td>5500 ～ 6000</td><td>90 ～ 94</td><td>接近日光的白光</td></tr>
<tr><td>钠铊铟灯</td><td>5500</td><td>60 ～ 65</td><td>白色光</td></tr>
<tr><td>镝灯</td><td>5500 ～ 6000</td><td>85</td><td rowspan="2">接近日光的白光</td></tr>
<tr><td>卤化钨灯</td><td>5000</td><td>93</td></tr>
</table>

(5) 启动与再启动时间。电光源通电后达到额定光通量输出所需时间为启动(起燃) 时间，它取决于电光源的种类，热辐射电光源可瞬间点燃，点燃的时间不足 1 s；而气体放电光源点燃的时间则从几秒到几分钟不等。电光源正常工作熄灭后再将其重新点燃所需时间为再启动(再起燃) 时间，它取决于电光源的种类。这两个时间影响着电光源的使用范围，如高压气体灯，熄灭后要求冷却到一定温度后才能正常启动，故此类电光源的再启动时间要比启动时间长。启燃次数对电光源的寿命影响也很大。应急照明一般只选取热辐射的或能瞬间点燃的电光源。

(6) 频闪效应。气体放电电光源的光通量随交流电源的频率会发生变化，具体反映就是做周期性的明暗闪动，定义为电光源的频闪效应。

将上述各主要性能指标列表进行比较，见表5.7。

表5.7 常用电光源主要性能比较与选用

性能项目 \ 技术参数 \ 光源类型与名称		热辐射光源		气体放电光源					固体光源
		白炽灯	卤钨灯	荧光灯	管型氙灯	高压汞灯	高压钠钉	金属卤化物灯	LED
技术指标	额定功率范围(W)	15～1000	500～2000	6～125	1500～10000	50～1000	35～1000	125～3500	3～80
	光效(lm/W)	6.5～19	12～241	65～701	20～50	30～60	90～1401	50～90	70～90
	平均寿命(h)	1000	1500	1500～5000	1000～1500	5000～6000	6000～12000	500～2000	10万
	一般显色指数 Ra	95～99		60～90	90～94	30～40	20～25	65～85	70～75
	启动稳定时间	瞬时		1～3	1～2(s)	4～8(min)			瞬时
	再启动时间(min)			瞬时		5～10	10～20	10～15	
	功率因数 $\cos\varphi$	1		0.33～0.7	0.4～0.9	0.44～0.67	0.44	0.4～0.61	0.8～0.9
	电压波动值 < U_e	<±5%	<±2.5%	<±5%(额定电压 U_e)					<±10%
优缺点	频闪效应	不明显		较明显					无
	表面亮度	大		小	大	较大		大	大
	电压波动对光通量(Φ)的影响			较大			大	较大	小
	环境温度对光通量(Φ)的影响	小		大	小	较小			小
	耐震性能	较差	差	较好	好		较好	好	好
	所需附件	无		镇流器与启辉器	镇流器与触发器	镇流器		镇流器与触发器	相应配件
	适用场所	要求照度不高，需调光及局部照明、事故照明。要求频闪小开关频繁的场所，如层高较低的住宅、书库、办公室、宿舍等处	适于照度要求高、显色性较好无震动的场所，如照相、摄影、礼堂、体育馆等处	适于悬挂高度较低、照度要求高、需正确识别色彩的场所，如设计室、办公室、阅览室、教室、住宅等处	适于大面积场所或短时需强光照明、悬挂高度20 m以上的场所，如广场、露天作业等处	适于照度要求高、无辨色要求的场所，如广场、道路等处	要求照度高、对光色无要求、多烟尘的场所，如道路、露天场地等处	适于照度要求高、光色较好的场所，如体育馆、礼堂等处	家庭装饰、卫生间照明、庭院园林景观照明、广告装饰市政设施照明、交通信号、汽车、商场等处

3. 常用电光源选用

电光源的选用，首先要符合国家现行的相关标准规范的有关规定；其次应满足照明要求，如照度、亮度、显色指数、启动时间等；再考虑使用环境，如振动影响、频闪限制要求、显色性限制等；最后还要考虑照明设备的初始投资与后期运行、维护费用的经济合理性，是综合分析比较的结果。

(1) 室内照明一般选择白炽灯、荧光灯、卤钨灯、金属卤化物灯、节能灯等电光源。但是，若有防止电磁波干扰和频闪效应要求的场所，应慎用气体放电光源，必要时可采用混合照明方式解决。如机加工车间顶棚可采用卤钨灯、金属卤化物灯增大光亮，在机床的床头采用白炽灯进行局部照明。

(2) 对有较高显色性要求的化学分析室、实验室、医学临床诊断室、美术展览馆、字画商店、服装加工厂、印染制版室等处，应选用显色指数 $Ra > 80$ 的光源。若一种光源不能满足光色要求时，可采用几种光源混光的办法解决。

(3) 对于频繁开启的地方，如楼梯声控灯、复印机等应选用热辐射光源。应急照明和不能中断照明的重要场所，不应采用气体光源而应采用瞬间点燃的热辐射光源。

(4) 选择直管型 T8 荧光灯以适用于办公室、教室、商店、图书馆等大部分室内照明及高度在 4.5 m 以下的一般工业生产车间。

5.2.2　照明器

将光源与照明附件组成的设备称为照明器，也称灯具或控照器。现在已由最初的单一实用性转变为实用与装饰美化相结合的产物。现行的《灯具 第一部分：一般要求与试验》(GB 7000.1—2015) 标准为强制性国家标准，按防触电保护条例分为 Ⅰ、Ⅱ、Ⅲ 类。

1. 照明器的基本作用

(1) 固定并保护电光源；

(2) 对光线进行重新分配，以提高电光源光通量的利用率；

(3) 减轻电光源的亮度刺激，减少眩光，保护视力；

(4) 美化装饰环境。

2. 照明器的性能指标

(1) 照明器的配光特性曲线。配光是指照明器在空间各方向上的光强分布，即电光源发出的光强在灯具作用下的重新分配。这是合理选择、布置照明灯具，进行照明设计的重要依据。这种分布状态可用多种方法来表示，最常见的是采用曲线形式，称之为配光特性曲线。

常见的配光特性曲线有：光强在各方向上大致相等的均匀配光型，如玻璃圆球灯；光线可在较大面积上形成均匀照度的广照配光型，如广场照明；光强集中在狭小立体角的深照配光型，如镜面深照型灯等。

配光是选择和布置灯具、进行照明设计和照度设计的重要依据。具体可查阅相关技术手册。

(2) 照明器效率。用 η 表示，简称输出比。照明器效率是指灯具发出光通量与光源的光通量之比，它表示照明器对光通量的利用率。因灯罩可吸收部分光而引起光通量的损失，因此照明器效率的大小与灯罩的材质、形状、灯数、灯的排列均有关，这是选择照明器的经济指标之一。我国目前现有照明器效率一般为 0.6 ～ 0.8，必要时可查相关技术手册确定。

(3) 照明器的保护角 α。照明器的保护角特指照明器为保护人眼不受直射眩光作用而设计的角，它为光源下端到照明器下边缘连线与水平线的夹角，其作用是限制眩光，因此 α 又被称为遮光角。从理论上讲，此角越大对眩光限制得越好，但保护角过大则电光源的光通量会被照明器吸收掉相当的一部分，造成输出光通量的减少。所以应当辩证地看待照明器保护角，照明器保护角也是有一个限制范围值的，如格栅照明器保护角为 $25° < \alpha < 45°$，若 $\alpha > 45°$ 则灯具 η 下降。一般照明器保护角为 $15° < \alpha < 30°$，如图 5.4 所示。

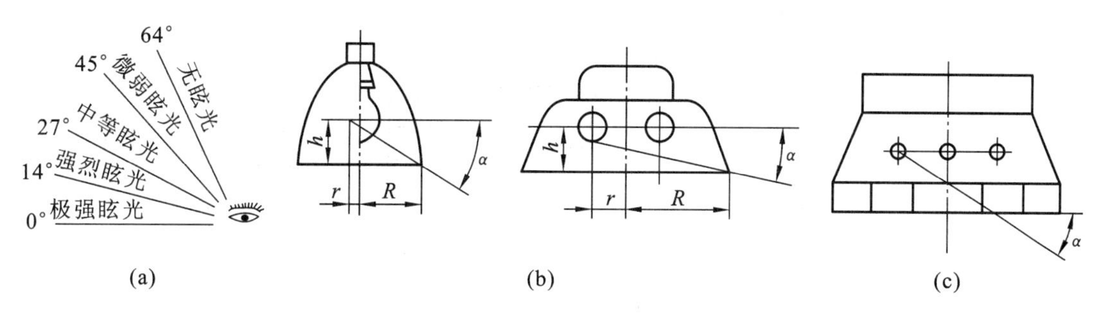

图 5.4 眩光与保护角示意图

(a) 眩光与视角的关系；(b) 灯罩的保护角；(c) 格栅的保护角

3. 照明器的分类

(1) 按 CIE 推荐的室内照明器分类方法，是按光通量分布和特点区分，见表 5.8。

表 5.8 照明器按光通量在上、下半球空间比例分类

类型		直接型	半直接型	漫射型	半间接型	间接型
光通量分布特性(占照明器总光通量)	上半球	0～10%	10%～40%	40%～60%	60%～90%	90%～100%
	下半球	100%～90%	90%～60%	60%～40%	40%～10%	10%～0
特点		光线集中，工作面上可获得充分照度	光线能集中在工作面上，空间也能得到适当照度。比直接型眩光小	空间各个方向光强基本一致，可达到无眩光	增加了反射光的作用，使光线比较均匀、柔和	扩散性好，光线柔和、均匀。避免了眩光，但光的利用率低
示意图						

① 直接型照明器。它是由反射性良好的非透明材料制成，效率很高，但由于几乎没有向上发射的光通量，致使顶棚很暗，造成室内顶棚有很强的眩光和阴影。如搪瓷制的工厂灯、抛光铝做的深照型号灯等均属于此类。

② 半直接型照明器。采用半透明材料制成灯罩，并且在灯罩上方开小缝，使少量光通量能够向上发射，这可改善室内亮度的对比，如乳白色玻璃灯罩、碗罩均属于此类。

③ 漫射型照明器。采用漫透射材料制成封闭灯罩，光线柔和，造型美观，但光损失较多，光利用率较低，乳白玻璃球灯罩为典型的漫射型照明器。

④ 半间接型照明器。增加了室内散射量的照明效果，光线更柔和，但光损失大，效率低。

⑤ 间接型照明器。能够减少眩光、阴影，但光损失很大，不经济，可用于美术馆、剧场等处。

(2) 按照明器安装方式分类,如图 5.5 所示。

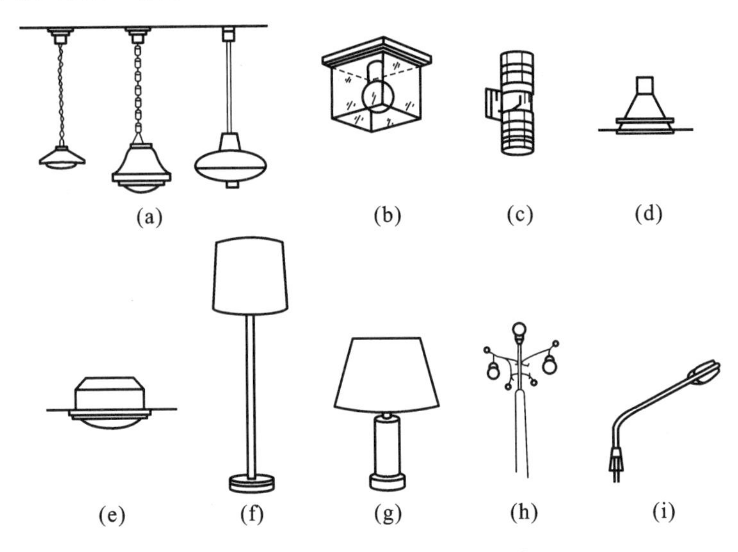

图 5.5　照明器按安装方式分类

(a) 悬吊式(吊线、吊链、吊杆);(b) 吸顶式;(c) 壁式;(d) 嵌入式;(e) 半嵌入式;
(f) 落地式;(g) 台式;(h) 庭院式;(i) 道路、广场式

① 悬吊式。也称悬挂式,其目的是使照明器离工作面近些,提高经济性。主要用于建筑内的一般照明。

② 吸顶式。适用于顶棚较光洁且房间不太高的建筑物内,虽然房间有明亮感但易产生眩光,效率不高。

③ 壁式。也称为附墙式,只能作为辅助照明,因安装高度低,易产生眩光,通常采用小功率灯源,多用白炽灯泡。

④ 嵌入式。适用于低矮房间,但效率不高。

(3) 按照明器结构分类,如图 5.6 所示。

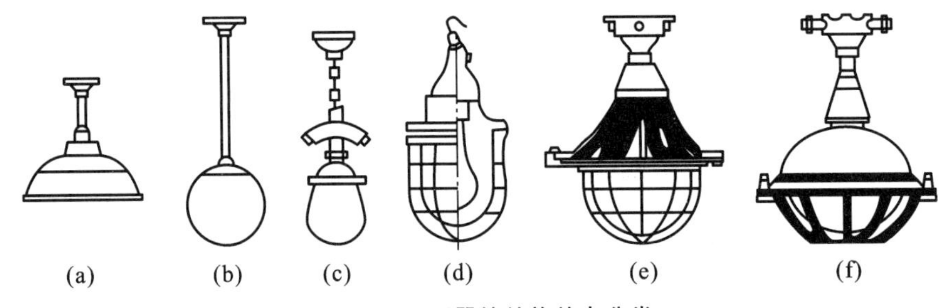

图 5.6　照明器按结构特点分类

(a) 开启型;(b) 闭合型;(c) 密闭型;(d) 防爆型;(e) 隔爆型;(f) 安全型

① 开启型照明器中光源裸露在外,效率很高。

② 闭合型照明器将光源包围起来,灯罩内外空气能自由流通,但尘埃易进入灯罩内。

③ 密闭型照明器将灯罩固定处加以密封,与外界隔离空气不可流通,可分为防潮、防水型。如在有腐蚀性气体的环境中,应选择用耐腐蚀材料制成的密闭型照明器;在潮湿的环境中应选择用防潮型密闭型照明器;在多尘环境中应选择防尘型密闭型照明器;在水下环境中应选

择用防水型密闭型照明器。

④ 防爆型照明器的主要功能是使周围环境中爆炸性气体进不了照明器内，避免照明器正常工作时产生火花而引起爆炸。

⑤ 隔爆型照明器结构坚实，爆炸也不易破碎。

4. 照明装置

为配合建筑艺术的需要，工程上常将照明设备装置化，形成具有一定照明功能和装饰功能的一体化装置。

(1) 建筑化照明装置。它是将灯与建筑物构件合为一体的建筑化照明装置，分为透光和反光两类。前者有发光顶棚、光带、光梁，后者有光檐、光龛及暗槽照明等，如图5.7所示。

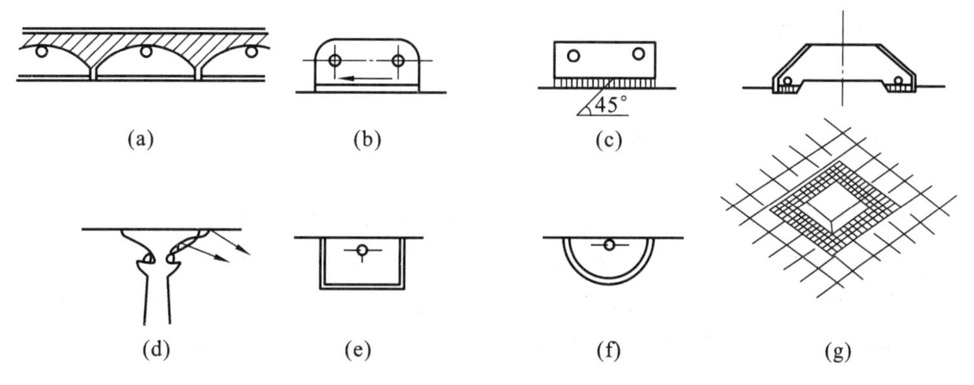

图5.7 建筑化照明装置示意图

(a) 单元式发光顶棚；(b) 拱形光带；(c) 格片式光带；(d) 光柱；(e) 单灯光梁；(f) 圆弧光梁；(g) 藻井式光槽

(2) 装饰化照明装置。它是将灯与建筑装修材料共同使用，可获得较好装饰作用的装饰化照明装置。将光源镶嵌在装修材料表面，能获得一定的艺术效果，如图5.8所示。

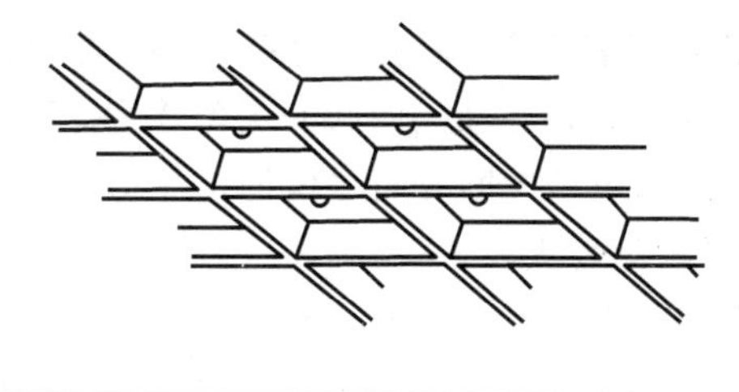

图5.8 装饰化格栅式反光天棚示意图

采用这些装置有共同特点：发光体不再是分散点光源，可提高照度；光线扩散好可使照度、亮度均匀；消除直接眩光；美化环境等。

5. 照明器的选择

照明器的选择是否合理，将直接影响到照明质量的好坏，影响到正常的使用。一般来讲：

(1) 正常环境中，宜选用开启式照明器。

(2) 在潮湿的房间，宜选用防水灯头的照明器，特别潮湿的房间宜选用防水防尘密闭式照明器。

(3) 在有腐蚀性气体和爆炸性气体的场所，宜选用耐腐蚀的、防爆型安全照明器，但此类照明器价格昂贵，照明效果差，若非必要尽量不要采用。

5.2.3 照明控制器

对照明器进行控制，包括直接控制照明器工作的灯具开关及控制保护线路的其他电器，以对照明线路具有过载和短路保护的功能。

1. 灯开关

没有开关，电光源就无法启动或无法关闭而成为常明灯，既浪费电能又缩短了灯的寿命。常用灯开关有拉线开关和跷板开关及后来开发的调光开关、触摸延时开关、声控延时开关等多种。从安装方式上分为明装开关和暗装开关等；从功能上分为普通型开关、延时节能型开关、保护型(防水、防尘、防爆) 开关、指示型(带通电指示灯) 开关等；从控制方式上分为单控开关与双控开关等。

(1) 拉线开关。拉线开关是民宅、办公室、教室及公共场所常用的开关之一，开关容量一般为 220 V/3 A、220 V/5 A，在 20 世纪极为流行，目前也常有采用的。如防水拉线开关采用了瓷质外壳，有一定防水、防雨、防水蒸气的功能，多用于户外有雨水或地下室、浴池等潮湿气较大的地方。

(2) 跷板开关。跷板开关也称平板开关、翘板开关等。安装方式可分为明装、暗装、盘面式、墙壁式；按面板上开关数量分单联、双联、三联、四联开关等多种。开关面板上还有一种带有氖泡指示灯的，指示灯并接于开关上，当开关断开时受电源电压影响氖泡发出辉光而指示开关位置，开关闭合后氖泡不受电压影响而熄灭。

目前，在建筑行业上流行的开关是面板尺寸 86 mm×86 mm×12.5 mm，安装孔距 60.3 mm，容量为 220 V/3 A(6 A、10 A、15 A) 等矩形键或圆形键墙壁开关，称为 86 系列开关。

(3) 多功能开关。系在 86 系列开关基础上开发了一些其他新的功能。

① 调光开关与调速开关。虽各厂家产品有所差异，但原理是一样的，旋钮的实质是旋动电位器，通过阻值大小的变化来控制电路，使热辐射光源的灯光发生明亮变化或风扇转速发生变化。但调光开关不能用在气体电光源上。

② 适用于楼梯、走道、门厅的节能开关。目前有触摸延时开关与声控延时开关，一般延时 1 ～3 min。触摸开关的面板中央有一按钮(有金属的也有塑料的)，按钮里面是电子开关感应板，当有人触摸后电子开关导通，灯被瞬间点燃；延时结束后灯自行熄灭，同时面板上方有红色氖泡指示夜间寻找开关。声控开关加有光控功能，白天在光控作用下，声控开关对声音无反应，夜间光控线路处于关断状态，声控开关投入运行，如图 5.9 所示。此类节能开关适用于瞬间点燃的电光源，因此不能用在气体光源上。

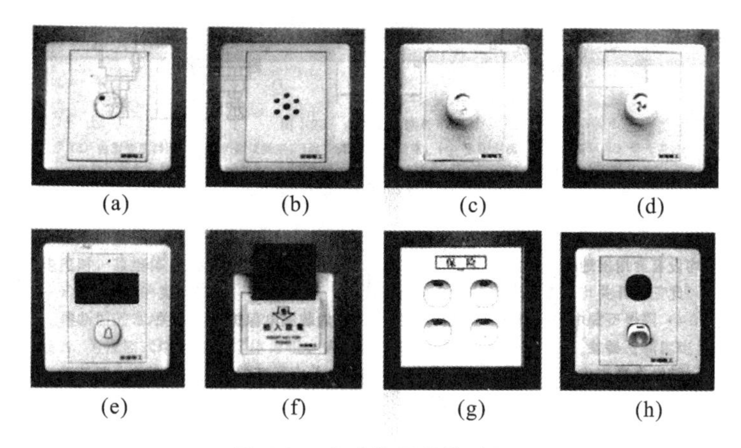

图5.9　多功能开关外形图

(a) 带指示灯轻触式开关；(b) 声控延时开关；(c) 单联调光开关；(d) 单联风扇调速开关；(e) 带"请勿打扰"指示灯的门铃开关；(f) 带指示灯可延时节能开关；(g) 带保险四位联开关；(h) 单联单挂带指示灯开关

2. 插座

随着社会进步和生活水平的提高，无论是民宅还是办公室，插座使用得越来越多，插座的功能也越来越多，有单相双孔的、单相带接地的、带指示灯的、带开关的插座及多功能插座等，如图5.10所示。

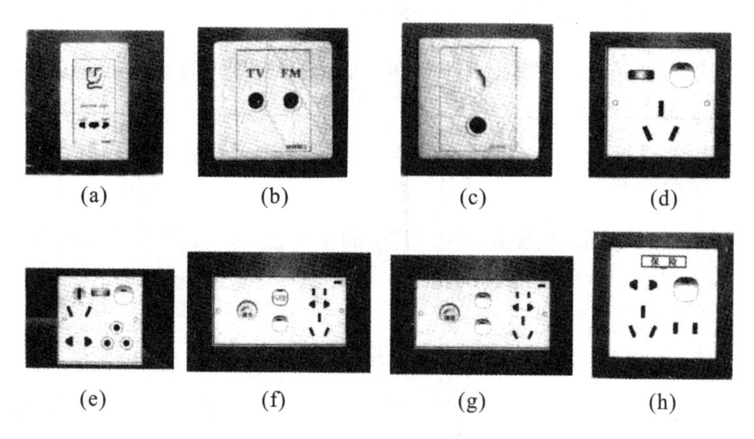

图5.10　多功能插座外形图

(a) 内附变压器及过流保护刮须插座；(b) 电视及调频插座；(c) 单联电视、电话插座；(d) 带开关、指示灯扁三极插座；(e) 带开关、指示灯圆二、三极，扁三极插座；(f) 带开关、保险、调光插座；(g) 带开关、调整插座；(h) 带开关、保险插座

对于插座的选择及数量，规范上也有一定的规定：每一支路上插座数量不得超过20个；单人卧室一般安装单相两孔、三孔组合插座2个；单相三孔220 V/16 A插座一个为空调预备；起居室用电设备多可设单相两孔、三孔插座3个，单相空调插座一个；厨房要考虑为排油烟机安排一个插座；洗手间为洗衣机、电热水器预备带罩的防水型插座等。对于单独设置的插座回路，一定要安排漏电开关以保证安全。

3. 保护器

照明线路本质上就是低压电力线路，特别是民宅和一般办公建筑物，往往是将照明与小容量动力线合二为一。照明线路的主要危害是由过电流造成的，过电流会使线路绝缘并迅速地老化，缩短使用期限，甚至会引起火灾。引起过电流的主要原因有两条：一为线路绝缘受破坏造成的短路；二为盲目增加照明负荷引起的过负荷。因此，照明线路通常采取熔断器、自动空气开关、漏电保护器进行保护。这些知识已在单元 2 研究过了，此处不再讨论。

5.3　照明器安装

照明器的合理布置就是确定出灯具在室内的空间位置，包括高度布置、水平面布置。如教室内照明器的布置，如图 5.11 所示。

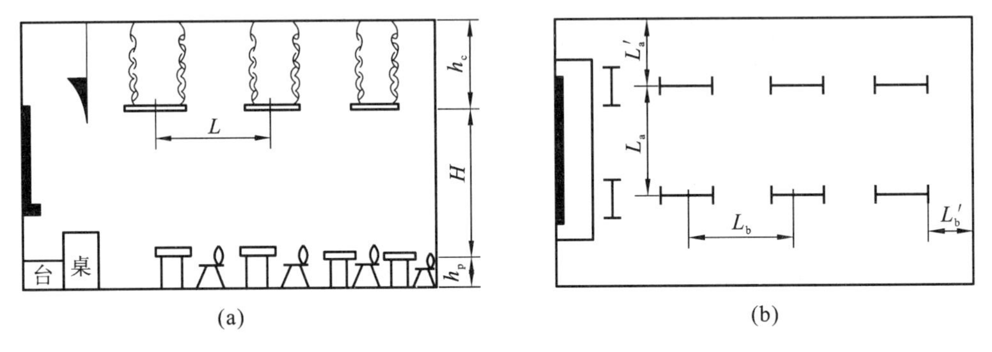

图 5.11　教室灯具布置图

(a) 灯具布置立面示意图；(b) 灯具布置平面示意图

照度计算是在照明器布置的基础上进行的，而计算结果又为调整照明器布置提供了依据，二者是辩证统一的关系。

5.3.1　照明器的布置

照明器的布置应能满足最低照明要求、工作面上照度均匀、亮度分布合理、限制眩光、安装容量最小、节能、降低费用、检修安全方便、布置美观整齐、与建筑协调等要求。

1. 照明器高度布置

如图 5.12 所示，图中 h 为室内高度，h_s 为灯具悬挂高度，h_c 为灯具垂吊高度，h_p 为工作面高度，H 为计算高度(无工作面时到地面)，L 为灯间距离(计算时取为等效灯间距)。

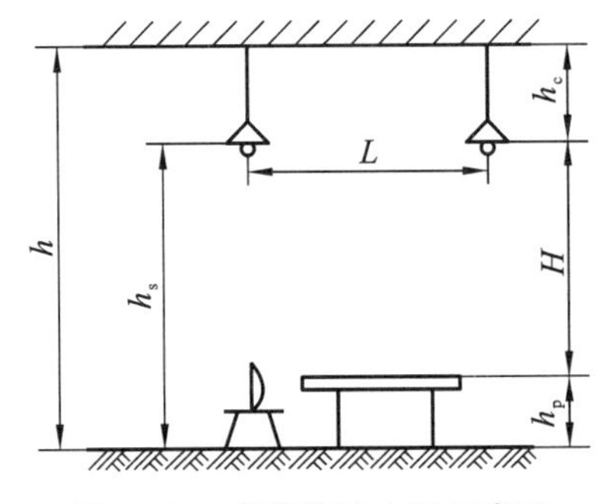

图 5.12　灯具高度布置示意图

灯具悬挂高度应从室内高度、工作面高度、灯具垂吊高度多方面综合考虑，特别是应从防止眩光、防止碰撞角度来考虑，相关规范对最低悬挂高度做了规定。当室内环境限制不能满足时，至少不得低于 2 m。

灯具垂吊高度的确定与所选灯具有关，如为使顶棚照度能够均匀反射而选用漫射灯时，为 0.25 m，半直接灯具则为 0.2 m。一般取 0.3～1.5 m，通常为 0.7 m。灯具垂吊高度过大浪费材料、易使灯具摆动、影响照明质量；过小则使工作面上达不到照度要求。

2. 照明器水平面布置

主要分为均匀布置、选择性布置两种方式。

均匀布置：不考虑室内设施位置，将灯具有规律地均匀布置，能使工作场所获得一致的照度。一般用于办公、阅览场所，如图 5.13 所示。

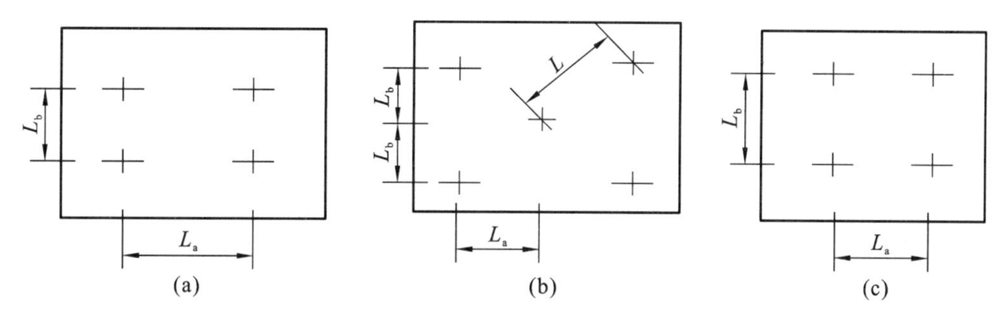

图 5.13　灯具均匀布置示意图

(a) 矩形；(b) 菱形；(c) 正方形

平面布置时，还要考虑灯与墙间距，通常采用经验公式确定。

$$\left.\begin{array}{ll}\text{当靠近墙有工作面时} & L' = (0.25 \sim 0.3)L \\ \text{当靠近墙无工作面或为通道时} & L' = (0.4 \sim 0.5)L\end{array}\right\} \quad (5.3)$$

选择性布置：依室内设备设施的位置选择布灯位置的方式，该方式能选择最有利的光照方向和最大限度地避免工作面上产生阴影。因为均匀布置时很可能恰好将灯布置在生产设备或操作台以外的地点，故车间、实验室常采用选择性布置。

无论何种方式，灯具布置是否合理主要取决于灯间距与灯计算高度之比，即 L/H。若 L/H 小，则灯密度大，照度均匀，但经济性差；若 L/H 大，则灯具少，灯具下方照度明显提高，但室内均匀性不好。各种灯具都有最大允许 L/H（非对称配光，如荧光灯有两个方向 L/H），可查有关手册取值，如表 5.9 所示。

表 5.9　常用灯具 L/H 与最低照度数值

灯具名称		灯具型号	光源种类及容量(W)	最大 L/H		最低照度数值(lx)
				A—A	B—B	
工矿厂房照明	配照型灯具	GC1A/B-1	B150	1.25		1.33
			G125	1.41		1.29
	广照型灯具	GC3A/B-2	G125	0.98		1.32
			B200	1.02		1.33
	深照型灯具	GC5A/B-3	B300	1.40		1.29
			G250	1.45		1.32

续表 5.9

灯具名称		灯具型号	光源种类及容量(W)	最大 L/H		最低照度数值(lx)
				A—A	B—B	
荧光灯	筒式灯具	YG1-1	1×40	1.62	1.22	1.29
		YG2-1		1.46	1.28	1.28
		YG2-2	1×20	1.33	1.28	1.29
	密闭式灯具	YG4-1 YG4-2	1×40	1.52	1.27	1.28
			2×40	1.41	1.26	1.27
	吸顶式灯具	YG6-2	2×40	1.48	1.22	1.29
		YG6-3	3×40	1.5	1.26	1.30
	嵌入式灯具	YG15-2	2×40	1.25	1.20	
		YG15-3	3×40	1.07	1.05	1.30

5.3.2　照明计算

照明计算包括照度、亮度及眩光等功能的效果计算和照明负荷计算两部分内容。照明负荷计算与前述负荷计算方法基本相同，仅 K_x 不同而已，这些知识已在单元 4 研究过了，此处不再学习讨论。亮度与眩光计算既复杂且在很大程度上取决于照度，故工程上只进行照度计算。照度计算有两个任务：一是依所需照度及其他条件，确定光源容量与数量及灯具布置；二是依光源情况及其他条件验算照度是否符合规范。

照度的计算有逐点计算法、利用系数法、平均照度计算法三种方法，它们各有特点和适用范围，但均有误差，其允许值应在 －10％ ～＋20％ 之内。我们重点学习单位容量法。

1. 逐点计算法

此方法只考虑光源直射光产生的照度，特点是计算方法繁杂但准确度高，可计算出任何指定点的照度。适用于重要场所的局部照明、特殊倾斜面照明等需要准确计算照度的场合，但不适于周围反射性能高的场所，常用在照度验算上。

2. 利用系数法

此方法需确定各种系数，包括室内空间系数、地面空间系数、顶棚空间系数、灯具利用系数、各种反射系数等，需要大量的图表多次利用反射理论进行计算，较为复杂。常用在一般照明计算中。

3. 平均照度计算法(光通量计算法)

此方法考虑直射和反射两部分的照度，结果为工作水平面上的平均照度，适于均匀布置的一般照明计算，单位容量法(也称为比功率) 就是此类方法中的一种简化方法，它将灯具、高度、照度及面积等因素与反射、光效等各种系数综合考虑后，列出单位面积安装功率表，依此表进行近似计算。适于一般计算，特别是初步设计或估算更为适宜，如表 5.10、表 5.11 所示。

表 5.10　荧光灯单位面积安装功率(W/m²)

灯型	计算高度(m)	房间面积(m²)	荧光灯照度(lx)					
			30	50	75	100	150	200
带反射罩荧光灯(铁皮罩)	2～3	10～15	3.2	5.2	7.8	10.4	15.6	21
		15～25	2.7	4.5	6.7	8.9	13.4	18
		25～50	2.4	3.9	5.8	7.7	11.6	15.4
		50～150	2.1	3.4	5.1	6.8	10.2	13.6
		150～300	1.9	3.2	4.7	6.3	9.4	12.5
		300以上	1.8	3.0	4.5	5.9	8.9	11.8
	3～4	10～15	4.5	7.5	11.3	15	23	30
		15～20	3.8	6.2	9.3	12.4	19	25
		20～30	3.2	5.3	8.0	10.6	15.9	21.2
		30～50	2.7	4.5	6.8	9	13.6	18.1
		50～120	2.4	3.9	5.8	7.7	11.6	15.4
		120～300	2.1	3.4	5.1	6.8	10.2	13.5
		300以上	1.9	3.2	4.8	6.3	9.5	12.6
不带反射罩荧光灯(木底座)	2～3	10～15	3.9	6.5	9.8	13.0	19.5	26.0
		15～25	3.4	5.6	8.4	11.1	16.7	22.2
		25～50	3.0	4.9	7.3	9.7	14.6	19.4
		50～150	2.6	4.2	6.3	8.4	12.6	16.8
		150～300	2.3	3.7	5.6	7.4	11.1	14.8
		300以上	2.0	3.4	5.1	6.7	10.1	13.4
	3～4	10～15	5.9	9.8	14.7	19.6	29.4	39.2
		15～20	4.7	7.8	11.7	15.6	23.4	31.0
		20～30	4.0	6.7	10.0	13.3	20.0	26.6
		30～50	3.4	5.7	8.5	11.3	17.0	22.6
		50～120	3.0	4.9	7.3	9.7	14.6	19.4
		120～300	2.6	4.2	6.3	8.4	12.6	16.8
		300以上	2.3	3.8	5.7	7.5	11.2	14.0

表 5.11　白炽灯单位面积安装功率(W/m^2)

灯型	计算高度(m)	房间面积(m^2)	白炽灯照度(lx)					
			10	15	20	25	30	40
乳白玻璃罩的球形灯和顶棚灯	2～3	10～15	6.3	8.4	11.2	13.0	15.4	20.5
		15～25	5.3	7.4	9.8	11.2	13.3	17.7
		25～50	4.4	6.0	8.3	9.6	11.2	14.9
		50～150	3.6	5.0	6.7	7.7	9.1	12.1
		150～300	3.0	4.1	5.6	6.5	7.7	10.2
		300以上	2.6	3.6	4.9	5.7	7.0	9.3
	3～4	10～15	7.2	9.9	12.6	14.6	18.2	24.2
		15～20	6.1	8.5	10.5	12.2	15.4	20.6
		20～30	5.2	7.2	9.5	11.0	23.3	17.8
		30～50	4.4	6.1	8.1	9.4	11.2	15.0
		50～120	3.6	5.0	6.7	7.7	9.1	12.1
		120～300	2.9	4.0	5.6	6.5	7.6	10.1
		300以上	2.4	3.2	4.6	5.3	6.3	8.4

灯型	计算高度(m)	房间面积(m^2)	白炽灯照度(lx)				
			5	10	15	20	40
伞型灯(搪瓷罩及玻璃罩)	2～3	10～15	2.6	4.6	6.4	7.7	13.5
		15～25	2.2	3.8	6.5	6.7	11.2
		25～50	1.8	3.2	4.6	5.8	9.5
		50～150	1.5	2.7	4.9	4.8	8.2
		150～300	1.4	2.1	3.4	4.2	7.0
		300以上	1.3	2.2	3.2	4.0	6.5
	3～4	10～15	2.8	5.1	6.9	8.6	15.0
		15～20	2.5	4.5	6.1	7.7	13.1
		20～30	2.2	3.8	5.3	6.7	11.2
		30～50	1.8	3.4	4.6	6.7	9.4
		50～120	1.5	2.8	3.9	4.8	7.8
		120～300	1.3	2.3	3.3	4.1	6.5
		300以上	1.2	2.1	2.9	3.6	5.8

4. 单位容量法计算步骤

(1) 依照明场所用途不同,确定照度并选择光源及灯具。

(2) 依房间面积、灯的高度,确定单位容量 P_0(也称为比功率,可查阅有关手册)。

(3) 确定房间总安装容量

$$P_{\sum} = P_0 S \tag{5.4}$$

(4) 确定布灯方案及灯数目

$$N = P_{\sum} / P_T \tag{5.5}$$

式中　$P_{\sum}$——房间总安装容量(W);

P_0—— 单位面积安装容量(W/m²),查表确定;

P_T—— 一套灯具安装容量(W);

N—— 规定照度下所需灯具数量(套);

S—— 房间建筑面积(m²)。

【例 5.1】 某阅览室尺寸为 12 m×5 m×3.5 m,试进行照明计算。

【解】 因为建筑物为一般阅览室,照度 E 取 150 lx,电光源选择 YG2-1 型荧光灯,$P_T = 40$ W。

又因为阅览室面积:$S = 12 \times 5 = 60$ (m²),一般书桌高取 0.8 m,灯垂吊高度 h_c 一般取 0.7 m。

所以灯悬挂高度:$h_s = 3.5 - 0.7 = 2.8$ (m),查表 5.3,满足悬挂高度要求。

灯计算高度:$H = 3.5 - 0.7 - 0.8 = 2$ (m),据此查表 5.10,P_0 取 10.2 W/m²。

总装容量:$P_{\sum} = P_0 S = 10.2 \times 60 = 612$ (W)。

$N = P_{\sum} / P_T = \frac{612}{40} = 15.3$(套)$\approx 15$(套)。

灯具数量:

查表 5.9,$(L/H)_{A-A} = 1.46$,$(L/H)_{B-B} = 1.28$,则灯间中心距

$$L_a \leqslant (L/H)_{A-A} \cdot H = 1.46 \times 2 = 2.92 \text{ (m)}$$

$$L_b \leqslant (L/H)_{B-B} \cdot H = 1.28 \times 2 = 2.56 \text{ (m)}$$

因靠墙无工作面,则与墙距离

$$\begin{cases} L'_a = 0.4L_a = 0.4 \times 2.92 = 1.17 \text{ (m)} \\ L'_b = 0.4L_b = 0.4 \times 2.56 = 1.02 \text{ (m)} \end{cases}$$

若一定要按计算值布置照明器,则在室内现有尺寸下仅能安装 9 盏灯,达不到照度要求,可见照明计算是要综合考虑多种因素的。

据此,应调整灯间距和靠墙距离,可布置 3 行 5 列 15 盏 YG2-1 型灯,如图 5.14 所示。

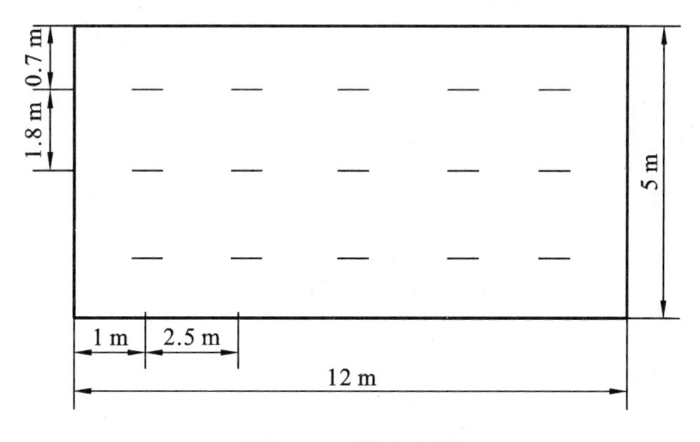

图 5.14 例 5.1 图

5.3.3 照明器及其他装置的安装

照明器安装应符合国家现行技术标准,满足工程需要。主要包括常用照明器、照明配电箱、开关盒、插座盒等装置。

1. 照明器安装的基本要求

(1) 安装的灯具应配件齐全,无机械损伤和变形,油漆无脱落,灯罩无损坏。

(2) 螺口灯头接线必须将相线接在中心端子上,零线接在螺纹的端子上;灯头外壳不能有破损和漏电。

(3) 灯具安装高度:按施工图纸设计要求施工,若图纸无要求时,室内一般在 2.5 m 左右;室外在 3 m 左右。

(4) 地下建筑内的照明装置,应有防潮措施。

(5) 嵌入顶棚内的装饰灯具应固定在专设的框架上,电源线不应贴近灯具外壳,灯线应留有余量,固定灯罩的框架边缘应紧贴在顶棚上,嵌入式日光灯管组合的开启式灯具、灯管应排列整齐,金属间隔片不应有弯曲、扭斜等缺陷。

(6) 配电盘及母线的正上方不得安装灯具。事故照明灯具应有特殊标志。

2. 吊顶的安装

(1) 吊顶安装时依安装场所可分为在混凝土顶棚和吊顶上安装。

(2) 采用吊灯时要按照国家标准对灯具进行固定:吊灯质量在 0.5 kg 及以下时,采用软电线自身吊装;大于 0.5 kg 的灯具采用吊链吊装;灯具质量大于 3 kg 时,固定在螺栓或预埋吊钩上;灯具固定牢固可靠,不使用木楔。每个灯具固定用螺钉或螺栓不少于 2 个;花灯吊钩圆钢直径不小于灯具挂销直径,且不应小于 6 mm。大型花灯的固定及悬吊装置,应按灯具质量的 2 倍做过载试验。玻璃罩应有防破安全措施。固定方法如图 5.15 所示。

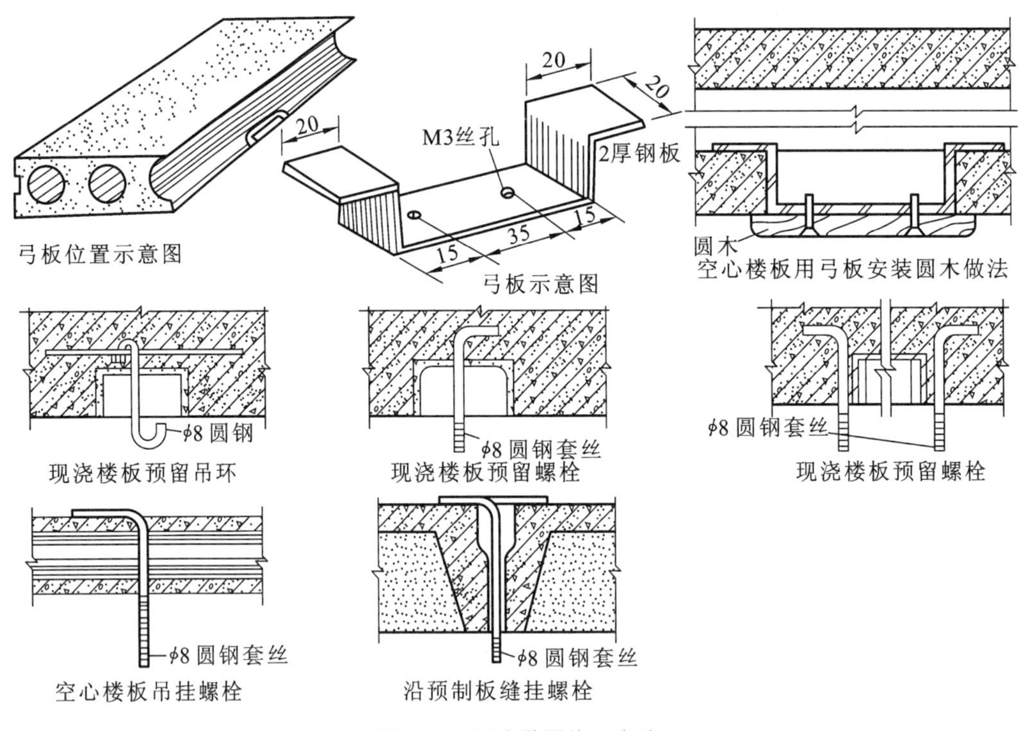

图 5.15　固定装置施工方法

3. 吸顶灯的安装

吸顶灯按安装形式的不同可分为明装式和嵌入式两种。常见的有白炽吸顶灯、荧光吸顶灯及组合式吸顶灯等。

（1）白炽吸顶灯的安装

① 较小的吸顶灯一般常用绝缘台组合安装，可直接在现场先安装绝缘台，再根据灯具的结构将其与绝缘台安装为一体。较大的方形或长方形吸顶灯，要先进行组装，然后再到现场安装，也可在现场边组装边安装。

② 吸顶灯的质量在 3 kg 时，应将灯具（或绝缘台）直接固定在预埋螺栓上或用膨胀螺栓固定。

③ 安装有绝缘台的吸顶灯，在确定好的灯位处，应先把导线由绝缘台的出线孔穿出，再根据结构的不同，采用不同的安装方法。绝缘台固定好后，把灯具底座与绝缘台进行固定，无绝缘台时，可直接将灯具底板与建筑物表面固定。若灯泡与绝缘台接近小于 5 mm 时，应在灯泡与绝缘台中间铺垫 3 mm 厚的石棉板或石棉布隔热，以避免绝缘台受热烤焦而引起火灾。

吸顶灯的安装如图 5.16 所示。

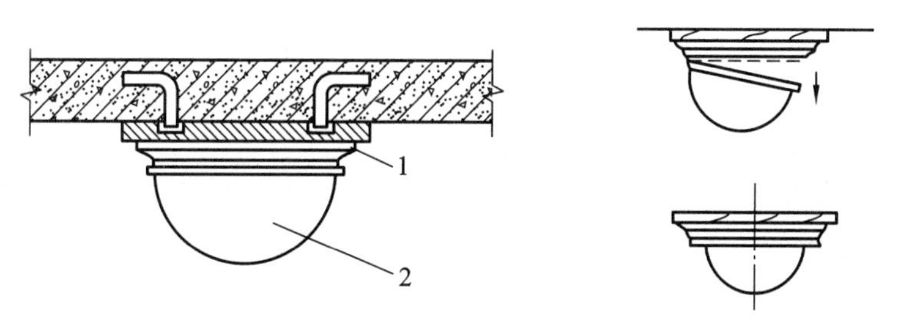

图 5.16 吸顶灯的安装

1—底座；2—灯具

（2）荧光吸顶灯的安装

① 灯具安装可根据已敷设好的灯位盒（灯位引出线）确定荧光灯的安装位置，找好灯位盒安装孔的位置（荧光灯灯箱应完全遮盖住灯位盒），在灯箱的底板上用电钻打好安装孔，并在灯箱上对着灯位盒（或灯位引出线）的位置同时打好进线孔。

② 长方形吸顶灯只有一端设置灯位盒时，在灯箱的另一端适当位置处，打好膨胀管孔（无灯位盒应在两端打孔），使用膨胀螺栓固定灯箱。

③ 在进线孔处套上软塑料管保护导线，把电源线引入灯箱内，固定好灯箱，使其紧贴在建筑物表面，并把灯箱调整顺直。

④ 电源线压入灯箱的端子板（或瓷接头）上，无端子板（或瓷接头）的灯箱，应将导线连接好，把灯具的反光板固定在灯箱上，再把荧光灯管装好，并安装好灯罩。

4. 壁灯的安装

壁灯一般由底座、支架、光源和灯罩组成。壁灯安装的主要方法是：

（1）根据灯具底座的外形选择或制作合适的绝缘台，把灯具底座摆放在上面，四周留出的余量要对称，确定好出线孔和安装孔的位置，再用电钻在绝缘台上钻孔。

（2）安装绝缘台时，应先将灯具导线一线一孔由绝缘台出线孔引出，在灯位盒内与电源线相连接，将接头处理好后塞入灯位盒内，把绝缘台对正灯位盒将其固定牢靠，并使绝缘台不歪斜，紧贴建筑物表面，再将灯具底座固定在绝缘台上。

(3) 同一工程中成排安装的壁灯，安装高度应一致，高低差不应大于 5 mm。

(4) 壁灯在砖墙上安装时，可用预埋螺栓或膨胀螺栓固定，但不能使用木楔代替木砖。如图 5.17 所示。

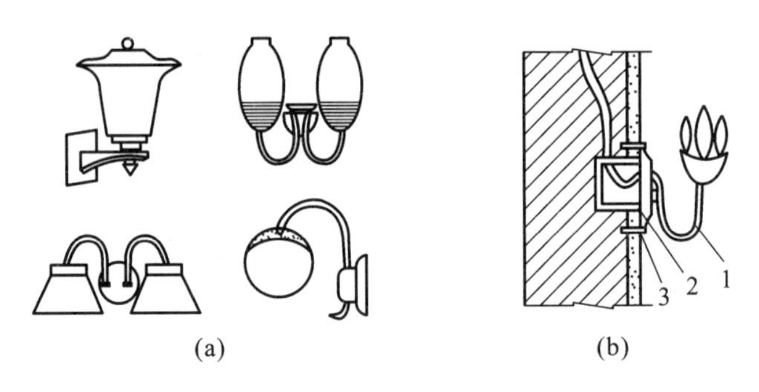

图 5.17　壁灯安装

(a)壁灯造型；(b)壁灯的安装

1—灯具；2—接线盒；3—膨胀螺栓

(5) 如果壁灯装在柱上，灯位盒应设在柱中心位置上。应将绝缘台固定在柱内的预埋木砖或螺钉上，也可打眼用膨胀螺栓固定在灯具绝缘台上。

(6) 壁灯安装高度一般是指灯具中心的对地高度。因此确定灯位盒高度时，应充分考虑其灯具结构和出线位置，在室外墙上安装的壁灯距地高度不可低于 2.5 m，室内壁灯不应低于 2.4 m，住宅壁灯不宜低于 2.2 m，床头壁灯不宜低于 1.5 m。

5. 其他照明电器装置安装

(1) 照明配电箱

此类配电箱的安装、要求、验收标准等与单元 2 介绍的配电箱安装基本相同，不再重复。

(2) 开关安装

明装时，应先在定位处预埋木榫或膨胀螺栓以固定木台(方木或圆木)，然后在木台上安装开关。暗装时应设有专用接线盒，一般是先行预埋，再用水泥砂浆填充抹平，接线盒口应与墙面粉刷层平齐，等穿线完毕后再安装开关，其盖板或面板应端正，紧贴墙面。

所有开关均应串接在电源的相线上。每只跷板开关的通断位置应一致(跷板上面凸出为开关)。安装开关的一般方法如图 5.18 所示。

① 同一场所开关的切断位置应一致，操作应灵活可靠，接点应接触良好。

② 开关安装位置应便于操作，各种开关距地面一般为 1.3 m，距门框为 0.15～0.2 m。成排安装的开关高度应一致，高低差不应大于 2 mm。

③ 跷板开关的盖板应端正严密，紧贴墙面。

④ 电器、灯具的相线应经开关控制，民用住宅禁止装设床头开关。

⑤ 在多尘、潮湿场所和户外应用防水拉线开关或加装保护箱。

⑥ 在易燃、易爆场所，开关一般应装在其他场所控制，或用防爆型开关。

(3) 插座安装

插座安装方法与开关安装方法基本相似。接线必须符合规定，不能乱接。例如，单相三孔插座接线时，应面对插座左孔接零线，右孔接相线，上孔接保护零线或接地。三相四孔插座接线时，面对插座左孔接 A 相，下孔接 B 相，右孔接 C 相，上孔接保护零线或接地。

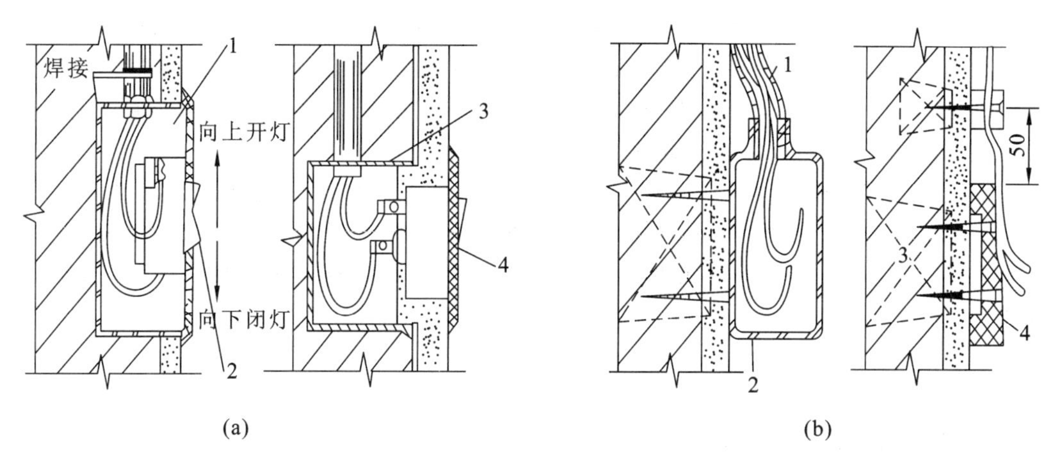

图 5.18 开关和插座的安装

(a)暗装扳把开关:1—接线盒;2—开关板;3—塑料盒;4—开关

(b)明管开关或插座:1—铁管;2—明开关盒;3—木砖;4—木台

5.4 建筑照明要求

5.4.1 建筑照明的要求

1. 对照明供电电源的要求

电源的可靠性、电压质量以及安全用电措施是构成照明电源质量的主要保障。

对于企业,照明电源一般由动力变压器提供,应将动力干线与照明线分开。事故照明应有独立电源,一般是与工作照明分别由接于不同母线的变压器供电,或是将事故应急照明与邻近变电所的低压母线连接,作为备用电源。

对于大型民用建筑,如高层民宅、办公大楼、大型商业楼等,具有负荷容量大、照明负荷占35%以上、一二级负荷多的特点。目前较多采用两路市电互为备用的双电源;或以市电为主电源,另有应急发电机为备用电源,在变电室设置自动切换装置的供电方式供电。

应特别指出的是,光源电压是指向光源供电的电网电压,而非光源两端的电压,故照明电源电压是指符合标准电网和光源的电压。

2. 对照明线路的要求

照明线路一般由进户线、配电设备、干线、支线、控制设备和灯具组成。在满足照明质量和安全性、可靠性的基本要求前提下,尽量做到路径短、安装维护方便。

照明线路一般采用220 V单相供电,当负荷电流大于30 A时,应采用380/220 V、TN系统分相供电,并做到三相负荷尽量平衡。

从低压电力线路进户点到用户室内总配电箱的一段线路称为接户线,又叫表外线、进户线。安装进户线时,要合理选择进户点,使其尽量接近供电线路,且应明显易见、便于维护和检修。进户线的长度不应超过15 m,并且中间不应有接头。同一用电单位只应设一个进户点,用电负荷较大或有其他特殊要求可设置多路进户线。进户线须做重复接地,接地电阻要小于10 Ω。

总配电箱到分配电箱的线路称为干线，干线的布置方式仍是放射式、树干式和混合式。

分配电箱到灯具的线路称为支线，也称回路。按规范，一般每条支线上灯具数少于 20 个，最多不超过 25 个，负荷电流小于 16 A。各支线负荷尽量平衡，彼此间电流差不宜超过 30%，并分别接入三条相线中，以保证彼此独立互不影响。

若插座过多或是用电负荷较大或是有专门用途的，可单独设立支线供电，以保证照明要求。如空调机组供电、较大房间照明供电、走廊和大厅及值班室等需要长明灯的场所。

短路或过负荷是引起照明线路发生故障的主要原因，因此所有的照明线路均应安装短路保护设施。

5.4.2 室内照明的要求

1. 室内照明的基本要求

应熟悉建筑物的使用功能和照明要求，依此确定合理的照明方式与照度标准，并按规范要求设置必要的应急、疏散引导等标志照明。

从满足室内功能出发，考虑光色、显色性、光效，正确选择光源与灯具，力求造型美观大方且视觉舒适，灯具与建筑及装修风格要协调。灯具的布置也要与其他设施相协调，如扩音器、空调通风口、探测器等，尽量地混为一体，不要使人有很零乱的感觉。

选择配线和控制设备，进行必要的验算，绘制出照明系统图和平面布置图。同时务必考虑到安装和使用时的安全与方便，考虑到经济运行费用与投资，考虑今后的扩容等。

2. 住宅照明的要求

住宅照明不仅要保证饮食、起居、家务劳动，还要起美化居室、衬托气氛的作用。各居室照度不同，布灯方式也趋多样化，但目前仍以混合照明占大多数。

起居室还可兼有客厅、餐厅等功能，亮度和气氛要能适应这种变化，一般设有一组主灯和几处辅灯来处理，以分别适于会客、家庭团聚、娱乐等目的，且照度以 30～50 lx 为宜。卧室是身心放松的地方，宜用灯光创造宁静舒适的休息环境。书房有两种灯很重要，台灯和顶灯。顶灯宜采用荧光灯，以便于寻找室内各处的资料；台灯功能要强，可任意调节方向和移动位置，应选择不透光的灯罩以避免眩光。

3. 科教办公用房的照明要求

此类建筑主要包括办公室、教室、实验室、阅览室、会议室、学术报告厅等。其共同特点是建筑面积大、人们需长时间在室内活动，白天用人工照明补充室内照度不足，夜晚完全依赖人工照明。因此，要求此类房间要有良好的照明条件、足够的水平照度且分布均匀，要严格控制各种因素引起的眩光。

5.4.3 室外照明的要求

室外照明包括建(构)筑物装饰照明和公园、广场、工地及道路等处的照明。既有功能性明视照明，又有显示夜景的饰景照明。

1. 明视照明

这是为行走及各种活动而设置的功能性照明，以保证照明范围内必要的照度为主，同时要尽量减少对正常视觉造成的眩光。如公园、码头、车站、广场、工地等处照明就属这一类。

在公园可沿小路架设 5～12 m 高的电杆，采用庭院式灯具照明。在车站或码头等物流量较大的广场、主要交通枢纽、繁华的交通中心，常架高杆与其他辅助照明方式。次干道采用两侧相对矩形排列的高杆照明，小区内或较窄的道路(12 m)采用一侧排列布置照明等。

建筑施工工地须设置一定规模的明视照明。特别是高空危险地方的夜间施工，更应保证工作面上有足够的照度与亮度，力求环境明亮，以保证施工人员的安全和施工质量与进度。

2. 饰景照明

饰景照明是为创造绚丽多彩的夜间美景，渲染美化市容市貌，提升文化品位而设置的装饰美化照明。饰景照明以亮度对比表现出光的协调性，如建筑立面、公园喷泉、广告等处。饰景照明采用白炽灯、霓虹灯、汞灯、金属卤化物灯为光源，常用投光式反射灯具，安装位置、安装角度均有统一要求。

对于有特殊纪念意义或处于繁华地带的建(构)筑物，如大型建筑群、标志性建(构)筑物、雕塑、纪念碑、遗址等，往往通过装饰照明来衬托其氛围，以产生不同凡响的艺术效果。

在高层宾馆、办公大厦等建筑的庭院、站前广场、展览会馆等宽阔地方，配有雕塑、假山石等景物，大多设有灯光或音乐灯光喷泉。各种喷嘴在水底照明配合下(也有的随音乐节拍变化)，喷出形状各异的水柱花形，衬托环境活泼氛围，与建筑艺术相得益彰。

习　题

一、填空题

1. 照明可分为________和________两大类。
2. 电光源目前分为三类四代，有________、________、________三类电光源。
3. 灯具的主要作用是________、________及________。
4. 照明线路的敷设方式有________、________两类。
5. 照度的计算有________、________、________三种方法。

二、思考题

1. 常用电光源各适用于什么场合？
2. 什么是绿色照明？
3. 光的主要物理量是什么？其物理意义又是什么？单位是什么？
4. 线路的明、暗敷设各有什么特点？
5. 照明质量基本要求有哪些？如何限制眩光？

三、设计题

1. 某工地要改造一个图书阅览室，其空间尺寸是15 m×9 m×3.5 m，试画出其灯具平面布置图。
2. 某教学食堂的空间尺寸是20 m×5 m×3.6 m，试对其进行照明布置。

实训一　照明器安装练习

一、实训目的

1. 了解照明器安装的施工过程，了解电光源的工作原理。
2. 初步掌握照明器与照明线路的连接方法。
3. 提高动手能力，为今后实际工作打下基础。

二、实训材料与工具准备

1. 灯具、开关、插座、软导线、护套线及电工辅料等若干。
2. 常用电工工具、万用表等仪表。

三、实训内容及要求

1. 荧光灯的安装。在室内安装荧光灯，采用单联或双联开关控制，明敷设安装。
2. 壁灯的安装。采用单联或双联开关控制，明敷设线路，室内安装壁灯。
3. 插座的安装。在墙上适当位置明装单相二孔、三孔及三相插座。

四、实训总结

1. 清理实训现场，保证材料无浪费，废品分类符合要求，做到“活完、料净、场地清”。
2. 认真完成实训报告，字迹要工整、条理要清楚、内容要充实。

单元6 配线工程

1. 了解电气线路配线装置的组成、常用品种规格、适用场所。
2. 掌握线路敷设定义及内容。
3. 了解线路基本敷设方式的优缺点，理解敷设要求及注意事项。
4. 初步掌握导线连接方式及线路检测要求。

6.1 配线工程概述

6.1.1 配线工程术语介绍

1. 导线的种类

用来输送和分配电能的导电金属线叫作导线，俗称电线。按照制造导线线芯的金属材料可分为铜制、铝制和铁制三种。选择导线材质时应注意导电率、耐热性、抗张性、加工性等方面的性能。铜导线比铝导线和铁导线的电阻小，导电性能最好，故用得最多；铝的电阻虽比铜大，但铝较轻、价格低，所以在不影响供电质量时，可尽量采用铝导线；铁导线的电阻较大，用它送电时会增大线路损失，但其机械强度好，能承受较大的拉力，所以常用作室外架空线路上的避雷线等。

导线有单股和多股两种。单股导线由于其结构原因，比多股导线硬度相应地高一些，一般用于固定敷设线路（比如穿管敷设），在接头、设备接线方面要方便些，但穿线管时有些困难。规范规定，单股铜芯线的最大截面面积为 6 mm^2。多股导线比较软，不易折断线芯，适用于导线要跟随运动的场合（如安装在配电箱、配电柜的门上），穿线管时比较容易，相对于单股导线而言，多股导线一般需要压接或焊接线鼻子等，多股导线多用于控制线路。同一规格的导线，多股的比单股的价格高些。线路敷设导线时选择单股、多股并没有硬性规定，但应考虑它们的区别：

(1) 集肤效应（也称趋肤效应、表皮效应）。当交变电流通过导体时，电流将趋于导体表面流过，而非平均分布于整个导体的截面中，这种现象叫集肤效应。频率越高，表面流通的电流也就越多，集肤效应越显著。所以多股导线在高频下的等效电阻小于单股导线，高频输电只能采用多股导线，越细越好。

(2) 制造成本。多股导线成本高于单股导线成本，故在一些不需要移动的场合（如建筑物内部的电源引线）应多使用单股导线。

(3) 使用便捷性。多股导线更易弯曲，适应性好，所有家电电源线均采用多股导线，由于金属疲劳影响，单股导线长久弯曲后易断裂。

若考虑导线的外面有无包皮又可将其分成裸导线和绝缘导线两种。裸导线主要用在室外架空输电线路上。绝缘导线是在导线芯线外包有用绝缘材料（棉纱、橡皮、聚氯乙烯等）制成的包皮。

2. 导线的规格（线规）

规格是表示导线粗细的一种标准，有的国家称之为线规。各国的线规是不同的，我国采用与国际电工委员会相同的标准，即以毫米表示导线的直径。

3. 室内配线工程简介

将所有装在室内的导线、软线、电缆及用于固定的配件、支持物、保护物等按一定的规范方法连接起来的施工过程总称为室内布线。

(1) 室内布线分为：沿墙壁及天花板表面、桁梁、屋柱等处敷设的明装；在地板内和墙壁内等处敷设的暗装。

(2) 室内布线设计与施工时，均应满足以下几点要求：

① 安全。室内布线的设计与施工必须保证人身与财产的安全。所以，设计时材料的选定、施工时导线的连接、接地线的安装、电线的布设等，均应考虑到人身、设备及建筑物的安全。在施工时，应不使建筑物受损伤或降低建筑物的强度。

② 可靠。若因室内布线的设计和施工错误，而使用电设备不能保证可靠运行，这是不允许的。

③ 经济。在保证安全、可靠供电的同时，应考虑选用最经济的材料与电力设备，选用最合适的施工方案等，以使布线费用最少。

④ 便利。布线过程及安装开关、插座、分电盘等，须考虑操作者的工作方便。

⑤ 美观。在室内布线的设计与施工时，应尽量注意不要损坏建筑物的美观。并且对于布线的位置与电气器具的选定，都必须考虑到建筑物的美化问题。

(3) 室内布线主要工序

① 按设计图纸确定照明器、插座、开关、配电器、启动设备等的位置；

② 沿建筑物确定导线敷设的路径、穿过墙壁或楼板的位置；

③ 在土建未抹灰前，将配线所有的固定点打好孔眼，预埋绕有铁丝螺旋的木螺丝、螺栓或木砖；

④ 装设绝缘支持物、线夹或管子；

⑤ 敷设导线；

⑥ 导线连接、分支和封端，并将导线出线端子与设备连接。

6.1.2 常用配线方法简介

1. 对配线的要求

(1) 所使用导线的额定电压应大于线路的工作电压，导线的绝缘应符合线路的安装方式和敷设环境的条件，导线截面应能满足供电和机械强度的要求。各种型号的导线都有它的适用范围，导线和配线方式的选择，通常根据周围环境的特性、安装及维修条件，以及安全要求等因素决定。

(2) 配线若须接头时应采用压接或焊接。导线连接和分支处不应受到机械力的作用。但必须指出，穿在管内的导线，在任何情况下都不能有接头。必要时，可把接头放在接线盒或灯头盒内。

(3) 明配线路在建筑物内应平行或垂直敷设。平行敷设时，导线距地面不应小于 2 m，否则，应将导线穿在钢管内加以保护，以防机械损伤。配线的位置应便于检查和维护。

(4) 当导线穿过楼板时，应设钢套管加以保护。导线穿墙要用瓷管保护，瓷管的两端出线口伸出墙面的距离不应小于 10 mm，这样可以防止导线与墙壁接触，以免墙壁潮湿而产生漏电现象；除穿向室外的瓷管应一线一瓷管外，同一回路的几根导线可以穿在一根瓷管内，但管内导线的总面积(包括外皮绝缘层)不应超过管内总面积的 40%。

当导线沿墙壁或天花板敷设时，导线与建筑物之间的距离一般不得小于 10 mm。在通过伸缩缝的地方,导线敷设应稍有松弛。对于钢管配线,应设补偿盒子,以适应建筑物的伸缩性。当导线互相交叉时,为避免碰线,在每根导线上套以塑料管或其他绝缘管,并将套管牢靠固定,不使其移动。

(5) 为确保安全用电,室内电气管线和配电设备与其他管道、设备之间的最小距离都有一定要求,如表6.1所示。表中有两个数字者,分子数字为电气管线敷设在管道上面的距离,分母数字为电气管线敷设在管道下面的距离。施工时,如不能满足表中所列距离,则应采取如下措施:

表6.1 室内电气管线和配电设备与其他管道、设备之间的最小距离(m)

类别	管线及设备名称	管内导线	明敷绝缘导线	裸导线	滑触线	配电设备
平行	煤气管	0.1	1.0	1.0	1.5	1.5
	乙炔管	0.1	1.0	2.0	3.0	3.0
	氧气管	0.1	0.5	1.0	1.5	1.5
	蒸汽管	1.0/0.5	1.0/0.5	1.0	1.0	0.5
	暖水管	0.3/0.2	0.3/0.2	1.0	1.0	0.1
	通风管	—	0.1	1.0	1.0	0.1
	上下水管	—	0.1	1.0	1.0	0.1
	压缩空气管	—	0.1	1.0	1.0	0.1
	工艺设备	—	—	1.0	1.5	
交叉	煤气管	0.1	0.3	0.5	0.5	
	乙炔管	0.1	0.5	0.5	0.5	
	氧气管	0.1	0.3	0.5	0.5	
	蒸汽管	0.3	0.3	0.5	0.5	
	暖水管	0.1	0.1	0.5	0.5	
	通风管	—	0.1	0.5	0.5	
	上下水管	—	0.1	0.5	0.5	
	压缩空气管	—	0.1	0.5	0.5	
	工艺设备	—	—	1.5	1.5	

① 电气管线与蒸汽管线不能保持表中距离时,可在蒸汽管外包以隔热层,这样平行净距可减至200 mm;交叉距离只须考虑施工维护方便。

② 电气管线与暖水管不能保持表中距离时,可在暖水管外包隔热层。

③ 裸母线与其他管道交叉不能保持表中距离时,可在交叉处的裸母线外加保护网或罩。

④ 当上水管道与电气管线平行敷设且在同一垂直面时,可将电气管线置于水管之上。

2. 常用配线方法

(1) 线管配线。把绝缘导线穿在管内敷设,称为线管配线。这种配线方式比较安全可靠,可避免腐蚀性气体侵蚀和遭受机械损伤,一般用于公用建筑内和工业厂房中。

按管材分有金属管与非金属管,按配线方式分有明配和暗配。明配是把线管敷设在墙上及其他明露处,要求配得横平竖直、整齐美观。暗配是把线管埋设在墙内、楼板或地面内以及其他看不到的地方,不要求横平竖直,只要求线路短、弯头少。

(2) 槽板配线。槽板配线就是把绝缘导线敷设在板槽的线槽内,上部用盖板把导线盖住。这种配线方式适用于办公室、生活间等干燥的房屋内。常用的有金属槽和非金属槽两类,分双线和三线两种。板槽配线通常是在抹灰层干燥后进行。板槽不允许埋入和穿过墙壁,也不允许直接穿过楼板。

(3) 钢索配线。较大的厂房内由于建筑物屋架较高、跨距较大，而灯具安装要求较低，照明线路常采用钢索配线。其结构特点是：在建筑物两边用花篮螺丝把钢索拉紧，再将导线和灯具挂在钢索上。按钢索配线所采用的导线和固定件的不同，可分为钢索吊管配线、钢索吊瓷瓶配线、钢索吊塑料护套线配线等。

(4) 护套线配线。塑料护套线是一种具有塑料保护层的双芯或多芯绝缘导线，具有防潮、耐酸和耐腐蚀等性能。可以直接敷设在空心板、墙壁以及其他建筑物表面，用铝片卡作为导线的支持物。

(5) 绝缘子配线。绝缘子配线适用于干燥的场所，如住宅、办公室等。这种配线方法费用最少，安装简单方便，但在使用中应注意安全。配线应采用橡皮绝缘线或塑料绝缘线。

敷设用的瓷夹板(也称瓷别子)是用瓷土烧制的。它的表面和接触导线部分都涂有瓷釉，是不燃烧、不吸潮的绝缘体。瓷夹板有单线的、双线的和三线的三种，其规格有大、中、小号三种，可以按导线的粗细来选择。

6.2 线管配线工程

线管配线的操作程序：通常是先选好管子、对管子进行一系列加工，再敷设管路，最后把导线穿入管内并与各种用电设备连接。

6.2.1 线管配线简介

1. 配线常用线管

施工中常用的有焊接钢管、电线管和硬塑料管三种。焊接钢管的管壁较厚，适用于潮湿和有腐蚀性气体场所内明敷或埋地；电线管的管壁较薄，适用于干燥场所明敷或暗敷；硬塑料管耐腐蚀性较好，但机械强度不如焊接钢管和电线管，它适用于腐蚀性较大的场所明敷或暗敷。

2. 配管的一般要求

线管配好后，为便于穿线，配管前应考虑导线的截面、根数和管内径是否适合。线管的直径按表 6.2、表 6.3 选择。

表 6.2 导线穿钢管管径选择表

管子种类	焊接钢管					电线管				
钢管直径(mm) / 导线根数 / 导线截面(mm^2)	2	3	4	6	8	2	3	4	6	8
1	15	15	15	15	15	16	16	16	16	16
1.5	15	15	15	15	20	16	16	16	20	25
2.5	15	15	15	15	20	16	16	16	20	25
4	15	15	15	20	20	16	16	20	25	25
6	15	15	20	20	25	20	20	25	25	32
10	20	20	20	20	32	25	25	25	32	40

表 6.3 导线穿 PVC 管管径选择表

管子种类	PVC管					波纹管		
钢管直径(mm) \ 导线根数 / 导线截面(mm^2)	2	3	4	6	8	2	3	4
1	15	15	15	15	15	10	10	12
1.5	15	15	15	15	20	10	10	12
2.5	15	15	15	15	20	10	12	15
4	15	15	15	20	20	12	15	15
6	15	20	20	20	25	15	15	20
10	20	20	25	25	32	20	25	25

6.2.2 普通焊接钢管配线

1. 普通焊接钢管简介

焊接钢管也称低压流体输送钢管，属有缝钢管。这种管管壁较厚，强度较高，主要用于潮湿和有腐蚀性气体场所的支干线敷设、室外埋地线路；另外，当采用丝扣连接和专用线盒时，因其具有封闭性，故也可广泛应用于防爆配线系统。配线常用普通焊接钢管如表 6.4 所示。

表 6.4 配线常用普通焊接钢管

公称口径		外径		普通钢管			加厚钢管		
				壁厚			壁厚		
mm	in	公称尺寸(mm)	允许偏差(%)	公称尺寸(mm)	允许偏差(%)	理论质量(kg/m)	公称尺寸(mm)	允许偏差(%)	理论质量(kg/m)
15	1/2	21.3		2.75		1.25	3.25		1.45
20	3/4	26.8		2.75		1.63	3.50		2.01
25	1	33.5	±0.50	3.25	−15～12	2.42	4.00	−15～12	2.91
32	11/4	42.3		3.25		3.13	4.00		3.78
40	11/2	48		3.50		3.84	4.25		4.58

2. 选择线管的三个方面

(1) 线管类型的选择。根据使用场合、使用环境、建筑物类型和工程造价等因素选择合适的线管类型。

(2) 线管管径的选择。可根据线管的类型和穿线的根数参照表 6.2、表 6.3 选择合适的管径。

(3) 线管外观的选择。所选用的线管不应有裂缝和严重锈蚀；弯扁程度不应大于管子外径的 10%；线管应无堵塞，管内应无铁屑及毛刺，切断口应锉平，管口应光滑。

3. 线管材料的检验

钢管在使用前，首先对管材的外观进行检验，看是否有严重锈蚀和砂眼、镀锌层是否有脱落和起泡现象、管口和焊缝是否有毛刺、焊缝是否有开焊、是否有严重机械变形等重度缺陷；其次检验管内壁是否光滑，不能妨碍穿线或损伤导线绝缘层；然后测量管子的直径和壁厚；最后查验管材出厂重要证明文件是否齐全，以及是否物证相符并满足设计要求。对检验合格的管材要归类放置，并做好标记和记录，对于不合格的管材要限期退场或做其他相应处理。

4. 线管的加工

线管的加工主要包括线管的除锈与防腐、切割、套丝和弯曲等。不同的管材，其加工的方法和要求各有所不同。

(1) 线管的除锈与防腐。使用前应进行除锈和防腐处理，以延长线管的使用寿命。对于安装过程中出现防腐层被破坏的部位(含镀锌层)，均应重新进行防腐处理。在存放过程中应注意防水、防潮，尽量避免产生锈蚀。

① 一旦产生锈蚀，要采取适当的措施进行除锈。如线管内壁除锈：可用圆形钢丝刷，两头绑上铁丝，穿入线管内来回拉动，从而将管内的锈蚀除去；线管外壁除锈：可根据锈蚀程度的不同，采用钢丝刷手工除锈或电动工具除锈的方法等。

② 线管的防腐处理。除锈后，将管子内外表面涂以防腐漆。线管外壁刷漆要求与敷设方式有关：

A. 埋入混凝土内的线管外壁可不刷防腐漆；直接埋于土层内的线管外壁应刷两道沥青或不刷油而直接用厚度不小于 50 mm 的混凝土保护层保护；埋入砖墙内的线管应刷红丹漆等防腐漆。

B. 电线管一般因为已刷防腐黑漆，故只须在管子焊接处、连接处以及漆脱落处补刷同样色漆；明敷线管应刷一道防腐漆，一道面漆(若设计无规定颜色，一般用灰色漆)。

C. 采用镀锌钢管时，锌层剥落处应刷防腐漆。

D. 设计有特殊要求时，应按设计规定进行防腐处理。

(2) 管子切割。在配管前，应根据所需实际长度对管子进行切割。线管的切割方法很多，管子批量较大时，可以使用型钢切割机(无齿锯)。批量较小时可使用钢锯或割管器(管子割刀)。但严禁使用电、气焊切割钢管。管子切断后，断口处应与管轴线垂直，管口应锉平、刮光，使管口整齐光滑。

(3) 管子弯曲。钢管的弯曲有冷摵和热摵两种。冷摵一般采用手动弯管器或电动弯管器。手动弯管器一般适用于直径 50 mm 以下钢管，且为小批量。若弯制直径较大的管子或批量较大时，可使用滑轮弯管器或电动(或液压)弯管机。用加热方式弯管只限于管径较大的黑铁管。

5. 线管连接

(1) 钢管连接

钢管在连接时，应使用管接头连接。管接头不应处在管子的弯曲部分。当管线超过一定长度时，如管子全长超过 30 m 且无弯曲时，管子全长超过 20 m 且有一个弯曲时，管子全长超过 12 m 且有两个弯曲时，管子全长超过 8 m 且有三个弯曲时，应装设分线盒或接线盒。

钢管与钢管的连接有螺纹连接(管箍连接)、套管连接和紧定螺钉连接等方法。采用螺纹连接时，管端螺纹长度不应小于管接头长度的 1/2；连接后，其螺纹宜外露 2～3 扣。螺纹表面应光滑、无缺损，如图 6.1 所示。

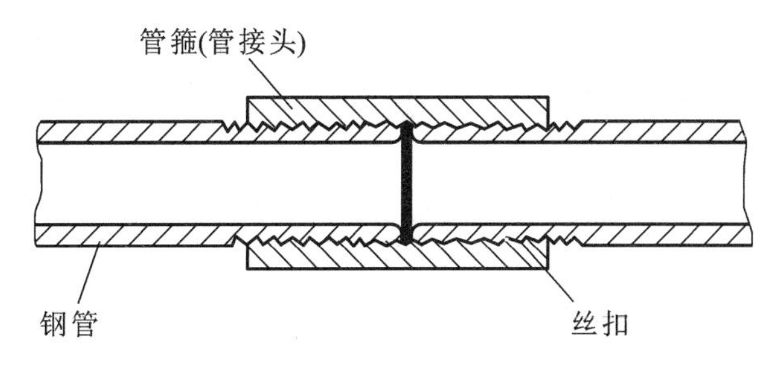

图 6.1　钢管丝扣管箍连接示意图

采用套管连接时，套管长度宜为管外径的 1.5～3 倍，管与管的对口处应位于套管的中心。套管采用焊接连接时，焊缝应牢固严密，如图 6.2 所示。采用紧定螺钉连接时，螺钉应拧紧。在振动的场所，紧定螺钉应有防松措施。镀锌钢管和薄壁钢管应采用螺纹连接或套管紧定螺钉连接，不应采用熔焊连接。

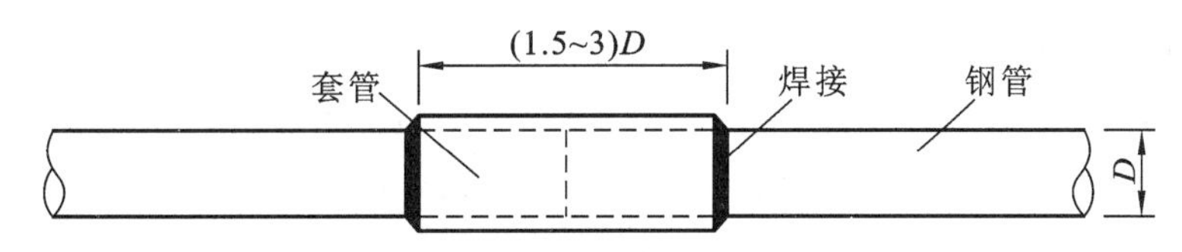

图 6.2　钢管套管熔焊连接示意图

(2) 钢管与盒(箱)或设备的连接

暗配的钢管与盒(箱)连接可采用焊接连接，管口宜高出盒(箱)内壁 3～5 mm，且焊后应补刷防腐漆；明配钢管或暗配的镀锌钢管与盒(箱)连接应采用锁紧螺母或护圈帽固定。用锁紧螺母固定的管端螺纹宜外露锁紧螺母 2～3 扣，如图 6.3 所示。

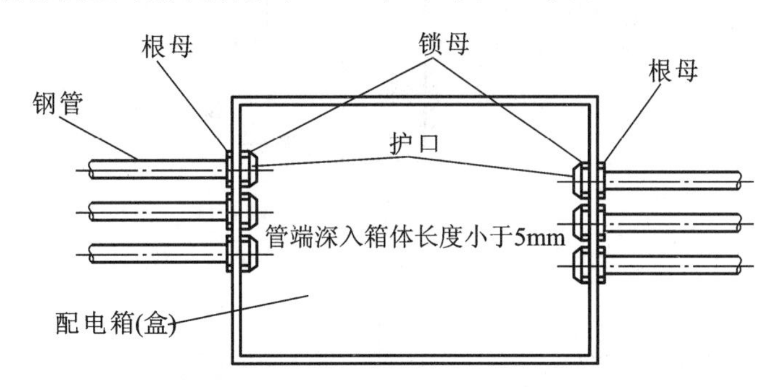

图 6.3　钢管与箱连接做法示意图

钢管与设备直接连接时，应将钢管敷设到设备的接线盒内。当钢管与设备间接连接时，对室内干燥场所，钢管端部宜增设电线保护软管或可挠金属电线保护管后引入设备的接线盒内，且钢管管口应包扎紧密(软管长度不宜大于 0.8 m)；对室外或室内潮湿场所，钢管端部应增设防水弯头，导线应加套保护软管，经弯成滴水弧状后再引入设备的接线盒。与设备连接的钢管管口与地面的距离宜大于 200 mm。

为了克服导线自重带来的某些危害，当垂直敷设电线保护管遇到下列情况之一时，应增设固定导线用的拉线盒：①管内导线截面 50 mm^2 及以下，长度每超过 30 m；②管内导线截面 70～95 mm^2 及以下，长度每超过 20 m；③管内导线截面 120～240 mm^2 及以下，长度每超过 18 m。

6. 线管敷设

一般从配电箱开始，逐段配至用电设备处，有时也可从用电设备端开始，逐段配至配电箱处。

在现场浇混凝土构件内敷设管子，可用铁丝将管子绑扎在钢筋上，也可以用钉子钉在模板上，但应将管子用垫块垫起，用铁丝绑牢，垫块可用碎石块，垫高 15 mm 以上，此项工作是在浇灌混凝土前进行的。当线管配在砖墙内时一般是随同土建砌砖时预埋；否则，应先在砖墙上留槽或剔槽。线管在砖墙内的固定方法，可先在砖缝里打入木楔，再在木楔上钉钉子，用铁丝将管子绑扎在钉子上，使管子充分嵌入槽内。应保证管子离墙表面净距不小于 15 mm。在地坪内配管，必须在土建浇制混凝土前埋设，固定方法可用木桩或圆钢等打入地中，再用铁丝将管子绑牢。为使管子全部埋设在地坪混凝土层内，同时不影响钢筋绑扎质量，应将管子整体垫高 15～20 mm。当有许多管子并排敷设在一起时，必须使其相互离开一定距离，以保证其间也灌上混凝土。为避免管口堵塞影响穿线，管子配好后要将管口用木塞或塑料塞堵好。管子连接处以及钢管及接线盒连接处，要按规定做好接地处理。

当电线管路遇到建筑物伸缩缝、沉降缝时，必须相应做伸缩、沉降处理。一般是装设补偿盒。在补偿盒的侧面开一个长孔，将管端穿入长孔中，无须固定，而另一端则要用六角螺母与接线盒拧紧固定，如图 6.4 所示。

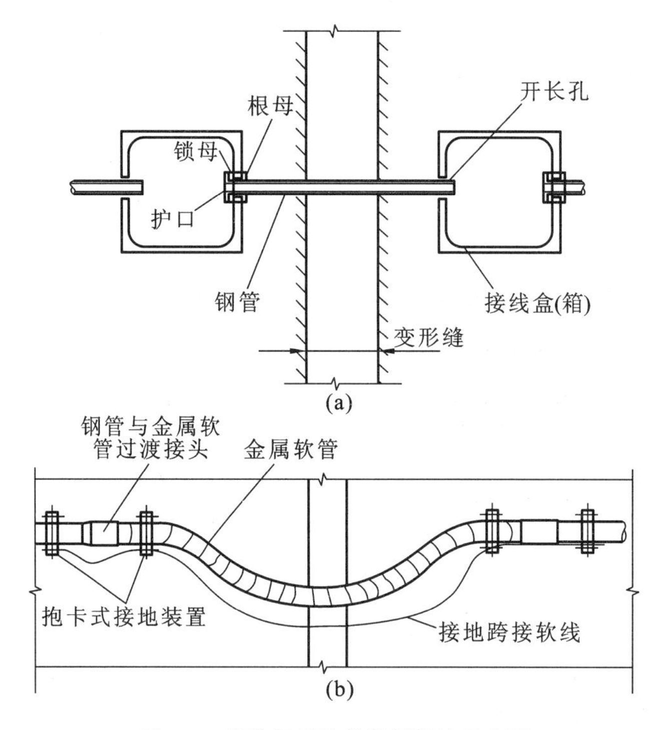

图 6.4　焊接钢管补偿装置做法示意图

(a)暗配钢管变形缝补偿装置；(b)明配钢管沿墙过变形缝软管做法

沿吊架、支架或沿墙明敷设时，穿线管直线段管卡间最大距离见表 6.5。

表 6.5 穿线管直线段管卡间最大距离

管卡间最大距离(m) 线管直径(mm) 线管类型	20 以下	25～32	40～50
焊接钢管	1.5	2.0	2.5
电线管	1.0	1.5	2.0
PVC 管	1.0	1.0	1.5
波纹管	距两端头 0.10～0.15 m 处和中间适当位置		

6.2.3 KBG 管配线

1. KBG 管介绍

普通电线管大部分是管壁较薄的镀锌管，其连接方式主要是丝扣管箍连接。但在实际施工中，由于丝扣不易现场加工须预制或厂家加工，存在施工不便和成本较高的问题，目前已逐步被 KBG 管取代。

KBG 管主要是根据其连接形式命名的，即套管扣压式薄壁钢管，是 20 世纪 90 年代中期出现的一种电线敷设用管，此管既具有普通电线管薄壁节约材料的优点，同时又具有普通电线管不具备的施工简便、节约工时的特点，特别是连接处不需要专门的接地跨接装置，另外，管直接头、管盒接头、接线盒、开关盒等配件和施工工具也较齐全，故广泛适用于室内干燥场所支线的敷设，但由于 KBG 管连接处密封性差，不适用于直接埋地敷设，也不能作为防爆导管使用。常见规格及参数见表 6.6。

表 6.6 KBG 管规格参数表

规格 管径(mm) 项目	6	20	25	32	40
外径(mm)	16	20	25	32	40
外径(in)	5/8	3/4	1	11/4	11/2
壁厚(mm)	1.0		1.2		

2. KBG 管材的检验

同一工程中的 KBG 钢管的管材、连接件及盒(箱)，宜采用同一品牌。进场时应有产品出厂合格证和质量检验报告。安装前应进行外观检查，检查结果必须符合如下规定：型号、规格符合设计要求，管材表面有明显的产品标识，且标识符合要求；钢管内外壁、接线盒及连接件表面镀锌层应良好、均匀且无表皮剥落、锈蚀等现象，管材、接线盒及连接件内、外壁表面光洁，无裂纹、毛刺、飞边、砂眼、气泡、变形等缺陷；套管接头(直、弯)的长度不应小于管外径的 2.5 倍，套接管件中心呈现的凹槽弧度均匀，位置正确，螺纹附件的螺纹齐整、光滑，丝扣配合良好；弯曲的管材及连接附件，弧度均匀，且不应有折皱、凹陷、裂缝、弯扁、死弯等缺陷，管材焊接位于外侧，管材及连接件壁厚均匀、管口平整光滑。

3. KBG 管的加工

(1) 断管、下料。KBG 钢管的长度计算与焊接钢管有所区别，主要是因为其与盒(箱)连接时，并不深入其内，而是通过管盒接头相连，因此理论长度是沿路经的两盒中心距减一个盒宽，再减去两端接头占用的长度。

现场切断 KBG 钢管时多使用厂家专用工具或直接采用手锯(钢锯)，少数情况下使用切割机。但严禁采用电焊、气割切割。操作过程中要保持锯条(切割片)与管子轴线垂直，避免出现马蹄口。管子切断后，要用锉刀等工具将管口内、外侧的毛刺和锋口清除，以免划伤手指和导线。

(2) 弯管。KBG 钢管在敷设过程中需要摵弯时，可采用两种方式：现场手工弯制或采用定型弯头。由于该管壁厚较薄，对于直径较大的钢管(一般 $\phi>25$ mm)，摵制时容易出现摵瘪和起皱问题，一般应采用定型弯头；直径较小的钢管则采用现场摵制较为方便。

手工摵制时，使用的是弯管弹簧。先将弯管弹簧插入管中，并使其位于拟弯曲位置，将需要弯曲的部位顶在膝盖或硬物上，两手握住两侧，用力压下，逐渐进行弯曲，直至达到需要的角度，抽出弯簧；当拟弯部位位于较长管的中部时，要事先将弯簧的一端拴上一根铁丝或细绳，这样弯成后弯簧容易取出。需要注意的是，弯制过程中用力要均匀，不可突然用力过猛，否则很容易发生摵瘪现象；另外，弯簧向外抽出时，也不能用力过大，当外抽较费劲时可将其进行适度的逆时针转动，这样弯簧出现缩径，就较易取出了。

与焊接管相同，KBG 钢管弯曲半径和弯扁度，以及单管管弯数量、长度等也应控制在一定的范围内，具体要求同焊接钢管。

4. KBG 管的连接与安装

KBG 钢管的连接与焊接钢管相比，其优势主要体现在工艺简单、操作方便、省工省力。

(1) 管与管连接，应采用直管接头或定型弯头。其规格与参数见表 6.7 和表 6.8。

表 6.7　KBG 钢管直管接头参数(mm)

项目＼规格＼管径	16	20	25	32	40
内径 d	16	20	25	32	40
壁厚 S	1.0	1.0	1.2	1.2	1.2
总长 L	55	55	55	75	95
凹槽内径 P	14	18	22.6	29.6	37.6

表 6.8　KBG 钢管弯管接头参数(mm)

项目＼规格＼管径		16	20	25	32	40
内径 D		16	20	25	32	40
壁厚 S		1.0	1.0	1.2	1.2	1.2
直管长度 L		25	25	25	35	45
曲率半径 R	$6D$	96	120	150	192	240
	$4D$	64	80	100	128	160

连接时将两管口插入管接(弯)头凹型槽侧顶紧,然后用压管器在管接头上进行扣压操作。当管路水平敷设时,扣压点宜在管路上、下方分别扣压;垂直敷设时,扣压点宜在管路左、右侧分别扣压。

当管径为 $\phi25$ 及以下时,接头每端扣压点不应小于 2 处;当管径大于 $\phi25$ 时,接头每端扣压点不应少于 3 处。且扣压点宜对称,间距均匀。

扣压点的位置应位于连接处中心,扣压牢固,且扣压深度不应小于 1.0 mm,扣压形成的凹凸点不应有毛刺。

(2) 管与盒(箱)连接,应采用专用的管盒接头。目前,常用的管盒接头有两种形式,具体参数见表 6.9 和表 6.10。

表 6.9　KBG 钢管管盒接头Ⅰ型规格表(mm)

项目 \ 规格 \ 管径		16	20	25	32	40
螺纹	M	16×1.5	20×1.5	25×1.5	32×1.5	40×1.5
插接孔径	d	16	20	25	32	40
插接深度 L_1		25	25	25	35	45
最小通径		14	17	22	29	35
六角对方尺寸	S_1	22	22	27	35	42
	S_2	25	25	30	38	45
长度 L		42	42	50	55	60

表 6.10　KBG 钢管管盒接头Ⅱ型规格表(mm)

项目 \ 规格 \ 管径	16	20	25	32	40
内径 d	16	20	25	32	40
壁厚 S	1.5	1.5	1.5	1.5	1.5
外径 D	19	23	28	35	43
外螺纹 M	16×1.5	20×1.5	25×1.5	32×1.5	40×1.5
总长 L	40	40	40	50	55
尺寸 S_2	25	25	30	38	45
螺纹长度 L_1	10	10	10	12	12

先将管口插入管盒接头相应接口内,顶紧后进行扣压操作。具体扣压要求与直管接头相同。管与接头连接好后,开始进行管盒接头与盒(箱)的连接。对于Ⅰ型接头,需要先将接头锁芯拧下,将接头对准盒(箱)入孔顶紧,然后从盒(箱)内侧将接头锁芯拧上,并紧固牢靠;如果采用Ⅱ型接头,将固定锁母卸下后,直接将管盒接头螺纹端插入与其相配的盒(箱)敲落孔内,然后从盒(箱)内侧用固定锁母紧固。

注意　每个管孔(敲落孔)只能连接一根钢管,当同时有多根钢管并排进入时,必须保持适当间距,以免相互影响造成紧固不牢。

(3) 无论明敷设还是暗敷设,KBG 钢管固定同样可采用沿墙 Ω 管卡、支架、吊架的固定方式,由于其管壁较薄、质量小,因此用来加工管卡、吊支架的材料规格要求,可比同规格的焊接钢管适当降低,但不能低于最低要求。

在现浇混凝土结构中预埋时,为防止水泥浆沿连接缝隙进入钢管,须在连接后对接口缝隙采取适当措施进行密封。

由于 KBG 钢管的连接必须通过专用工具在管接头上实施扣压,因此当钢管须穿过混凝土结构表面时,就不能像焊接钢管那样,通过预留焊接管接头来实现,而只能采用模板开孔预留出短管的方法处理。

(4) 由于 KBG 钢管特有的连接方式,使其连接处不用单独设置接地跨接装置,但管路外壳应进行可靠的接地。

6.2.4　塑料管配线

钢管配线虽可避免遭受机械损伤,但它的缺点是装置费用较大,消耗钢材也太多,所以除了易燃物库等极易发生爆炸危险的地方以外,现在多采用硬质塑料管配线来代替它。在目前的建筑配线系统中,PVC 管是最为普遍和实用的一种配线装置,具有造价低廉、安装简便的特点,且不存在防腐和接地的问题。

1. PVC 塑料管介绍

阻燃 PVC 塑料管适用于室内或有酸性、碱性等腐蚀性介质场所的照明支线明敷设和混凝土结构、砖结构以及吊顶棚内的照明支线暗敷设,不适用于高温场所使用。其连接方式为套管粘接,并配有专用的盒接头、接线盒、开关盒。根据壁厚分为轻型、中型和重型三种,轻型不能用于混凝土和砖结构内暗敷设。常用规格见表 6.11。

表 6.11　常用硬质 PVC 阻燃塑料管基本参数(mm)

公称直径	外径及允许误差	轻型管壁厚	重型管壁厚
15	20±0.7	2.0±0.3	2.5±0.4
20	25±1.0	2.0±0.3	3.0±0.4
25	32±1.0	3.0±0.45	4.0±0.5
32	40±1.2	3.5±0.50	5.0±0.7
40	51±1.7	4.0±0.60	6.0±0.9
50	65±2.0	4.5±0.70	7.0±1.0

2. PVC 塑料管材料的检验

管材及配件的材料首先必须符合设计要求和施工规范要求,其氧指数不应低于 27%的阻燃指标,无论管材及管件均应进行阻燃试验。

核查管材是否有合格证、检验报告等证件,核对管径、壁厚、厂标与证件是否一致。

检查管材壁厚是否均匀,有无凸棱、凹陷、气泡、破损等缺陷,以及外壁上是否有间距不大于 1 m 的连接阻燃标记和制造厂厂标等。核查其配件,如塑料灯头盒、开关盒、接线盒等,均应外观整齐、开孔齐全、无劈裂损坏等现象。

由于不同厂家的连接尺寸会稍有不同，因此管材与管件应尽量使用同一品牌，这样更有利于做到连接严密。

3. 阻燃 PVC 塑料管配线装置的安装工艺

(1) 管的切断。断管前应按图纸和现场情况确定好长度。由于 PVC 管的连接方式与 KBG 钢管类似，故其长度的计算方法与 KBG 钢管相同。

定好断管位置后，一手固定住管子，另一手用锯条直接切到底或用厂家配套截管进行裁剪，注意要保证管口平整，不应出现马蹄口，如图 6.5 所示。

(2) 管子的弯曲。$\phi=25$ mm 及以下的 PVC 管可以使用冷弯曲器(弯管弹簧)进行，将弯管弹簧插入管中，根据需要的角度用手直接操作，如图 6.6 所示。

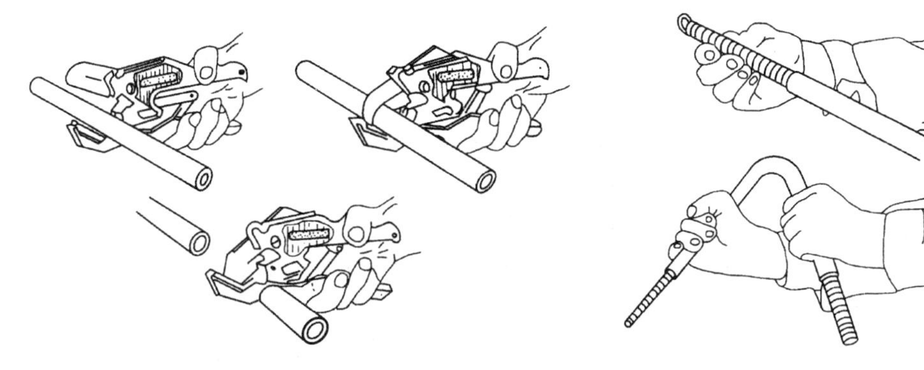

图 6.5 PVC **管切断示意图** **图 6.6** PVC **管冷摵弯**

$\phi=32$ mm 及以上的 PVC 管，由于管径较大、管壁也厚，一般建议用热弯法施工或直接采用定型成品弯头。

PVC 管热弯法：首先将要弯制的管子充满干燥的细砂并将两端封严，然后一边加热一边弯制，弯到所需角度后可用凉水降温进行固定。注意管弯的里侧和外侧加热要均匀，加热的管段不能一次过长，须随着管弯角度的变化随时调整加热点；同时，开始用力不要过大，要待管子加热到柔软状态时再逐渐用力。在弯曲加工过程中，管弯的外侧不能出现裂痕、气泡、壁厚过薄现象，内侧也不能出现凹陷。

(3) 阻燃 PVC 塑料管的连接。阻燃 PVC 塑料管的连接主要是采用套管(接头)粘接的方法。

① 管与管的连接。管与管的连接使用的是直接套管。连接时，先将管端擦拭清洁，不应有油污、泥土等脏物，然后按需插入长度均匀地涂抹一层胶黏剂，稍等片刻后将管头插入套管内顶紧，同时将管子与套管来回稍作旋转，以使接触更加严密。

管与管连接只能是同规格的管连接，严禁不同管径的 PVC 管直接套接。

② 管与箱(盒)连接。PVC 管与箱(盒)的连接是通过管盒接头来实现的。管盒接头的形式，与 KBG 钢管管盒接头相似，也可分为Ⅰ型和Ⅱ型两种，其区别在于 KBG 钢管的连接采用扣压，PVC 管则是粘接。首先将管头与管盒接头采取直接头的方式进行连接，然后再将管盒接头另一端与盒(箱)紧固在一起，注意线管与盒(箱)连接面垂直连接。

(4) 阻燃 PVC 塑料管的固定和敷设。阻燃 PVC 塑料管的固定和敷设与 KBG 管基本相同，主要区别在于：PVC 管既可以用金属镀锌管卡固定，也可以用 PVC 塑料管卡固定；PVC

塑料管比 KBG 钢管的固定间距要适当减小；由于 PVC 管的温度变形系数较大，一般是钢管的 5～7 倍，因此直接沿建筑物表面敷设时，长度超过 30 m 时要加装温度补偿盒。

(5) 塑料管直埋于现浇混凝土内，在浇捣混凝土时，应采取防止塑料管发生机械损伤的措施，在露出地面易受机械损伤的管段，也应采取保护措施。

6.3 线槽配线工程

6.3.1 线槽配线装置基本要求

线槽配线一般适用于导线根数较多或导线截面较大且在正常环境的室内场所敷设。

1. 线槽及其配件的质量要求

线槽及其配件的材质、型号、规格及其外观质量必须符合设计规范要求，塑料线槽表面应有一定的标志。

金属线槽、金属管件必须可靠地接地或接零；金属线槽不做系统的接地导体；当设计无要求时，金属线槽全长不少于两处与接地或接零干线相连；非镀锌金属线槽间连接板两端跨接铜芯接地线；接线端子与线槽电气导通可靠，镀锌金属线槽连接板两端可不做接地线跨接，但连接板两端均应设不少于两个有防松螺帽或防松垫圈的连接固定螺栓。

2. 线槽配线安装质量的要求

(1) 线槽应紧贴建筑物表面，横平竖直，布置合理，无扭曲变形，盖板无翘角，接口严密整齐，拐角、转角、丁字连接、转弯连接正确严实，线槽内外无污染；金属线槽防腐层破损应修复，紧固螺栓无遗漏，紧固件和接地用的螺母应在线槽外侧。

(2) 线槽可用塑料胀管(仅用于塑料线槽)、金属膨胀螺栓固定或焊接支架与吊架，也可采用万能卡具固定线槽，固定点应设置合理，固定应牢靠、平整。

(3) 线槽水平或垂直安装，其直线段水平度和垂直度允许偏差不应大于 5 mm，固定点设置合理，吊、支架安装成排成列，吊杆、吊臂安装应垂直。

(4) 线槽直线段长度超过 30 m 及跨越建筑物变形缝时，应设置补偿装置；塑料线槽穿越墙壁、楼板时应有保护装置。

(5) 线槽敷设完毕后，穿越楼板、墙壁处应封堵，但不应被抹死在建筑物上。

(6) 线槽安装位置与其他管道保持安全距离。

3. 线槽配线装置安装注意事项

金属线槽在备料前应结合设计图纸和同一敷设空间中相关专业设施的情况，尽量准确地确定敷设线路，以避免和减少现场加工作业，当必须现场加工异形件时，应按照定型产品的规格尺寸，并做好防腐处理。

金属线槽、吊架等金属部分，在加工和安装过程中破坏的防腐层应及时修补。金属线槽及支吊架的切割、开孔严禁使用电、气焊吹割。

线槽在转弯、垂直敷设等必要的部位，应设置导线固定装置。

线槽敷设必须横平竖直，固定可靠，直接沿建筑物表面敷设时，槽底要紧贴建筑物表面，不应有明显的间隔和翘起。线槽及盖板的接缝处必须紧密、妥贴，盖板与底槽结合要严密。

塑料线槽穿过楼板、墙壁时应设套管保护，与塑料线槽配用的接线盒、开关盒等必须是明装型。

地线槽的敷设必须与土建施工密切配合。

6.3.2　金属线槽配线

普通金属线槽配线装置一般适用于正常环境的室内线路敷设，但因其大多是由 0.4～1.5 mm 的钢板制成，因此不应在有严重腐蚀的场所使用。

金属地线槽是为适应现代化建筑中电气日趋复杂、出线口位置多变的实际要求而产生的一种新型配线装置，主要是用在地面插座的配线和需要从地面引出电源线的场所。

1. 暗配金属线槽

地面内暗装金属线槽，将其暗敷于现浇混凝土地面、楼板或楼板垫层内，在施工中应根据不同的结构形式和建筑布局，合理确定线槽走向。

(1) 当暗装线槽敷设在现浇混凝土楼板内时，楼板厚度不应小于 200 mm；当敷设在楼板垫层内时，垫层的厚度不应小于 70 mm，并避免与其他管路相互交叉。

(2) 地面内暗配金属线槽，应根据单线槽或双线槽结构形式不同，选择单压板或双压板与线槽组装并配装卧脚螺栓，地面内线槽的支架安装距离，一般情况下应设置于直线段不大于 3 m或在线槽接头处、线槽进入分线盒 200 mm 处。线槽出线口和分线盒不得突出地面，且应做好防水密封处理，如图 6.7 所示。

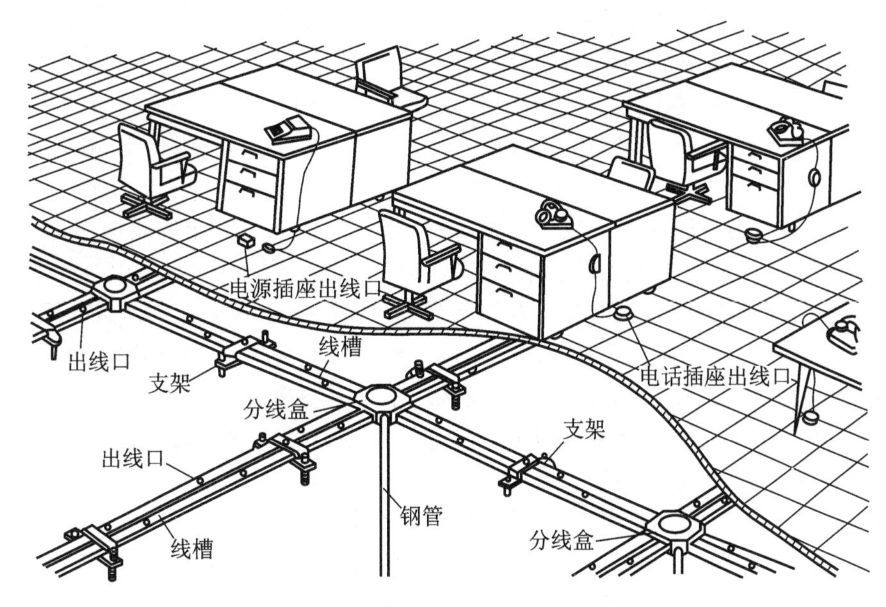

图 6.7　地面内暗装金属线槽组装示意图

(3) 地面内线槽端部与配管连接时，应使用管过渡接头，线槽间连接时，应采用线槽连接头进行连接，线槽的对口处应在线槽连接头中间位置上；当金属线槽的末端无连接时，就用封端堵头堵严，如图 6.8 所示。

(4) 分线盒与线槽、管连接。地面内暗装金属线槽不能进行弯曲加工，当遇有线路交叉、分支或弯曲转向时，应安装分线盒。当线槽的直线长度超过 6 m 时，为方便施工穿线与维护，也宜加装分线盒。双线槽分线盒安装时，应在盒内安装便于分开的交叉隔板。

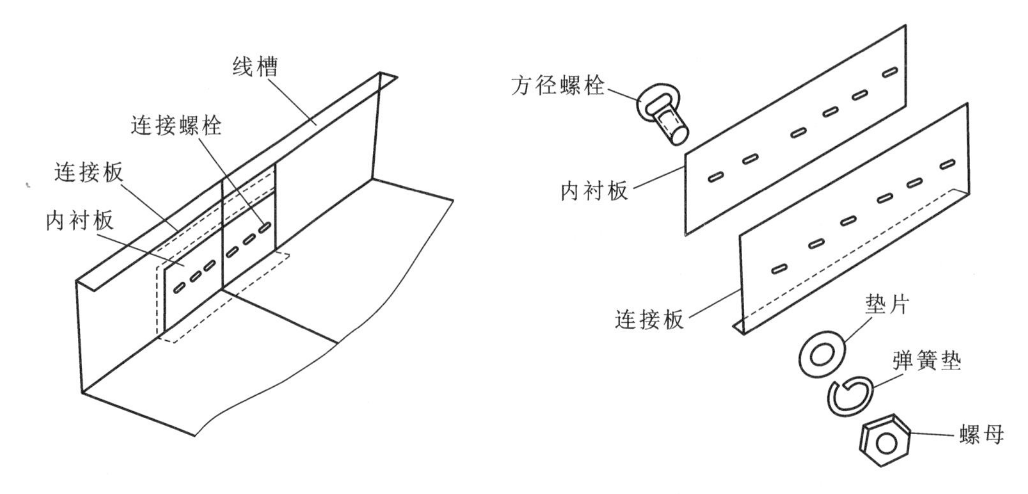

图 6.8　线槽连接安装示意图

(5) 由配电箱、电话分线箱及接线端子箱等设备引至线槽的线路，宜采用金属管暗敷设方式引入分线管，或以终端连接器直接引入线槽。

(6) 暗装金属线槽应采取可靠的保护接地或保护接零措施。

2. 明配金属线槽

(1)应根据设计图确定电源及盒(箱)等电气设备、器具的安装位置。从始端至终端找好线槽中心的水平或垂直线，并根据线槽固定点的要求，标出均分档距线槽支、吊架的固定位置。线槽的吊点及支持点的距离，应根据工程具体条件确定，一般应按下列部位设置吊架或支架：在直线固定间距不应大于 3 m 或线槽接头处；在距线槽的首端、终端、分支、转角及进出接线盒处应不大于 0.5 m。

(2) 金属线槽在通过墙体或楼板处时，应配合土建预留孔洞。金属线槽不得在穿过墙壁或楼板处进行连接，也不应将此处的线槽与墙或楼板上的孔洞加以固定。

(3) 吊装线槽进行连接、转角、分支及终端处，应使用相应的附件。线槽分支连接应采用转角、三通、四通等接线盒进行变通连接，转角部分应采用立上转角、立下转角或水平转角。线槽末端应装封堵物进行封闭，金属线槽间的连接应采用专用接头。

(4) 金属线槽引出管线。金属线槽出线口应利用专业的出线口盒进行连接，引出金属线槽的线路，可采用金属管、硬塑料管、半硬塑料管、金属软管或电缆等配线方式。电线、电缆在引出部分不得遭受损伤。盒(箱)的进出线处应采用专业抱脚进行连接。

(5) 吊装金属线槽，可使用吊装器。先组装干线线槽，后组装支线线槽，将线槽用吊装器与吊杆固定在一起，把线槽组装成型。

当线槽吊杆与角钢、槽钢、工字钢等钢结构进行固定时，可用万能吊具进行安装；吊装金属线槽在吊顶下吊装时，吊杆应固定在吊顶的主龙骨上。

线槽在预制混凝土板或梁下时，可采用吊杆和吊架卡箍固定线槽进行吊装。吊杆与建筑物楼板或梁的固定可采用膨胀螺栓进行连接，如果采用圆钢做吊杆，在圆钢上部焊接扁钢；或者用扁钢做吊杆，将其用膨胀螺栓与建筑物直接固定。如果采用膨胀螺栓及螺栓套筒，将吊杆与建筑物进行固定，当与钢结构固定时，可将吊架直接焊在钢结构的固定位置上。

(6) 金属线槽紧贴墙面安装时，当线槽的宽度较短时，可采用一个塑料胀管将线槽固定；

当线槽宽度较长时,可采用两个塑料胀管固定线槽。金属线槽贴墙安装时,须将线槽侧向安装,槽盖板设置在侧面。固定线槽用半圆头木螺钉,其端部应与线槽内表面光滑相接,以确保不损伤电线或电缆绝缘。

(7) 金属线槽在穿过建筑物变形缝处应有补偿装置,可将线槽本身断开,在线槽内用内连接板搭接,但不应固定死,以便金属线槽能自由活动。

(8) 为了保证用电安全,防止发生事故,金属线槽的所有非导电部分的铁件均应相互连接,使线槽本身有良好的电气连续性。线槽在变形缝的补偿装置处应用导线搭接,使之成为一连续导体,做好整体接地。金属线槽应有可靠的保护接地或保护接零,但线槽本体不应作为设备的接地导体。

6.3.3 塑料线槽配线

由于塑料线槽配线装置是直接沿建筑物表面固定敷设,会破坏建筑物表面原有的美观和统一,因此在新建工程的电气设计中一般不被采用;但其与线管等配线装置相比又相对美观和施工简便。若在对原有建筑进行改造或对既有线路进行增补,又不易进行暗敷设,且用在装设性要求不高的干燥场所时,塑料线槽配线装置较适用,但不应敷设在顶棚内。图 6.9 为 PVC 塑料线槽组成示意图。

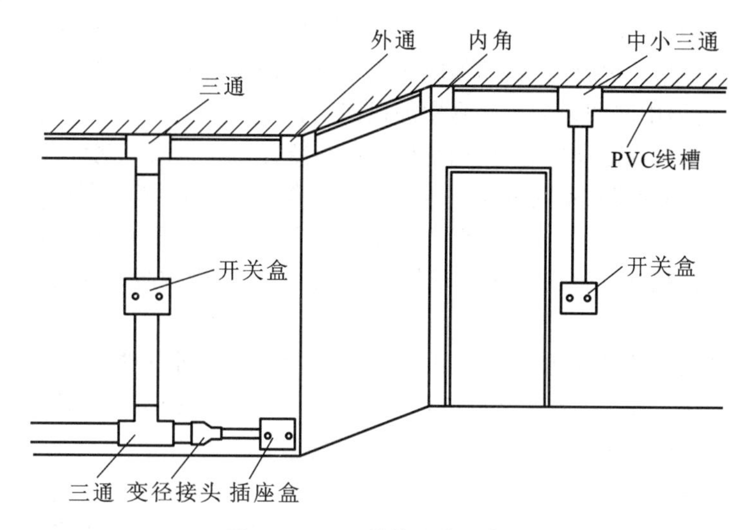

图 6.9 PVC **线槽组成示意图**

1. 塑料线槽敷设

塑料线槽配线施工与金属线槽施工基本相同,而施工中的一些注意事项,又与硬塑料管敷设完全一致,所以仅将塑料线槽施工中槽底板固定点的最大间距及附件要求作些说明。

(1) 塑料线槽敷设时,槽底固定点间距应根据线槽规格而定,当线槽宽度为 20～40 mm,且单排螺钉固定时,固定点最大间距不大于 0.8 m;当线槽宽度为 60 mm,且双排螺钉固定时,固定点最大间距不大于 1 m;当线槽宽度为 80～120 mm,且双排螺钉固定时,固定点最大间距不大于 0.8 m。

(2) 塑料线槽布线时,在线路连接、转角、分支及终端处应采用相应的塑料附件。

(3) 导线敷设完毕后要及时盖上盖板。盖板在直线段和 90°转角处应割成 45°对接,T 形分支处应成三角叉接,且盖板无翘角,接口严密整齐。

2. 线槽内导线敷设前的要求

(1)导线敷入线槽前,应清扫线槽内残余的杂物,使线槽保持清洁。

(2)导线敷设前应检查所选择的线槽是否符合设计要求,绝缘是否良好,导线按用途分色是否正确。放线时应边放边整理,理顺平直,不得混乱,并将导线按回路(或系统)用尼龙绑扎带或线绳绑扎成捆,分层排放在线槽内并做好永久性编号标志。

6.4 导线敷设

6.4.1 导线的几种敷设方法

1. 导线穿管敷设

导线穿管敷设是指将导线穿入线管内敷设的配线方式,管内穿线工作一般应在管子全部敷设完毕及建筑物抹灰、粉刷及地面工程结束后进行。在穿线前应将管中的积水及杂物清除干净。穿线应先穿一根引线,所有导线应一起穿入。拉线时应有两人操作,一人担任送线,另一人担任拉线,两人应互相配合。

导线穿入钢管时,线管内导线不应有接头,也不准穿入绝缘层破损的导线,所有导线穿入时要整理顺畅,管口处应装设护线套保护导线;在不进入接线盒(箱)的垂直管口,穿入导线后应将管口密封。在较长的垂直管路中,为防止由于导线的本身自重拉断导线或拉脱接线盒中的接头,导线应在管路中间增设的拉线盒中加以固定。

穿线时应严格按照规范规定进行,同一回路的导线必须穿于同一钢管内,不得在一根钢管内只穿一根导线。不同回路、不同电压等级和交流与直流的导线,不得穿在同一根管内。像照明花灯的所有回路、同类照明的几个回路导线也可以穿入同一根管子,但穿管导线的总截面面积(包括绝缘层)不应超过线管内截面面积的40%,且同一根管内导线不能超过8根,具体可参考表6.2、表6.3。

同一管内不同用处的导线绝缘层的颜色应区分开来,且在同一建筑物内这种区分应统一,一般L1、L2、L3分别为黄、绿、红,工作零线(N)采用浅蓝色,保护零线(PE)是黄绿相间,其他功用的导线可根据情况确定。

2. 导线线槽敷设

导线的线槽敷设方式是将要敷设的导线按照一定的型号、数量、顺序置于线槽之内的配线方式。由于线槽在敷设的时候是敞开式的且很容易制作分支,敷完线后再盖上盖板,因此对于同一路径导线较多、较集中的区段采用此类方式比较适宜。其基本要求如下:

(1) 导线的规格和数量应符合设计规定。当设计无规定时,包括绝缘层在内的导线总截面面积不应大于线槽内空截面面积的60%,载流导线不宜超过30根。

(2) 原则上导线在金属线槽内不宜有接头,而在易于检查的场所,可以在线槽内有分支接头,但分支接头的总截面(包括绝缘层),不应超过线槽该处内截面的75%;在不易拆卸盖板或暗配的线槽内,导线的接头位于线槽的分线盒内或线槽出线盒内,但暗配金属线槽的电线、电缆的总截面(包括外护层),不宜大于槽内截面的40%,同时要在竣工图上注明。

(3) 金属线槽交流线路的所有相线和中性线(如有中性线时),应敷设在同一线槽内。

(4) 导线在线槽内必要的部位要采取固定措施。线槽内每个回路的导线,应在起点、终点、分支处、转弯处设置回路编号标志，每个编号标志要做到形式统一、回路明确、走向清楚、不易脱落。

(5) 强电、弱电线路应分槽敷设，消防线路(火灾和应急呼叫信号)应单独使用专用线槽敷设，其两种线路交叉处应设置有屏蔽分线板的分线盒。

(6) 同一路径无防干扰要求的线路，可敷设于同一金属线槽内，但同一线槽内的绝缘电线和电缆都应具有与最高标称电压回路绝缘相同的绝缘等级。

(7) 在金属线槽垂直或倾斜敷设时，应采用防止电线或电缆在线槽内移动的措施，以确保导线绝缘不受损坏，避免拉断导线或拉脱线盒(箱)内导线。

(8) 引出金属线槽的配管管口处应有护口，以防止电线或电缆在引出部分遭受损伤。

(9) 布线时导线不得出现挤压背扣、打结和绝缘件损伤现象，且每隔一定距离(不超过2 m)用扎带或线绳绑扎一次。不同回路的导线要分别绑扎成捆，并分行、分层顺序排放在线槽内。导线敷设过程中在转弯、变形缝、分支、进箱等处应留有适当余量。

3. 塑料护套线敷设

塑料护套线配线具有防潮、耐酸和耐腐蚀、线路造价较低和安装方便等特点。需要注意的是，由于塑料护套线没有高强度的外保护，安全性差，且会破坏原建筑物表面美观等原因，因此其适用范围受到限制，目前多用于对原有线路进行增补、改造，或对建筑物表面装饰性要求不高或不宜使用穿管或线槽配线方式的室内临时线路，但不得直接埋入抹灰层内暗敷设，也不得在室外露天场所直接敷设。塑料护套线配线基本要求如下：

(1) 在环境温度低于－15 ℃时，不得敷设塑料护套线，以防止塑料发脆造成断裂，影响工程质量。塑料护套线在室外明敷时，受阳光直射，容易老化而降低使用寿命，且易诱发漏电事故，故不得在室外露天场所明敷。

(2) 塑料护套线在分支接头和中间接头处应装置接线盒，护套线在进入接线盒或与电气器具连接时，护套层应引入盒内或器具内连接。在多尘或潮湿场所应采用密闭式盒，接头应采用焊接或压接。

(3) 选择护套线配线时，其导线的规格、型号必须符合设计要求，当无规定时，其最大的截面不宜大于6 mm^2，而塑料护套线的最小线芯截面，其铜线不应小于1.0 mm^2，铝线不应小于2.5 mm^2，但孔板穿线敷设的铜芯导线不宜小于1.5 mm^2。

(4) 配线完成后，不得喷浆和刷油漆，以防污染护套线及电气器具。搬运物件或修补墙面时，不要碰松护套线。

6.4.2 导线连接

配线过程中，常因导线太短和线路分支，需要把一根导线与另一根导线连接起来，再把终端出线与用电设备的端子连接，这些连接处称为接头。

1. 导线连接的基本要求

在配线过程中，导线连接是一件非常重要的工作，安装的线路能否安全可靠地运行，在很大程度上取决于导线接头的质量。对导线连接的基本要求是：

(1) 接触紧密，接头电阻小，稳定性好；导线接头处的电阻不得大于原导线的电阻。

(2) 接头处的机械强度应不得小于原导线的机械强度，绝缘强度应不得小于原导线的绝缘强度。

(3) 耐腐蚀。对于铝与铝连接，如采用熔焊连接，主要防止残余溶剂或熔渣的化学腐蚀；对于铝与铜连接，主要防止电化腐蚀。在接头前后要采取措施，以避免这类腐蚀的存在。否则，在长期运行中，接头有发生故障的可能。

2. 常用连接方法

导线的连接方法很多，有绞接、焊接、压接和螺栓连接等，各种连接方法适用于不同导线及不同的工作地点。导线连接无论采用哪种方法，都不外乎下列四个步骤：(a)剥切绝缘层；(b)导电线芯连接；(c)接头焊接或压接；(d)恢复绝缘层。连接前应小心地剥除导线连接部位的绝缘层，注意不可损伤其芯线。

(1) 单股铜导线的直接连接

① 小截面单股铜导线的连接方法如图 6.10 所示。先将两导线的芯线线头做 X 形交叉，再将它们相互缠绕 2～3 圈后扳直两线头，然后将每个线头在另一芯线上紧贴密绕 5～6 圈后剪去多余线头即可。

② 大截面单股铜导线的连接方法如图 6.11 所示。先在两导线的芯线重叠处填入一根相同直径的芯线，再用一根截面约 1.5 mm^2 的裸铜线在其上紧密缠绕，缠绕长度为导线直径的 10 倍左右，然后将被连接导线的芯线线头分别折回，再将两端的缠绕裸铜线继续缠绕 5～6 圈后剪去多余线头即可。

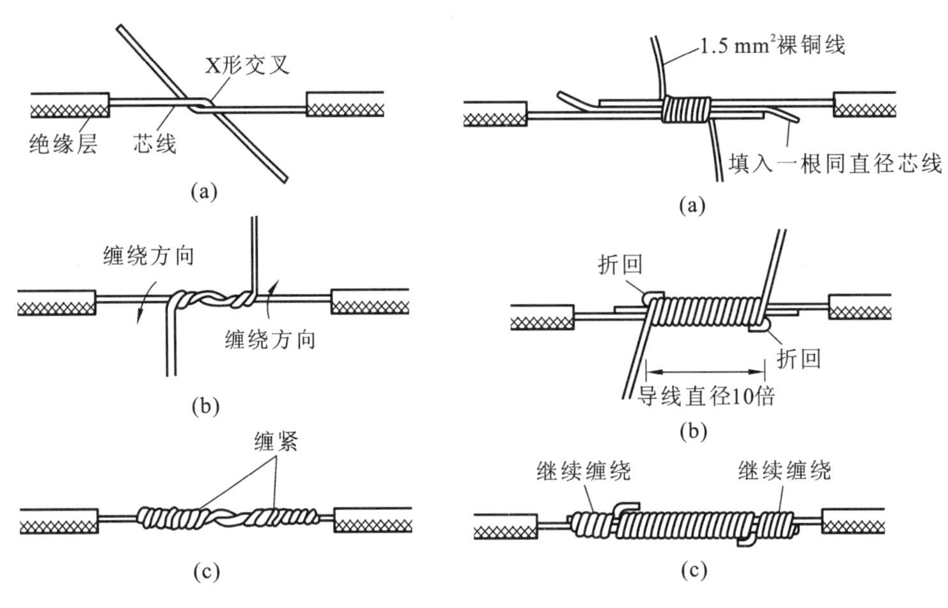

图 6.10　单股铜导线的连接方法　　**图 6.11　大截面单股铜导线的连接方法**

③ 不同截面单股铜导线的连接方法如图 6.12 所示。先将细导线的芯线在粗导线的芯线上紧密缠绕 5～6 圈，然后将粗导线芯线的线头折回紧压在缠绕层上，再用细导线芯线在其上继续缠绕 3～4 圈后剪去多余线头即可。

(2) 单股铜导线的分支连接

① 单股铜导线的 T 字分支连接如图 6.13 所示，将支路芯线的线头紧密缠绕在干路芯线上 5～8 圈后剪去多余线头即可。对于较小截面的芯线，可先将支路芯线的线头在干路芯线上打一个环绕结，再紧密缠绕 5～8 圈后剪去多余线头即可。

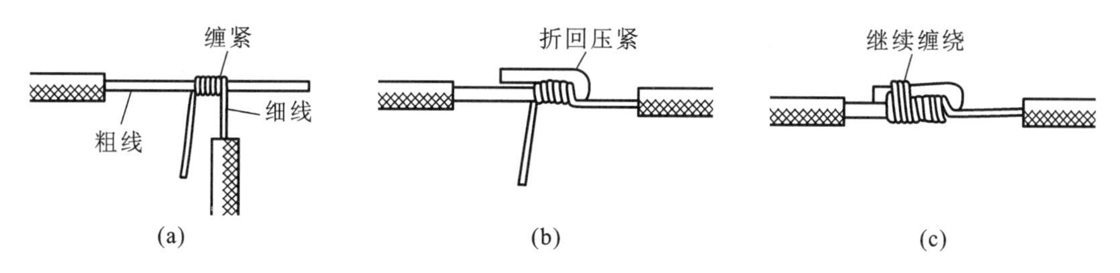

图 6.12 不同截面单股铜导线的连接方法

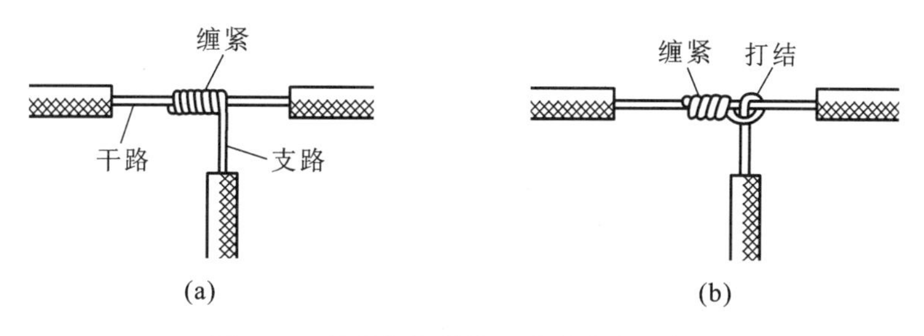

图 6.13 单股铜导线的 T 字分支连接方法

② 单股铜导线的十字分支连接如图 6.14 所示，将上下支路芯线的线头紧密缠绕在干路芯线上 5～8 圈后剪去多余线头即可。可以将上下支路芯线的线头向一个方向缠绕，也可以向左右两个方向缠绕。

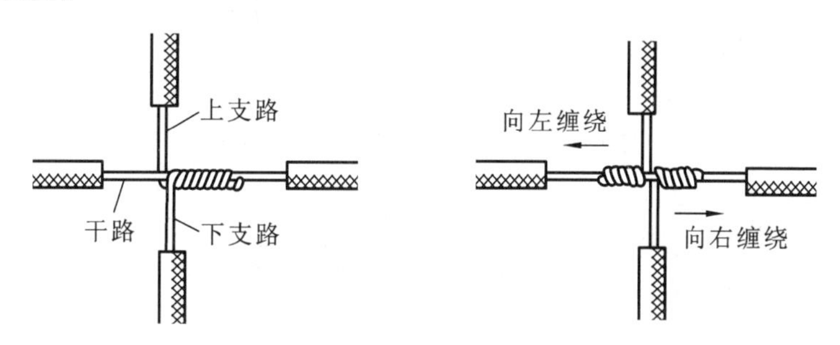

图 6.14 单股铜导线的十字分支连接方法

(3) 多股铜导线的直接连接如图 6.15 所示，首先将剥去绝缘层的多股芯线拉直，将其靠近绝缘层的约 1/3 芯线绞合拧紧，而将其余 2/3 芯线成伞状散开，另一根需连接的导线芯线也如此处理。接着将两伞状芯线相对着互相插入后捏平芯线，然后将每一边的芯线线头分作 3 组，先将某一边的第 1 组线头翘起并紧密缠绕在芯线上，再将第 2 组线头翘起并紧密缠绕在芯线上，最后将第 3 组线头翘起并紧密缠绕在芯线上。以同样方法缠绕另一边的线头。

(4) 多股铜导线的分支连接。多股铜导线的 T 字分支连接有两种方法，其中一种方法如图 6.16 所示，将支路芯线 90°折弯后与干路芯线并行，然后将线头折回并紧密缠绕在芯线上即可。

(5) 单股铜导线与多股铜导线的连接。单股铜导线与多股铜导线连接时，先将多股导线的芯线绞合拧紧成单股状，再将其紧密缠绕在单股导线的芯线上 5～8 圈，最后将单股芯线线头折回并压紧在缠绕部位即可。

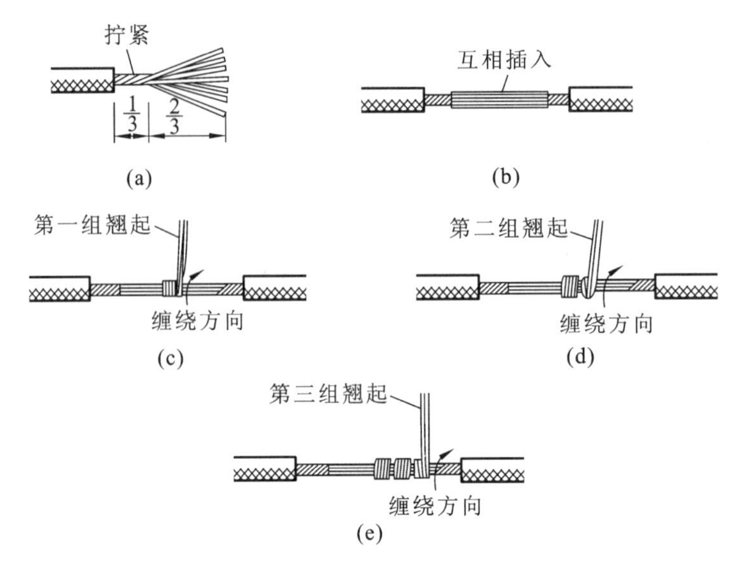

图 6.15　多股铜导线的直接连接方法

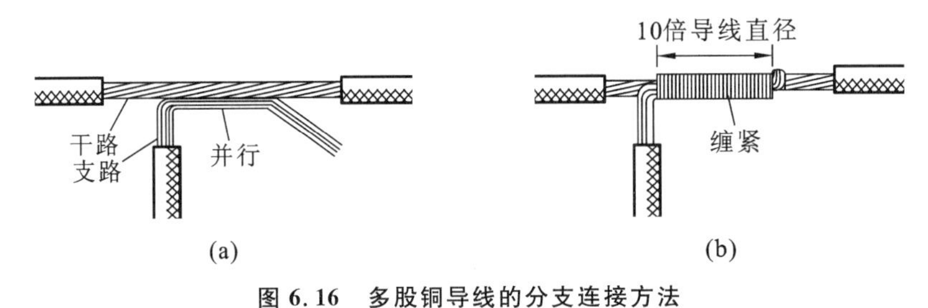

图 6.16　多股铜导线的分支连接方法

6.5　电缆敷设

6.5.1　电缆敷设方法

由于电缆线路具有运行可靠、不易受外界因素影响等优点，越来越多地用于工业和民用建筑，特别是作为高层建筑的配电干线尤为多见。

1. 电缆敷设的一般规定

(1) 电缆敷设前必须检查电缆表面有无损伤，绝缘是否良好。

(2) 在三相四线制低压网络中应采用四芯电缆，不应采用三芯电缆加一根单芯电缆或导线、电缆金属护套作中性线。

(3) 电缆在室内电缆沟及竖井内明敷设时，不应采用黄麻或其他易延燃的外保护层。如有外层麻包应去掉，并刷防腐油。在有腐蚀性介质的房屋内明敷设的电缆，宜采用塑料护套电缆。

(4) 电缆敷设的弯曲半径与电缆外径的比值不应小于规范规定，以保证不损伤电缆和投入运行后的安全运行。

(5) 电缆敷设时的温度要高于电缆允许敷设的最低温度，如施工现场的温度不能满足时，应采取适当的措施,以避免损伤电缆。

(6) 电缆终端头、接头、拐弯处、夹层内、竖井的两端、人井内、进出建筑物等地段应装设标志牌,在标志牌上应注明线路编号。当无编号时,应写明电缆型号、规格及起止点,并联使用的电缆应有顺序号。

(7) 电力电缆接头的布置。并列敷设电缆接头应相互错开,明敷电缆接头应用托板托置固定。

(8) 电缆排列应整齐,不宜交叉,并应加以固定。

2. 电缆的敷设方法

(1) 电缆的明敷

无铠装的电缆在室内水平明敷时距地面不应小于 2.5 m,垂直敷设时距地面不应小于 1.8 m,否则应有防止机械损伤的措施。在电气专用房间(如电气竖井、配电室、电机室等)内敷设时除外。

相同电压的电缆并列明敷时,电缆之间的净距不应小于 35 mm,并不应小于电缆外径。1 kV以下电力电缆及控制电缆与 1 kV 以上电力电缆宜分开敷设,当并列明敷设时,其净距不应小于 0.15 m。

为了防止热力管道对电缆产生热效应以及在施工和检修管道时对电缆可能造成的损坏,电缆明敷时,电缆与热力管道的净距不应小于 1 m,否则应采取隔热措施。电缆与非热力管道的净距不应小于 0.50 m,否则应在与管道接近的电缆段上,以及由接近段两端向外延伸小于 0.50 m 以内的电缆段上,采取防止机械损伤的措施。

电缆明敷时,电缆支架间或固定点间的距离应符合规范规定。电缆水平悬挂在钢索上时,电力电缆固定点间的间距不应大于 0.75 m,控制电缆固定点间的间距不应大于 0.6 m。

电缆在室内埋地敷设或电缆通过墙、楼板时,应穿钢管保护,穿管内径不应小于电缆外径的 1.5 倍。

(2) 电缆在电缆桥架上敷设

① 电缆桥架的结构。电缆桥架是由托盘、梯架和直线段弯通、附件以及支、吊架等构成,用以支承电缆的连续性的刚性结构系统的总称。它的优点是制作工厂化、系列化、质量容易控制、安装方便、安装后的电缆桥架整齐美观。

② 电缆敷设。电缆沿桥架敷设时,应单层敷设,电缆与电缆之间可以无间距敷设,电缆在桥架内应排列整齐,不应交叉,每敷设一根,整理一根,卡固一根。

电缆桥架多层敷设时,其层间距离一般为:控制电缆间不应小于 0.20 m;电力电缆间不应小于 0.3 m;弱电电缆或电力电缆间不应小于 0.50 m,如有屏蔽盖板可减少到 0.30 m;桥架上部距顶棚或其他障碍物不应小于 0.30 m。1 kV 以上和 1 kV 以下的电缆、同一路径向一级负荷供电的双路电源电缆、应急照明和其他照明的电缆、强电和弱电电缆等不宜敷设在同一层桥架上。如果受条件限制需要安装在同一层桥架上时,应用隔板隔开,其固定点间距不宜大于 2 m。

电缆桥架内的电缆作垂直敷设时,电缆的上端及每隔 1.5～2 m 处进行固定;水平敷设时在电缆的首尾两端、转弯及每隔 5～10 m 处进行固定。大于 45°倾斜敷设的电缆每隔 2 m 处设固定点;对电缆在不同标高的端部也应进行固定。全塑型电力电缆固定点间距是 1.0 m,其他电力电缆固定点间距是 1.5 m,控制电缆固定点间距是 1.0 m。电缆可以用尼龙卡带、绑线或电缆卡子进行固定。

电缆桥架内敷设的电缆，在拐弯处电缆的弯曲半径应以最大截面电缆允许弯曲半径为准，电缆敷设的弯曲半径与电缆外径的比值不应小于规范规定值。

电缆桥架内敷设的电缆，应在电缆的首端、尾端、转弯及每隔 50 m 处设有编号、型号及起止点等标记。

③ 桥架接地。金属电缆桥架及其支架和引入或引出的金属电缆导管必须接地(PE)或接零(PEN)可靠，在金属电缆桥架及其支架全长应不少于两处与接地(PE)或接零(PEN)干线相连接。非镀锌电缆桥架间连接板的两端跨接铜芯接地线，接地线最小允许截面面积不小于 4 mm^2。镀锌电缆桥架间连接板的两端不跨接接地线，但连接板的两端应有不少于两个带防松螺母或防松垫圈的连接固定螺栓。

多层桥架当利用桥架的接地保护干线时，应将每层桥架的端部用 16 mm^2 的软铜线分别连接起来，并与总接地干线相通。长距离的电缆桥架每隔 30～50 m 接地一次。安装在具有爆炸危险场所的电缆桥架，如无法与已有的接地干线连接时，必须单独敷设接地干线进行接地。沿桥架全长敷设接地保护干线时，每段(包括非直线段)托盘、梯架应至少有一点与接地保护干线可靠连接。对于振动场所，在接地部位的连接处应装置弹簧垫圈，以防止因振动引起连接螺栓松动，从而造成接地电气通路中断。

④ 桥架穿墙或楼板。电缆桥架在穿过防火墙及防火楼板时，应采取防火隔离措施，须在土建施工中预留洞口，在洞口处预埋好护边角钢。根据电缆敷设的根数和层数将 50 mm×50 mm×5 mm 角钢制作固定框焊在护边角钢上。电缆过墙处应尽量保持水平，每放一层电缆垫一层厚 60 mm 的泡沫石棉毡，用泡沫石棉毡把洞堵平。小洞用电缆防火堵料堵塞。墙洞两侧应用隔板将泡沫石棉毡保护起来。在防火墙两侧 1 m 以内对塑料、橡胶电缆直接涂防火涂料 3～5 次达到 0.5～1 mm 厚度，对铠装油浸纸绝缘电缆，包一层玻璃丝布后，再涂涂料 0.5～1 mm 或直接涂涂料 1～1.5 mm。

6.5.2 电缆接头要求

1. 电缆中间接头要求

与电缆本体相比，电缆终端和中间接头是薄弱环节，大部分电缆线路故障发生在这里，也就是说，电缆终端和中间接头质量的好坏直接影响到电缆线路的安全运行。为此，电缆终端和中间接头应满足下列要求：

(1) 导体连接良好。对于终端，电缆导线电芯线与出线杆、出线鼻子之间要连接良好；对于中间接头，电缆芯线要与连接管之间连接良好。要求接触点的电阻要小且稳定，与同长度同截面导线相比，对新装的电缆终端头和中间接头，其比值要不大于 1；对已运行的电缆终端头和中间接头，其比值应不大于 1.2。

(2) 绝缘可靠。要有能满足电缆线路在各种状态下长期安全运行的绝缘结构，所用绝缘材料不应在正常运行条件下产生加速老化而导致绝缘能力降低的现象。

(3) 密封良好。结构上要能有效地防止外界水分和有害物质侵入到绝缘中去，并能防止绝缘内部的绝缘剂向外流失，避免“呼吸”现象发生，保持气密性。

(4) 有足够的机械强度。能适应各种运行条件，能承受电缆线路上产生的机械应力。

(5) 能够经受电气设备交接试验标准规定的直流耐压试验。

(6) 焊好电缆终端头的接地线。防止电缆线路流过较大故障电流时，在金属护套中产生的感应电压可能击穿电缆内衬层，引起电弧，甚至将电缆金属护套烧穿。

2. 电缆中间接头的制作

(1) 切割塑料外套。将需要连接的电缆两端头重叠，比好位置，切除塑料外套，一般从末端到剖塑口的距离为600 mm左右。

(2) 锯铠装层。从剖塑口处将钢甲锯掉，并从锯口处将统包带及相间填充物切除。

(3) 剥除电缆护套。在剥除电缆护套时，注意不要将布带(纸带)切断，而要将其卷回到电缆根部作为备用。

(4) 剥除屏蔽层。将电缆屏蔽层外的塑料带和纸带剥去，在准备切断屏蔽的地方用金属线扎紧，而后将屏蔽层剥除并切断，并且要将切口尖角向外返折。

(5) 剥离半导体布带。将线芯绝缘层上的半导体布带剥离并卷回根部备用。

(6) 压接导体。将电缆绝缘线芯的绝缘件按连接套管的长度剥除，而后插入连接管压接，并用锉刀将连接管突起部分锉平、擦拭干净。

(7) 清洁绝缘件表面。将靠近连接管端头的绝缘件削成圆锥形，用汽油润湿的布揩净绝缘件表面。

(8) 绕包绝缘件。等绝缘件表面去污溶剂(汽油)完全挥发后，用半导体布带将线芯连接处的裸露导体包缠一层；用自粘橡胶带以半叠包的方法顺长包绕绝缘；用半导体布带绕包整个绝缘件表面；用厚0.1 mm的铝带卷绕在半导体布带上，并与电缆两端的屏蔽有20 mm左右的重叠，再用多股镀锡铜线扎紧两端，然后用软铜线在屏蔽线上交叉绕扎，交叉处及两端与多股镀锡铜线焊接；用塑料胶粘带以半叠包法绕包一层，其外再用白纱带绕包一层。

(9) 芯合拢。将已包好的线芯并拢，以布带填充并使之恢复原状，并用宽布带绕包扎紧。

(10) 绕包防水层。用自粘橡胶带绕包密封防水层成两端锥形的长棒形状后，再用塑料胶粘带在其外绕包三层。

习　题

一、名词解释

1. 导线
2. 线管配线
3. 导线穿管敷设
4. 明敷设
5. 暗敷设

二、思考题

1. 室内布线设计与施工时，应满足什么要求？
2. 常用配线方法有哪些？
3. 采用金属线管配线时，对于线管的选择应考虑哪几个方面？
4. 常用导线敷设方法有哪些？
5. 导线连接的基本要求有哪些？

三、简答题

1. 简述导线穿管敷设的基本要求。
2. 简述电缆敷设的一般规定。
3. 简述电缆终端和中间接头要求。

实训二　配电线路布置及连接

一、实训目的

通过配电线路布置及连接的实验，使学生进一步掌握配电线路的基本方法与基本技能。

二、实训准备

1. 复习教材中与实验有关的内容，熟悉与本次实验相关的理论知识；
2. 写出预习报告，其中应包括与实验有关的连接图、实验步骤等；
3. 熟悉实验所用的实验装置、仪器等。

三、实训过程

1. 导线连接的练习
(1) 两根 1.2 m 长的 BV2.5 mm^2 塑铜线作直线连接。
(2) 两根 1.2 m 长的 BV4 mm^2 塑铜线作 T 字分支连接。
2. 穿管配线装置及配线练习
(1) 焊接钢管切断、套丝和熔焊套管直连接、管盒连接、搣弯。
(2) KBG 电线管连接、搣弯。
(3) PVC 阻燃塑料管穿线。
3. 金属线槽配线装置安装练习
(1) 沿墙固定的托架制作和顶下吊架制作。
(2) 吊支架安装。
(3) 直线槽与直角三通连接及与吊支架固定。

四、实训报告

认真填写实训报告，写出实验心得和收获。

单元 7　建筑防雷与安全用电

(1) 了解雷电特点及危害形成；

(2) 理解建筑防雷要求；

(3) 掌握防雷措施；

(4) 理解并掌握安全用电措施。

电气系统的各种设备与线路均是按现行规范设计和选材的，在正常工作状态下本应能承担相应的工作电压与电流，不会超过它们的额定值而处于安全状态。但如果由于某种原因使供电系统出现了电压异常升高的现象，这种现象在电力系统中被定义为过电压。过电压会对电气设备和电气系统产生严重的影响，甚至发生重大的恶性安全事故。工程技术界经多年的研究、分析，总结出造成过电压现象有两种原因：一是由大气中雷电造成的外部过电压；二是因人为操作或故障，造成供电系统运行方式发生改变，引起内部过电压。

内部过电压有暂态过电压、谐振过电压、操作过电压。虽然种类多，但其幅值一般不会超过电网额定电压的 3.5 倍，考虑到系统在设计和选材时，绝缘强度与电量额定值均有一定的安全富裕量，因此内部过电压对供电系统的危害相对还是比较小的。

外部过电压虽是一种自然现象，雷电发生的时间也很短暂，但它引起的危害却远大于内部过电压的影响，这一点需要我们进行认真的讨论。

7.1　建筑防雷

雷电是夏季经常出现的一种天气现象，一种自然现象怎么会对自然资源和人类创造的物质文明构成巨大的威胁呢?近年来，高层建筑、高压输电线路，特别是电子设备、计算机网络、自动控制、微电子设备、通讯广播系统等现代化设备遭受到雷击的事故时有发生，造成设备被毁、通讯中断，严重的还会引发火灾，甚至导致物毁人亡等重大恶性事故频发。仅在我国雷击造成的电子设备直接经济损失达雷电灾害总损失的 80% 以上，约达数十亿元。完善建筑物、构筑物、施工现场、重要交通枢纽、高速运行的交通工具等处的防雷设施已受到有关各方的关注和重视。

7.1.1　建筑物的防雷分类

建筑物应根据其重要性、使用性质、发生雷电事故的可能性和后果，按防雷要求分为三类。

(1) 在可能发生对地闪击的地区，遇下列情况之一时，应划为第一类防雷建筑物：

① 凡制造、使用或贮存火炸药及其制品的危险建筑物，因电火花而引起爆炸、爆轰，会造成巨大破坏和人身伤亡者。

② 具有 0 区或 20 区爆炸危险场所的建筑物。

③ 具有 1 区或 21 区爆炸危险场所的建筑物,因电火花而引起爆炸,会造成巨大破坏和人身伤亡者。

(2) 在可能发生对地闪击的地区,遇下列情况之一时,应划为第二类防雷建筑物:

① 国家级重点文物保护的建筑物。

② 国家级的会堂、办公建筑物、大型展览和博览建筑物、大型火车站和飞机场、国宾馆,国家级档案馆、大型城市的重要给水水泵房等特别重要的建筑物。

③ 国家级计算中心、国际通信枢纽等对国民经济有重要意义的建筑物。

④ 国家特级和甲级大型体育馆。

⑤ 制造、使用或贮存火炸药及其制品的危险建筑物,且电火花不易引起爆炸或不致造成巨大破坏和人身伤亡者。

⑥ 具有 1 区或 21 区爆炸危险场所的建筑物,且电火花不易引起爆炸或不致造成巨大破坏和人身伤亡者。

⑦ 具有 2 区或 22 区爆炸危险场所的建筑物。

⑧ 有爆炸危险的露天钢质封闭气罐。

⑨ 预计雷击次数大于 0.05 次 /a 的部、省级办公建筑物和其他重要或人员密集的公共建筑物以及火灾危险场所。

⑩ 预计雷击次数大于 0.25 次 /a 的住宅、办公楼等一般性民用建筑物或一般性工业建筑物。

(3) 在可能发生对地闪击的地区,遇下列情况之一时,应划为第三类防雷建筑物:

① 省级重点文物保护的建筑物及省级档案馆。

② 预计雷击次数大于或等于 0.01 次 /a 且小于或等于 0.05 次 /a 的部、省级办公建筑物和其他重要或人员密集的公共建筑物,以及火灾危险场所。

③ 预计雷击次数大于或等于 0.05 次 /a 且小于或等于 0.25 次 /a 的住宅、办公楼等一般性民用建筑物或一般性工业建筑物。

④ 在平均雷暴日大于 15 d/a 的地区,高度在 15 m 及以上的烟囱、水塔等孤立的高耸建筑物;在平均雷暴日小于或等于 15 d/a 的地区,高度在 20 m 及以上的烟囱、水塔等孤立的高耸建筑物。

7.1.2　雷电的危害方式及其防止

(1) 直击雷

指闪击直接击于建筑物、其他物体、大地或外部防雷装置上，产生电效应、热效应和机械力者。直击雷一般采用由接闪器、引下线、接地装置组成的外部防雷装置防雷。

(2) 闪电感应

闪电感应包括闪电静电感应和闪电电磁感应。闪电静电感应是指由于雷云的作用,使附近导体上感应出与雷云符号相反的电荷,雷云主放电时,先导通道中的电荷迅速中和，在导体上的感应电荷得到释放,如没有就近泄入地中就会产生很高的电位。闪电电磁感应是指由于雷电流迅速变化在其周围空间产生瞬变的强电磁场,使附近导体上感应出很高的电动势。闪电感应的防止办法是将屋顶金属的感应电荷通过引下线、接地装置泄入大地。

（3）闪电电涌侵入

闪电击于防雷装置或线路上以及由闪电静电感应或雷击电磁脉冲引发表现为过电压、过电流的瞬态波称为闪电电涌。由于雷电对架空线路、电缆线路或金属管道的作用，雷电波（即闪电电涌）可能沿着这些管线侵入屋内，危及人身安全或损坏设备。因此，对其防护问题，应予相当重视。一般在线路进入建筑物处安装电涌保护器进行防护。

（4）雷击电磁脉冲

指雷电流经电阻、电感、电容耦合产生的电磁效应，包含闪电电涌和辐射电磁场。它是一种干扰源，绝大多数是通过连接导体的干扰，如雷电流或部分雷电流、被雷电击中的装置的电位升高以及电磁辐射干扰。防雷击电磁脉冲措施有屏蔽、接地和等电位连接、设置电源保护器等。

（5）雷电“反击”

雷击直击雷防护装置时，雷电流经接闪器，沿引下线流入接地装置的过程中，由于各部分阻抗的作用，接闪器、引下线、接地装置上将产生不同的较高对地电位，若被保护物与其间距不够时，会发生直击雷防护装置对被保护物的放电现象，称为“反击”。雷电“反击”的防止措施有两种：一是使被保护物与直击雷防护装置保持一定的安全距离；二是将分开的诸金属物体直接用连接导体或经电涌保护器连接到防雷装置上以减小雷电流引发的电位差，即防雷等电位连接。

7.1.3　不同类别防雷建筑物的防雷措施

1.总体要求

（1）各类防雷建筑物应设防直击雷的外部防雷装置并应采取防闪电电涌侵入的措施。

第一类防雷建筑物和第二类防雷建筑物的第⑤、⑥、⑦条所规定的建筑物尚应采取防雷电感应的措施。

（2）各类防雷建筑物应设内部防雷装置，并应符合下列规定：

① 在建筑物的地下室或地面层处，下列物体应与防雷装置做防雷等电位连接：建筑物金属体、金属装置、建筑物内系统、进出建筑物的金属管线。

② 此外，外部防雷装置与建筑物金属体、金属装置、建筑物内系统之间，尚应满足间隔距离的要求。

（3）第二类防雷建筑物的第②、③、④条尚应采取防雷击电磁脉冲的措施。其他各类防雷建筑物，当其建筑物内系统所接设备的重要性高，以及所处雷击磁场环境和加于设备的闪电电涌满足不了要求时，也应采取防雷击电磁脉冲的措施。

2.第一类防雷建筑物的防雷措施

（1）第一类防雷建筑物防直击雷的措施，即设外部防雷装置应符合下列要求：

① 应装设独立接闪杆或架空接闪线或网。架空接闪网的网格尺寸不应大于5 m×5 m或6 m×4 m。

② 排放爆炸危险气体、蒸气或粉尘的放散管、呼吸阀、排风管等的管口外的以下空间应处于接闪器的保护范围内：当有管帽时应按表7.1的规定确定；当无管帽时，应为管口上方半径5 m的半球体；接闪器与雷闪的接触点应设在上述空间之外。

③ 排放爆炸危险气体、蒸气或粉尘的放散管、呼吸阀、排风管等，当其排放物达不到爆炸浓度、长期点火燃烧、一排放就点火燃烧时，以及发生事故时排放物才达到爆炸浓度的通风管、安全阀，接闪器的保护范围可仅保护到管帽，无管帽时可仅保护到管口。

表 7.1　有管帽的管口外处于接闪器保护范围内的空间

装置内的压力与周围空气压力的压力差(kPa)	排放物对比于空气	管帽以上的垂直距离(m)	距管口处的水平距离(m)
＜5	重于空气	1	2
5～25	重于空气	2.5	5
≤25	轻于空气	2.5	5
＞25	重于或轻于空气	5	5

注：相对密度小于或等于 0.75 的爆炸性气体规定为轻于空气的气体；相对密度大于 0.75 的爆炸性气体规定为重于空气的气体。

④ 独立接闪杆的杆塔、架空接闪线的端部和架空接闪网的每根支柱处应至少设一根引下线。对用金属制成或有焊接、绑扎连接钢筋网的杆塔、支柱，宜利用金属塔或钢筋网作为引下线。

(2) 第一类防雷建筑物防闪电感应应符合下列规定：

① 建筑物内的设备、管道、构架、电缆金属外皮、钢屋架、钢窗等较大金属物和凸出屋面的放散管、风管等金属物，均应接到防雷电感应的接地装置上。

金属屋面周边每隔 18～24 m 应采用引下线接地一次。

现场浇灌或用预制构件组成的钢筋混凝土屋面，其钢筋网的交叉点应绑扎或焊接，并应每隔 18～24 m 采用引下线接地一次。

② 平行敷设的管道、构架和电缆金属外皮等长金属物，其净距小于 100 mm 时应采用金属线跨接，跨接点的间距不应大于 30 m；交叉净距小于 100 mm 时，其交叉处也应跨接。

当长金属物的弯头、阀门、法兰盘等连接处的过渡电阻大于 0.03 Ω 时，连接处应用金属线跨接。对有不少于 5 根螺栓连接的法兰盘，在非腐蚀环境下，可不跨接。

③ 防闪电感应的接地装置应与电气和电子系统的接地装置共用，其工频接地电阻不宜大于 10 Ω。防闪电感应的接地装置与独立接闪杆、架空接闪线或架空接闪网的接地装置之间的间距应符合要求。

当屋内设有等电位连接的接地干线时，其与防闪电感应接地装置的连接不应少于两处。

(3) 第一类防雷建筑物防闪电电涌侵入的措施应符合下列规定：

① 室外低压配电线路宜全线采用电缆直接埋地敷设，在入户处应将电缆的金属外皮、钢管接到等电位连接带或防闪电感应的接地装置上。

② 当全线采用电缆有困难时，可采用钢筋混凝土杆和铁横担的架空线，并应使用一段金属铠装电缆或护套电缆穿钢管直接埋地引入，架空线与建筑物的距离不应小于 15 m。

③ 在入户处的总配电箱内装设电涌保护器。

3. 第二类防雷建筑物的防雷措施

(1) 第二类防雷建筑物外部防雷的措施，宜采用装设在建筑物上的接闪网、接闪带或接闪杆，也可采用由接闪网、接闪带或接闪杆混合组成的接闪器。接闪网、接闪带应沿屋角、屋脊、屋檐和檐角等易受雷击的部位敷设，并应在整个屋面组成不大于 10 m×10 m 或 12 m×8 m 的网格；当建筑物高度超过 45 m 时，首先应沿屋顶周边敷设接闪带，接闪带应设在外墙外表面或屋檐边垂直线上，也可设在外墙外表面或屋檐边垂直面外。接闪器之间应互相连接。

(2) 凸出屋面的放散管、风管、烟囱等物体,应按下列方式保护:

① 排放爆炸危险气体、蒸气或粉尘的放散管、呼吸阀、排风管等管道应符合第一类防雷建筑物防直击雷措施的第 ② 条规定。

② 排放无爆炸危险气体、蒸气或粉尘的放散管、烟囱,1 区、21 区、2 区和 22 区爆炸危险场所的自然通风管,0 区和 20 区爆炸危险场所的装有阻火器的放散管、呼吸阀、排风管,其防雷保护应符合下列要求:金属物体可不装接闪器,但应和屋面防雷装置相连;在屋面接闪器保护范围之外的非金属物体应装接闪器,并和屋面防雷装置相连。

(3) 专设引下线不应少于 2 根,并应沿建筑物四周和内庭院四周均匀对称布置,其间距沿周长计算不宜大于 18 m 。当建筑物的跨度较大,无法在跨距中间设引下线,应在跨距两端设引下线并减小其他引下线的间距,专设引下线的平均间距不应大于 18 m。

(4) 外部防雷装置的接地应和防闪电感应、内部防雷装置、电气和电子系统等接地共用接地装置,并应与引入的金属管线做等电位连接。外部防雷装置的专设接地装置宜围绕建筑物敷设成环形接地体。

(5) 利用建筑物的钢筋作为防雷装置时应符合下列规定:

① 建筑物宜利用钢筋混凝土屋顶、梁、柱、基础内的钢筋作为引下线。第二类防雷建筑物中的第 ②、③、④、⑨、⑩ 条规定的建筑物,当其女儿墙以内的屋顶钢筋网以上的防水和混凝土层允许不保护时,宜利用屋顶钢筋网作为接闪器;若这些建筑物周围很少有人停留时,宜利用女儿墙压顶板内或檐口内的钢筋作为接闪器。

② 当基础采用硅酸盐水泥和周围土壤的含水量不低于 4% 及基础的外表面无防腐层或有沥青质防腐层时,宜利用基础内的钢筋作为接地装置。当基础的外表面有其他类的防腐层且无桩基可利用时,宜在基础防腐层下面的混凝土垫层内敷设人工环形基础接地体。

③ 敷设在混凝土中作为防雷装置的钢筋或圆钢,当仅一根时,其直径不应小于 10 mm。被利用作为防雷装置的混凝土构件内有箍筋连接的钢筋,其截面积总和不应小于一根直径 10 mm 钢筋的截面积。

④ 构件内有箍筋连接的钢筋或成网状的钢筋,其箍筋与钢筋、钢筋与钢筋应采用土建施工的绑扎法、螺丝扣、对焊或搭焊连接。单根钢筋、圆钢或外引预埋连接板、线与构件内钢筋应焊接或采用螺栓紧固的卡夹器连接。构件之间必须连接成电气通路。

(6) 高度超过 45 m 的建筑物,尚应符合下列规定:

① 对水平凸出外墙的物体,如阳台、平台等,当滚球半径 45 m 球体从屋顶周边接闪带外向地面垂直下降接触到上述物体时应采取相应的防雷措施。

② 高于 60 m 的建筑物,其上部占高度 20% 并超过 60 m 的部位应防侧击,防侧击应符合下列规定:

a. 在这部位各表面上的尖物、墙角、边缘、设备以及显著凸出的物体,如阳台、平台等,应按屋顶上的保护措施考虑;

b. 在这部位布置接闪器应符合对本类防雷建筑物的要求,接闪器应重点布置在墙角、边缘和显著凸出的物体上;

c. 外部金属物,如金属覆盖物、金属幕墙,当其最小尺寸符合规定时,可利用其作为接闪器,还可利用布置在建筑物垂直边缘处的外部引下线作为接闪器。

③ 外墙内、外竖直敷设的金属管道及金属物的顶端和底端,应与防雷装置等电位连接。

4. 第三类防雷建筑物的防雷措施

（1）第三类防雷建筑物外部防雷的措施宜采用装设在建筑物上的接闪网、接闪带或接闪杆，或由其混合组成的接闪器。接闪网、接闪带应沿屋角、屋脊、屋檐和檐角等易受雷击的部位敷设，并应在整个屋面组成不大于20 m×20 m或24 m×16 m的网格；当建筑物高度超过60 m时，首先应沿屋顶周边敷设接闪带，接闪带应设在外墙外表面或屋檐边垂直面上或其外。接闪器之间应互相连接。

（2）凸出屋面的物体的保护措施与第二类防雷建筑物相同，即第二类防雷建筑物的防雷措施的第（2）条。

（3）专设引下线不应少于 2 根，并应沿建筑物四周和内庭院四周均匀对称布置，其间距沿周长计算不宜大于 25 m。当建筑物的跨度较大，无法在跨距中间设引下线，应在跨距两端设引下线并减小其他引下线的间距，专设引下线的平均间距不应大于 25 m。

（4）防雷装置的接地应与电气和电子系统等接地共用接地装置，并应与引入的金属管线做等电位连接。外部防雷装置的专设接地装置宜围绕建筑物敷设成环形接地体。

（5）与第二类防雷建筑物防雷措施的第（5）条相同。

（6）高度超过 60 m 的建筑物，尚应符合下列规定：

① 对水平凸出外墙的物体，如阳台、平台等，当滚球半径 60 m 球体从屋顶周边接闪带外向地面垂直下降接触到上述物体时应采取相应的防雷措施。

② 高于 60 m 的建筑物，其上部占高度 20% 并超过 60 m 的部位应防侧击，防侧击应符合下列规定：

a. 在这部位各表面上的尖物、墙角、边缘、设备以及显著凸出的物体，如阳台、平台等，应按屋顶上的保护措施考虑；

b. 在这部位布置接闪器应符合对本类防雷建筑物的要求，接闪器应重点布置在墙角、边缘和显著凸出的物体上；

c. 外部金属物，如金属覆盖物、金属幕墙，当其最小尺寸符合规定时，可利用其作为接闪器，还可利用布置在建筑物垂直边缘处的外部引下线作为接闪器。

③ 外墙内、外竖直敷设的金属管道及金属物的顶端和底端，应与防雷装置等电位连接。

7.1.4　直击雷防雷装置的安装

1. 接闪器

（1）材料要求

热浸镀锌单根扁钢，最小截面积 50 mm^2，厚度 2.5 mm；热浸镀锌单根圆钢，最小截面积 50 mm^2，直径 8mm；热浸镀锌绞线，最小截面积 50 mm^2，每股线直径 1.7 mm；用于接闪杆或入地处的热浸镀锌单根圆钢，最小截面积 176 mm^2，直径 15 mm。

（2）明装接闪带（网）的安装

当不上人屋面预留支撑件有困难时，可采用预制混凝土支墩作避雷带（网）的支架，支架点间距均匀，对于扁钢不大于 500 mm、圆钢不大于 1000 mm。平直度每 2 m 允许偏差 3/1000，全长不应超过 10 mm。混凝土支墩按图 7.1 预制。

女儿墙、屋脊上安装接闪带（网）支架，应尽量预留预埋安装件或孔洞。预埋件大小为 60×60×6 钢板，标高低于女儿墙成品标高 20 mm。预留孔洞尺寸为 100 mm×100 mm×100 mm。

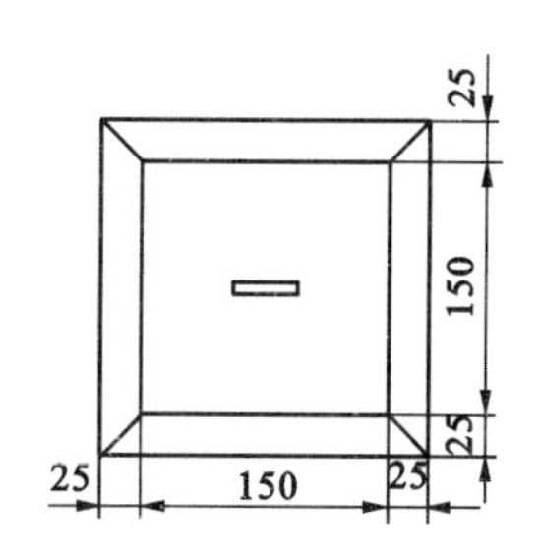

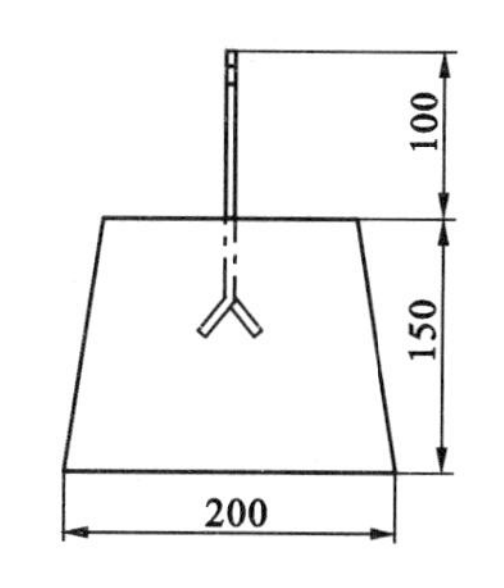

图 7.1 混凝土支墩的预制

接闪带(网)为圆钢时,采用 ϕ10 圆钢支架;接闪带(网)为扁钢时,采用— 25×4 扁钢支架。支架同预埋钢板焊接或在预留孔洞内用素混凝土灌注固定,支架高度一般为 150 mm。

支架调正、校平后,可进行接闪带(网)安装。接闪带安装前应校直,将校直后的接闪带(网)逐段安装于支架上,接闪带(网)焊接于支架上或用螺栓固定于支架上。接闪带(网)之间的连接采用焊接。

(3) 暗装接闪带(网)的安装

可上人屋面接闪带(网)可暗设,埋设深度为屋面下或女儿墙下 50 mm。接闪带(网)的间距应符合设计要求,引至屋面金属构件、设备的接地线位置正确,接地点外露。

高层建筑物 30 m 以下部分每隔 3 层设均压环一圈。可利用水平梁内主钢筋焊接成电气通路作均压环,并从就近均压环引出接地线— 25×4 或— 40×4 扁钢至电气井、管道竖井,将竖向管道每隔 3 层接地一次。

高层建筑物 30 m 以上部分向上每隔 1 层在结构圈梁内敷设一圈— 25×4 接闪带,并与引下线焊接形成水平接闪带,以防止侧击。所有金属栏杆及金属门窗等较大的金属物体处,均预留一根— 25×4 扁铁,供这些金属物体接地。

(4) 接闪杆安装

① 在屋面上的安装:根据设计图纸确定接闪杆的安装位置。然后同土建配合浇灌接闪杆基础,同时预埋接闪杆安装底板。待土建结构工程基本结束,引下线接地网安装完后,可进行接闪杆安装。将符合设计要求的接闪杆焊上一块肋板,然后竖起点焊于预留钢材上,用线锤检查接闪杆垂直后将肋板点焊牢固,但不能通长焊接,否则肋板会变形,接闪杆会倾斜。再将另外两个肋板分别点焊固定,最后对称施焊,将接闪杆固定牢靠,焊接接地线,清除药皮,用水泥砂浆将肋板和底座一起隐蔽。

② 在烟囱上安装:烟囱接闪杆设计只有一支时,可直接将接闪杆焊接在铁爬梯上;当有两支或三支避雷针时,应在烟囱四周压顶梁内预埋 M16 地脚螺栓,丝口打上黄油并用塑料布包扎好。在地上将接闪杆与底座焊接牢固,接闪杆与底座应垂直,然后将带底座的接闪杆吊上烟囱,安装于预埋地脚螺栓上,调平底座。

③ 在水塔上安装:水塔接闪杆一般采用 ϕ25 镀锌圆钢或 DN40 镀锌钢管,敷设于水塔正中。其安装固定方法与屋面接闪杆基本相同。

2. 引下线

(1) 材料要求

引下线一般采用圆钢或扁钢制成,其截面积不应小于 50 mm^2。在易受腐蚀的部位,其截面积应适当增大。其尺寸不应小于下列数值:圆钢直径为 8 mm,扁钢厚度为 2.5 mm。

（2）暗设圆钢、扁钢引下线敷设

将引下线放在木板上用木锤校直，或用钢筋校直机校直，或用手动葫芦拉直，然后随建、构筑物施工进度，将圆钢或扁钢埋设在墙或柱内。引下线上与接闪器连接，下与接地装置连接，并按要求安装断接卡（盒）。引下线的连接采用焊接，并将焊接处药皮清除掉后做防腐处理。当引下线敷设在砖墙或泥土内时，焊接处需刷沥青两遍；当引下线敷设于混凝土内时，可不做防腐处理。敷设在抹灰层内的引下线应分段固定。

（3）柱内主钢筋引下线敷设

按照设计图要求，确定引下线位置。选定作为引下线的柱内主筋，一般选 45° 对角的两根主钢筋，并将所有引下线钢筋位置标示在隐蔽工程记录中。当柱内钢筋扎完并校正后，将引下线与接地网连接，并将两根引下线用 $\phi10$ 圆钢做电气连接。引下线由下而上施工，根据设计图要求标高施工接地测试点、接地连接板。接地连接板或接地测试点一般选用 $100 \times 100 \times 10$ 的钢板并用 $\phi12$ 圆钢与引下线焊接。引下线焊接情况应每层做检查，并做好隐蔽工程验收记录。引下线至屋面时，应先将两根或两根以上引下线做电气连接，再同接闪器连接。

（4）明设引下线敷设

外墙装饰施工由上而下，完成一段，引下线就随着施工一段，直至断接卡处。将断接卡安装好并与接地装置连接。引下线从断接卡处到 −0.3m 用 *DN*50 钢管或∟50×50×4 角钢保护，并在保护管外刷红白标志漆。

3. 接地装置

参见相关内容。

7.1.5　建筑物防雷系统的验收

1. 验收要求

（1）建筑物顶部的避雷针、避雷带等必须与顶部外露的其他金属物体连成一个整体的电气通路，且与避雷引下线连接可靠。

（2）避雷针、避雷带应位置正确，焊接固定的焊缝饱满无遗漏，螺栓固定的备帽等防松零件齐全，焊接部分补刷的防腐油漆完整。

（3）避雷带应平正顺直，固定点支持件间距均匀、固定可靠，每个支持件应能承受大于 49 N(5 kg) 的垂直拉力。

（4）暗敷在建筑物抹灰层内的引下线应有卡钉分段固定；明敷的引下线应平直、无急弯，与支架焊接处油漆防腐，且无遗漏。

（5）当利用金属构件、金属管道作接地线时，应在构件或管道与接地干线间焊接金属跨接线。

（6）接地线在穿越墙壁、楼板和地坪处应加套钢管或其他坚固的保护套管，钢套管应与接地线做电气连通。

（7）当接地线跨越建筑物变形缝时，设补偿装置。

（8）接地线表面沿长度方向，每段为 15 ～ 100 mm，分别涂以黄色和绿色相间的条纹。

2. 验收资料

（1）竣工图；

（2）材料材质证明书和镀锌质量证明书；

(3) 材料设备报验记录；

(4) 图纸会审及设计变更记录；

(5) 接闪器工程检验批质量记录；

(6) 避雷引下线安装工程检验批质量验收记录。

7.2　安全用电

在电气设备安装、使用、维修的任一环节中，违反安全操作规程均有可能造成触电伤亡事故，以及设备烧毁和故障引起停电的设备事故。事故主要原因是缺乏安全用电知识、违反安全用电操作规程、安全工作制度混乱等。可见，安全用电实际上包含了供电系统、用电设备、人身安全等方面。

7.2.1　触电形式

由于人体是电的导体，当人体接触带电导体或漏电的金属外壳，使人体任两点间形成电流，由此引起的人体局部伤害或死亡现象被称为触电事故。此时流过人体的电流被定义为触电电流。

1. 触电形式

触电对人的伤害机理较复杂，但主要有两种伤害方式：一是电击，是指触电时电流流过人体内部而影响呼吸、内脏、神经、机体组织等系统，造成人体器官的损伤并导致残废或伤亡，也可能使呼吸器官和血液循环器官的活动停止或大大减弱而形成假死，此时若不及时进行人工呼吸和医疗救护，人将不能复生；二是电伤，由电流的热效应、化学效应、机械效应侵入人体表面，造成皮肤的伤害，如电弧的烧伤、电烙印、皮肤金属化、机械损伤、电光眼等，严重时也能致人死亡。严重的电击和电伤都有致命的危险，高压事故中两种都有，而低压事故中危害最大的是电击。常见电击的方式有三种：

(1) 单相触电。单相触电是指人体某一部位接触一条相线或漏电设备，另一部位直接或间接触及大地而引起的触电。人体此时相当于一根相线，电流经人体到地形成一条电流通道，如图7.2所示。其中图7.2(a)所示为电源中性线接地时的触电电流途径；图7.2(b)所示为电源中性线不接地时的触电电流途径。图7.2(a)所示的单相触电是低压供电系统中最为常见的形式。

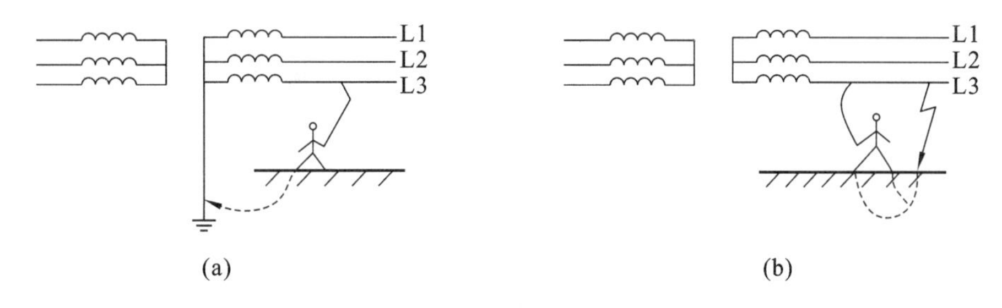

图7.2　单相触电示意图

(a) 中性线接地；(b) 中性线不接地

(2) 两相触电。两相触电是指人体同时接触两相带电体而引起的触电，如图7.3所示。此时相当于向人体施加 380 V 的电压，电流直接以人体为回路，流过人体的电流远远大于人体所能承受的极限电流 30 mA。除非肌肉剧烈收缩被弹离电源，否则在一般情况下只需 0.2 s 就可致人死亡，在高空作业时会因肌肉剧烈地收缩而造成摔伤。

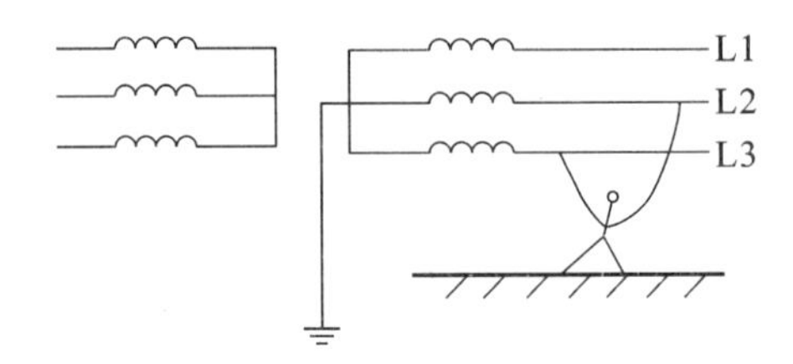

图 7.3　两相触电示意图

(3) 跨步电压触电。在电力系统的设备接地处或防雷接地点附近，地面电位较高，电流在向大地做球形散流过程中，接地体周围形成电压降。当人走近接地点附近时，人体两点间显示的电位差称为接触电压；两脚间(通常相距 0.8 m) 显示的电位差称为跨步电压。由跨步电压引起的触电事故称为跨步电压触电。步距越大，跨步电压也越大。当供电系统出现对地短路或有雷电流经过时，接地点的电位升高，周围土壤中产生的电压降远远大于安全电压，此时在接地体上流过很大的电流，容易对散流区域内的人员造成触电伤害。人体万一误入危险区，将会感到双脚发麻，此时千万不可大步跑，而应单脚跳出这一区域，一般 10 m 以外就没有危险了。因此在高压设备接地点周围应使用围栏，这样不仅可以防止人体触及带电体，还可以防止人体被跨步电压袭击。

2. 触电对人体伤害的因素

人体触电时，电流通过人体会引起针刺感、压迫感、打击感、痉挛、疼痛感觉，造成血压升高、昏迷、心律不齐、心室颤动等，严重损害心脏和神经系统，甚至危及生命的后果。触电对人体的伤害程度与通过人体电流的大小、电流持续的时间、电流通过的路径、电流的频率及人体的状况等多种因素有关。电流越大，通过的时间越长，感觉越强烈，致命危险就越大。

(1) 触电电流。指人体触电时通过人体的电流，是直接影响人身安全的重要因素。据科学测定，以 10 mA 为长期极限安全电流值，不同电流对人体影响不同，可分为：能引起人感觉的最小电流称为感知电流；人体自动摆脱带电体的摆脱电流；人体不能自动摆脱带电体的电流；在较短时间内危及生命的致命电流，如表 7.2 所示。

表 7.2　电流对人体的影响及后果

电流类别 / 感觉 / 电流(mA)	工频交流电流	直流电流	后果
0.6 ～ 1.5	人体开始有感觉，如手指有麻刺感	无感觉	感觉电流
2 ～ 3	手指有强烈麻刺感，颤抖	无感觉	人体自动摆脱带电体的摆脱电流
5 ～ 7	手部发生痉挛	有刺痛、烫、热感觉	
8 ～ 10	手腕处有剧痛，尚能摆脱带电体	灼热感觉增强	
20 ～ 25	感觉剧痛，呼吸困难，手部迅速麻痹	手部肌肉未发生强烈收缩，但肌肉开始痉挛	人体不能自主摆脱带电体

续表 7.2

电流类别 感觉 电流(mA)	工频交流电流	直流电流	后果
30 ～ 80	引起心室颤动，肌肉痉挛，呼吸麻痹	手部肌肉痉挛，呼吸困难，有强烈灼热感觉	致命电流
90 ～ 100	持续 3 s 或更长时间，心脏停搏	呼吸麻痹	心脏停搏，昏迷至死亡
100 ～ 300	作用 0.1 s 以上，呼吸困难、心脏停搏，肌体组织遭到电流热破坏		

(2) 触电时间。通电时间愈长能量积累增加，与特定相位重合可能性越大，心室颤动可能性也越大，触电时间越长人体电阻值就越低，人身允许的电流值就越小。通常把触电电流与触电时间的乘积作为触电安全参数，国际上目前公认为 30 mA·s，即 30 mA 电流通过 1 s 便能伤害人体。

(3) 电流频率。电流频率对人的伤害程度很大，交流比直流大，而频率为 40 ～ 60 Hz 的交流电比其他频率的电流更危险。相关研究数据表明，对于频率 50 Hz 的交流电流，其电流在 10 ～16 mA 以上时，开始对人有危害，人触电后便不能自主摆脱电源；当超过 50 mA 时，对人就有致命危险。而低于 40 Hz 或高于 60 Hz 的电流对人体伤害小，如 2 kHz 的电流对心肌无大影响。但也要注意设备的安全使用及高频电磁场的作用，它容易造成附近人员乏力、记忆力减退等症状，特别是高频会引起皮肤灼伤，高频电压的冲击也能引发触电事故。

(4) 电流途径。触电的危险性还与电流通过人体的生理部位有关，当电流通过心脏引起心室颤动，较大电流会引起心脏停止跳动，导致血液循环中断而死亡；电流通过中枢神经或有关部件，会引起中枢神经系统强烈失调而导致死亡；电流通过头部会使人昏迷，电流较大时会对脑部产生严重伤害；电流通过脊髓会使人截瘫。触电部位与心脏内流过电流的关系见表 7.3。

表 7.3　心脏内流过的电流占人体触电电流的百分率

触电部位	两脚触电	两手触电	右手至右脚	右手至左脚
流过心脏电流百分比	0.4%	3.3%	3.7%	6.7%

(5) 其他因素。如人体电阻、状态、环境等。人体电阻值由基本不变的体内电阻和随外界变化的皮肤电阻组成。但决定电流大小的人体电阻有很大的变动范围，可从 1500 Ω 到几万欧姆不等，且与人体的皮肤表面状况、接触面积、人体体质等因素有关。皮肤表面完好、干燥且低压作用下，人体电阻可达 10 kΩ 以上；若皮肤表面损伤、受潮、带有导电性粉尘等，人体电阻会急剧下降，在最恶劣的情况下人体电阻最小可达 800 ～ 1000 Ω，人体所接触的电压只要达到 $0.05 \times (800 \sim 1000) = 40 \sim 50$(V)，就有致命危险。身体健康及精神状态对触电也有影响，如本身患有心脏病等疾病，承受电击力更差，醉酒、疲劳过度也增大了触电的概率和危险性。另外，工作环境潮湿，场地狭窄(能摆脱电源的空间小)，周围金属材料多，都能增大触电的概率。

3. 触电保护

(1) 直接接触保护。防止人与带电体发生任何直接接触，又分为整体保护和局部保护两种方法。通过采用绝缘外壳、防护罩、电气隔离或其他类似的方法实行的是整体保护；通过采用设置围栏、遮栏、安全距离或其他类似的方法实行的是局部保护。

(2) 间接接触保护。在绝缘故障下对带电体的外露部分接触的保护，可通过双重绝缘、隔离变压器、保护接零、保护接地、保护切断等方式来实现。

双重绝缘是在基本绝缘的基础上提供强化绝缘；隔离变压器是在中性点直接接地的三相低压系统中，提供一种单独的供电装置，可有效地消除单相触电带来的危险；保护接零是将正常情况下不带电的可导电部分接在零线上；保护接地是将正常情况下不带电的可导电部分与“地”直接相连；保护切断是通过漏电保护装置、过电流保护装置自动切断触电电流的保护。

4. 触电的急救

当发生和发现触电事故时，须迅速进行抢救。抢救关键是“快”，抢救的措施是：

(1) 使触电者尽快脱离电源。一般情况下，人体触电后产生痉挛或失去知觉反而会紧抓带电体，不能自主摆脱电源，所以尽快脱离电源是对触电者采取的首要措施。对于低压触电事故：若触电地点距离电源开关较近，可立即切断电源；当电线搭落在触电者身上或被压在身下时，可用干燥的衣服、手套、绳子、木板等绝缘物作为工具拉开触电者或挑开电线，使触电者脱离电源。对高压触电事故：应立即通知触电处前级或有关部门停电；或戴上绝缘手套，穿上绝缘靴，用相应电压等级的绝缘工具拉断开关；紧急情况下也可抛掷裸金属线，强迫线路短路，迫使保护装置动作造成跳闸停电而断开电源。

(2) 现场急救。触电者脱离电源后须及时进行急救，时间越快越好。若触电者失去知觉，但仍能呼吸，应立即抬到空气流畅、温暖舒适的地方平卧，应快速地解开其衣服领口，立即清理他嘴里面的异物，使其头尽量后仰，让鼻孔朝天，头下垫枕头，这样，舌根就不会阻塞气道，速请医生诊治；若触电者已停止呼吸和心跳，这种情况往往是假死，不允许注射强心针，而应该通过人工呼吸和胸外挤压等急救方法使触电者逐渐恢复生命体征。

对触电者的急救往往需要持续较长的时间，有触电者经 4 h 或更长时间的人工呼吸而得救的事例。有资料指出，从触电后 3 min 开始救治，90% 有良好效果；从触电后 6 min 开始救治，10% 有良好后果；而从触电后 12 min 开始救治，救活的可能性就很小了。由此可见，现场迅速展开急救是非常重要的。在救护过程中还应注意防止救护者及触电者可能摔倒。

5. 安全电压

安全电压是指人体没有采取任何防护措施时，触及带电体而不致使人直接致死或致残的电压，这个带电体的电压就是安全电压。国际电工委员会(IEC) 规定 50 V 为交流安全电压。我国规定了 6 V、12 V、24 V、36 V、42 V 五个安全等级，因为建筑行业的特殊性，规定了 12 V、24 V、36 V 三个安全电压等级。所谓安全也是相对而言的，如行灯电压不得超过 36 V，但在潮湿场所、管道及金属容器内、有特别触电危险的建筑物中的行灯电压却不得超过 12 V。即使处于安全电压下，也绝不允许随意或故意去碰触带电体，安全电压也是因人而异的，触电的危险性与碰触带电体的时间长短，与带电体接触的面积和压力等均有关系。

7.2.2 接地类型与作用

接地的主要目的是保障设备与人身的安全。电力系统和电气设备的接地，因工作需要和作用可归纳为功能性和保护性两类，均要符合《低压配电设计规范》(GB 50054—2011) 的规定。

1. 接地种类

将电气设备的某些金属部位用导体(接地线)与埋设在土壤中的金属导体(接地体)相连接,并与大地做良好的电气连接,从而使接地点对地保持尽可能低的电位称为接地。包括供电系统的工作接地、电气设备保护接地、重复接地。其中电气设备保护接地又包括保护接地、保护接零、静电接地、防雷接地等。

2. 电气设备接地方式与作用

IEC 标准将低压配电系统规范为 TN、IT、TT 三大系统。TN 接地系统是在中性点接地系统中,将电气设备在正常情况下不带电的金属外壳与工作零线做良好的金属连接,也称为接零保护系统。该系统是目前建筑供电使用最多的接地系统,有三相四线制和三相五线制之分。根据电气设备外露导电部分与系统连接的不同方式又把 TN 系统分为三类:即 TN-C 系统、TN-S 系统、TN-C-S 系统,如图 7.4 所示。

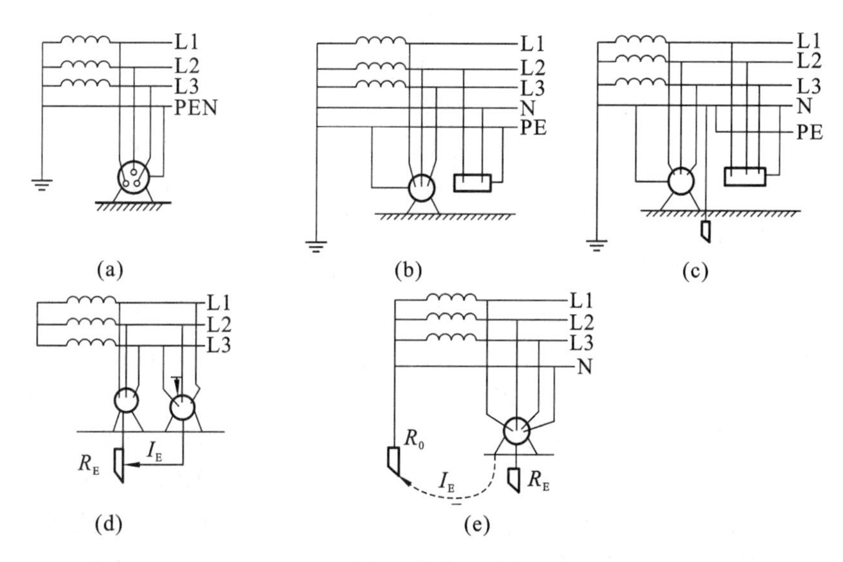

图 7.4 电气设备保护接地示意图

(a)TN-C 系统;(b)TN-S 系统;(c)TN-C-S 系统;(d)IT 系统;(e)TT 系统

(1) TN-C 系统是工作零线兼作接零保护线,可用 PEN 表示,适用于三相负荷基本平衡、单相负荷较小的工厂供电系统中。假如三相负荷不平衡,则 PEN 线中有不平衡电流,再加上一些负荷设备引起的谐波电流也会注入 PEN,从而使中性线 N 带电,且极有可能高于 50 V,对人身造成不安全因素。该系统不能接漏电开关,当出现故障电流时,可采用过电流保护器切断电源,一般采用零序电流保护。

(2) TN-S 系统是把工作零线 N 和保护零线 PE 严格分开的系统,适用于工业企业、高层建筑及大型民用建筑。系统正常运行时 PE 线上无电流,工作零线上有不平衡电流。PE 线对地没有电压,所以电气设备金属外壳接零保护是接在专用的保护线 PE 上,安全可靠。专用保护线 PE 不允许断线,也不允许接入漏电开关,但 TN-S 系统干线上可以安装漏电保护器。目前单独使用一个变压器供电的变配电所或距施工现场较近的工地基本上都采用 TN-S 系统,与逐级漏电保护相配合,确实起到了保障施工用电安全的作用,在建筑工程动工前的“三通一平”(电通、水通、路通和地平) 中需要采用 TN-S 系统,但耗材多、投资大。

(3) TN-C-S系统由两个接地系统组成，第一部分是TN-C系统，第二部分是TN-S系统，其分界面在N线与PE线的连接点上。PE线连接的设备外壳在正常运行时始终不会带电，所以该系统提高了操作人员及设备的安全性，常用于配电系统末端环境条件较差或有数据处理设备的场所，但PEN共用段不能装漏电开关。

综上所述，TN系统就是把电气设备在正常情况下不带电的金属外壳与电网紧密连接，从而有效地保护人身和设备的安全。

(4) IT系统是电力系统的带电部分与大地无直接连接（或经电阻接地），而受电设备的外露导电部分通过保护线直接接地的系统。该系统为小电流接地，设备须单独、成组或集中接地，传统称为保护接地。当发生单相接地故障时，其三相电压维持不变，且各PE间无电磁联系，适于数据处理、精密仪器，但不能作保护接零或重复接地。这种系统一般不适合在施工现场应用，故建筑供电中应用较少。

(5) TT系统是将电气设备的金属外壳直接接地的保护系统，称为保护接地系统。电源中性点直接接地，电气设备的外露导电部分用PE线接到接地极（此接地极与中性点接地极没有电气联系）。第一个符号T表示电力系统中性点直接接地；第二个符号T表示负载设备外露不与带电体相接的金属导电部分与大地直接连接，而与系统如何接地无关。在采用此系统保护时，当电气设备的金属外壳带电（相线碰壳或设备绝缘损坏而漏电）时，由于有接地保护，可以大大减少触电的危险性。但是，低压断路器不一定能跳闸，造成漏电设备的外壳对地电压高于安全电压，对人和设备有危害。

为消除TT系统的缺陷，提高用电安全可靠性，根据并联电阻原理，特提出完善TT系统的技术革新：即用不小于工作零线截面的绿/黄双色线（简称PT线），并联总配电箱、分配电箱、主要机械设备下埋设的4～5组接地电阻的保护接地线为保护地线，用绿/黄双色线连接电气设备金属外壳。它有下列优点：单相接地的故障点对地电压较低，故障电流较大，使漏电保护器迅速动作切断电源，有利于防止触电事故发生；PT线不与中性线相连接，线路架设分明、直观，不会有接错线的事故隐患；不用在每台电气设备下埋设重复接地线，可以节约埋设接地线费用开支，也有利于提高接地线质量并保证接地电阻$\leqslant 10\ \Omega$，用电安全保护更可靠。

TT系统在国外被广泛使用，在国内仅限于局部对接地要求较高的电子设备场所，目前在施工现场一般不采用此系统。但假如是公用变压器，而有其他使用者使用的是TT系统，则施工现场也应采用此系统。

3. 重复接地

在中性点接地的供电系统中，除将中性点接地外，沿中性线走向，每间隔一定距离再次将中性线与大地做可靠连接，称为重复接地。如果没有重复接地，一旦出现中性线断线时，接在断线处后面的所有电气设备就会出现既没有接零保护，又没有接地保护的情况，此时一旦发生了带电部分碰壳事故，就会使断线处后的其他电气设备外壳带电，这是十分危险的，会造成人体触电或其他电气事故。经过重复接地处理后，即使中性线发生断线，断线点后的电气设备保护方式变成保护接地，其外壳上的电压降低，也能使故障程度减轻，从而提高了保护接零的安全性，如图7.5所示。在照明线路中，这种方式也可以避免因中性线断裂、三相电压不平衡而造成的某些电气设备的损坏。

由同一台变压器、同一段母线供电的低压系统中，不能同时采用接零与接地两种保护。这是因为当接地保护的设备发生单相碰壳后，短路电流经相线和中性线形成回路，如图7.6所

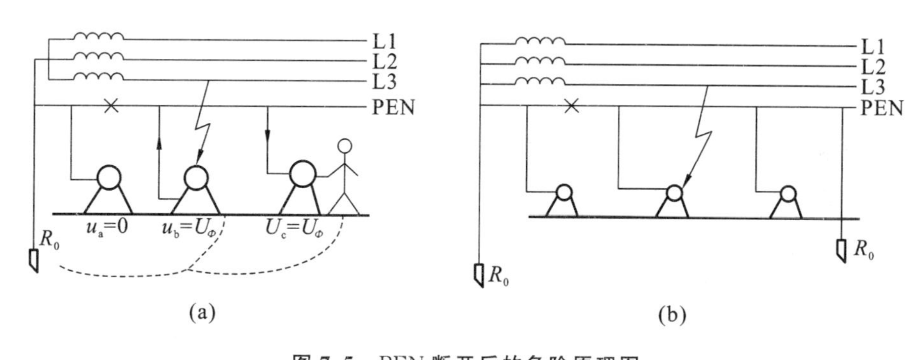

图 7.5　PEN 断开后的危险原理图

(a) 无重复接地 PEN 断线情况；(b) 有重复接地 PEN 断线情况

(U_Φ— 对地电压)

示。此时设备的对地电压等于中性点对地电压和单相短路电流在中性线中产生电压降的相量和，远远大于安全电压，形成整个电网接零设备外壳带电的危险。

7.2.3　接地装置及施工

雷电的危害，大家是有目共睹的。然而，近年来随着电网的改造和变电所自动化系统的建设，大家可能对这些设备的防雷接地保护还是认识不足，以致造成了很多雷害事故，造成自动化系统的瘫痪和一些电网设备事故，损失是比较严重的。因此，我们有必要介绍一些供、配电系统防雷接地的施工安装问题，为设计和施工人员提供一定的帮助。

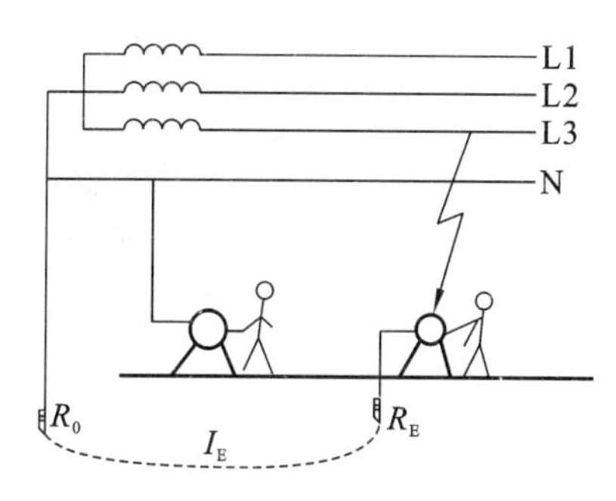

图 7.6　同时接零、接地危险原理示意图

1. 接闪器的安装

(1) 避雷针的安装。独立避雷针的接地装置一般是独立的，不与被保护物的接地体相连，其工频接地电阻应不大于 10 Ω。独立避雷针不应设在人经常通行的地方，距离道路应不小于 3 m。对于土壤电阻率小于 1000 Ω · m 地区的 110 kV 及以上的配电装置，为降低造价及简化布置，也可将避雷针装设在配电装置的构架上，成为构架避雷针，其接地装置除了利用主接地网外，还应在其附近敷设集中接地装置。

为了防止雷击避雷针时雷电波沿电线传入室内，危及人身安全，一般要求不得在避雷针构架上架设低压线路或通信线路。装有避雷针的构架上的照明电源线，必须采用埋于地下的带金属护层的电缆或套上金属管的导线。电缆护层或金属管必须接地，埋地长度应在 10 m 以上，方可与配电装置的接地网相连或与电源线、低压配电装置相连接。

(2) 避雷带(线) 的安装。避雷带(线) 的安装可采用预埋扁钢支架或预制混凝土支座的固定方法，安装在建筑物易受雷击的部位，如屋脊、屋檐、女儿墙和山墙等地点。当避雷带水平敷设时，支架间距为 1 ～ 1.5 m，转弯处为 0.5 m。为了使避雷带对建筑物不易遭受雷击的部位也有一定的保护作用，避雷带一般应高出重点保护部位 0.1 m 以上，如图 7.7 所示。

(3) 暗装避雷网的安装。暗装避雷网是利用建(构) 筑物内的钢筋作为接闪装置，并将避雷线、引下线、接地装置连接成一体的防雷接地系统。施工时应注意：高层建筑物防雷装置施工

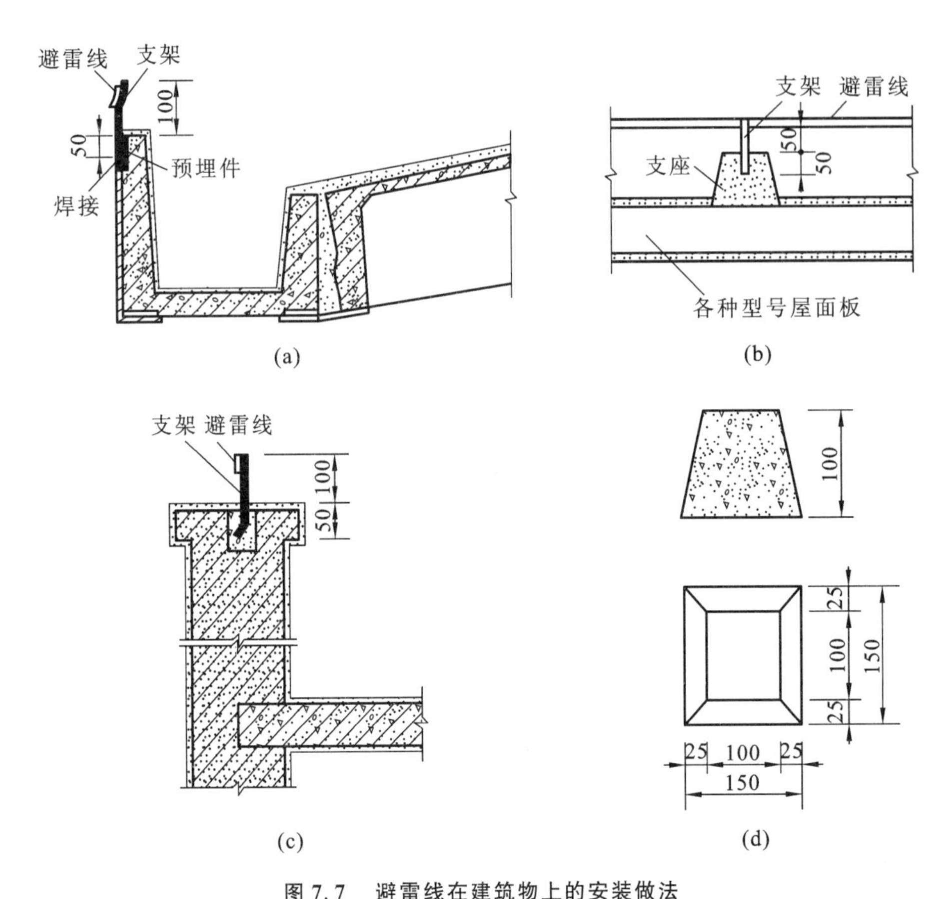

图 7.7　避雷线在建筑物上的安装做法

(a) 在天沟上安装；(b) 在屋面板上安装；(c) 在女儿墙上安装；(d) 图(b) 中的混凝土支座

时，必须使建筑物内部的所有金属物体构成统一的电气回路。因此，除建筑物本身的梁、柱、墙及楼板内的钢筋要互相连接外，建筑物内部的金属机械设备、电气设备及其互相连接的金属管路等，都必须构成电气回路的连接。钢筋之间的连接应搭接绑扎或焊接。建筑物超过 30 m 时，30 m 及以上部分建筑物内钢构架和钢筋混凝土的钢筋互相连接，利用钢柱或钢筋混凝土柱内钢筋作为防雷装置引下线，并将 30 m 及以上部分外墙上的栏杆、金属门窗等较大金属物直接或通过金属门窗预埋铁与防雷装置连接。

高层建筑的暗装避雷网要有防侧向雷击和等电位连接措施，即从建筑物首层开始每三层设均压环一圈。均压环的做法：当建筑物全部为钢筋混凝土结构时，可利用结构圈梁钢筋与柱内作为引下线的钢筋进行焊接作为均压环；当建筑物为砖混结构但有钢筋混凝土组合柱和圈梁时，均压环做法与钢筋混凝土结构的做法相同。没有组合柱和圈梁的建筑物，应每三层在建筑物外墙内敷设一圈直径不小于 ϕ12 mm 的镀锌圆钢作为均压环，并与防雷装置的所有引下线做电气连接。

2. 引下线的安装

(1) 引下线的明敷设。先在外墙上预埋断接卡子，然后将引下线(扁钢或圆钢) 固定在断接卡子上，固定方法可以为焊接、套环卡固等。引下线扁钢截面不得小于 25 mm × 4 mm；圆钢直径不得小于 12 mm。建(构) 筑物只有一组接地体时，可不做断接卡子，但要设置测试点；建

(构)筑物采用多组接地体时，每组接地体均要设置接地卡子。断接卡子或测试点设置的部位应不影响建筑物的外观且应便于测试，明设时距地高度为 1.8 m；1.8 m 以下部位应采用竹管或镀锌角钢保护。断接卡子所用螺栓直径不得小于 10 mm，并需加镀锌垫圈和镀锌弹簧垫圈。明敷引下线的固定方式如图 7.8 所示。

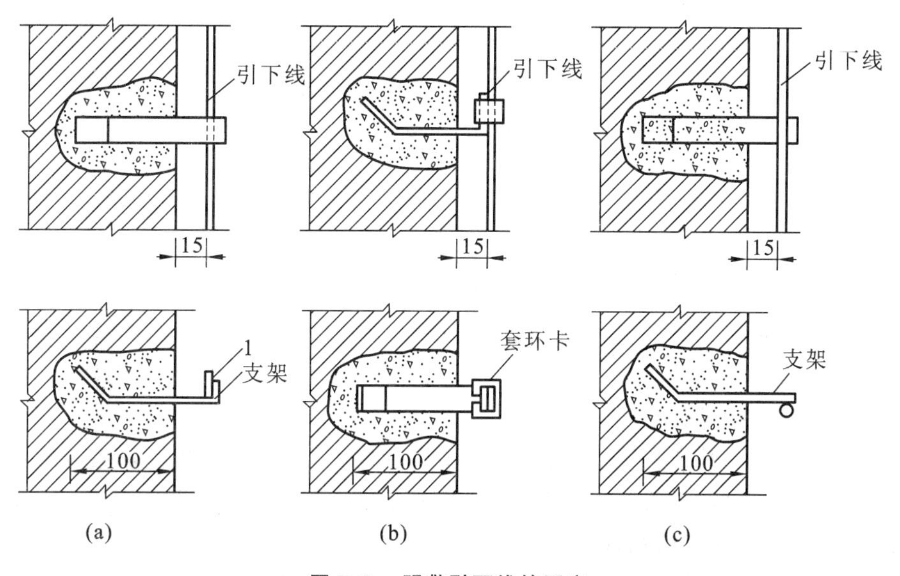

图 7.8　明敷引下线的固定

(a) 支架焊接固定；(b) 套环卡固定；(c) 焊接固定

引下线应避开建筑物的出入口和行人较容易接触到的地点，以免发生危险；引下线必须调直后方可进行敷设，弯曲处不应小于 90°，并不得弯成死角。

(2) 引下线的暗敷设。将引下线敷设在砖墙或混凝土构造柱内，应与土建工程配合施工。暗敷引下线可利用建筑物构造柱中的钢筋作为引下线。利用主筋做暗敷引下线时，每条引下线不得少于 2 根主筋，每根主筋直径不得小于 ϕ12 mm，每栋建筑物至少应有 2 根引下线。当钢筋的直径小于 16 mm 时，应采用 4 根钢筋作为引下线；当钢筋的直径为 16 mm 及以上时，应采用 2 根钢筋作为引下线。引下线的间距不应大于 20 m，作为引下线的钢筋连接宜采用搭接焊，钢筋搭接的长度不应小于钢筋直径的 6 倍。

3. 接地装置安装

(1) 人工接地体安装。人工接地体分垂直接地体和水平接地体。垂直接地体的安装：垂直接地体一般采用 40 mm×40 mm×4 mm、50 mm×50 mm×5 mm 的热镀锌角钢或直径 50 mm、壁厚不小于 3.5 mm 的热镀锌钢管，一端加工成尖头形状，长度不应小于 2.5 m，如图 7.9 所示。装设接地体之前，应先沿接地体敷设线路挖一条宽约 0.5 m、深 0.8～1 m 的沟槽，沟顶部稍宽，底部渐窄，沟底如有石子应清除，以便打入接地体和敷设连接接地极的扁钢。接地极打入地下时，应使其与地面保持垂直，不可倾斜，以免增大接地电阻。打入地下的深度应大于 2 m。

水平接地体的敷设：水平接地体一般采用圆钢或扁钢敷设。扁钢接地体的厚度应不小于 4 mm，截面应不小于 48 mm^2；圆钢接地体的直径应不小于 8 mm。水平安装接地体的长度应根据安装条件和接地装置的结构形式来确定，通常在几米至几十米之间。为了连接方便，水平接地体一端弯成直角，并露出地面。

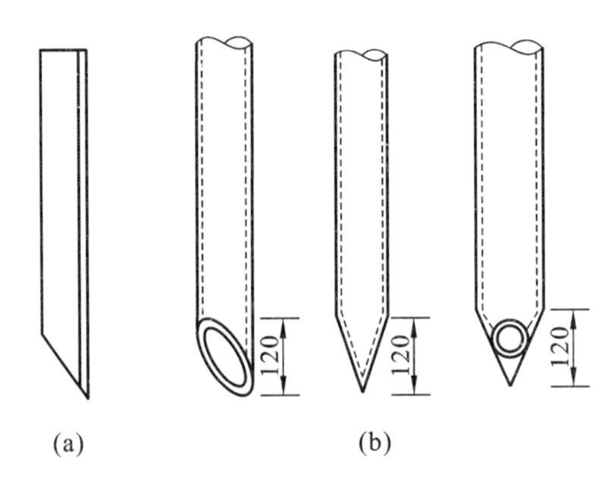

图 7.9　垂直接地体的形式

(a) 角钢接地极;(b) 钢管接地极

(2) 自然基础接地体安装。接地装置的接地体应尽量采用自然接地体,可节省钢材。可用作自然接地体的有埋设在地下的给排水金属管道、建(构)筑物的金属构架、有金属外皮的电力电缆、混凝土结构内的钢筋等。

利用底板钢筋或深基础做接地体:按设计图尺寸位置要求,将底板钢筋搭焊接好,再将柱主筋(不少于 2 根)底部与底板筋搭焊接,并在室外地面以下将主筋焊接连接板,同时将 2 根主筋用色漆做好标记,以便引出和检查。

利用埋入地下的金属管道做接地体时,接地线与管道的连接应采用卡箍连接;管道之间的连接若采用螺纹或法兰连接时,应加装跨接线。

利用柱形桩基及平台钢筋做接地体:按设计图尺寸和位置,找好桩基组数位置,把每组桩基四角钢筋搭接对焊,再与主筋(不少于 2 根)焊好,并在室外地面以下,将主筋焊接预埋接地连接板,并将主筋用色漆做好标记,以便于引出和检查。

4. 接地线的敷设

接地线在一般情况下均应采用热镀锌扁钢或圆钢,并应敷设在易于检查的地方,且应有防止机械损伤及防止化学腐蚀的保护措施。在跨越建筑物伸缩缝、沉降缝处,应设置补偿器,补偿器可用接地线本身弯成弧状代替。接地干线应设有测量接地电阻而预备的断接卡子,一般采用暗盒装入,同时加装盒盖并做上接地标记。接地干线还应在不同的两点或两点以上与接地网相连接。从接地干线敷设到用电设备的接地支线的距离越短越好。当接地线与电缆或其他电线交叉时,其间距至少要维持25 mm。在接地线与管道、公路、铁路等交叉处及其他可能使接地线遭受机械损伤的地方,均应套钢管或角钢保护。当接地线跨越有震动的地方时,接地线应略加弯曲,以使震动时有伸缩的余地,避免断裂。

垂直接地极间多采用热镀锌扁钢进行连接,其连接方式如图 7.10 所示。当接地体打入地中后,即可沿沟敷设扁钢,扁钢敷设位置、数量和规格应按设计规定。扁钢敷设前应检查和调直,然后将扁钢放置于沟内,依次将扁钢与接地体用焊接的方法连接。扁钢应立放,这样既便于焊接,也可以减小其散流电阻。

接地体与接地线焊好之后,经过检查确认接地体埋设深度、焊接质量、接地电阻、焊接处的防腐处理等均符合要求,方可将沟填平。填沟时应注意回填土中不能有石块、建筑物碎料及垃圾等,这些杂物会增加接地电阻。回填土应分层夯实,为了使土壤与接地体互相紧密地接触,可

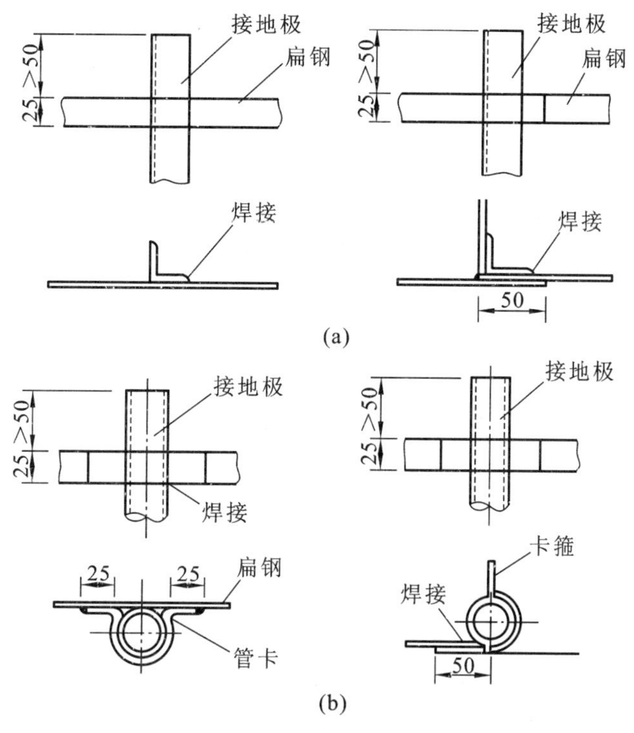

图 7.10　接地极与扁钢的连接

(a) 角钢接地极；(b) 钢管接地极

在每层土上浇一些水。但同时应注意不要在扁钢上踩踏，以免损坏焊接部分而影响质量。另外还应注意，当接地线沿墙敷设时，有时要穿过楼板或墙壁，此时应加设保护套管，如图 7.11 所示；当室外接地线引入室内时，必须用螺栓与室内接地线相连接，如图 7.12 所示；当接地线需要过门安装时，须将接地线埋入门下地中或从门上方敷设。

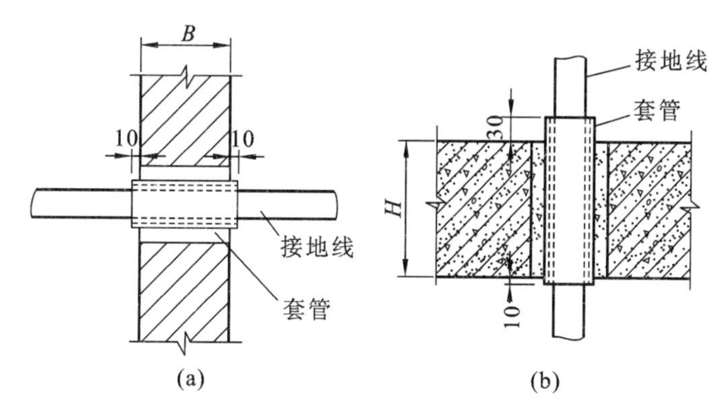

图 7.11　接地线穿墙、楼板的做法

(a) 穿墙做法；(b) 穿楼板做法

5. 接地电阻的测试及降低方法

接地电阻是指电流从接地体流入大地向远方扩散时受到的土壤阻力。对于工作接地及保护接地而言，接地电阻是指直流或工频交流电流流过时的电阻，称为工频接地电阻；对防雷接

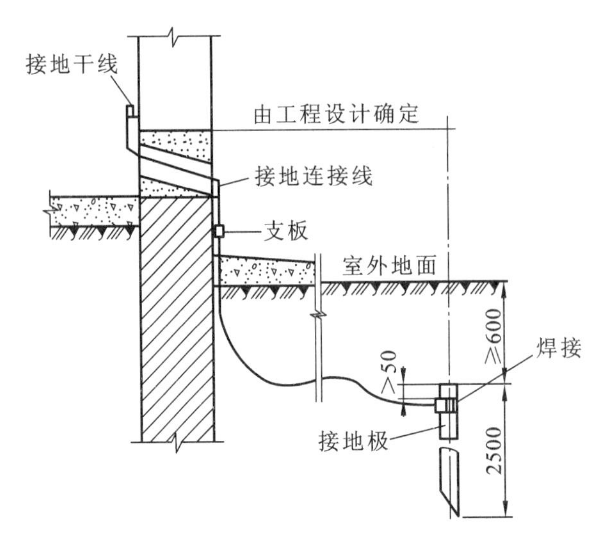

图 7.12　接地线引入室内的做法

地系统而言，接地电阻是指雷电流（冲击电流）流过时的电阻，称为冲击接地电阻。工频接地电阻主要考虑的是电网故障接地时的电阻，由于流过的电流频率较高，还应考虑是否存在电抗的因素。冲击接地电阻主要考虑的是电网受到大电流冲击时的接地电阻。一般电网受到大电流冲击主要发生在雷击时，流过的电流基本上是非周期性的直流电流，且电压相对较高，可以不用考虑电抗的因素。防雷中心检测的接地电阻主要是冲击接地电阻。

接地系统的接地电阻值是否合格直接关系到操作人的人身安全，但由于土壤对接地装置具有腐蚀作用，随着时间的推移，接地装置的腐蚀将影响接地系统的安全运行，因此，必须加强对接地电阻的定期监测。

测量接地电阻的基本原理是令一定的电流通过接地体流入大地，同时测量该电流在接地体与大地某一范围之内产生的压降，再以电压比电流关系求出接地电阻值。用于测量接地电阻的仪表有很多，常用于接地电阻测量的专用仪表为接地电阻测量仪（接地摇表）。接地电阻测量仪主要有 ZC-8 型和 ZC-9 型等。ZC-8 型测量仪表由手摇发电机、电流互感器、滑线电阻及检流计等部分组成，外部封装铝合金铸造的便携式外壳。由于其外形与普通摇表（兆欧表）相似，所以又把它称为接地摇表。

（1）测量准备和正确接线

接地电阻测量仪分为三个接线端子和四个接线端子两种，另外还配有两支接地探测针、三条导线，其中 5 m 长的导线用于接地极，20 m 长的导线用于电位探测针，40 m 长的导线用于电流探测针。测量前要对仪表做机械调零和短路试验，将接线端子全部短路，慢摇摇把，调整“测量标度盘”，使零指示器的指针指于中性线上，与表盘零线大体重合，则说明仪表可以正常使用，按图 7.13 接好测量线。

（2）摇测方法

① 选择合适的倍率。

② 慢慢摇动仪表的摇把，同时旋转“测量标度盘”，使零指示器的指针指于中性线上。当零指示器指针接近平衡时，加快摇动速度，达到 120 r/min，再调整“测量刻度盘”，使指针指于中性线上。

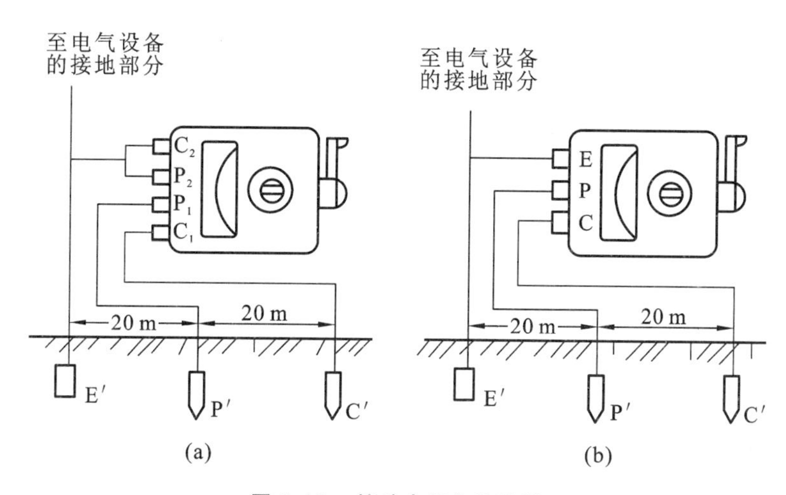

图 7.13　接地电阻仪的接线

(a) 四端钮测量仪接线；(b) 三端钮测量仪接线

③ 读数，刻度盘上的读数乘以倍率即为接地电阻值。目前广泛应用于电力、电信、建筑及工业电气设备的测量仪表还有钳形接地电阻测试仪。钳形接地电阻测试仪能测量出用传统方法无法测量的接地故障，能应用于传统方法无法测量的场合，因为钳形接地电阻测量仪测量的是接地电阻和接地引线电阻的综合值。钳形接地电阻测量仪有长钳口和圆钳口之分，长钳口特别适用于扁钢接地的场合。

(3) 接地电阻降阻方法

① 深埋接地极。在地电阻率随地层深度增加而减小较快的地方，往往在达到一定深度后，地电阻率会突然减小很多。因此利用大地性质，深埋接地极后，使接地极深入到地电阻率低的地层中，通过小的电阻率来达到减小接地电阻的目的。

对于地电阻率随地层深度的增加而减小不大的地方，由于地电阻率变化不大，所以对减小接地电阻作用不大，不宜采用深埋接地极的方法。

② 敷设水下接地网。在有适宜水源的地方敷设水下接地网，由于水的电阻率比地电阻率小得多，可以取得比较明显的减小接地电阻的效果。而且敷设水下接地网施工比较简便，接地电阻比较稳定，运行可靠，但应注意水下接地网距接地对象的距离一般不应大于 1000 m。

③ 利用自然接地体。充分利用混凝土结构物中的钢筋骨架、金属结构物，以及上下水金属管道等自然接地体，是减小接地电阻的有效措施，而且还可以起到引流、分流、均压的作用，并使专门敷设的接地带的连接作用得到加强。

④ 利用接地电阻降阻剂。降阻剂是由几种物质配置而成的化学降阻剂，是导电性能良好的强电解质和水分。这些强电解质和水分被网状胶体所包围，网状胶体的空格又被部分水解的胶体所填充，使它不至于随地下水和雨水而流失，因而能长期保持良好的导电作用，这是目前采用的较新和积极推广普及的降阻方法。

在接地极周围敷设了降阻剂后，可以起到增大接地极外形尺寸，降低与周围大地介质之间的接触电阻的作用，因而能在一定程度上降低接地极的接地电阻。降阻剂用于小面积的集中接地、小型接地网时，其降阻效果较为显著。

⑤ 人工处理土壤或更换土壤。这种方法需要对土壤进行化学处理，即在接地体周围土壤

中加入化学物质，如食盐、木炭、炉灰、电石渣、石灰等，提高接地体周围土壤的导电性，但土壤经人工处理后会降低接地体的热稳定性，加速接地体的腐蚀，减少接地体的使用年限；或者采用电阻率较低的土壤，如黏土、黑土及砂质黏土等替换原有电阻率较高的土质，置换范围包括接地体周围 0.5 m 以内和接地体的 1/3 处，但这种方法对人力和工时耗费都很大。

习　题

一、思考题

1. 雷电的成因及危害是什么？

2. 简述防直击雷装置的组成及作用。

3. 接地的类型有哪几种？

4. 接地线敷设有何要求？

5. 预防触电事故的发生，应采取哪些技术措施？

6. 何谓保护接地和保护接零？

7. 重复接地的作用是什么？

8. 触电急救的原则是什么？

9. 接地体、接地线采用什么材料？埋设有要求吗？

10. 叙述接地电阻的测试方法。

二、计算题

1. 有一水塔高 36 m，顶上安装 2 m 的避雷针一只，水塔旁有一房屋，其尺寸为 25 m×15 m×10 m，屋角最远处距水塔有 45 m，问此避雷针能否保护小屋？

2. 在某化工厂区内有一金属储油罐，形状为球形，直径为 5 m，若采取独立避雷针，问避雷针应离油罐多远？避雷针的高度应为多少？

3. 某建筑物高为 30 m、长为 60 m、宽为 20 m、房顶女儿墙高 0.5 m，若在屋顶上安装一个高 8 m 的避雷针，能否保护此楼？避雷针至少应为多高？

实验三　绝缘电阻与接地电阻的测量

一、实验目的

1. 学习兆欧表的使用方法，利用兆欧表检测电动机绕组的绝缘性能；
2. 学习接地摇表的使用方法，并利用它来测量接地电阻的阻值。

二、仪器及设备

1. 1000 V 兆欧表一块，秒表一块；
2. 接地摇表一块；
3. 三相异步电动机一台。

三、实验线路及原理

1. 绝缘电阻测试接线图

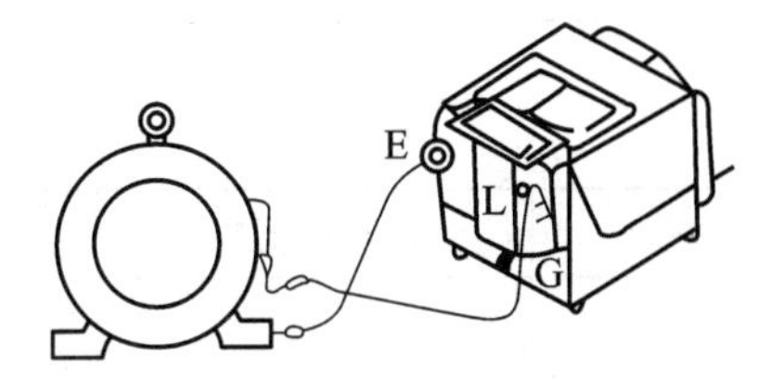

2. 接地电阻测试接线图

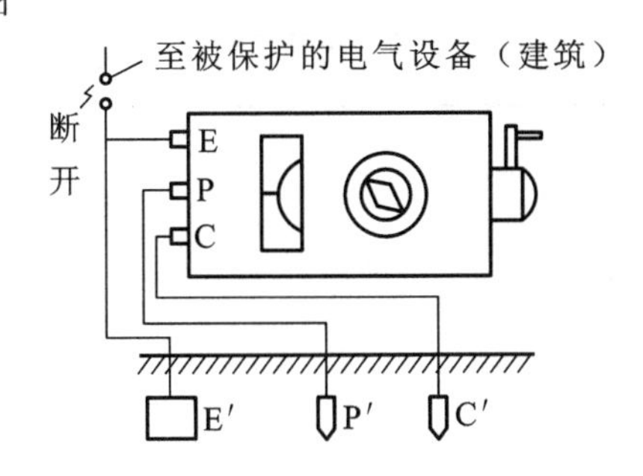

四、实验步骤

1. 绝缘电阻的测量

(1) 测量前，应检查兆欧表是否工作正常。把表水平放置，转动摇把至额定转速，看实验表的指针是否指在“∞”处，再慢慢地转动摇把，短接两个测试棒，看指针是否指在“0”处。若能指在“0”处，说明表是好的；否则不能使用。

(2) 将电动机的三相定子绕组连接断开，将 L1 相绕组接在兆欧表的 L 端子上，机壳与 E 端子连接。按顺时针方向转动摇把，转速由慢到快，当发电机转速稳定后，摇测到 15 s 时，读取兆欧表的读数，继续摇测到 60 s 时，读取兆欧表的读数，并将两次结果填入表 1 中。依次测试 L2、L3 相绕组的绝缘电阻，也填入表中。

2. 接地电阻的测量

(1) 将被测保护电器与接地体断开，按图示将接地摇表与接地体连接。

(2) 测量时，应先将接地摇表水平放置，检查检流计指针是否对在中心线上(如不在中心线上，应调整到中心线上)，然后将“倍率标度”放在最大倍数上，慢慢转动发电机摇把，同时旋转“测量标度盘”，使检流计指针平衡。

(3) 当检流计的指针接近平衡时，加快发电机摇把的转速，使其达到120 r/min以上，调整“测量标度盘”，使指针指于中心线上。

(4) 读取“测量标度盘”的读数和倍率标度数，填入表2中。

五、记录与计算

表 1

绕组绝缘电阻	15 s	60 s	计算吸收比(R60/R15)
L1 相			
L2 相			
L3 相			

表 2

实验次数	标度盘读数	倍率标度数	计算接地电阻值
第 1 次			
第 2 次			
第 3 次			

单元 8　施工现场用电

(1) 了解施工现场临时用电组织设计要求及主要内容；

(2) 掌握用估算法计算负荷的方法及选择变压器的方法；

(3) 了解施工现场防雷及安全用电的措施。

施工现场用电是以满足整个建筑工地建设用电需求为条件的，而这种建设用电需求包含两部分：一是拖动施工机电设备的动力用电；二是满足施工现场、办公、生活的照明用电。很明显，随着竣工验收、建筑物移交使用，现场用电也就不复存在了，这是一种临时用电。但自始至终依然构成了一个完整的供电系统。

8.1　施工现场用电设计

8.1.1　施工现场临时用电组织设计

1. 临时用电施工组织设计的要求

(1) 按照《施工现场临时用电安全技术规范》(JGJ 46—2005) 的规定："临时用电设备在 5 台及 5 台以上或设备总容量在 50 kW 及 50 kW 以上者，应编制临时用电施工组织设计；临时用电设备在 5 台以下和设备总容量在 50 kW 以下者，应制订安全用电技术措施及电气防火措施。" 这是施工现场临时用电管理应当遵循的一项技术原则。

(2) 临时用电组织设计及变更时，必须履行"编制、审核、批准"程序，由电气工程技术人员组织编制，经相关部门审核及具有法人资格企业的技术负责人批准后实施。变更用电组织设计时应补充有关图纸资料。

(3) 临时用电工程必须经编制、审核、批准部门和使用单位共同验收，合格后方可投入使用。

(4) 临时用电施工组织设计审批手续

① 施工现场临时用电施工组织设计必须由施工单位的电气工程技术人员编制，技术负责人审核。封面上要注明工程名称、施工单位、编制人并加盖企业主管部门公章。

② 施工单位所编制的施工组织设计，必须符合《施工现场临时用电安全技术规范》(JGJ 46—2005) 中的有关规定。

③ 临时用电施工组织设计必须在开工前 15 天内报上级主管部门审核、批准后方可进行临时用电施工。施工时要严格执行审核后的施工组织设计，按图施工。当需要变更施工组织设计时，应补充有关图纸资料，同样需要上报主管部门批准，待批准后，按照修改前、后的临时用电施工组织设计对照施工。

2. 临时用电施工组织设计的主要内容及编写要点

依据建筑施工用电组织设计的主要安全技术条件和安全技术原则，一个完整的建筑施工用电组织设计应包括现场勘测、负荷计算、变/配电所设计、配电线路设计、配电装置设计、接地设计、防雷设计、安全用电与电气防火措施、施工用电工程设计施工图等，内容很多，且各项编写要点不同，必须由专业电气工程技术人员来完成。

(1) 施工现场勘测。这是为了编制临时用电施工组织设计而进行的调查研究工作。现场勘测也可以和建筑施工组织设计的现场勘测工作同时进行或直接借用其勘测的资料。最主要的就是既要符合供电的基本要求，又要注意到临时性的特点。

现场勘测工作包括调查、测绘施工现场的地形、地貌、地质结构、正式工程位置、电源位置、地上与地下管线和沟道位置，以及周围环境、用电设备等。通过现场勘测可确定电源进线、变电所、配电室、总配电箱、分配电箱、固定开关箱、大型施工机械、加工区、物料和器具堆放位置，以及办公、加工与生活设施、消防器材位置和线路走向等。

结合建筑施工组织设计中所确定的用电设备、机械的布置情况和照明供电等总容量，合理调整用电设备的现场平面及立面的配电线路；调查施工地区的气象情况，土壤的电阻率和土壤的土质是否具有腐蚀性等。

(2) 负荷计算。对现场用电设备的总用电负荷计算的目的，对低压用户来说，可以依照总用电负荷来选择总开关、主干线的规格。通过对分路电流的计算，确定分路导线的型号、规格和分配电箱设置的个数及位置。总之，负荷计算要和变、配电室，总、分配电箱及配电线路、接地装置的设计结合起来进行计算。

(3) 变电所设计。主要是选择和确定变压器容量、相关配电室位置与配电装置布置、防护措施、接地措施、进线与出线方式，以及自备电源（发电机）的联络方式等。一般变电所的选址应考虑尽量接近用电负荷中心、不被不同现场施工触及、进出线及运输方便等因素。

(4) 配电线路设计。主要是选择和确定线路走向、配线种类(绝缘线或电缆)、敷设方式(架空或埋地)、线路排列、导线或电缆规格以及周围防护措施等。

线路走向设计时，应根据现场设备的布置，施工现场车辆、人员的流动，物料的堆放以及地下情况来确定线路的走向与敷设方式。一般线路设计应尽量考虑架设在道路的一侧，不得妨碍现场道路通畅和其他施工机械的运行、装拆与运输。同时又要考虑与建筑物和构筑物、起重机械构架保持一定的安全距离和防护措施问题。采用地下埋设电缆的方式应考虑地下情况，同时做好过路及进入地下和从地下引出等处的安全防护。

配电线路必须按照三级配电两级保护进行设计，同时因为是临时性布线，设计时应考虑架设迅速和便于拆除，线路走向尽量短捷。

(5) 配电装置设计。主要是选择和确定配电装置(配电柜、总配电箱、分配电箱、开关箱)的结构、电器配置、电器规格、电气接线方式和电气保护措施等。随着工程施工管理水平及标准化水平的提高，目前施工现场用的各级配电箱柜均有定型的且满足规范要求的产品可供选用。

确定变配电室位置时应考虑变压器与其他电气设备安装、拆卸的搬运通道问题。进线与出线方便且无障碍。尽量远离施工现场震动场所，周围无爆炸、易燃物品、腐蚀性气体的场所。地势选择不要设在低洼区和可能积水处。

总配电箱要设置在靠近电源的地方，分配电箱应设置在用电设备或负荷相对集中的地方。分配电箱与开关箱距离不应超过 30 m。开关箱应装设在用电设备附近便于操作处，与所操作使用的用电设备水平距离不宜大于 3 m。总分配电箱的设置地方,应考虑有两人同时操作的空间和通道,周围不得堆放任何妨碍操作、维修及易燃、易爆的物品,不得有杂草和灌木丛。

(6) 接地设计。主要是选择和确定接地类别、接地位置以及根据接地电阻值的要求选择自然接地体或设计人工接地体(计算确定接地体结构、材料、制作工艺和敷设要求等)。

(7) 防雷设计。主要是依据施工现场地域位置和其邻近设施防雷设置情况确定施工现场防直击雷装置的设置位置,包括避雷针、防雷引下线、防雷接地确定。在设有专用变电所的施工现场内,除应确定设置避雷针防直击雷外,还应确定设置避雷器,以防感应雷电波侵入变电所内。

(8) 安全用电与电气防火措施。安全用电与电气防火措施是对整个施工现场临时用电施工组织设计的补充与完善,要对施工现场安全用电与电气防火工作提出有针对性的、具体明确的要求。主要包括临时用电设施架设安装过程中的注意事项、整体管理要求、特殊环境管理要求、日常维护要求等。

安全用电措施包括各类作业人员相关的安全用电知识教育和培训,可靠的外电线路防护,完备的接地接零保护系统和漏电保护系统,合理的电器配置、装设和操作以及定期检查维修,配电线路的规范化敷设等。

电气防火措施包括针对电气火灾的电气防火教育,依据负荷性质、种类、大小合理选择导线和开关电器,电气设备与易燃、易爆物的安全隔离以及配备灭火器材、建立防火制度和防火队伍等。

(9) 建筑施工用电工程设计施工图。主要依据现行《施工现场临时用电安全技术规范》以及其他的相关标准、规程等完成施工图。

8.1.2　建筑工地电力负荷估算

建筑工地开工前是要提出用电申请的,这就需要确定整个施工现场用电量的大小,即负荷估算。一般采用下列经验公式计算:

$$S_{JS} = K_{x1}\frac{\sum P_1}{\eta_1\cos\varphi_1} + K_{x2}\left(\sum S_2 + \frac{\sum P_2}{\cos\varphi_2}\right) + K_{x3}\frac{\sum P_3}{\cos\varphi_3} + K_{x4}\frac{\sum P_4}{\cos\varphi_4} \tag{8.1}$$

式中　S_{JS}—— 施工现场电力总负荷(kV·A);

$\sum P_1$—— 所有动力设备电动机铭牌额定功率之和(kW);

$\sum S_2$—— 所有交流电焊机铭牌额定容量之和(kV·A);

$\sum P_2$—— 所有直流电焊机铭牌额定功率之和(kW);

$\sum P_3$—— 所有照明电器的额定功率之和(kW);

$\sum P_4$—— 所有电热设备铭牌额定功率之和(kW);

η_1—— 电动机的平均效率,一般取 0.75 ～ 0.93;

$K_{x1}, K_{x2}, K_{x3}, K_{x4}$—— 各类用电设备的需要系数;

$\cos\varphi_1, \cos\varphi_2, \cos\varphi_3, \cos\varphi_4$—— 各类用电设备平均功率因数,可查表 8.1。

表 8.1 施工现场用电设备需要系数、功率因数值

<table>
<tr><th>用电设备</th><th>数量</th><th>K_x</th><th colspan="2">cosφ</th><th colspan="2">tanφ</th></tr>
<tr><td rowspan="3">电动机</td><td>10 台以下</td><td>0.7</td><td colspan="2">0.687</td><td colspan="2">1.08</td></tr>
<tr><td>30 台以下</td><td>0.6</td><td colspan="2">0.65</td><td colspan="2">1.17</td></tr>
<tr><td>30 台以上</td><td>0.5</td><td colspan="2">0.60</td><td colspan="2">1.33</td></tr>
<tr><td rowspan="2">电焊机</td><td>10 台以下</td><td>0.6</td><td>交流 0.45</td><td>直流 0.89</td><td>交流 1.98</td><td>直流 0.51</td></tr>
<tr><td>10 台以上</td><td>0.5</td><td>交流 0.4</td><td>直流 0.87</td><td>交流 2.29</td><td>直流 0.57</td></tr>
<tr><td>照明</td><td></td><td>0.8</td><td colspan="2" rowspan="2">1</td><td colspan="2" rowspan="2">0</td></tr>
<tr><td>电热设备</td><td></td><td>1</td></tr>
</table>

依据《电热设备电力装置设计规范》(GB 50056—1993) 规定:电热设备专指电弧炉、感应电炉、感应加热器等专用设备,如无电热设备时则式(8.1) 中可省略第四项。

由于施工现场中照明只占总负荷的极少一部分,故可在动力负荷基础上取其 10% 为照明负荷,也可按照表 8.2 进行估算。

表 8.2 施工现场照明用电量估算参考表

序号	用电名称	容量(W/m^2)	序号	用电名称	容量(W/m^2)
1	混凝土及灰浆搅拌站	5	10	混凝土浇灌工程	1.0
2	钢筋加工	8 ~ 10	11	砖石工程	1.2
3	木材加工	5 ~ 7	12	打桩工程	0.6
4	木材模板加工	3	13	安装和铆焊工程	3.0
5	仓库及棚仓库	2	14	主要干道	2000 W/km
6	工地宿舍	3	15	非主要干道	1000 W/km
7	变配电所	10	16	夜间运输、夜间不运输	1.0、0.5
8	人工挖土工程	0.8	17	金属结构和机电修配等	12
9	机械挖土工程	1.0	18	警卫照明	1000 W/km

【例 8.1】 现有某建筑工地用电设备清单(表 8.3),确定该工地的用电容量并选择变压器。

表 8.3 建筑工地用电设备清单

设备编号	设备名称	型号	数量	额定功率
1	塔式起重机(共有 5 台电动机)	TQ-90	1 台	58 kW
2	卷扬机	JJ2K-1	2 台	7 kW
3	混凝土搅拌机	J4-375	2 台	10 kW
4	混凝土运输泵	HB-15	1 台	32.2 kW

续表 8.3

设备编号	设备名称	型号	数量	额定功率
5	蛙式夯土机	HW-60	2台	2.8 kW
6	插入式混凝土振动器	HZ6X-60	7台	1.1 kW
7	钢筋调直机	GJ6-8/4	1台	5.5 kW
8	钢筋弯曲机	GJ4-50	1台	3 kW
9	钢筋切断机	GJ5Y-32	1台	3 kW
10	交流电焊机	BX3-300-2	2台	23.4 kV·A
11	直流电焊机	AX-320	2台	14 kW
12	电热设备总功率			10.5 kW

【解】 (1) 计算工地所有电动机的负荷

$$\sum P_1 = 58 + (2\times7) + (2\times10) + 32.2 + (2\times2.8) + (7\times1.1) + 5.5 + 3 + 3 = 149\ (\mathrm{kW})$$

查表 8.1,共 22 台电动机,K_{x1} 取 0.6,$\cos\varphi$ 取 0.65,η 取 0.9,

$$则电动机负荷 = K_{x1}\frac{\sum P_1}{\eta_1\cos\varphi_1} = 0.6\times\frac{149}{0.9\times0.65} = 152.8\ (\mathrm{kV\cdot A})$$

(2) 计算工地所有电焊机的负荷

查表 8.1,共 4 台电焊机,K_{x2} 取 0.6,交流 $\cos\varphi$ 取 0.89,直流 $\cos\varphi$ 取 0.45,

$$则电焊机负荷 = K_{x2}\left(\sum S_2 + \frac{\sum P_2}{\cos\varphi_2}\right)$$

$$= 0.6\times\left(2\times23.4 + 2\times\frac{14}{0.89}\right) = 0.6\times78.26 = 47\ (\mathrm{kV\cdot A})$$

(3) 计算工地所有电热设备的负荷

查表 8.1,K_{x4} 取 1,交流 $\cos\varphi$ 取 1,则

$$电热设备负荷 = K_{x4}\frac{\sum P_4}{\cos\varphi_4} = 1\times\frac{10.5}{1} = 10.5\ (\mathrm{kV\cdot A})$$

(4) 计算工地动力总负荷

动力总负荷=152.8+47+10.5=210.3 (kV·A)

(5) 计算工地照明负荷:由于未给出具体照明负荷,故取动力负荷的10%,即

照明负荷=0.1×210.3=21 (kV·A)

(6) 计算工地电力总负荷

总计算负荷=$S_{动力}+S_{照明}$=210.3+21=231.3 (kV·A)

(7) 选择电力变压器

要满足变压器的额定容量大于或等于现场总的计算负荷,查相关手册选择 SL-250/10 电力变压器,其容量 250 kV·A>231 kV·A。但当负荷过大时或为了保障供电的可靠性,也可以考虑选择两台变压器。

8.1.3 施工现场配电室、自备电源、低压配电线路

1. 低压配电线路

(1) 低压配电线路的接线方式一般仍采取放射式、树干式、环形式三种，由于施工现场供电属于临时性质，考虑到施工费用、配线方便等因素，一般都采用树干式供电，或采用放射式与树干式相结合的混合式供电。

(2) 低压配电线路的结构形式

分为电缆和架空线两种。电力电缆一般采用直埋在地下或敷设在电缆沟内，与架空线路相比，受环境影响小、运行安全可靠、维修量少。另外，由于电缆的电容较大，减少了线路中感抗的影响，所以线路上的电压损失也小，因此，电力电缆愈来愈广泛用于厂矿企业中高低压电网中、高层建筑配电电网中的干线，采取架空线有困难的建筑施工现场。但采用电力电缆配电一次性投资费用高，线路分支困难，检修也不方便。

架空线路也称外电线路，与电力电缆相比虽然运行的可靠性差，受冰雪自然灾害的影响较大，但由于施工容易，投资节省，且分支方便，特别适合建筑施工现场临时供电的特点，所以，在建筑施工现场，供电线路一般都采用架空线路。

(3) 架空线路的基本要求

按《施工现场临时用电安全技术规范》(JGJ 46—2005)进行。

① 架空线必须采用绝缘导线，须架设在专用电杆上，严禁架设在树木及其他设施上。

② 架空线导线截面的选择应符合要求。

③ 在跨越铁路、公路、河流、电力线路档距内，绝缘铜线截面不应小于 16 mm^2，绝缘铝线截面不应小于 25 mm^2；在跨越铁路、公路、河流、电力线路档距内，架空线不得有接头。

④ 动力、照明线在同一横担上架设时，面向负荷从左侧起依次为 L1、N、L2、L3、PE；动力、照明线在二层横担上分别架设时，导线相序排列是：上层横担面向负荷从左侧起依次为 L1、L2、L3；下层横担面向负荷从左侧起依次为 L1、L2、L3、N、PE。只有线路清晰、相序排列准确，才能保证电气设备有安全可靠的接线。

⑤ 架空线路与邻近线路或设施的距离应符合表 8.4 规定的安全距离。安全距离就是必须保证的最小空间距离或最小空气间隙。

表 8.4 架空线路与邻近线路或设施的安全距离

<table>
<tr><td>项目</td><td colspan="7">邻近线路或设施类别</td></tr>
<tr><td rowspan="2">最小净空距离(m)</td><td colspan="2">过引线、接下线与邻线</td><td colspan="3">架空线与拉线电杆外缘</td><td colspan="2">树梢摆动最大时</td></tr>
<tr><td colspan="2">0.13</td><td colspan="3">0.05</td><td colspan="2">0.5</td></tr>
<tr><td rowspan="3">最小垂直距离(m)</td><td rowspan="2">同杆架设下方的广播线路通信线路</td><td colspan="3">最大弧垂与地面</td><td rowspan="2">最大弧垂与暂设工程顶端</td><td colspan="2">与邻近线路交叉</td></tr>
<tr><td>施工现场</td><td>机动车道</td><td>铁路轨道</td><td>1 kV 以下</td><td>1～10 kV</td></tr>
<tr><td>1.0</td><td>4.0</td><td>6.0</td><td>7.5</td><td>2.5</td><td>1.2</td><td>2.5</td></tr>
<tr><td rowspan="2">最小水平距离(m)</td><td colspan="2">电杆至路基边缘</td><td colspan="3">电杆至铁路轨道边缘</td><td colspan="2">边线与建筑物凸出部分</td></tr>
<tr><td colspan="2">1.0</td><td colspan="3">杆高＋3.0</td><td colspan="2">1.0</td></tr>
</table>

⑥ 接户线在档距内不得有接头，进线处离地高度不得小于 2.5 m。接户线线间及与邻近线路间的距离应符合表 8.5 的要求。

表 8.5　接户线线间及与邻近线路间的安全距离

架设方式	档距(m)	线间距离(mm)
架空敷设	≤25	150
	>25	200
沿墙敷设	≤6	100
	>6	150
架空接户线与广播线、电话线交叉		接户线在上部 600 接户线在下部 300
架空或沿墙敷设的接户线零线和相线交叉		100

⑦ 在建施工现场中架空线路的安全距离，主要是指外电线路到含脚手架的外侧边缘最小安全操作距离、到现场机动车道最小安全垂直距离、起重机最小安全距离，均应符合表 8.6 的要求，这样可有效地预防施工人员因操作不当而过于接近或接触外电线路造成的触电事故。

表 8.6　外电架空线路与其他项目的安全距离

架空线路电压等级 / 其他项目	1 kV 以下	1～10 (kV)	35～110 (kV)	154～220 (kV)	330～500 (kV)
含脚手架的外侧边缘最小安全操作距离(m)	4	6	8	10	15
现场机动车道最小安全垂直距离(m)	6	7	7	—	—
起重机沿垂直方向安全距离(m)	1.5	3	4～5	6	7～8.5
起重机沿水平方向安全距离(m)	1.5	2	3.5～4	6	7～8.5

⑧ 拉线宜用镀锌铁线，拉线与电杆的夹角应在 30°～45°之间，埋设深度不得小于 1 m，钢筋混凝土杆上的拉线应在高于地面 2.5 m 处装设拉紧绝缘子；因受地形环境限制不能装设拉线时，可采用撑杆代替拉线，撑杆埋深不得小于 0.8 m，其底部应垫底盘或石块。撑杆与主杆的夹角宜为 30°。

(4) 施工现场的室内配线基本要求

① 施工现场的室内配线基本要求与单元 6 所研究的内容基本相同。

② 若在潮湿场所或埋地非电缆配线则必须穿管敷设，管口和管接头要密封；当采用金属管敷设时，金属管必须做等电位连接并与 PE 线相连接。

③ 室内非埋地明敷主干线距地面高度不得小于 2.5 m。

2. 施工现场配电室

(1) 配电室的位置及要求

① 配电室应靠近电源，并应设在灰尘少、潮气少、振动小、无腐蚀介质、无易燃易爆物及道路畅通的地方，应方便电气设备的搬运。

② 配电室应尽量设在污染源的上风侧，以防止因空气污秽而引起电气设备绝缘、导电水平下降。配电室和控制室应能自然通风，并应采取防止雨雪侵入和动物侵入的措施。

③ 配电室不应设在容易积水的地方或者它的正下方。

④ 配电室应分别设置正常照明和事故照明。

(2) 配电室的布置

① 配电柜正面的操作通道宽度，单列布置或双列布置不得小于 1.5 m，双列面对面布置不得小于 2 m，如图 8.1 和图 8.2 所示。

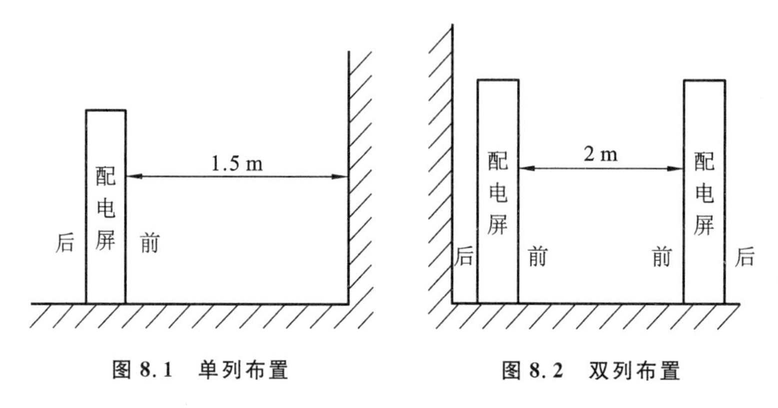

图 8.1　单列布置　　图 8.2　双列布置

② 配电柜后面的维护通道宽度，单列布置或双列面对面布置不得小于 0.8 m，双列背对背布置不得小于 1.5 m，个别地点有建筑物结构凸出的地方，则此点通道宽度可减少 0.2 m，如图 8.3 和图 8.4 所示。

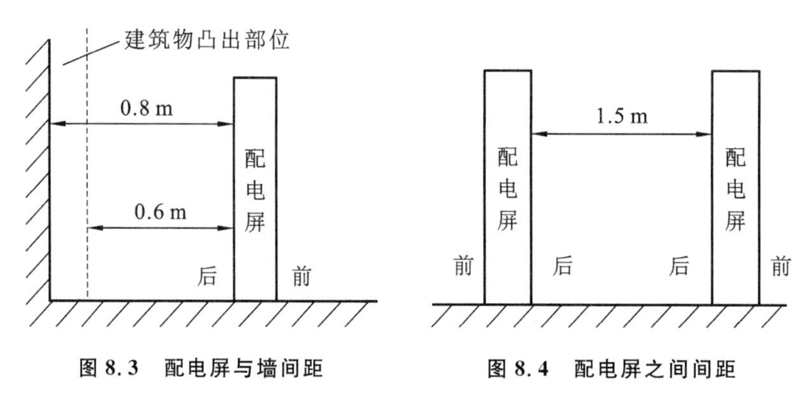

图 8.3　配电屏与墙间距　　图 8.4　配电屏之间间距

③ 配电柜侧面的维护通道宽度不得小于 1 m。

④ 配电装置的上端距顶棚不得小于 0.5 m，配电室的顶棚与地面的距离不得低于 3 m。

⑤ 配电室内设置值班或检修室时，该室边缘距配电柜的水平距离应大于 1 m，并采取屏障隔离。

⑥ 配电室内的裸母线与地面垂直距离小于 2.5 m 时，采用遮栏隔离，遮栏下面通道的高度不得小于 1.9 m，配电室围栏上端与其正上方带电部分的净距不得小于 0.075 m。

⑦ 配电室内的母线相序应涂刷有色油漆或戴上有颜色的冷缩护套，以柜正面方向为基准，其颜色应符合表 8.7 的规定。

表 8.7　母线涂色与位置

相序	母线颜色	垂直排列	水平排列	引下排列
L1(A)线	黄色	上	后	左
L2(B)线	绿色	中	中	中
L1(C)线	红色	下	前	右
N线	淡蓝色	—		
PE线	绿/黄双色	—		

(3) 配电室作业安全措施

① 配电柜应装设电度表，并应装设电流、电压表。电流表与计费电度表不得共用一组电流互感器；还应装设电源隔离开关及短路、过载、漏电保护器，电源隔离开关分断时应有明显可见分断点。

② 配电室的门应向外开，并配锁。配电柜应编号，并应有用途标记。

③ 成列的配电柜和控制柜两端应与重复接地线及保护零线做电气连接。

④ 配电室的建筑物和构筑物的耐火等级不得低于3级，室内应配置砂箱和可用于扑灭电气火灾的灭火器。

⑤ 配电柜或配电线路维修时，应挂接地线，并应悬挂“禁止合闸，有人工作”停电标志牌。停送电必须由专人负责。

⑥ 配电室应保持整洁，不得堆放任何妨碍操作、维修的杂物。

3. 230/400 V 自备发电机组

柴油发电机组是一种小型发电设备，是指以柴油等为燃料，以柴油机为原动机带动发电机发电的动力机械。整套机组一般由柴油机、发电机、控制箱、燃油箱、启动和控制用蓄电瓶、保护装置、应急柜等部件组成。整体可以固定在基础上定位使用，亦可装在拖车上供移动使用，如图8.5所示。

图 8.5　柴油发电机组

柴油发电机组属非连续运行发电设备，若连续运行超过12 h，其输出功率将低于额定功率约90%。若使用者需要长时间不间断使用，则要考虑到长时间工作机组功率下降这一点，应该配置常用型发电机组。如用户需要100 kW柴油发电机组，常用型柴油发电机组备用功率为100×110%=110 kW；而备用型柴油发电机组备用功率为90 kW。尽管柴油发电机组的功率较低，但由于其体积小、灵活、轻便、配套齐全，便于操作和维护，所以广泛应用于矿山、铁路、野外工地、道路交通维护，以及工厂、企业、医院等部门，作为备用电源或临时电源。

(1) 自备发电机室的设置

① 一般设置在室内，发电机组及其控制、配电、修理室等可分开设置；在保证电气安全距离和满足防火要求情况下可合并设置。

② 发电机组的排烟管道必须伸出室外。发电机组及其控制、配电室内必须配置可用于扑灭电气火灾的灭火器，严禁存放贮油桶。

(2) 自备发电机组安全操纵规程

① 发电机组电源必须与外电线路电源连锁，严禁与外电线路电源并列运行。

② 柴油发电机组可以单台机组运行，也可以多台并联运行和并入电力系统运行。但发电机组并列运行时，必须装设同期装置，并在机组同步运行后再向负载供电。

③ 发电机供电系统应设置电源隔离开关及短路、过载、漏电保护器。电源隔离开关分断时应有明显可见分断点。

(3) 发电机组应采用电源中性点直接接地的三相四线制供电系统和独立设置 TN-S 接零保护系统，其工作接地电阻值应符合以下规定：

① 单台容量超过 100 kV·A 或使用同一接地装置并联运行且总容量超过 100 kV·A 的电力变压器或发电机的工作接地电阻值不得大于 4 Ω。

② 单台容量不超过 100 kV·A 或使用同一接地装置并联运行且总容量不超过 100 kV·A 的电力变压器或发电机的工作接地电阻值不得大于 10 Ω。

③ 在土壤电阻率大于 10000 Ω·m 的地区，当达到上述接地电阻值有困难时，工作接地电阻值可提高到 30 Ω。

(4) 按规范规定，发电机控制屏宜装设交流电压表、交流电流表、有功功率表、电度表、功率因数表、频率表、直流电流表等。

(5) 柴油发电机组的保养

由于柴油机磨损较大、运行中机组的振动和噪声大、运行稳定性和过负荷能力比蒸汽动力装置差，工人操作条件较差，所以检修比较频繁。日常分为 A、B、C、D 四级维护保养程序。

由于施工现场临时用电工程按规定采用了电源中性点直接接地，并具有专用保护零线的三相四线制系统，所以为了充分利用已设临时供配电系统，由自备电源供电的自备发配电系统亦应采用电源中性点直接接地的，并具有专用保护零线的三相四线制系统。根据以上所述，自备发配电系统线路原理如图 8.6 所示。

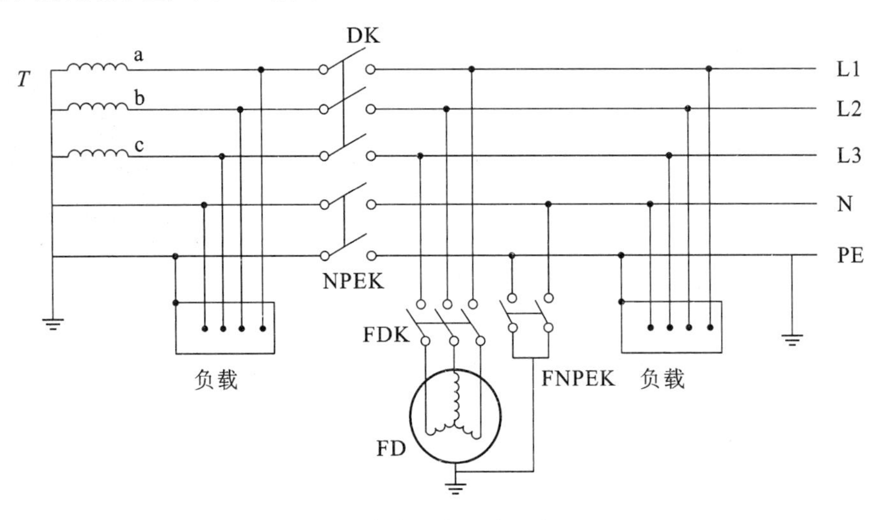

图 8.6　自备发配电系统线路原理图

8.2　施工现场安全用电

8.2.1　建筑施工现场临时用电要求

(1) 施工现场临时用电工程采用电源中性点直接接地的220/380 V三相五线制低压电力系统须符合下列规定:①采用三级系统;②采用TN-S接零保护系统;③采用两级漏电保护系统。

(2) 在施工现场专用变压器供电的TN-S接零保护系统中,电气设备的金属外壳必须与保护零线连接。保护零线应由工作接地线、配电室(总配电箱)电源侧零线或总漏电保护器电源侧零线引出。

(3) 当施工现场与外电线路共用同一供电系统时,电气设备的接地、接零保护应与原系统保持一致。不得部分设备做保护接零,另一部分做保护接地。

(4) 采用TN系统做保护接零时,实际运行经验表明此系统存在一些不安全因素,如三相负载不平衡造成N线会存在对地电压;N线断线时电气设备外壳存在相电压等。故《施工现场临时用电安全技术规范》(JGJ 46—2005)规定,工作零线(N线)必须通过总漏电保护器,保护零线(PE线)必须由电源进线零线重复接地处或总漏电保护器电源侧零线处引出,形成局部TN-S接零保护系统。

(5) TN系统中的保护零线除必须在配电室或总配电箱处做重复接地外,还必须在配电系统的中间处和末端处做重复接地。在TN系统中,保护线每一处重复接地装置的接地电阻值不应大于10 Ω。

(6) 总配电箱应设在靠近电源的区域,总配电箱应装设电压表、电流表、电度表及其他需要的仪表。专用电能计量仪表的装设应符合当地供用电部门的要求。分配电箱应设在用电设备或负荷集中的区域,分配电箱与开关箱距离不得超过30 m,开关箱与其控制的固定式用电设备的水平距离不宜超过3 m。

配电柜应装电度表,并应装设电流表、电压表。电流表与计费电度表不得共用一组电流互感器。装设电流互感器时,其二次回路必须与保护零线有一个连接点,且严禁断开电路。

8.2.2　施工现场防雷措施

建筑工程施工现场存在着正在施工的建筑工程和许多高大的机械设备,必须要设置防雷装置,以减少雷电危害造成的人身伤害及财产损失,保障施工人员生命、财产的安全。

1. 施工现场防雷的基本要求

对于施工中的高层建筑工地或使用塔吊等高大施工机械的现场,必须按照《施工现场临时用电安全技术规范》(JGJ 46—2005)的规定,采取相应的防雷措施,按规定通常做法有:

(1) 施工前,提前考虑防雷工程需要,做好防雷措施,首先做好接地装置。

(2) 按图纸要求随时将混凝土柱内的主筋与接地装置连接,以保证安全。

(3) 施工现场的起重机、井字架、龙门架、外用电梯等机械设备,以及钢脚手架和正在施工的在建工程等的金属结构,均按第三类防雷规定进行,在脚手架上安装数根避雷针,杉木的顶针至少应高于杉木30 cm,并直接接到接地装置上。

(4) 施工用起重机最上端务必装避雷针,并将其下部连接于接地装置上;移动式起重机须将两条滑行钢轨接到接地装置上。当最高机械设备上避雷针(接闪器)的保护范围能覆盖其他设备,且又最后退出现场,则其他设备可不设防雷装置。

(5) 由室外引来的各种金属管、电缆外皮在入建筑物前,均应就近接到接地装置上。

(6) 应使施工现场正在绑扎钢筋的各层地面随时连成一个等电位面,以免遭受雷电时形成跨步电压。

(7) 用作防雷接地的机械上的电气设备,所连接的 PE 线必须同时做重复接地,同一台机械电气设备的重复接地和防雷接地可共用同一接地体,但接地电阻应符合重复接地电阻值的要求。接地电阻值应小于 4 Ω。

(8) 施工现场各机械设备防雷引下线可以利用该设备的金属结构体代替,其前提条件是能保证设备的金属结构体间实现电气连接。否则应单独敷设引下线并应符合下列规定:

① 引下线宜采用圆钢或扁钢,优先采用圆钢,圆钢直径不应小于 8 mm,扁钢截面不应小于 48 mm^2,其厚度不应小于 4 mm。

② 采用多根引下线时,宜在各引下线距地面 0.3～1.8 m 之间装设断接卡。在易受机械损坏和防止人身接触的地方,地面上 2.0 m 至地下 0.2 m 的一段接地线应使用圆钢、硬质塑料管保护。

2. *施工作业层防雷技术措施*

(1) 充分利用现场塔式起重机防雷

① 为解决高层建筑主体施工时物料的垂直运输问题,一般配置塔式起重机。可利用起重机塔身的金属结构做防雷引下线。将导轨和防雷接地装置可靠焊接,实现塔式起重机的防雷接地,其接地电阻值不应大于 10 Ω。

② 勘察施工现场,按照比例绘制塔式起重机和建筑物的平面布置图,采用滚球法确定塔式起重机的保护范围。按照比例以塔式起重机中心为圆心,以 r_0 与 r_x 为半径分别画圆,确定塔式起重机的实际保护范围。查看塔式起重机能保护施工作业层的哪些部位,还有哪些部位不能被其保护。

③ 塔式起重机可不另设避雷针,但应按照规范做好重复接地和防雷接地。

(2) 做好大型钢模板防雷接地、电动爬架防雷接地、屋顶钢结构施工防雷接地、室外提升电梯防雷接地。

人工接地体做法及要求同单元 7 所述,当接地体安装完成后进行接地电阻摇测,并记录归档。每季度摇测一次接地电阻,要求小于 4 Ω。如实测大于 4 Ω,应加补接地极。

当工程基础地板的钢筋敷设完成后,利用基础地板上下两根主筋(螺纹 25)与塔吊柱腿钢柱焊接作为防雷接地。

接地电阻值必须符合安全技术规范要求,但大地电阻因季节性变化而有所差别,所以接地装置的设置应考虑土壤干燥、雨季、冻结等季节变化的影响,将实测的接地电阻值或土壤电阻率,要乘以季节系数进行修正。季节调节系数如表 8.8 所示。

表 8.8 接地电阻季节调节系数

测试月份	一	二	三	四	五	六	七	八	九	十	十一	十二
调节系数	1.05		1	1.6	1.9	2	2.2	2.55	1.6	1.55		1.35

(3) 外用电梯的防雷装置

外用电梯的顶部应安装避雷针，针长 1～2 m，采用圆钢时直径不得小于 16 mm，采用钢管时直径不得小于 25 mm；引下线利用电梯的金属结构，上部与避雷针可靠连接，下部与接地装置可靠连接。

外用电梯的防雷接地应与重复接地共用同一接地体，室外电梯电源必须有单独的电源箱供电，且经过漏电保护器进行控制，配电箱内接地线压接应牢固可靠，接地电阻值不得大于 4 Ω。

(4) 井字架及龙门架的防雷装置

井字架及龙门架的顶部应安装避雷针，针长 1～2 m，采用圆钢时直径不得小于 16 mm，采用钢管时直径不得小于 25 mm；防雷引下线使用 $\phi 8$ 圆钢，上部与避雷针可靠连接，下部与防雷接地装置可靠连接；井字架及龙门架的防雷装置接地电阻值不得大于 10 Ω。

(5) 外侧钢脚手架的防雷装置

外侧钢脚手架的防雷，应就近利用建筑物作业层层面上的主筋作为防雷引下线。脚手架与防雷引下线主筋之间使用活动的连接导线，导线的截面不应小于 50 mm^2，导线的两端应使用专用卡子分别与钢脚手架和引下线主筋可靠连接。外侧钢脚手架的防雷装置接地电阻值不得大于 10 Ω。

(6) 大型钢模板防雷装置

当金属大模板放置位置不处于防雷保护范围内时，对金属大模板采取防雷接地措施。金属大模板的防雷接地采用 50 mm^2 铜编织线，两端用焊把钳分别与作业面上结构柱的防雷引下线和大模板夹接。

8.2.3 施工现场安全用电制度

1. 施工现场临时用电管理制度

(1) 电气维修制度

① 只准全部(操作范围内)停电工作、部分停电工作，不准不停电工作。维修工作要严格执行电气安全操作规程。

② 不准私自维修不了解内部原理的设备及装置，不准私自维修厂家禁修的安全保护装置，不准私自超越指定范围进行维修作业，不准从事超越自身技术水平且无指导人员在场的电气维修作业，不准在本单位不能控制的线路及设备上工作。

③ 不准酒后或有过激行为之后进行维修作业，不准随意变更维修方案而使隐患扩大。

④ 对施工现场所属的各类电动机，每年必须清扫、注油或检修一次；对变压器、电焊机，每半年必须进行清扫或检修一次；对一般低压电器、开关等，每半年检修一次。

(2) 工作监护制度

① 在带电设备附近工作时必须设人监护；登高用电作业时必须设专人监护；在狭窄及潮湿场所从事用电作业时必须设专人监护。

② 监护人员应时刻注意工作人员的活动范围，督促其正确使用工具，并与带电设备保持安全距离。发现违反电气安全规程的做法应及时纠正。

③ 监护人员在执行监护工作时，应根据被监护工作情况携带或使用基本安全用具或辅助安全用具，不得兼做其他工作。

④ 监护人员的安全知识及操作技术水平不得低于操作人员。

(3) 安全用电技术交底制度

① 进行临时用电工程的安全技术交底，必须分部分项且按进度进行。不准一次性完成全部工程交底工作。设有监护人的场所，必须在作业前对全体人员进行技术交底。

② 对电气设备的定期维修前、检查后的整改前，必须进行技术交底。对电气设备的试验、检测、调试前、检修前及检修后的通电试验前，必须进行技术交底。

③ 交底项目必须齐全，包括使用的劳动保护用品及工具、有关法规内容、有关安全操作规程内容和保证工程质量的要求，以及作业人员活动范围和注意事项等。

④ 填写交底记录要层次清晰，交底人、被交底人及交底负责人必须分别签字，并准确注明交底时间。

(4) 安全检测制度

① 测试工作接地和防雷接地电阻值，必须每年在雨季前进行。测试重复接地电阻值必须每季至少进行一次。每年必须对漏电保护器进行一次主要参数的检测，不符合铭牌值范围的应立即更换或维修。

② 更换和大修设备或每移动一次设备，应测试一次电阻值。测试接地电阻值工作前必须切断电源，断开设备接地端。操作时不得少于 2 人，禁止在雷雨时及降雨后测试。

③ 对电气设备及线路、施工机械电动机的绝缘电阻值，每年至少检测 2 次。摇测绝缘电阻值时，必须使用与被测设备、设施绝缘等相适应的(按安全规程执行)绝缘摇表。

④ 检测绝缘电阻前必须切断电源，至少 2 人操作。禁止在雷雨时摇测大型设备和线路的绝缘电阻值。检测大型感性和容性设备前后，必须按规定方法放电。

⑤ 定期或特殊情况下使用计量合格的漏电保护测试仪，对现场使用的各级漏电开关进行漏电动作电流、漏电动作时间的测试，测试实际值要做好记录。测试超标的漏电开关要停止使用，及时更换，以确保用电人员人身安全。

(5) 电工及用电人员操作制度

① 禁止使用或安装木质配电箱、开关箱、移动箱，电动施工机械必须实行“一闸一机一漏一箱一锁”，且开关箱与所控固定机械之间的距离不得大于 5 m。

② 严禁以取下(给上)熔断器方式对线路停(送)电，严禁维修时送电，严禁频繁按动漏电保护器和私拆漏电保护器。

③ 严禁长时间超铭牌额定值运行电气设备，严禁在同一配电系统中一部分设备做保护接零，另一部分做保护接地。

④ 严禁直接使用刀闸启动(停止)4 kW 以上电动设备，严禁直接在刀闸上或熔断器上挂接负荷线。

(6) 安全检查评估制度

① 项目经理部安全检查每月应不少于 3 次，电工班组安全检查每日进行一次，电工的日常巡视检查必须按《电气设备运行管理准则》等要求认真执行。

② 各级电气安全检查人员必须在检查后对施工现场用电管理情况进行全面评估，找出不足并做好记录，每半月必须归档一次。各级检查人员要以国家的行业标准及法规为依据，以有关法规为准绳，不得与法规、标准或上级要求发生冲突，不得凭空杜撰或以个人好恶为尺度进行检查评估，必须按规定要求评分。

③ 检查的重点是:电气设备的绝缘有无损坏;漏电开关试验按钮测试是否有效;三相电流是否基本平衡(不平衡率控制在10%左右);线路的敷设是否符合规范要求;绝缘电阻是否合格;设备裸露带电部分是否有防护;保护接零或接地是否可靠;接地电阻值是否在规定范围内;电气设备的安装是否正确、合格;配电系统设计布局是否合理,安全间距是否符合规定;各类保护装置是否灵敏可靠、齐全有效;各种组织措施、技术措施是否健全;电工及各种用电人员的操作行为是否规范;有无违章指挥等情况。

④ 对各级检查人员提出的问题,必须立即制定整改方案进行整改,不得留有事故隐患。

(7) 安全教育和培训制度

① 安全教育必须包含用电知识的内容。没有经过专业培训、教育或经教育、培训不合格及无操作证的电工及各类主要用电人员不准上岗作业。每年对电工及各类用电人员的教育与培训,累计时间不得少于7天。

② 专业电工必须两年进行一次安全技术复试。不懂安全操作规程的用电人员不准使用电动器具。用电人员变更作业项目必须进行换岗用电安全教育。

③ 各施工现场必须定期组织电工及用电人员进行工艺技能或操作技能的训练,坚持干什么,学什么,练什么。采用新技术或使用新设备之前,必须对有关人员进行知识、技能及注意事项的教育。

④ 施工现场至少每年进行一次吸取电气事故教训的教育。必须坚持每日上班前和下班后进行一次口头教育,即班前交底、班后总结。

⑤ 施工现场必须根据不同岗位,每年对电工及各类用电人员进行一次安全操作规程的闭卷考试,并将试卷或成绩名册归档。不合格者应停止上岗作业。

(8) 电器及电气料具使用制度

① 对于施工现场的高、低压基本安全用具,必须按国家颁布的安全规程使用与保管。禁止使用基本安全用具或辅助安全用具从事非电工工作。

② 现场使用的手持电动工具和移动式碘钨灯必须由电工负责保管、检修,用电人员每班用毕交回。现场备用的低压电器及保护装置必须装箱入柜,不得到处存放、着尘受潮。

③ 专用焊接电缆由电焊工使用与保管,不准沿路面明敷使用,不准被任何东西压砸,使用时不准盘绕在任何金属物上,存放时必须避开油污及腐蚀性介质。

④ 不准使用未经上级鉴定的各种漏电保护装置。使用上级(劳动部门)推荐的产品时,必须到厂家或厂家销售部联系购买。不准使用假冒或劣质的漏电保护装置。

⑤ 购买与使用的低压电器及各类导线必须有产品检验合格证,且须为经过技术监督局认证的产品,并将类型、规格、数量统计造册,归档备查。

(9) 宿舍安全用电管理制度

宿舍安全用电管理制度应规定宿舍内可以使用什么电器,不可以使用什么电器,严禁私拉乱接,宿舍内接线必须由电工完成,严禁私自更换熔丝,严禁将漏电保护器短接,同时还应规定处罚措施。

(10) 工程拆除制度

① 拆除临时用电工程必须定人员、定时间、定监护人、定方案,拆除前必须向作业人员进行交底,必须设专人做好点件工作,并将拆除情况资料整理归档。

② 拉闸断电操作程序必须符合安全规程要求,即先拉负荷侧,后拉电源侧,先拉断路器,

后拉刀闸等停电作业要求。

③ 使用基本安全用具、辅助安全用具、登高工具等作业，必须执行安全规程，操作时必须设监护人。

④ 必须根据所拆设备情况，佩戴相应的劳动保护用品，采取相应的技术措施。拆除的顺序是：先拆负荷侧，后拆电源侧，先拆精密贵重电器，后拆一般电器。不准留下经合闸（或接通电源）就带电的导线端头。

（11）其他有关规定

① 对于施工现场使用的动力源为高压时，必须执行交接班制度、操作票制度、巡检制度、工作票制度、工作间断及转移制度、工作终结及送电制度等。

② 施工现场应根据国家颁布的安全操作规程，结合现场的具体情况编制各类安全操作规程，并书写清晰后悬挂在醒目的位置。

③ 对于使用自制或改装以及新型的电气设备、机具，制定操作规程后，必须经公司安全、技术部门审批后实施。

2. *施工现场临时用电安全技术措施*

（1）工作票制度

一般有两种。

变电室第一种工作票使用的场合如下：

① 在高压设备上工作需要全部停电或部分停电时；

② 在高压室内的二次回路和照明回路上工作，需要将高压设备停电或采取安全措施时。

变电室第二种工作票使用的场合如下：

① 在带电作业和带电设备外壳上工作，在控制盘和低压配电盘、配电箱、电源干线上工作；

② 在高压设备无须停电的二次接线回路上工作等。

（2）停电制度

① 作业中作业人员正常作业活动最大范围的距离小于规范规定的带电设备应停电；当带电设备的安全距离大于规范规定的数值时可不予停电，但带电体在作业人员的后侧或左右侧时，即使距离略大于规范规定，也将该带电部分停电。

② 停电操作时，应执行操作票制度；必须先拉断路器，再拉隔离开关；严禁带负荷拉隔离开关；计划停电时，应先将负荷回路拉闸，再拉断路器，最后拉隔离开关。

③ 停电时应注意对所有能够检修部分与送电线路要全部切断，而且每处至少要有一个明显的断开点，并应采用防止误合闸的措施。停电后断开的隔离开关操作手柄必须锁住，且挂标志牌。

④ 对于多回路的线路，还要注意防止其他方面的突然来电，特别要注意防止低压方面的反馈电。

（3）验电制度

① 对已停电的线路或设备，不能光看指示灯信号和仪表（电压表）上反映出无电，均应进行必要的验电步骤。验电时所用验电器的额定电压必须与电气设备（线路）电压等级相适应，且事先在有电设备上进行试验，证明是良好的验电器。

② 电气设备的验电应戴绝缘手套，必须在进线和出线两侧逐相分别验电，以防止某种不

正常原因导致出现某一侧或某一相带电而未被发现。

③ 线路(包括电缆)的验电应逐相进行。

④ 如果停电后信号及仪表仍有残压指示,在未查明原因前,禁止在该设备上作业。

切记绝不能凭经验办事,当验电器指示有电时,想当然认为系剩余电荷作用所致,就盲目进行接地操作,这是十分危险的。

(4) 放电制度

应放电的设备及线路主要有电力变压器、油断路器、高压架空线路、电力电缆、电力电容器、大容量电动机及发电机等,放电的目的是消除检修设备上残存的静电。

① 放电应使用专用的导线,用绝缘棒或开关操作,人手不得与放电导体相接触。线与线之间、线与地之间均应放电。电容器和电缆线的残余电荷较多,最好有专门的放电设备。

② 放电操作时,人体不得与放电导线接触或靠近;与设备端子接触时不得用力过猛,以免撞击端子导致损坏。

③ 放电的导线必须良好可靠,一般应使用专用的接地线。接地网的端子必须是已做好的接地网,并在运行中证明是接地良好的接地网;与设备端子的接触,与线路相的接触,应和验电的顺序相同。

④ 放电操作时,应穿绝缘靴、戴绝缘手套。

(5) 装设接地线制度

装设接地线的目的是防止停电后的电气设备及线路突然有电而造成检修作业人员意外伤害的技术措施,其方法是将停电后的设备的接线端子及线路的相线直接接地短路。

① 验电之前,应先准备好接地线,并将其接地端先接到接地网(极)的接线端子上;当验明设备或线路确已无电压且经放电后,应立即将检修设备或线路接地并三相短路。

② 所装设的接地线与带电部分不得小于规定的允许距离。否则,会威胁带电设备的安全运行,并可能使停电设备引入高电位而危及工作人员的安全。

③ 在装接地线时,必须先接接地端,后接导体端;而在拆接地线时,顺序应与以上顺序相反。装拆接地线均应使用绝缘棒或戴绝缘手套。

④ 接地线应用多股软铜导线,其截面应符合短路电流热稳定的要求,最小截面面积不应小于25 mm^2,其线端必须使用专用的线夹固定在导体上,禁止使用缠绕的方法进行接地或短路。

⑤ 变配电所内,每组接地线均应按其截面积编号,并悬挂存放在固定地点。存放地点的编号应与接地线的编号相同。变配电所(室)内装、拆接地线,必须做好记录,交接班时要交代清楚。

(6) 装设遮栏制度

① 在变配电所内的停电作业,一经合闸即可送电到作业地点的开关或隔离开关的操作手柄上,均应悬挂“禁止合闸,有人工作!”的标志牌。

② 在开关柜内悬挂接地线以后,应在该柜的门上悬挂“已接地”的标志牌。

③ 在变配电所外线路上作业,其电源控制设备在变配电所室内的,则应在控制线路的开关或隔离开关的操作手柄上悬挂“禁止合闸,线路上有人工作!”的标志牌。

④ 在作业人员上下用的铁架或铁梯上,应悬挂“由此上下!”的标志牌。在邻近其他可能误登的构架上,应悬挂“禁止攀登,高压危险!”的标志牌。

⑤ 在作业地点装妥接地线后,应悬挂“在此工作!”的标志牌。

⑥ 标志牌和临时遮栏的设置及拆除，应按调度员的命令或作业票的规定执行。严格禁止作业人员在作业中移动、变更或拆除临时遮栏及标志牌。

⑦ 临时遮栏、标志牌、围栏是保证作业人员人身安全的安全技术措施。因作业需要必须变动时，应由作业许可人批准，但变动后必须符合安全技术要求，当完成该项作业后，应立即恢复原来状态并报告作业许可人。

⑧ 变配电室内的标志牌及临时遮栏由值班员监护，室外或线路上的标志牌及临时遮栏由作业负责人或安全员监护，不准其他人员触动。

(7) 不停电检修制度

① 不停电检修工作必须严格执行监护制度，保证有足够的安全距离。

② 不停电检修工作时间不宜太长，对不停电检修所使用的工具应经过检查与试验。

③ 检修人员应经过严格培训，要能熟练掌握不停电检修技术与安全操作知识。

④ 低压系统的检修工作一般应停电进行，如必须带电检修时，应制订出相应的安全操作技术措施和相应的操作规程。

3. 施工现场临时用电安全技术档案

(1) 施工现场临时用电必须建立安全技术档案。其内容应包括：

① 临时用电施工组织设计的全部资料；

② 修改临时用电施工组织设计的资料；

③ 技术交底资料；

④ 临时用电工程检查验收表；

⑤ 电气设备的试验、检验凭单和调试记录；

⑥ 接地电阻测定记录表；

⑦ 定期检(复)查表；

⑧ 电工维修工作记录。

(2) 安全技术档案应由主管该现场的电气技术人员负责建立与管理。其中“电工安装、巡检、维修、拆除工作记录”可指定电工代管，每周由项目经理审核认可，并应在临时用电工程拆除后统一归档。

(3) 临时用电工程应定期检查。定期检查时，应复查接地电阻值和绝缘电阻值。

(4) 临时用电工程定期检查应按分部、分项工程进行，对安全隐患必须及时处理，并应履行复查验收手续。

习　　题

一、思考题

1. 建筑施工现场供电系统由哪几部分组成？它们各自的作用是什么？

2. 建筑施工现场变电所位置的选择有什么要求？变电所与配电所有什么区别？

3. 建筑施工现场供电一般采用什么样的接线方式？

4. 建筑施工现场为什么要有临时用电组织设计？

5. 建筑施工现场采用 TN-C 系统后，为什么还要规定装设漏电保护装置？

6. 施工现场临时用电安全技术措施包括哪些主要内容？

二、计算题

1. 某建筑施工现场有一个加工工棚，内有三相异步电动机 10 台。其中 Y132M-6 的电动机 6 台，额定功率 5.5 kW；Y160M-4 的电动机 4 台，额定功率 11 kW。采用估算法求该工棚的计算负荷。

2. 某建筑施工现场有如下的用电设备，试计算该工地的用电容量并选择变压器。

序号	用电设备	功率	台数	总功率	备注
1	混凝土搅拌机	10(kW)	4	40(kW)	
2	砂浆搅拌机	4.5(kW)	2	9(kW)	
3	提升机	4.5(kW)	2	9(kW)	
4	起重机	30(kW)	2	60(kW)	$JC\%=25\%$
5	电焊机	22(kV·A)	3	66(kV·A)	$\cos\varphi=0.45$，$JC\%=65\%$，单相 380 V
6	照明			15(kW)	

单元9 建筑智能化简介

(1) 了解建筑智能化基本知识;

(2) 理解3A建筑的内容、作用及组成。

建筑智能化涉及广泛,涵盖电气、安装、装修、弱电、计算机、软件等诸多学科,又属于建筑行业的一个边缘分支,以建筑为平台,向人们提供一个安全、高效、舒适、便利的综合服务环境。《建筑工程施工质量验收统一标准》(GB 50300—2013)、《智能建筑工程质量验收规范》(GB 50339—2013)对其质量控制、系统检测和竣工验收等方面做出了具体规定。

9.1 建筑智能化系统概述

所谓建筑智能化系统是指在计算机控制下能实现信息处理、自动控制功能,并能适应信息传输、显示、报警、监控要求的电子系统,此系统能满足建筑使用者在居住、生活、办公、营业或生产等方面的智能需要。从工程技术的涵义上来说,就是以综合布线为基础,以计算机网络为桥梁,综合配置建筑物内的各种功能子系统,全面实现对通信、办公自动化、建筑设备自动化等系统的综合管理,实现系统集成。因此,建筑智能化系统是集结构、系统服务、管理于一体,并达到优化组合的工程系统。

智能建筑系统的构成一般分为三部分,即建筑设备自动化系统、办公自动化系统和通信自动化系统。通过综合布线实现系统集成。

9.1.1 建筑设备自动化系统(Building Automation System,BAS)

BAS也称楼宇自动化系统,是通过计算机对建筑物内的所有设备运行状况进行集中监视、控制和管理而构成的综合系统,其目标是提供安全、舒适的工作环境,提高建筑物运营的经济性。该系统主要包括供配电管理、照明控制、环境控制与管理、火灾报警与消防联动、保安监控、出入口控制、停车库管理、巡更、空调与通风、给排水、冷热源交换、电梯控制等子系统。

9.1.2 通信自动化系统(Communication Automation System,CAS)

CAS犹如人体的神经系统,它能进行各种语言、图像、文字及数据的通信,同时,还与外部共用数据网、公用电话网、因特网等网络连接,实现信息广泛、快速交流。其功能包括:

(1) 支持楼宇的营运管理、设备监控、用户信息处理中设备之间的数据通信。

(2) 支持建筑物内有线电话、有线电视、电话会议等话音和图像通信。

(3) 支持各种广域网连接、视频通信网和各种计算机网的接口。

9.1.3 办公自动化系统(Office Automation System,OAS)

OA(Office Automation)是应用电子计算机技术、通信技术、系统科学和行为科学等先进技术,不断使人们的办公业务借助于各种办公设备并由这些办公设备与办公人员构成服务于某种办公目的的人及信息技术。应用这些技术,还可以完成各类经营性质的管理。办公自动化系统是尽可能利用先进的信息处理设备提高工作效率的系统,即在办公室中,以微机为中心,采用各种设备(如传真机、复印机、打印机等)对信息进行收集、整理、加工,为科学管理和科学决策提供服务。办公自动化系统有两大分支系统,即机关办公计算机系统和经营性计算机系统。

9.1.4 系统集成(System Integration,SI)

SI是将智能建筑内不同功能的子系统通过系统集成的方式,把它们在物理上和逻辑上连接在一起,以实现综合信息、资源和整体任务的共享。系统集成应能汇集建筑物内各种有用的重要信息,把分散的各子系统的智能总和为整体的高智能,通过统一的计算机平台,并运用统一的人机界面环境,提高建筑物的智能化程度并有效地增进综合协调的管理能力。

系统集成有两种方式:一种是BMS(Building Management System)方式集成,称为建筑设备集成管理化系统,它把建筑设备监控、安全防范、火灾报警与消防联动等系统与建筑物直接相关的系统综合起来,达到资源共享及整体任务的协同;另一种是IBMS(Integrated Building Management System)方式集成,称为智能型建筑集成管理系统,它把建筑设备集成管理、综合通信、办公自动化等系统有机结合起来,达到信息资源共享,进一步提高智能化系统运行效率和综合服务水平,与BMS方式的集成相比,又上了一个更高的台阶。

9.1.5 综合布线系统(Premises Distributed System,PDS)

PDS也称结构化布线系统,是建筑或建筑群内部及其与外部的传输网络。它使建筑或建筑群内部的语音、数据和图像通信网络设备、信息网络交换设备和建筑设备自动化系统等相连,也使建筑或建筑群内通信网络与外部通信网络相连。

新一代的结构化布线系统能同时提供用户所需的数据、话音、传真、影像等各种信息服务的线路连接,它使话音和数据通信设备、交换机设备、信息管理系统及设备控制系统、安全系统彼此相连,也使这些设备与外部通信网络相连接。它包括建筑物到外部网络或电话局线路上的连线、与工作区的话音或数据终端之间的所有电缆及相关联的布线部件。布线系统由不同系列的部件组成,其中包括传输介质、线路管理硬件、连接器、插座、插头、适配器、传输电子线路、电器保护设备和支持硬件。

智能化建筑系统构成如图9.1所示。

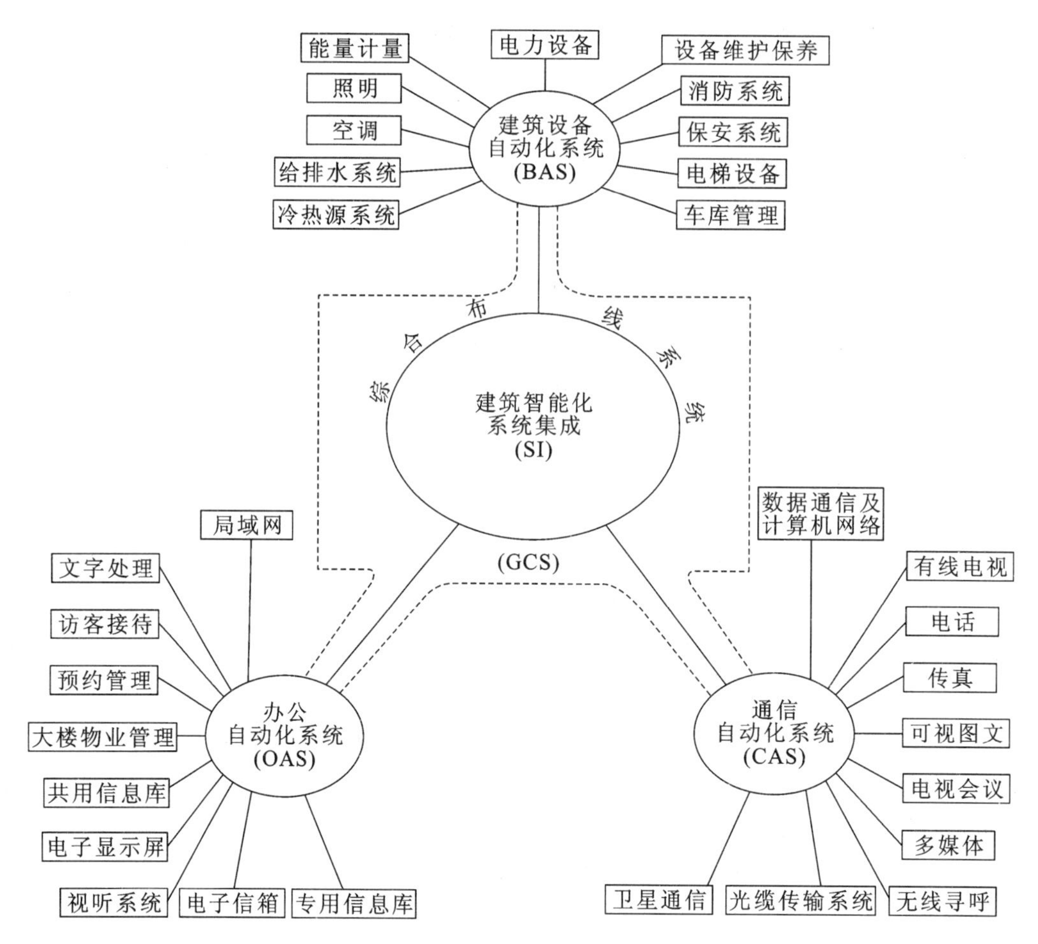

图 9.1　智能化建筑系统构成示意图

9.2　"3A"建筑的控制系统

9.2.1　建筑设备自动化系统控制

1. BA(Building Automation)的功能

BA 的功能主要是对建筑物的关键设备和设施实现监视、测量、控制和管理，其监视和控制的对象分为以下几类：建筑物的变配电设备、应急备用电源和不间断电源；空调与通风设备、环境监测设备；给排水及污水处理设备；灭火、排烟联动控制设备；防盗报警及监控设备；电梯、自动扶梯设备。

2. BA 的控制层次

BA 所监控的对象数量多，且分散在大楼的各个层次和角落，为了确保这些被控设备正常、安全、高效地运行，可以采用集总型或分散性控制方式。它集采集、通信、控制与管理为一体，即分散控制，集中管理，从而大大提高了系统的可靠性。

第一层即管理层，由多台分散的微型计算机和工作站经互联网络联成的中央计算机系统构成。各工作站、智能单元之间既可实现相互通信又可独立工作，能在全系统范围内实现资源管理、各任务和功能的动态配置。

第二层即工作站，其主要任务是实现各层检测的数据采集、滤波、放大和转换、检查各设备的运行状态，并即时进行报警处理，对各控制环节采用不同的控制算法，如最优控制、自适应控制、智能控制，以保证各种被控对象运行在最佳状态，该控制级能与上位管理计算机进行信息交换，接收上位管理计算机的指令和参数，它能实现工作站与上位机数据间的上传与下载。

第三层即现场级，主要由一些现场检测装置和控制执行机构组成。检测对象主要包括温度、湿度、压力、流量、有害气体、火灾检测等，这些物理量由传感器转变为标准的电信号，通过A/D转换为数字信号以便计算机进行处理。控制执行机构接收来自工作站控制器的控制信号，通过D/A转换器将数字信号转化为标准的输出信号，再通过放大器控制被控对象，如调节阀门的大小、风门的开度、马达的转速等。

3. BA的组成

BA通常是以中央计算机管理系统为中心，通过各层控制工作站及检测仪表、可编程调节器、智能控制装置执行机构等，实现将各物理量(如温度、湿度、压力、流量、水位、电流、电压、功率、功率因数等)转变为标准电信号，以供工作站进行数据采集，实现各种控制任务。BA的组成如图9.2所示。

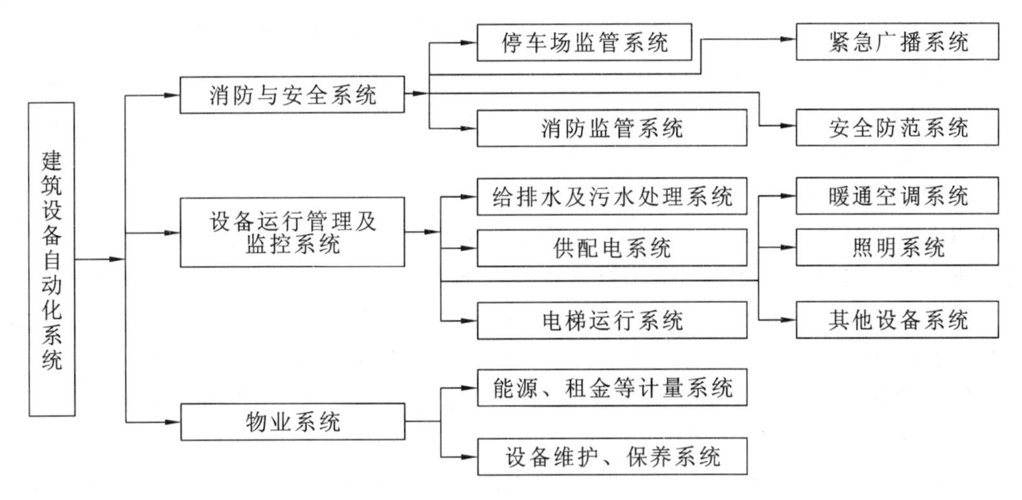

图9.2　BA组成示意框图

(1) 空调自动系统。此系统是根据温度传感器所检测的温度并将该温度送至工作站与设定温度比较，采用PID控制器或其他控制算法，以调节电动调节阀门动作，使回风温度、送风湿度保持在设定工作范围内。

(2) 给排水自控系统。用电动执行器根据系统需要，对给排水自控系统中设备的运行状态进行监视、报警和启停控制，自动切换备用水泵、水箱、关键阀门和水池水位，并对其进行监视、报警及故障提示，实现节能控制目的。

(3) 变配电控制系统。对各线路用户的用电量、线路电压、电流、有功功率、无功功率、功率因数等进行计量，对变压器进行温度监视，对变配电系统进行节能控制以及动力设备联动控制、报警和负荷记录分析。

(4) 照明系统。可将建筑物内照明系统设备按需分成若干组别，以时间区域程序来设定开或关，以达到节能效果。当建筑物内有事件发生时，照明设备组做出相应联动配合，如有火灾时，联动照明系统关闭，应急灯打开。

(5) 电梯系统。对电梯的运行状态进行集中监测和管理,对系统自动进行维护工作。

(6) 消防喷淋系统。对消防喷淋系统的设备进行运行状态、故障报警、状态检测和管理,当故障发生时,向系统管理控制中心报警,建立设备运行档案,对系统自动进行维护工作。

9.2.2 通信自动化系统控制

CA(Communication Automation)是保证建筑物内或建筑群内的语音、数据、图像信息的传输,同时与外部通信网络(如公用电话网、局域网、广域网、综合业务数字网及卫星通信网等)连接,并与世界各地互通信息的综合系统。主要包括语音通信、共用天线电视、厅堂与会议扩声等子系统。

1. 语音通信系统

主要包括普通电话、宽带网、计算机网络、移动通信的微蜂窝等系统。如普通电话系统的主要任务是实现用户间话务的连接。采用数字程控交换机、数字数据接点机、数字传输设备等设备实现语音信息的相互传输交换。

宽带网系统是通过通信线路将一个个独立的计算机相互连接起来,完成资源共享和信息交换任务的系统。资源共享包括硬件资源共享和软件资源共享。

微蜂窝型基站系统应用的目的是解决一些信号难以覆盖的盲点区和阴影区,比如隧道、地下车库、地下通道、地下商场、高层建筑物低层和顶层等区域;其次还可以解决商业中心、交通要道、娱乐中心、会议中心的话务热点区域的信号覆盖,蜂窝通信一般用于语言通信,以其组成正六边形无线覆盖区而著称。

2. 共用天线电视系统

共用天线电视系统是指共用一组天线接收电视台电视信号,并通过同轴电缆传输、分配给各电视机用户。共用天线电视系统一般由前端设备、传输干线和用户分配三部分组成。

(1) 前端设备。前端设备主要包括电视接收天线、频道放大器、频率转换器、自播节目设备、卫星电视接收设备、导频信号发生器、调制器、混合器以及连接线缆等部件。

前端设备的主要作用是:接收无线电视信号;接收卫星信号;接收各种自办节目信号。

(2) 传输干线。干线传输系统的作用是将经前端设备接收处理、混合后的电视信号传输给用户分配系统,一般在较大的共用天线电视系统中才有干线部分。例如,一个小区许多建筑物共用一个前端,自前端至各建筑物的传输部分称为干线。

(3) 用户分配。用户分配主要包括放大器、分配器、分支器、系统输出端以及电缆线路等,它的最终目的是向所有用户提供电平大致相当的优质电视信号。

3. 厅堂与会议扩声系统

(1) 厅堂型与会议型扩声系统。厅堂型与会议型扩声系统主要用于语音扩声,也常作为文艺演出使用,用于礼堂、剧场、会议厅、体育场馆等场所。系统通常由节目源设备、信号处理和放大设备、扬声器设备三大部分组成。

(2) AV 音像系统。AV 音像系统是广泛应用于智能建筑的现代化的多媒体设备和系统,它是视听设备的优化组合,它能给出逼真的色彩图像和身临其境的环绕立体声场效果。如 KTV 系统、卡拉 OK 系统都是 AV 音像系统的具体应用。它由 AV 信号源、AV 放大器、音频终端和视频终端等部分组成。

(3) 同声传译系统。它是在会议场合使用多种语言时,由译员把发言者的语言实时口译成指定的几种语种,而传送给听众的音响系统。其传输方式有两种:一种是有线传输方式;另一种是无线传输方式。同声传译系统根据各种要求，配置的形式大致有三种，即有线型、红外型和混合型。

(4) 会议表决系统。它是实现会议组织智能化、自动化的智慧型系统，打破了传统的投票表决方式，采用硬件与软件相结合的计算机处理方法，完成会议表决实施的全过程，达到了安全、可靠、准确、及时的要求。该系统由表决终端盒、中央控制计算机、显示器、打印机等设备组成。

9.2.3 办公自动化系统控制

1. 办公自动化系统的组成

办公自动化系统功能如图 9.3 所示。

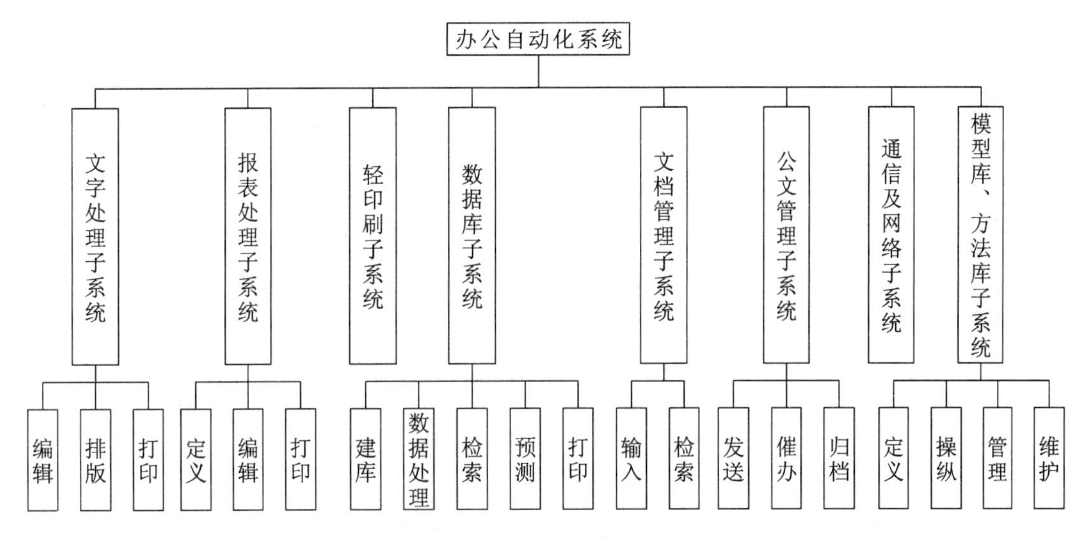

图 9.3 办公自动化系统功能示意图

建筑物的类型、功能、要求是不同的，如商场、酒店、银行、证券、期货、航管楼、商住楼、政府办公楼等，它们具有不同的工作性质、不同的任务、不同的组织机构，所处理的办公信息也不尽相同。因此，需要设置不同功能、不同特点的 OA。然而就其技术结构而言，OA 是计算机技术、通信技术和行为科学、管理科学相结合的产物。计算机技术是 OA 的"智能主体"，通信技术是 OA 的重要"支撑技术"，通信与网络系统是 OA 的"神经系统"，大楼综合布线设施是 OA 的"血脉系统"。各类 OA 由三大部分组成，即硬件、软件和网络。

(1) 硬件部分

以某政府大厦办公楼为例，最为典型的 OA 的硬件部分包括：

① 主机。主机为小型机，设在办公楼的信息中心；主机配有总适配器和多个 I/O 接口；除基本配置外，还配有磁带机、磁盘阵列、打印机等；主机与主干网相连，设有网络适配器。

② 计算机工作站。各办公室如市长办公室，秘书办公室，各职能局、处长办公室等，根据需要设置有关工作站(终端)，如字符工作站、图形工作站，并设置传真机、打印机、电话机等。

③ 通信适配器。通过调制解调器与楼外系统，上至省政府办公网，下至各区政府办公网相连接，以组成更大的办公自动化网络。通过这些网络，可交换语言、图像、文字、数据等信息，并具备电话会议功能。与会者可边讲话边在终端上操作，与会各方的终端信息将同步变化。

（2）软件部分

① 系统软件层。包括操作系统和编译系统。操作系统主要用于控制存储器、中央处理器和外围设备等硬件资源的分配和使用；编译系统是根据一组语法和语义规则，把一个符号集转换成另一个符号集的某种程序。

② 应用软件层。主要包括公用支撑软件和应用软件。公用支撑软件包括数据库管理系统、文字处理软件、中文校对软件、表格处理软件、图形及图像处理软件等；应用软件包括办公事务处理软件、管理信息系统软件和决策支持应用软件等。

2. 办公自动化系统的模式

办公自动化系统能利用信息资源提供各种优化方案和辅助决策，使决策者能正确、迅速地做出决定。从办公自动化业务性质的不同，可以分为以下几种类型：

（1）电子数据处理。用于事务型办公系统，主要完成办公室中大量的事务处理工作，如文字处理、电子报表、工资财务表格汇总、发送邮件等。

（2）管理信息系统。它是将各独立的事务处理通过信息交换与资源共享联系起来的系统，主要用于管理型办公系统。

（3）决策支持系统。决策是根据预定目标做出行动决定，是最高层次的管理工作。它还可以在相关软件的支持下，模拟专家解决疑难问题，对决策者起着很好的辅助作用。

（4）电子商务系统。电子商务是指通过电脑和网络来完成商品的交易、结算等一系列商业活动，如在网上完成购物、订票、银行结算等。电子商务消除了时间与空间的障碍，减少了日常操作费用，大大加快了商务交易间的现金流、物流，提高了经济效益。

9.3 消防自动报警系统

消防自动报警系统是设置在开放式、大跨度框架结构的智能建筑中的火灾监控系统。当建筑物发生火灾时，消防自动报警系统可及时探测、鉴别并启动通信系统自动对外报警，根据各楼层人员情况显示最佳疏导、营救方案，启动各类自动消防子系统，同时自动关闭不必要的电力系统和办公系统，并根据火灾状态分配供水系统，启动防排烟设施。

9.3.1 消防自动报警系统的组成

消防自动报警系统是为及早发现和通报火灾，并及时取得有效控制措施和扑灭火灾，设置在建筑物中或其他场所的一种自动消防设施。系统一般由触发器件、火灾报警装置、火灾报警控制器和其他具有辅助功能的装置四部分组成。

1. 火灾探测器

火灾探测器是火灾自动探测系统的组成部分，它至少含有一个能连续或以一定频率周期监视与火灾有关的至少一个适宜的物理或化学现象的传感器，并至少能向控制和指示设备提供一个合适的信号。一般分为感烟、感光、感温、可燃气体、复合式等种类的火灾探测器。

（1）感烟火灾探测器。感烟火灾探测器对燃烧和热解产生的固体或液体微粒予以响应，可以探测物质初期燃烧时所产生的气溶胶或烟粒子浓度。

（2）感光火灾探测器。感光火灾探测器又称火焰探测器，主要对火焰射出的红外、紫外可见光予以响应。

(3) 感温火灾探测器。感温火灾探测器响应异常温度、温升速率和温差等火灾信号。

(4) 可燃气体探测器。可燃气体探测器主要用于易燃、易爆场所中探测可燃气体(粉尘)的浓度,一般调整在爆炸浓度下限的1/6～1/5时动作报警。

(5) 复合式火灾探测器。复合式火灾探测器是可以响应两种或两种以上火灾参数的火灾探测器。

2. 火灾报警控制器

火灾报警控制器是火灾自动报警系统的重要组成部分。火灾探测器是自动报警系统的感觉器官,随时监视周围环境的情况;火灾报警控制器则是该系统的躯体和大脑,是系统的核心。火灾报警控制器应具备以下功能:

(1) 能将接收到的探测信号转换成声、光报警信号,指示着火部位和记录报警信息。

(2) 可通过火警发送装置启动火灾报警信号或通过自动消防灭火控制装置启动自动灭火设备和消防联动控制设备。

(3) 能自动监视系统的正确运行和对特定故障给出声光报警。

9.3.2　常用的消防系统

1. 消火栓灭火系统

这是最基本的消防系统,由消防给水设备、电控设备组成。所谓控制是指消防控制中心对室内消防水泵的启停、水泵工作状态、工作地点等进行控制。

2. 自动喷淋灭火系统

在室内屋顶处按规范、依设计安装喷头,当发生火灾后喷头自动喷水达到灭火目的。该系统须采用加压水泵供水。

3. 其他灭火系统

配电室、油料库、化工实验室等处是不能采用喷水灭火的,如采用泡沫灭火剂扑灭油类火灾;采用CO_2灭火剂扑救贵重仪器和设备火灾;采用卤代烷灭火剂扑救电气设备、精密仪器、内燃机等火灾。这些灭火系统的电气控制也是由消防控制中心实施的。

4. 通风排烟系统

据统计,火灾中丧生的人中约有80%是由烟雾窒息所致,可见这一系统是很重要的一部分。通风排烟系统主要包括防烟区的划分、阻隔烟雾手段、排烟方式等,它们也是由消防控制中心实施的。

习　题

1. 什么是建筑智能化系统?在建筑平台上组成智能建筑的三大系统是什么?
2. 什么是系统集成?
3. 简述BAS的组成。
4. 简述共用天线电视系统的组成。
5. 简述消防自动报警系统的组成。
6. 分析建筑智能化的发展趋势。

单元 10　电气施工图

1. 理解电气施工图的重要作用；
2. 熟悉并掌握常见的图形符号和文字符号；
3. 熟悉并掌握常见表达方法；
4. 初步掌握阅读施工图的方法和步骤。

建筑电气工程施工图是建筑电气工程施工中重要的技术文件和施工依据，是电气技术工程领域的共同语言。无论是工程的设计者还是工程的施工者，以至今后的建筑的使用者、维护者，都是通过建筑电气工程施工图来阐述和了解建筑的供电方式与工作原理，描述电气的构成和功能，指明电气线路的走向与敷设方式，明确电器具体的安装位置和方式，为日后提供使用和维护的依据。可见建筑电气工程施工图的质量直接关系到施工质量、施工进度，影响到建筑物的用后服务，关系到建筑企业的信誉。

因此，可以明确指出：读懂并掌握电气工程施工图是电气工程技术人员的看家本领，若无法看懂施工图，则如同文盲无法胜任任何文字工作一样。

10.1　电气施工图概述

电气施工图是进行设计施工、购置设备材料、编制审核工程概预算，以及指导电气设备的运行、维护和检修的依据。所涉及的内容往往根据建筑物功能的不同而有所不同，主要有建筑供配电、动力与照明、防雷与接地、建筑弱电等方面。

10.1.1　电气施工图简介

建筑电气施工图由首页、电气系统图、电气平面图、电气原理接线图、设备布置图、安装接线图和安装大样图等组成。

1. 首页

首页主要包括图纸目录、工程说明、图例及主要设备、材料表等，因将这些内容放在第一页上，故称之为首页。

(1) 图纸目录。包括图纸序号、图纸编号、图纸名称等内容。

(2) 工程说明。主要阐述工程概况、设计与施工的主要依据、工程特点、工艺要求以及图中未能表述清楚的各有关事项。如供电电源的来源、供电方式、电压等级、线路敷设方式、防雷接地、设备安装高度及安装方式、工程主要技术数据、施工工艺和施工注意事项等。

(3) 图例及主要设备、材料明细表。一般包括该图纸内的图例、图例名称、设备型号及规格、设备数量、安装方法、生产厂家等。

工程图纸与工程说明表达的是同一个事物，不同的是它们在施工阶段起着不同的作用：在设计之初时是以工程说明为主、工程图纸为辅；而在施工图设计阶段则以工程图纸为主、工程说明为辅；对于工程施工技术人员，先由施工说明再到图纸，从读懂说明入手再到读懂施工图指导施工，两者相辅相成，不可偏废。

2. 电气系统图

电气系统图是表现整个建筑工程或工程一部分供电方式的图纸，它反映了供电系统的基本组成，主要电气设备、元件之间的连接情况以及它们的规格、型号、参数等。如变配电工程的供配电系统图、照明工程的照明系统图、电缆电视系统图等。

3. 电气平面图

电气平面图是表现电气设备与线路平面布置的图纸，是进行电气设备安装的重要依据。电气平面图包括变、配电所平面图，电气设备安装平面图，照明平面图，防雷接地平面图等。

4. 电气原理接线图

电气原理接线图是表现设备或系统电气工作原理的图纸，用来指导设备与系统的安装、接线和控制系统的调试运行工作。

5. 设备布置图

设备布置图是表现各种电气设备之间的位置、安装方式和相互关系的图纸，主要由平面图、立面图、断面图及构件详图等组成。

6. 安装接线图

安装接线图是表现设备或系统内部各种电气元件的布置与接线的图纸，应与控制原理图对照阅读，用来进行系统的配线和调校。

7. 安装大样图

安装大样图是表现电气工程中某一部分或某一部件的具体安装要求与做法的图纸，其中大部分大样图选用的是国家标准图。

10.1.2　电气施工图规定符号

由于构成电气工程的元器件及设备种类繁多，电气连线很复杂，不可能也没有必要按照投影原理来绘制所要表达的任何电气设备和线路，一般是在电气工程施工图上采用现行国家规范统一规定的图形符号和文字符号以及规范的文字标注方法，来表达电气工程的施工内容。阅读电气施工图，首先要了解和熟悉这些符号的形式、内容、含义以及它们之间的相互关系。

1. 图形符号

电气图形符号分为两大类。一类是线路图符号，用在电气系统图、电路图、安装接线图上；另一类是平面图符号，用在电气平面图上。国家标准常用电气图形符号见表10.1。

2. 文字符号

采用在图形符号旁标注文字符号的方法来明确表示不同的电气设备，文字符号主要用来表示电气设备的编号、型号、功能、数量和安装的方式、安装的部位等。文字符号一般由基本符号、辅助符号、数字符号三部分组成。文字符号和文字标注可适用于所有的电气施工图。国家标准规定的文字符号和常用基本文字符号分别见表10.2和表10.3。

表 10.1 国家标准常用电气图形符号

图形符号（形式 1）	图形符号（形式 2）	说明
-03	-04	双绕组变压器 注:瞬时电压的极性可以在形式 2 中表示
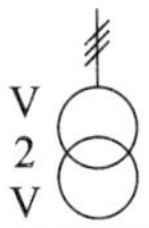 V 2 V	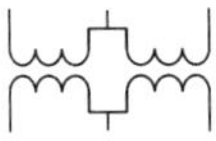	双绕组电压互感器 VV 连接
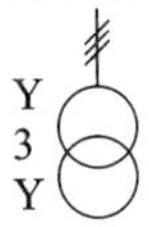 Y 3 Y	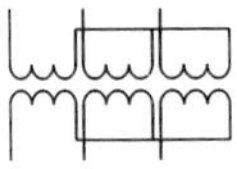	双绕组电压互感器 YY 连接
Y Y △		三绕组电压互感器星形-星形-开口三角形连接
-10 	-11 	电抗器,扼流圈
-12 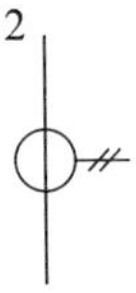	-13 	电流互感器脉冲变压器
-03 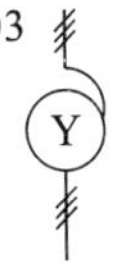 Y	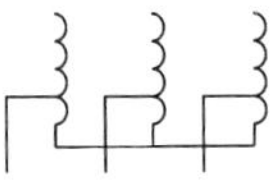	三相自耦变压器,星形连接
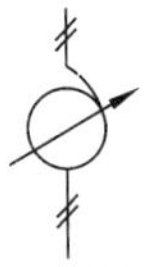		可调压的单相自耦变压器
		接触器(在非动作位置触点闭合)
		断路器

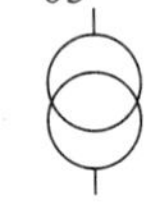

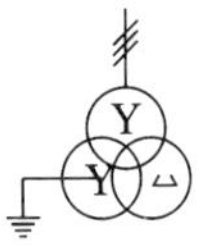

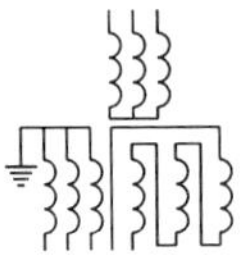

图形符号	说明
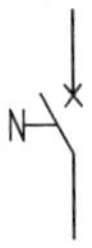 N	中性线断线保护断路器
	隔离开关
	具有中间断开位置的双向隔离开关
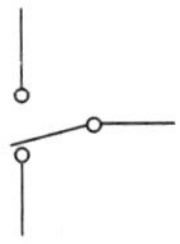	转换开关
	负荷开关(负荷隔离开关)
	具有自动释放的负荷开关
	带漏电流保护的断路器
	漏电流保护器
	接地开关
形式 1: -01, -03 形式 2: -02, -04 KM	作器件一般符号 注:具有几个绕组的操作器件,可以由适当数值的斜线或重复符号 07-15-01 或 07-15-02 来表示。 示例:具有两个绕组的操作器件组合表示法。 示例:接触器操作器件。 注:文字符号见表 10.3

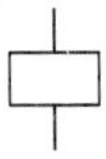

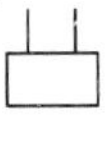

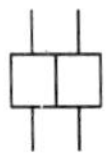

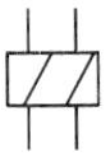

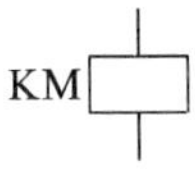

续表 10.1

图形符号	说明	图形符号	说明
	熔断器,一般符号	形式2	当操作器件被释放时延时断开的动合触点
	跌开式熔断器	形式1	当操作器件被释放时延时闭合的动断触点
	熔断器式开关	形式2	
	熔断器式隔离器	形式1	当操作器件被吸合时延时断开的动断触点
	熔断器式隔离开关	形式2	
形式1	动合(常开)触点 注:本符号也可用作开关的一般符号		吸合时延时闭合和释放时延时断开的动合触点
形式2			液位控制开关,动断(常闭)触点
	动断(常闭)触点	θ	温度开关,动合(常开)触点
形式1	当操作器件被吸合时延时闭合的动合触点	θ	温度开关,动断(常闭)触点
形式2		P	压力开关,动合(常开)触点
形式1	当操作器件被释放时延时断开的动合触点		

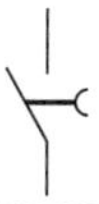

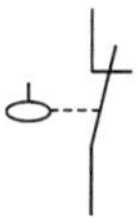

续表 10.1

图形符号	说明
 P	压力开关动断(常闭)触点
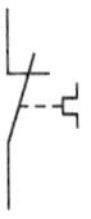	热继电器的触点 注:注意区别此触点和所示热敏自动开关
	三端水银开关 三端液位开关
	四端水银开关 四端液位开关
	手动开关的一般符号
	按钮开关(不闭锁)
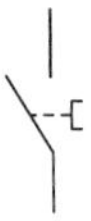	拉拨开关(不闭锁)
	旋钮开关,旋转开关(闭锁)
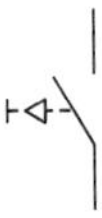	自动复位动合(常开)触点
	自动复位动断(常闭)触点
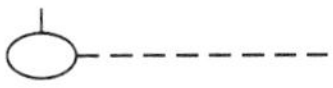	液位控制
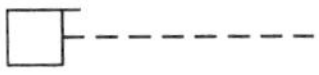	流体控制
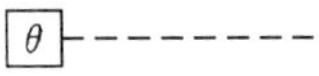 θ	温度控制 注:θ 可用 t 代替
 P	压力控制

图形符号	说明
 I	电流继电器
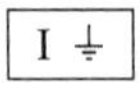 I ⏚	接地继电器
 U<	欠电压继电器
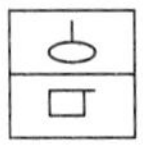	气体继电器
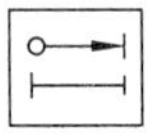	自动重闭合器件
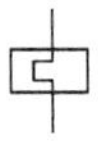	热继电器的驱动器件
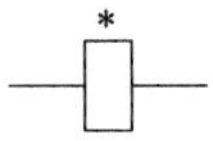 *	继电器一般符号 *:按照电气设备常用基本文字中的文字符号表示,见表 10.3
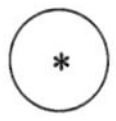 *	指示仪表 *:按照电气设备常用基本文字中的文字符号表示,见表 10.3
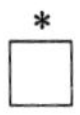 *	记录仪表 *:按照电气设备常用基本文字中的文字符号表示,见表 10.3
 *	积算仪表,电能表 *:按照电气设备常用基本文字中的文字符号表示,见表 10.3
 V	电压表
 A	电流表
 A $I_{\sin\varphi}$	无功电流表
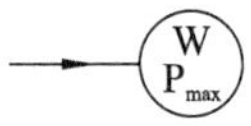 W P_{max}	最大需量指示器(由一台积算仪表操纵)
 var	无功功率表
 $\cos\varphi$	功率因数表

续表 10.1

图形符号		说明	图形符号		说明
W		功率表			导线的不连接（跨越） 示例：单线表示法 示例：多线表示法
SA		电流表切换开关			
SV		电压表切换开关			
Wh		电度表（瓦特小时计）	○		端子 注：必要时圆圈可画成圆黑点
Wh P>		超量电度表	11 12 13 14 15 16		端子板（示出带线端标记的端子板）
Wh P_{max}		带最大需量指示器的电度表	∅		可拆卸的端子
varh		无功电度表	形式 1	形式 2	接通的连接片
		电缆密封终端头（示出带一根三芯电缆）	-20	-21	
优选型	其他型	插头和插座（凸头和内孔的）			断开的连接片
-05	-06				整流器
形式 1	形式 2	导线的连接			桥式全波整流器
-04	-05				逆变器
-06	-07	导线的多线连接 示例：导线的交叉连接（点）单线表示法 示例：导线的交叉连接（点）多线表示法			整流器/逆变器
		导线或电缆的分支与合并			原电池或蓄电池 注：长线表示阳极、短线代表阴极，为了强调短线可画粗些

续表 10.1

图形符号	说明	
	导线、导线组、电线、电缆、电路、传输通路(指微波技术)、线路、母线(总线)一般符号 示例： 三根导线	注：当用单线表示一组导线时，若需示出导线数可加小短斜线或画一条短斜线加数字表示，当未画短斜线时则表示为两根导线。 除图注明外，选用铝芯绝缘导线时为BLV-2.5 mm^2，选用铜芯绝缘导线时为BV-1.5 mm^2
3		
	电源引入、引出线 注：箭头相反表示引出线	注：电力电缆由地下引入、引出时，埋地深度除图注外一般电缆上皮距室外地面下 800 mm；380/220 V线路架空引入、引出时管线与首层顶板面平，但从支持绝缘子起距室外地面不小于2.7 m
	挂在钢索上的线路	
	事故照明线	注：除图注明外，选用铜芯绝缘导线为BV-1.5 mm^2
	50 V及其以下电力及照明线路	
	控制及信号线路(电力及照明用)	
	用单线表示的多种线路	

图形符号	说明
	用单线表示的多回路线路(或电缆管束)
	母线一般符号当需要区别交直流时： 1. 交流母线 2. 直流母线
	装在支柱上的封闭式母线
	装在吊钩上的封闭式母线
	母线伸缩接头
	滑触线
	中性线
	保护线
	保护和中性共用线
	具有保护线和中性线的三相配线
	柔软导线
	走线槽(地面明槽)
	走线槽(地面暗槽)
*	线槽内配线 *：注明回路号及导线支数和截面
*	电缆桥架 *：注明回路号及电缆截面芯数
	向上配线或布线
	向下配线或布线

续表 10.1

图形符号	说明	
	按钮盒： 1.一般和保护型按钮盒示出一个按钮	注：除图注明外，面板底距地面1.4 m
	示出两个按钮	
	2.密闭型按钮盒	
	3.防爆型按钮盒	
	带指示灯的按钮	
	避雷针	
	避雷带(线)	
	避雷器	
*	实验室用接地端子板明装	注：除图注明外，面板底距地面1.2 m *：为端子数，用1,2,3,…表示
*	实验室用接地端子板暗装	
	电信电杆上装设避雷线	
	电杆上装设带有火花间隙的避雷线	
A	电杆上装设放电器 注：可在A处标注放电器型号	
	线路上方敷设防雷接地线	

图形符号	说明	
	接地装置 (1)有接地极； (2)无接地极	
	接地一般符号 注：如表示接地状况或作用不够明显可补充说明	
	无噪声接地 (抗干扰接地)	
	保护接地 注：本符号可用于代替符号02-15-01，以表示具有保护作用，例如在故障情况下防止触电的接地	
形式1	接机壳或接底板	
形式2		
	等电位	
S	烟雾探测器动合触点	
H	温感探测器动合触点	
	水流继电器(指示器)动合(常开)触点	
	水流继电器(指示器)动断(常闭)触点	
*	阀开关动合(常开)触点	*：YF—防火阀； YS—排烟阀； YA—排气阀
*	阀开关动断(常闭)触点	
	沿建筑物明敷设通信线路； 沿建筑物暗敷设通信线路	

续表 10.1

图形符号	说明
F	电话
T	电报和数据传输
V	视频通路(电视)
S	声道(电视或无线电广播)
F	示例:电话线路或电话电路 注:1. 可用虚线表示无线电路或任何电路的无线电路段。 2. 天线符号可以加在无线电路终端
V+S+P	示例:传输电视(图像和声)和电话的无线电电路
FS FC VC m	火灾报警信号 火灾报警控制 摄像机控制 话筒
m	示例:话筒线路
	天线一般符号 注:1. 此符号可用来表示任何类型天线或天线杆,符号的主杆线可表示包括单根导线的任何类型对称馈线和非对称馈线。 2. 天线的极坐标图主杆的一般形状图样可在天线符号附近标出。 3. 数字或字母符号的补充标记,可采用日内瓦国际电信联盟公布的《无线电规则》中的规定。名称或标记可以交替地写在天线的一般符号之旁

图形符号		说明
		卫星接收天线
		有天线引入的网络前端(示出一个馈线支路) 注:馈线支路可从圆的任何点上画出
		无天线引入的网络前端(示出一个输入和一个输出通路)
形式 1	形式 2	放大器一般符号 中继器一般符号 (示出输入和输出) 注:三角形指向传输方向
-01	-02	
		干线分配放大器(示出两路干线输出)
		二路分配器
		三路分配器
		四路分配器
		用户分支器(示出一路分支) 注:1. 圆内的线可用代号代替。 2. 若不产生混乱,表示用户馈线支路的线可以省略
		用户二分支器
		用户三分支器
		用户四分支器
		电视摄像机
		彩色电视摄像机
		云台式摄像机
		录像机
		磁鼓式录放机
		针式唱头播放机

续表 10.1

图形符号	说明
Pw	功率放大器
TVC	摄像机控制器
TVS	摄像机扫描操作器
TVR	视频电缆补偿器或中继器
Mm	主监视器
Nn	监视器
VH	共用电视天线前端箱
VP	共用电视天线分配分支器箱
	终端电阻
	受话器一般符号
	传声器一般符号
	扬声器一般符号
	背景音乐兼作火灾报警扬声器
	高音扬声器
	声柱、音箱
V	定压式扩音机
R	定阻式扩音机
	带开关音量控制器
	带切换装置的音量控制器
*	电信插座的一般符号 注:可用文字或符号加以区别 *:TP—电话; TX—电传; M—传声器; TV—电视; FM—调频
	*S—中央音响系统扬声器插座

图形符号	说明
	火灾报警装置
*	火灾报警装置 *:Ae—集中报警装置; Aa—区域报警装置; Fi—楼层显示装置
	感温探测器
	感烟探测器
	感光探测器
	气体探测器
	红外线光束感烟发射器
	红外线光束感烟接收器
	感温、感烟探测器带末端电阻
	手动报警装置
	火灾警铃
	火灾报警发声器
	火灾报警扬声器
	火灾光信号装置
BL HF	组合声光报警装置 包括:B—声信号; L—光信号; H—手动报警装置; F—电话插孔(专用)
	火灾报警电话机(实装)
F	报警电话插孔
*	出线口与接口 *:M—防火门闭门器; FR—中继器; Fd—送风风门出线口; Fe—排烟风门出线口; FC—控制接口; FCh—切换接口

续表 10.1

图形符号	说明
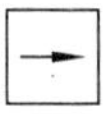	水流指示器
	压力报警阀
 *	非电量电接点一般符号 *:SP—压力开关,压力报警开关; SU—速度开关; ST—温度开关; SL—液位开关; SB—浮球开关; SFW—水流开关
 280℃	防火阀
	防火排烟阀
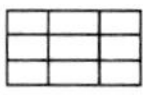	总配线架
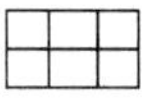	中间配线架
	架空交接箱
	落地交接箱
	壁龛交接箱
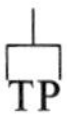 TP	在地面内安装的电话插座
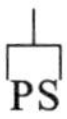 PS	直通电话插座
	室内分线盒 注:可加注$\frac{A-B}{C}D$ A—编号; B—容量; C—线号; D—用户数。
	室外分线盒
	管道泵
M	电加热器

图形符号	说明	
±	风机盘管	
 *	分体式空调器 *:AC—空调器; AF—冷凝器	
	窗式空调器	
 Σ	电磁执行机构	
M	电动执行机构	
	温度传感元件	
	压力传感元件	
	流量传感元件	
	温度传感元件	
	液位传感元件	
T	温度控制器	注:除图注明外,面板底距地面 1.4 m
C	三速开关	
Ct	温度与三速开关控制器	
t	测温点	
h	测湿点	
H	温度控制器	

续表 10.1

图形符号	说明	
 *	带熔断器的单相插座暗装	注：工程图中如多数为同一类型插座时可在工程图说明
 *	具有保护板的带熔断器单相插座暗装	
 *	带熔断器及接地插孔的单相插座暗装	
 *	具有保护板及带熔断器的带接地插孔的单相插座暗装	
 *	带熔断器及接地插孔的三相插座	
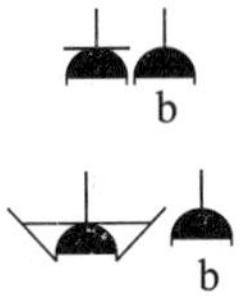 b b	示例： 二联一个带接地插孔单相插座和一个扁圆两用单相插座 二联单相扁圆两用插座和带接地插孔的三相插座	
	开关一般符号	
	单极开关 暗装 密闭（防水） 防爆	注：除图注明外，选用250 V，10 A，面板底距地面1.4 m
	双极开关 暗装 密闭（防水） 防爆	
	三极开关	

图形符号	说明	
	三极开关暗装 密闭 防爆	注：除图注明外，选用250V，10 A，面板底距地面1.4 m
	单极拉线开关	注：除图注明外，选用250 V，10 A，室内净高低于3 m时面板底距顶0.3 m，高于3 m时距地面3 m（暗装时圆内涂黑）
	双控拉线开关，单极三线	
	单极限时开关	注：除图注明外，选用250 V，10 A，面板底距地面1.4 m（暗装时圆内涂黑）
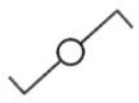	双控开关，单极三线	
	具有指示灯的开关	
	多拉开关（如用于不同照度）	
	调光器	注：除图注明外，选用250 V，10 A，面板底距地面1.4 m（暗装时圆内涂黑）
	钥匙开关	
	“请勿打扰”门铃开关	
 S	风扇调速开关 S—带指示灯	

表 10.2　国家标准电气工程图标注文字符号

标注方式	说明	标注方式	说明
$\frac{a}{b}$或$\frac{a}{b}+\frac{c}{d}$	用电设备 a—设备编号； b—额定功率(kW)； c—线路首端熔断片或断路器的释放器的电流(A)； d—标高(m)	$a\frac{b}{c/i}$或a-b-c/ia $\frac{b\text{-}c/i}{d(e\times f)\text{-}g}$	开关及熔断器 (1)一般标注方式。 (2)当需要标注引入线的规格时。 a—设备编号； b—设备型号； c—额定电流(A)； i—整定电流(A)； d—导线型号； e—导线根数； f—导线截面面积(mm^2)； g—导线敷设方式
$a\frac{b}{c}$或a-b-c $a\frac{b\text{-}c}{d(e\times f)\text{-}g}$	电力和照明设备 (1)一般标注方法。 (2)当需要标注引入线的规格时。 a—设备编号； b—设备型号； c—设备功率； d—导线型号； e—导线根数； f—导线截面面积(mm^2)； g—导线敷设方式及部位	a/b-c	照明变压器 a——次电压(V)； b—二次电压(V)； c—额定容量(V·A)
a-$b\frac{c\times d\times L}{e}f$ a-$b\frac{c\times d\times L}{—}$	照明灯具 (1)一般标注方法。 (2)灯具吸顶安装。 a—灯数； b—型号或编号； c—每盏照明灯具的灯泡数； d—灯泡容量(W)； e—灯泡安装高度(m)； f—安装方式； L—光源种类	$\frac{a\text{-}b\text{-}c\text{-}d}{e\text{-}f}$	电缆与其他设施交叉点 a—保护管根数； b—保护管直径(mm)； c—管长(m)； d—地面标高(m)； e—保护管埋设深度(m)； f—交叉点坐标
⑮	最低照度(示出15 lx)	▼±0.000 ▼±0.000	安装或敷设标高(m)。 (1)用于室内平面，剖面图上； (2)用于总平面图上的室外地面
· a · $\frac{a\text{-}b}{c}$	照明照度检查点 a—水平照度(lx)； a-b—双侧垂直照度(lx)； c—水平照度(lx)	$\frac{3\times16}{}\times\frac{3\times10}{}$ $\frac{——}{}\times\frac{SC70}{}$	导线型号、规格或敷设方式的改变 (1)3×16 mm^2 导线改为3×10 mm^2； (2)无穿管敷设改为导线穿管(SC70)敷设
V	电压损失(%)	PE	保护线
—220 V	直流电压 220 V	PEN	保护和中性共用线

续表 10.2

标注方式	说明
m-fV 3 N～50 Hz，380 V	交流电 m—相数； f—频率(Hz)； V—电压(V)。 示例：示出交流、三相带中性线 50 Hz 380 V
L1 L2 L3 U V W	相序 交流系统电源第一相 交流系统电源第二相 交流系统电源第三相 交流系统设备端第一相 交流系统设备端第二相 交流系统设备端第三相
N	中性线
a-$b(c\times d)e$-f	电话线路上标注方式 a—编号； b—型号； c—导线对数； d—导线线径(mm)； e—敷设方式和管径(mm)； f—敷设部位
$\frac{a\text{-}b}{c}d$	电话交接箱上标注方式 a—编号； b—型号； c—线序； d—用户数
╲92DQ5-18	引用建筑电气通用图集图纸标注方式 92DQ5—建筑电气通用图集第五分册； 18—第 18 号图
P_e P_{JS} I_{JS} I_z I_d K_x $\Delta U\%$ $\cos\varphi$ S_{JS} Q_{JS} Q_k	标写计算用的代号 设备容量(kW) 计算负荷(kW) 计算电流(A) 整定电流(A) 漏电流保护器动作电流(mA) 需用系数 电压损失 功率因数 视在功率(kV·A) 无功功率(kvar) 电容器容量(kvar)
$\frac{a}{b}$	用电设备或电动机出线口处标注 a—设备编号； b—设备容量
a-$b(c\times d)e$-f	在配电线路上标注方式 a—回路编号； b—导线型号； c—导线根数； d—导线截面面积(mm²)； e—敷设方式和管径(mm)； f—敷设部位

表 10.3 常用基本文字符号

序	种类	名称	符号
1	组件或部件	电桥	AB
2		高压开关柜	AH
3		低压配电屏	AA
4		动力配电箱	AP
5		直流配电屏	AD
6		电源自动切换箱	AT
7		多种电源配电箱	AM
8		照明配电箱	AL
9		应急照明配电箱	ALE
10		应急照明配电箱	APE
11		控制屏(箱)	AC
12		信号屏(箱)	AS
13		并联电容器屏	ACP
14		继电器屏	AR
15		刀开关箱	AK
16		低压负荷开关箱	AF
17		漏电流断路器箱	ARC
18		电能表箱	AW
		操作箱	
19		插座箱	AX
20	电动机	电动机	M
21		电动机(通明)	ME
22		同步电动机	MS
23		直流电动机	MD
24		绕线转子感应机	MW
25		笼型电动机	MC
26		异步电动机	MA
27	仪表及试验设备	电流表	PA
28		电压表	PV
29		电能表	PJ
30		有功电能表	PW
31		无功电能表	PJR
32		最大需量表(监控)	PM
33		功率因数表	PPF
34	保护器件	避雷器	F
35		熔断器	FU
36		限压保护器件	FV
37		跌开式熔断器	FF
38		快速熔断器	FTF
39	接触器和继电器	接触器	KM
40		中间继电器	KA
41		电流继电器	KC
42		干簧继电器	KR
43		双稳态继电器	KL
44		极化继电器	KP
45		逆流继电器	KRR
46	信号器件	蜂鸣器	HA
47		光信号	HS
48		指示灯	HL
49		红色灯	HR
50		绿色灯	HG
51		黄色灯	HY
52	电力电器开关	启动器	QS
53		综合启动器	QSC
54		星、三角启动器	QSD
55		自耦降压启动器	QSA
56		真空断路器	QV
57		漏电流断路器	QR
58		鼓形控制器	QD
59	变压器	电力变压器	TM
60		干式变压器	TD
61		电压互感器	TV
62		电流互感器	TA
63		有载调压变压器	TLC
64		照明变压器	TL
65		稳压器	TS

3. 电气施工图规定标注方法

(1) 导线的文字标注形式

电气施工图一般都绘制在简化了的土建平面图上,为了突出重点,土建部分用细实线表示,电气管线用粗实线表示。导线的文字标注形式为:

$$a\text{-}b(c\times d)e\text{-}f$$

式中 a——线路的编号;

b——导线的型号;

c——导线的根数;

d——导线的截面面积(mm^2);

e——敷设方式;

f——线路的敷设部位。

线路敷设方式及敷设部位的文字符号见表10.4。

表10.4 导线敷设的标注方法

序号	导线敷设方式的标注			序号	导线敷设方式的标注		
	名称	旧代号	新代号		名称	旧代号	新代号
1	用瓷瓶或瓷柱敷设	CP	K	14	沿钢索敷设	S	SR
2	用塑料线槽敷设	XC	PR	15	沿屋架或跨屋架敷设	LM	BE
3	用钢线槽敷设		SR	16	沿柱或跨柱敷设	ZM	CLE
4	穿水煤气管敷设		RC	17	沿墙面敷设	QM	WE
5	穿焊接钢管敷设	G	SC	18	沿天棚面或顶板面敷设	PM	CE
6	穿电线管敷设	DG	TC	19	在能进人的吊顶内敷设	PNM	ACE
7	穿聚氯乙烯硬质管敷设	VG	PC	20	暗敷设在梁内	LA	BC
8	穿聚氯乙烯半硬质管敷设	RVG	FPC	21	暗敷设在柱内	ZA	CLC
9	穿聚氯乙烯塑料波纹电线管敷设		KPC	22	暗敷设在墙内	QA	WC
10	用电缆桥架敷设		CT	23	暗敷设在地面内	DA	FC
11	用瓷夹敷设	CJ	PL	24	暗敷设在顶板内	PA	CC
12	用塑料夹敷设	VJ	PCL	25	暗敷设在不能进人的吊顶内	PNA	ACC
13	穿金属软管敷设	SPG	CP				

例如:WP1-BV-(3×50+1×35)-CT-CE表示1号动力线路,导线型号为铜芯塑料绝缘线,3根50 mm^2、1根35 mm^2,沿顶板面用电缆桥架敷设。

又如:WL2-BV-(3×2.5)-SC15-WC表示2号照明线路,3根2.5 mm^2铜芯塑料绝缘导线,穿直径15 mm钢管沿墙暗敷。

(2) 用电设备的文字标注形式

用电设备的文字标注形式为：

$$\frac{a}{b}\text{或}\frac{a}{b}+\frac{c}{d}$$

式中 a——设备编号；

b——额定功率(kW)；

c——线路首端熔断器体或断路器整定电流(A)；

d——安装标高(m)。

(3) 配电箱的文字标注形式

配电箱的文字标注形式为：

$$ab/c \text{ 或 } a\text{-}b\text{-}c$$

式中 a——设备编号；

b——设备型号；

c——设备功率(kW)。

例如：AP4 $\frac{\text{XL-3-2}}{40}$表示型号为 XL-3-2 的 4 号动力配电箱，其功率为 40 kW。

又如：AL4-2 $\frac{\text{XRM-302-20}}{10.5}$表示第四层的 2 号配电箱，其型号为 XRM-302-20，功率为 10.5 kW。

当需要标注引入线的规格时，则标注为：

$$a\,\frac{b\text{-}c}{d(e\times f)\text{-}g}$$

式中 a——设备编号；

b——设备型号；

c——设备功率(kW)；

d——导线型号；

e——导线根数；

f——导线截面面积(mm^2)；

g——导线敷设方式及部位。

例如：A3 $\frac{\text{XL-3-2-35.165}}{\text{BLV(3×35)G40-CE}}$表示 3 号动力配电箱，型号为 XL-3-2 型，功率为 35.165 kW，配电箱进线为 3 根铝芯聚氯乙烯绝缘导线，其截面面积为 35 mm^2，穿管径为 40 mm 的水煤气钢管，沿柱子明敷设。

(4) 照明灯具的标注形式

照明灯具的标注形式为：

$$a\text{-}b\,\frac{c\times d\times l}{e}f$$

式中 a——灯具的数量；

b——灯具的型号或编号；

c——每盏照明灯具的灯泡数；

d——灯泡容量(W)；

e——灯泡安装高度(m);

f——灯具安装方式;

l——光源的种类。

灯具的安装方式标注文字符号的意义见表10.5。

表10.5　灯具的安装方式标注文字符号

序号	名称	旧代号	新代号
1	线吊式	X	SW
2	链吊式	L	CS
3	管吊式	G	DS
4	壁装式	B	W
5	吸顶式	D	C
6	嵌入式(嵌入不可进人的顶棚)	R	R
7	吊顶内安装(嵌入可进人的顶棚)	DR	CR
8	墙壁内安装	BR	WR
9	台上安装	T	TC
10	支架上安装	J	SP
11	柱上安装	Z	CL
12	座装	ZH	HM

常用光源的种类有:白炽灯(IN)、荧光灯(FL)、汞灯(Hg)、钠灯(Na)、碘类(I)、氙灯(Xe)、氖灯(Ne)等,但光源种类一般很少标注。

例如:10-YG2-2 $\frac{2\times 40}{2.5}$CS 表示10盏型号为YG2-2的双管荧光灯,每个灯管功率为40 W,安装方式采用链吊式安装,距地面高度为2.5 m。

又如:10-Y $\frac{2\times 40\times \mathrm{FL}}{2.5}$CS 表示有10盏型号为Y型的荧光灯,每盏灯有2个40 W灯管,安装高度为2.5 m,采用链吊式安装。

又如:5-DDB306 $\frac{4\times 60\times \mathrm{IN}}{-}$C 表示有5盏型号为DDB306型的圆口方罩吸顶灯,每盏有4个白炽灯泡,灯泡功率为60 W,采用吸顶式安装。

(5) 电缆的标注形式

电缆的标注形式基本上与导线的文字标注形式一样,按"a-b-$c\times d$-e-f"形式标注。如15M-YJV-3×150-CT-WE表示编号为15的照明回路,采用交联聚氯乙烯绝缘、铜芯、聚氯乙烯塑料护套、电力电缆,3根相线、横截面面积为150 mm^2,采用电缆桥架敷设,沿墙明敷设。

电缆的型号见表10.6。

表 10.6 电缆的型号

电缆类别	电缆的线芯材料	电缆绝缘种类	电缆的特征
电力电缆不表示 K 控制电缆 P 信号电缆 Y 移动电缆 H 市内电话电缆	铜芯不表示 铝芯用 L 表示	Z 纸绝缘 X 橡胶绝缘 V 聚氯乙烯绝缘 Y 聚乙烯绝缘 YJ 交联聚氯乙烯绝缘	D 不滴油 P 屏蔽 F 分相护套 Q 轻型 Z 中型 C 重型

电缆内护套	电缆外护层			
Q 铅包	第一个字母		第二个字母	
L 铝包	代号	铠装层类型	代号	外皮层类型
H 橡胶套	2	双钢带	1	纤维
V 聚氯乙烯套	3	细圆钢丝	2	聚氯乙烯护套
Y 聚乙烯套	4	粗圆钢丝	3	聚乙烯护套

10.2 电气施工图阅读

阅读建筑电气施工图必须熟悉电气施工图基本知识和建筑电气施工图的特点，同时掌握一定的阅读方法，才能比较迅速全面地读懂图纸，以完全实现读图的意图和目的。

阅读建筑电气施工图的方法没有统一规定。但当我们拿到一套建筑电气施工图时，面对一大摞图纸，究竟如何下手？通常的做法是：先浏览了解工程概况，重点内容反复看，安装方法找大样，技术要求查规范。具体针对一套图纸一般先按顺序阅读，而后再重点阅读。

10.2.1 电气施工图阅读一般要求

(1) 熟悉电气图例符号，弄清图例、符号所代表的内容

常用的电气施工图例及文字符号可参见《电气简图用图形符号 第 7 部分：开关、控制和保护器件》(GB/T 4728.7—2008)，为绘图与阅读的方便，建设部颁布了标准图集《建筑电气工程设计常用图形和文字符号》(09DX001)。

(2) 熟悉电气图例符号后，按以下顺序阅读，然后再对某部分内容进行重点识读。

① 看标题栏及图纸目录了解工程名称、项目内容、设计日期及图纸内容、数量等。

② 看设计说明了解工程概况、设计依据等，了解图纸中未能表达清楚的各有关事项。

③ 看设备材料表了解工程中所使用的设备、材料的型号、规格和数量。

④ 看系统图了解系统基本组成，主要电气设备、元件之间的连接关系以及它们的规格、型号、参数等，掌握该系统的组成概况。

⑤ 看平面布置图如照明平面图、防雷接地平面图等，了解电气设备的规格、型号、数量及线路的起始点、敷设部位、敷设方式和导线根数等。平面图的阅读可按照以下顺序进行：电源进线总配电箱，干线支线分配电箱，电气设备。

⑥ 看控制原理图了解系统中电气设备的电气自动控制原理，以指导设备安装调试工作。

⑦ 看安装接线图了解电气设备的布置与接线。

⑧ 看安装大样图了解电气设备的具体安装方法、安装部件的具体尺寸等。

(3) 在识图时,应抓住要点进行识读,如:

① 在明确负荷等级的基础上,了解供电电源的来源、引入方式及路数。

② 了解电源的进户方式是室外低压架空引入还是电缆直埋引入。

③ 明确各配电回路的相序、路径、管线敷设部位、敷设方式以及导线的型号和根数。

④ 明确电气设备、器件的平面安装位置。

(4) 结合土建施工图进行阅读

电气施工与土建施工结合得非常紧密,施工中常常涉及各工种之间的配合问题。电气施工平面图只反映了电气设备的平面布置情况,结合土建施工图的阅读还可以了解电气设备的立体布设情况。

10.2.2 电气系统图阅读

电气系统图是表示建筑照明配电系统供电方式、配电回路分布及相互联系的建筑电气工程图,能集中反映照明的安装容量、计算容量、计算电流、配电方式、导线或电缆的型号、规格、数量、敷设方式及穿管管径、开关及熔断器的规格型号等。通过照明系统图,可以了解建筑物内部电气照明配电系统的全貌,它也是进行电气安装调试的主要图纸之一。

照明系统图的主要内容包括:

(1) 电源进户线、各级照明配电箱和供电回路,表示其相互连接形式。

(2) 配电箱型号或编号,总照明配电箱及分照明配电箱所选用计量装置、开关和熔断器等器件的型号、规格。

(3) 各供电回路的编号,导线型号、根数、截面面积和线管直径,以及敷设导线长度等。

(4) 照明器具等用电设备或供电回路的型号、名称、计算容量和计算电流等。

读图实例如图10.1所示。

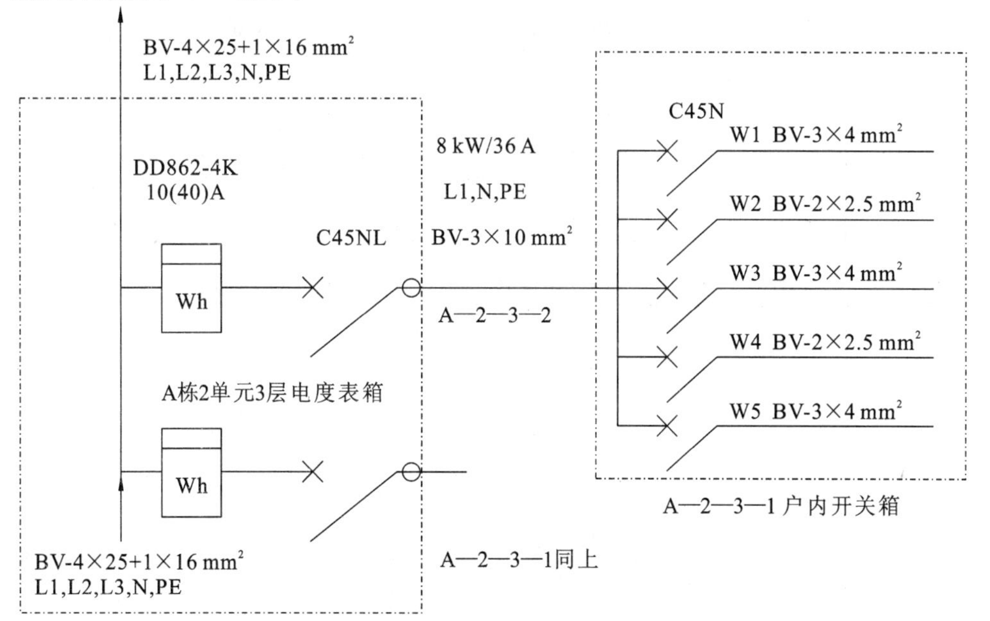

图10.1　某住宅楼某层照明配电系统图

从照明配电系统图中所表达的内容，可以了解到A栋2单元3层楼的电度表箱共有2户，电表箱的进线为3相5线，其中的L1相与电度表连接，经过1个40 A的漏电保护自动开关，再通过3根（相线L1、零线N和接地保护线PE）10 mm²的BV型号导线进入户内，户内也有一个配电箱，又分成5个回路经自动开关向用户的电气设备配电，而L2、L3是向4层以上配电的，零线N和接地保护线PE是共用的。对于整栋楼的配电系统图将会更复杂，但其作用是相同的。

图10.2所示为某商场楼层配电箱照明配电系统图，图10.3所示为一住宅楼照明配电系统图，请根据前面的知识自行进行识读。

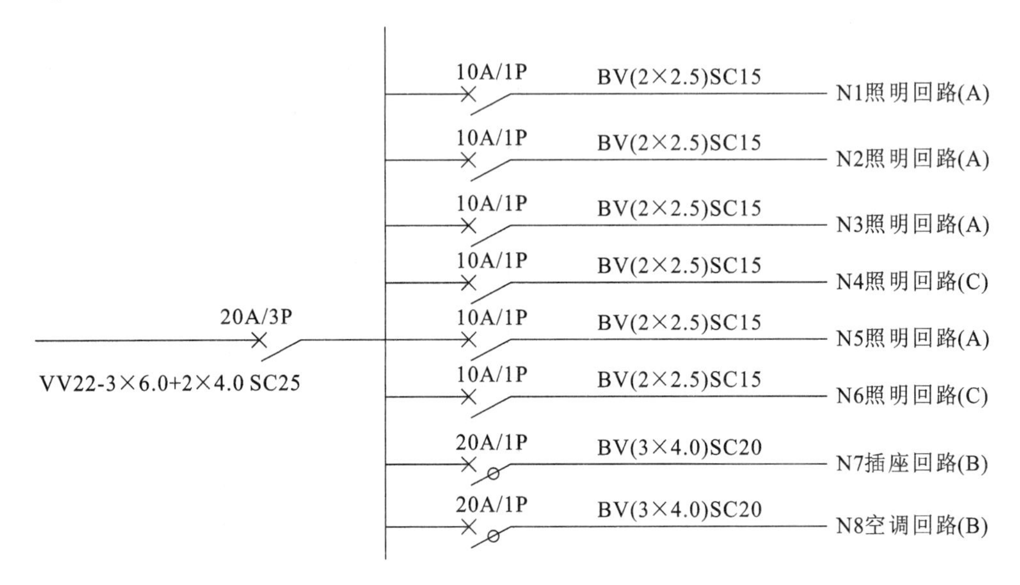

图10.2　某商场楼层配电箱照明配电系统图

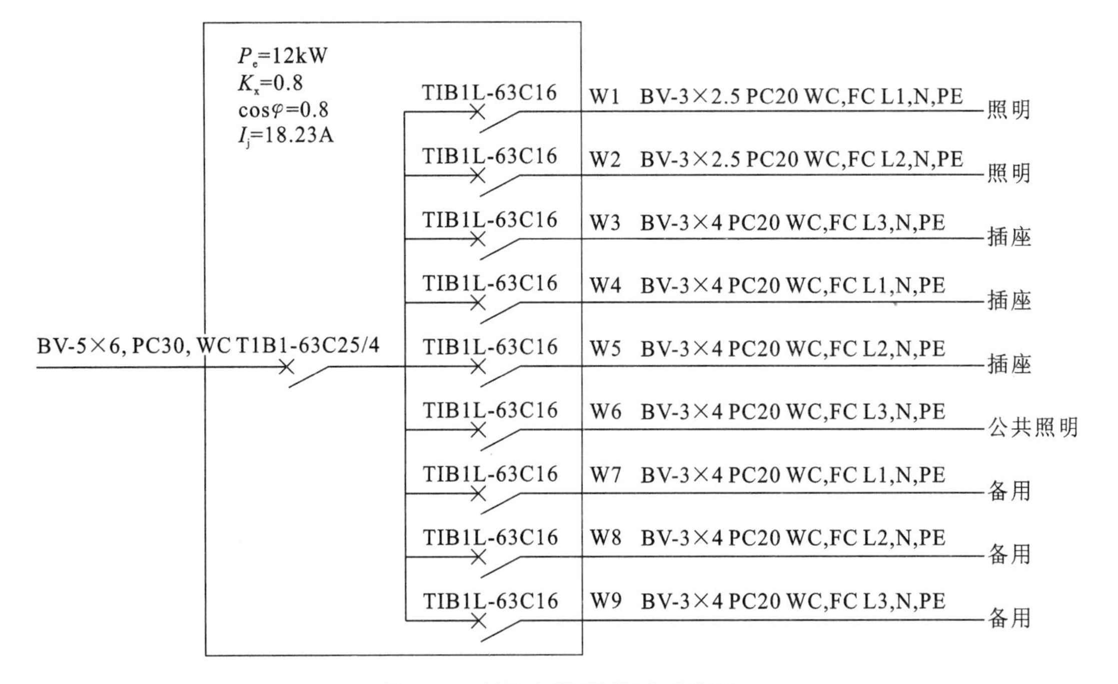

图10.3　某住宅楼照明配电系统图

10.2.3　电气平面图阅读

电气平面图用来表示电气设备的编号、名称、型号及安装位置、线路的起始点、敷设部位、敷设方式及所用导线型号、规格、根数、管径大小等。在电气平面图上，设备并不按比例画出它们的形状，通常采用图例表示，导线与设备的垂直距离和空间位置一般也不另用立面图表示，而是标注其安装标高，以及附加必要的施工说明。

1. 照明平面图的用途、特点

主要用来表示电源进户装置、照明配电箱、灯具、插座、开关等电气设备的数量、型号、规格、安装位置、安装高度，表示照明线路的敷设位置、敷设方式、敷设路径、导线的型号和规格等。

照明平面图中各段导线根数用短横线表示，如管内穿 3 根线，则在直线上加 3 根小道线，两根线可以省略小道线。编制电气预算就是根据导线根数及其长度计算导线的工程量。初学电气工程图时，应掌握判断各段导线根数的规律：

（1）各灯具的开关必须接在相线（俗称火线）上，所以无论是几联开关，只送进去 1 根相线，从开关出来的电线称为控制线（或称回火），n 联开关就有 n 条控制线，所以 n 联开关共有 $n+1$ 根导线。如图 10.2 中的双联开关就有 3 根线。

（2）现行国家规范要求照明支路和插座支路分开，并且在插座回路上安装漏电保护器。插座支路导线根数由 n 联中极数最多的插座决定，如图 10.2 中二、三孔双联插座是 3 根线。若是四联三极插座，也是 3 根线。

（3）现在供电系统都采用俗称三相五线制的 TN-S 方式供电系统。图 10.3 中的进户线是单相三线，即一根相线，一根零线，一根保护线。单相三孔插座中间孔接保护线 PE，下面两孔是左接零线 N，右接相线 L。单相两孔插座则没有保护线。

电气设备和电器元件的安装部位和工程做法要看平面图的图形符号和文字符号的标注。如图 10.4 所示的电气线路平面图（示意图），线路有时画在墙里边，有时又画在墙外边，那么线路是暗装还是明装，是沿墙、沿梁、沿顶板还是沿地面敷设，就要看线路的文字符号的标注，绝不能以线路画在墙里就暗装，画在墙外就明装。再如图中的插座都画在了墙外，但插座用的符号“”说明插座是暗装而不是明装。图上画了两个插座但它不代表两个插座，而是表示一个单相双联位（一个三极和一个二极）插座。插座符号虽然画在灯开关的旁边，但施工时都把插座安装在灯开关的垂直正下方，这样施工既方便又美观，如图 10.4(b)所示的布置透视图。平面图上的灯开关的图形符号表示为明装拉线开关，如果暗装，圆圈内应涂黑。

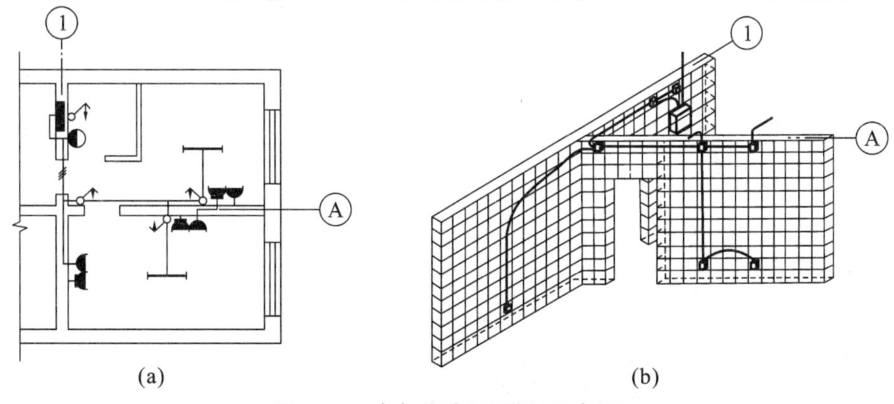

图 10.4　电气线路平面图（示意图）

(a)电气线路平面示意；(b)管路及箱盒在墙体内钢筋上布置透视

2. 照明、插座平面图举例

图 10.5 是某单元住宅楼某住户的照明配电平面布置图，建筑结构为砖混结构，楼板户内配电箱的安装高度为 2 m；15 A 的插座是为分体式空调设计的，安装高度为 2 m；厨房、大卫、小卫的插座安装高度为 1 m，其他插座安装高度为 0.3 m；20 A 的插座是为柜式空调设计的，安装高度为 0.3 m；日光灯安装高度为 2.5 m；壁灯安装高度为 2 m；开关安装高度为 1.3 m。建筑结构的详细情况需要看结构图。

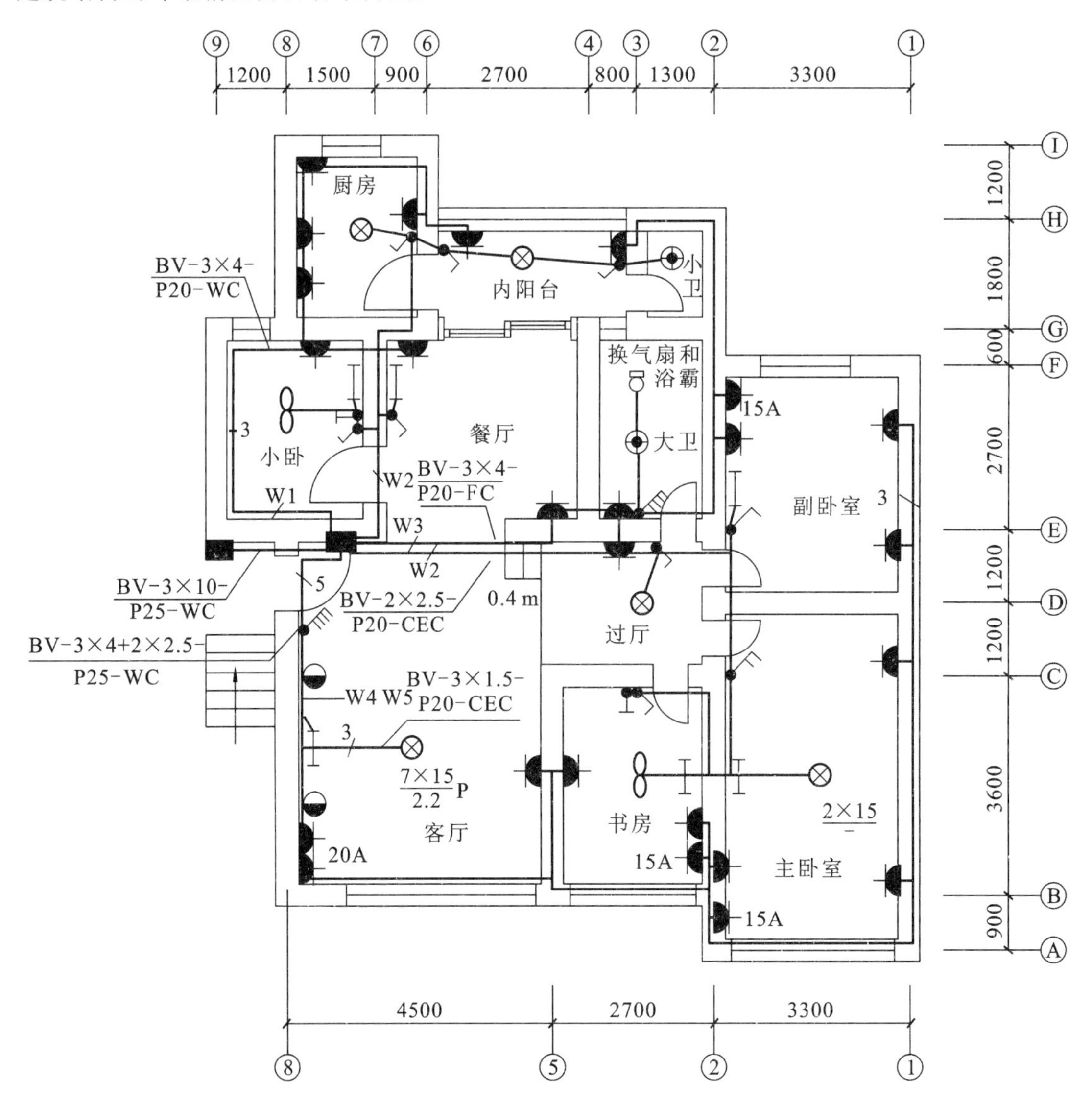

图 10.5　某用户照明配电平面布置图

照明配电平面图能清楚地表现灯具、开关、插座和线路的具体位置及安装方法，但同一方向的导线只用一根线表示，这对初学者来说，在线路的施工和接线时有一定的难度。这时要结合系统图来分析，并且画出灯具、开关、插座的线路接线图或透视接线图，这样，在施工中穿线、并头、接线就不会搞错了。在弄懂平面图、系统图、线路图、接线图的共同点和区别时，再看复杂的平面图就容易懂了。在实际施工中，关键是掌握原理接线图，不论灯具、开关位置如何变动，线路接线图始终不变，而透视接线图随开关位置、灯具位置、线路并头位置的变动而变动。所以只要理解线路图，就能看懂任何复杂的平面图和系统图。

从照明配电平面布置图中所表达的内容，可以进一步了解到该用户的配电情况和灯具、开关、插座的安装位置情况及导线的走向。但平面布置图只能反映安装位置，不能反映安装高度，安装高度可以通过说明或文字标注进行了解，另外，还需详细了解建筑结构，因为导线的走向和布置与建筑结构密切相关。

复杂的建筑工程有时是将插座和照明配电平面图分开绘制的，如图 10.6 和图 10.7 所示。

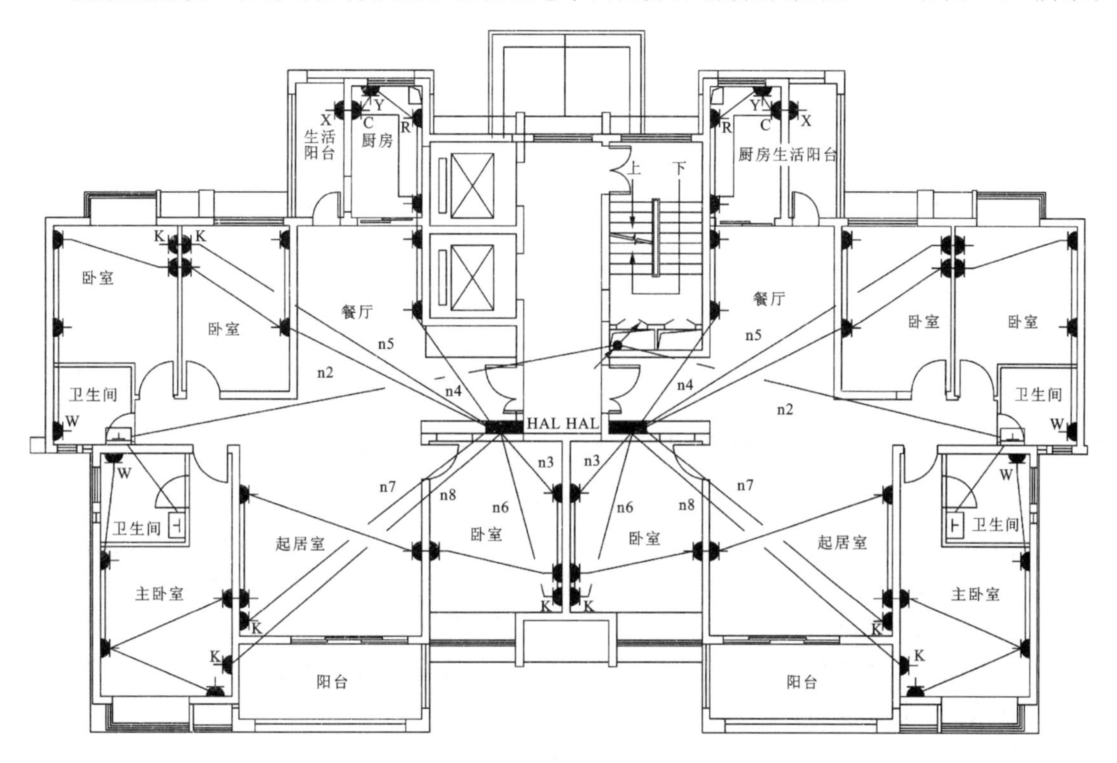

图 10.6　某高层公寓标准层插座平面图

10.2.4　电气安装图阅读

1. 电气照明施工图

电气照明平面图是电气照明工程的主要图纸，是安装施工单位进行安装施工的主要依据，必须认真阅读、全面掌握。在阅读时一般应注意以下几点：

(1) 了解建筑物的基本概况。包括房屋结构、房间功能与分布，这对于电气工程安装将会提供有益的帮助。

(2) 熟悉设备性能及安装要求。包括：熟悉电气设备、灯具等在建筑物内的布置位置以及它们的型号、规格、性能、特点和对安装的技术要求。但图纸标注往往不齐全，特别是设备的性能、特点及安装要求反映不一，一般应通过有关技术资料和施工、验收规范来了解。如在照明平面图中，开关、插座的安装高度一般是不在图纸上标出的，施工者可依据施工及验收规范进行安装，即一般开关的安装高度距地面 1.3 m，距门框 0.15～0.20 m；一般室内普通插座安装高度距地面不宜小于 0.3 m，幼儿园及小学配电不宜小于 1.8 m 等。

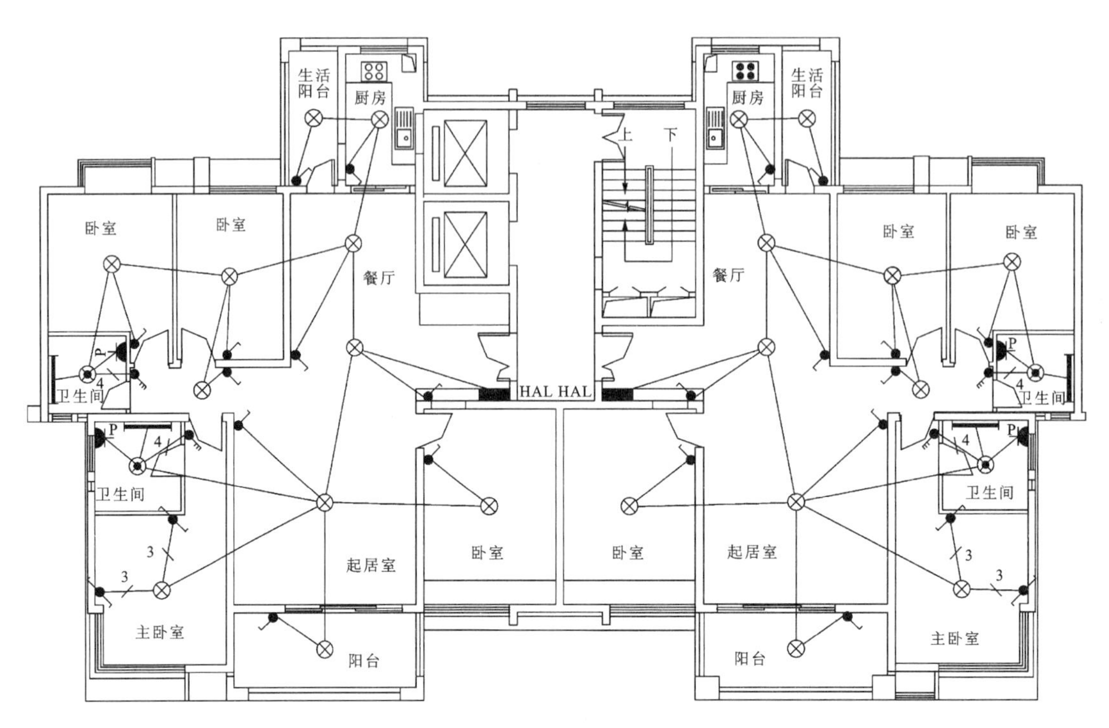

图 10.7　某高层公寓标准层照明配电平面图

(3) 熟悉常用照明控制线路。在照明平面图中，清楚地表明了灯具、开关、线路的具体位置、连接关系和安装方法，但灯具、插座等通常都是以并联方式接于电源进线的两端，且相线必须经开关后再进灯座，而零线是直接进灯座，保护地线直接与灯具金属外壳相连接，有时导线中间不允许有接头(如管子配线、槽板配线等)。这就使得平面图上会出现灯具之间、灯具与开关之间的导线根数的变化。要真正读懂照明平面图，就应全面理解导线根数的变化规律，因此应熟悉常用照明控制线路。

常用照明控制线路及在平面图上的表示方法如下：

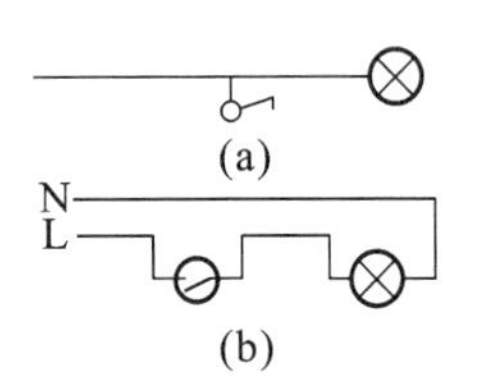

图 10.8　一个开关控制一盏灯

(a)平面图；(b)实际接线图

① 一个开关控制一盏灯。一个开关控制一盏灯是白炽灯安装中最常用、最简单的一种。其平面图表示为图 10.8(a)，而实际接线图则为图 10.8(b)。从图 10.8 可知，电源进线是两根线，接入开关和灯座的也均是两根线。

② 多个开关控制多盏灯。图 10.9(a)为一照明平面图，反映 3 盏灯、3 个开关及其线路的平面布置。在左侧较大的一个房间内装有两盏灯，由安装在进门一侧的两个开关控制；在右侧的一个房间里安装了一盏灯，开关也装在进门一侧。线路采用瓷瓶配线，暗敷设于天棚内。从图中可以看出，大房间内两盏灯之间及两盏灯至两个开关之间都是 3 根导线，其余均为 2 根导线。为什么呢？从图 10.9(b)所示的实际接线图可知，接两个灯座的零线和接两个开关的相线都是直接从干线中间引接出来的，如果干线中间不允许出现接头，就必须把接头分别放在灯座盒内和开关盒内，那么平面图和实际接线图就变成图 10.10 所示的情况了。

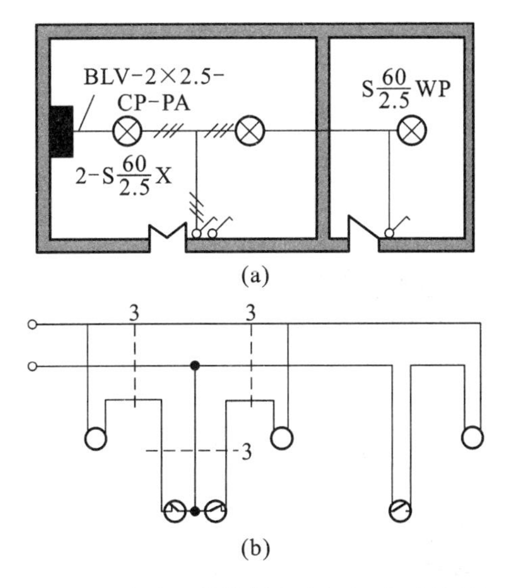

图 10.9　多个开关控制多盏灯（直接接线法）

(a)平面图；(b)实际接线图

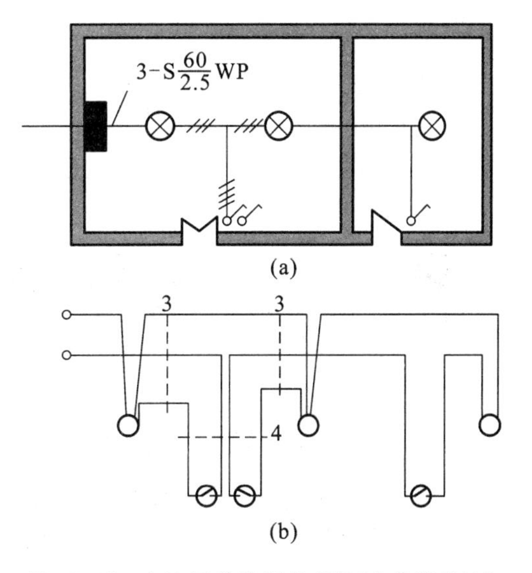

图 10.10　多个开关控制多盏灯（共头接线法）

(a)平面图；(b)实际接线图

③ 两个双控开关控制一盏灯。用两个双控开关在两处控制一盏灯，通常用在对楼梯灯、楼上楼下灯、走廊灯、走廊两端灯进行控制。其线路图、平面图、透视接线图如图 10.11 所示。在图示开关位置时灯不亮，但无论扳动哪个开关灯都会亮。分析平面图中线路导线的多少，可以画出透视接线图，如图 10.11(b)所示。

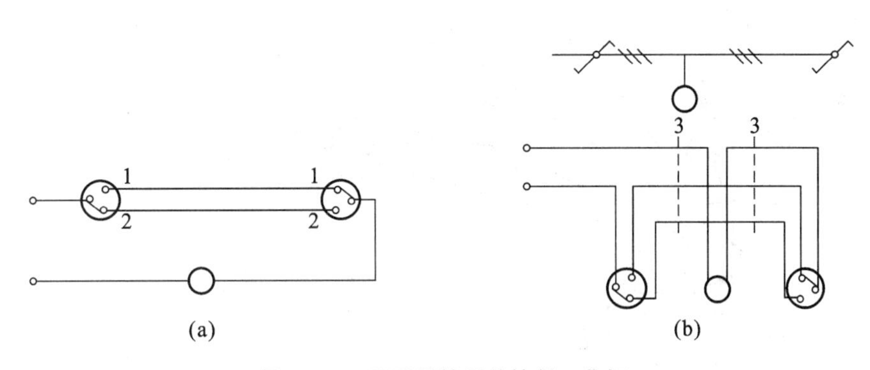

图 10.11　两只双控开关控制一盏灯

(a)平面图；(b)透视接线图

2. 电气安装工程施工图实例

(1) 工程概况

该工程为某企业职工宿舍，共 9 层，每层高 3 m。整栋住宅共两个单元，每单元每层 4 户，每户建筑面积 120 m^2，三室两厅双卫。该项目电气施工图包括标准层照明平面布置图、系统图及整栋住宅楼的供电系统图。该楼供电电源由附近配电房提供“VV-3×35＋2×25-G50-FC”电缆埋地穿墙引入一层总配电箱。

(2) 照明平面图分析(图 10.12)

对于每一住户照明平面图，考虑到住户要二次装修，故房间照明设置比较简单，设置一盏

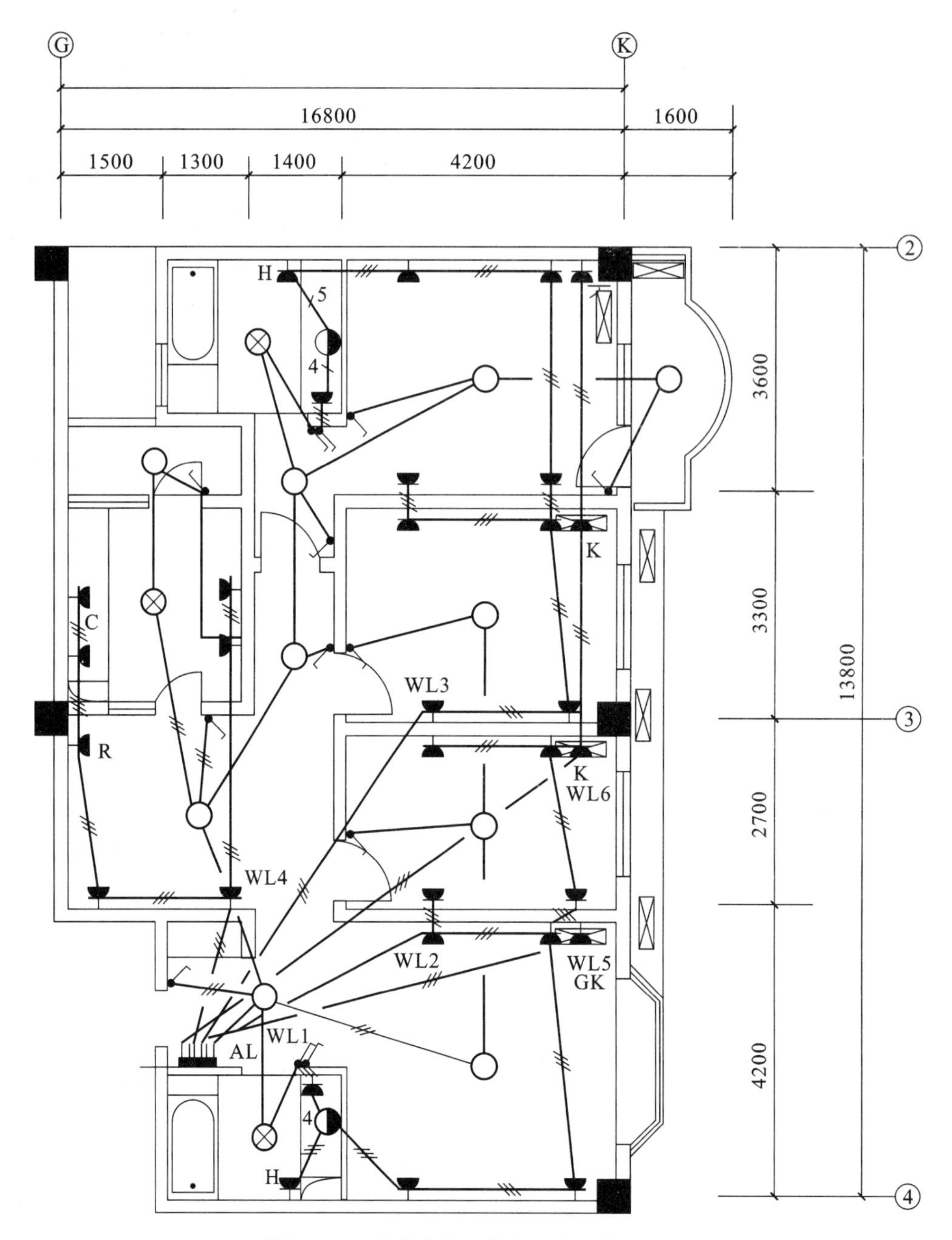

图 10.12 某住宅楼一住户配电配线平面图

灯及一组开关，灯具、开关、插座由住户自己购置安装，开关盒设置高度距地 1.3 m；客厅及 3 间卧室均设置普通插座 4 个，安装高度距地 0.3 m；客厅考虑柜式空调，空调插座安装高度距地 0.3 m；3 间卧室均考虑壁挂式空调，其空调插座安装高度距地 2.2 m；两个卫生间均设置一个顶灯、一个镜前灯、两个插座（洗衣机及电吹风），安装高度距地都为 1.3 m；厨房设置一个顶灯，4 组插座，电炊用具插座 2 组，安装高度距地 1.3 m，电冰箱插座距地 1.3 m，抽油烟机插座距地 1.8 m，换气扇插座距地 2.3 m。

(3) 系统图分析(图 10.13)

每一住户配电系统图,即控制箱接线图[图 10.13(a)]。住户控制箱设置一个总空气开关 E4SW2-63A 型,6 个单相出线回路,电源进线采用 BV-3×10-2MR-SC。WL1 回路对所有房间的照明供电,空气开关采用 E4CB1-16CE 型,导线采用 BV-3×2.5 铜芯塑料线穿塑料管 P20 沿墙和顶棚暗敷;WL2 回路对客厅、公卫的普通插座供电,空气开关采用带漏电保护指示器的 E4EBE2-16/30M 型,导线采用 BV-3×2.5 铜芯塑料线穿塑料管 P20 沿墙和地板暗敷;WL3 回路对卧室的普通插座供电,空气开关采用带漏电保护指示器的 E4EBE2-16/30M 型,导线采用 BV-3×2.5 铜芯塑料线穿塑料管 P20 沿墙和地板暗敷;WL4 回路对餐厅、厨房供电,空气开关采用带漏电保护指示器的 E4EBE2-16/30M 型,导线采用 BV-3×2.5 铜芯塑料线穿塑料管 P20 沿墙和地板暗敷;WL5 回路对客厅空调供电,空气开关采用带漏电保护指示器的 E4EBE2-20/30M 型,导线采用 BV-3×4 铜芯塑料线穿塑料管 P20 沿墙和地板暗敷;WL6 回路对卧室空调供电,空气开关采用带漏电保护指示器的 E4EBE2-20CE 型,导线采用 BV-3×4 铜芯塑料线穿塑料管 P20 沿墙和顶棚暗敷。

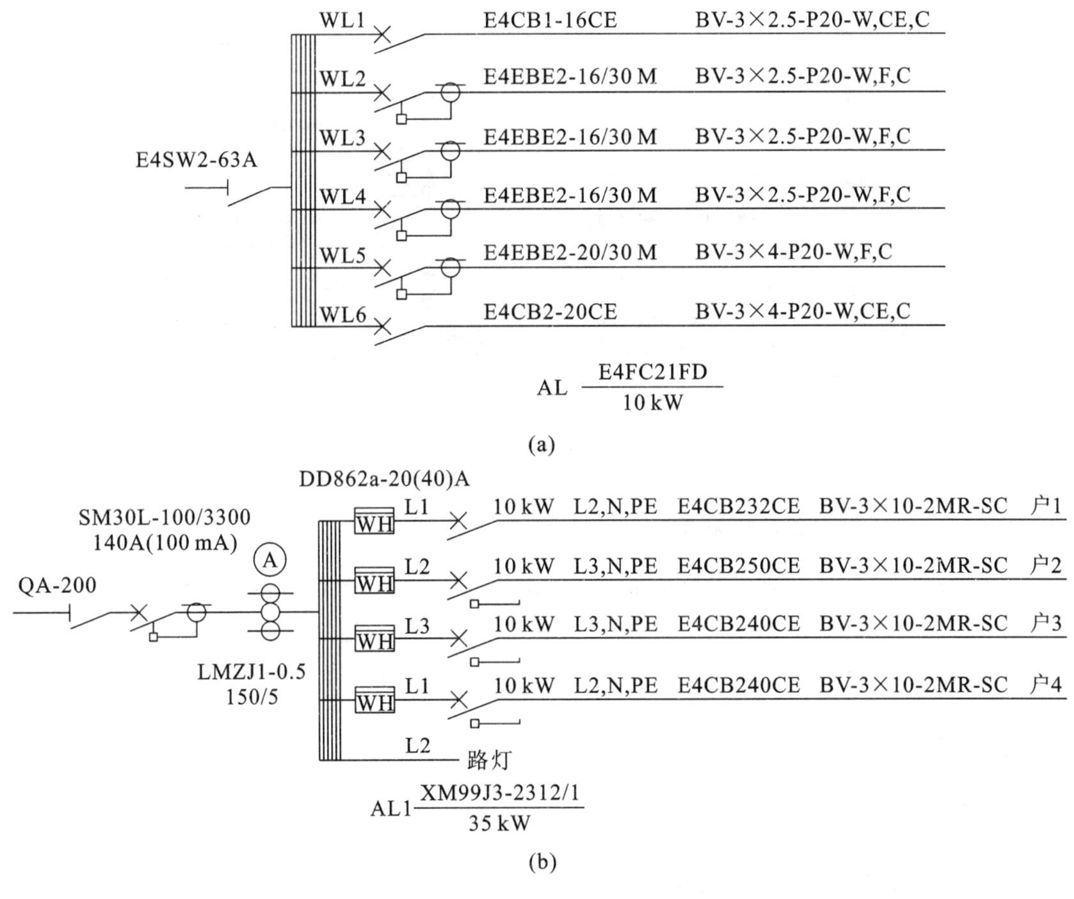

图 10.13 某住宅楼供电系统图

(a)某住宅楼一住户控制箱系统接线;(b)某住宅楼楼层电表箱接线

在住宅楼一单元一楼设置一总配电箱,分配到每层楼的计量箱,每住户电能计量器集中考虑装设在公共楼道处,以便在楼道上观察、抄表(远程抄表)。整栋楼供电方式属于放射式与树干式相结合的混合式供电。对于整栋楼照明配电系统，如图 10.14 所示。

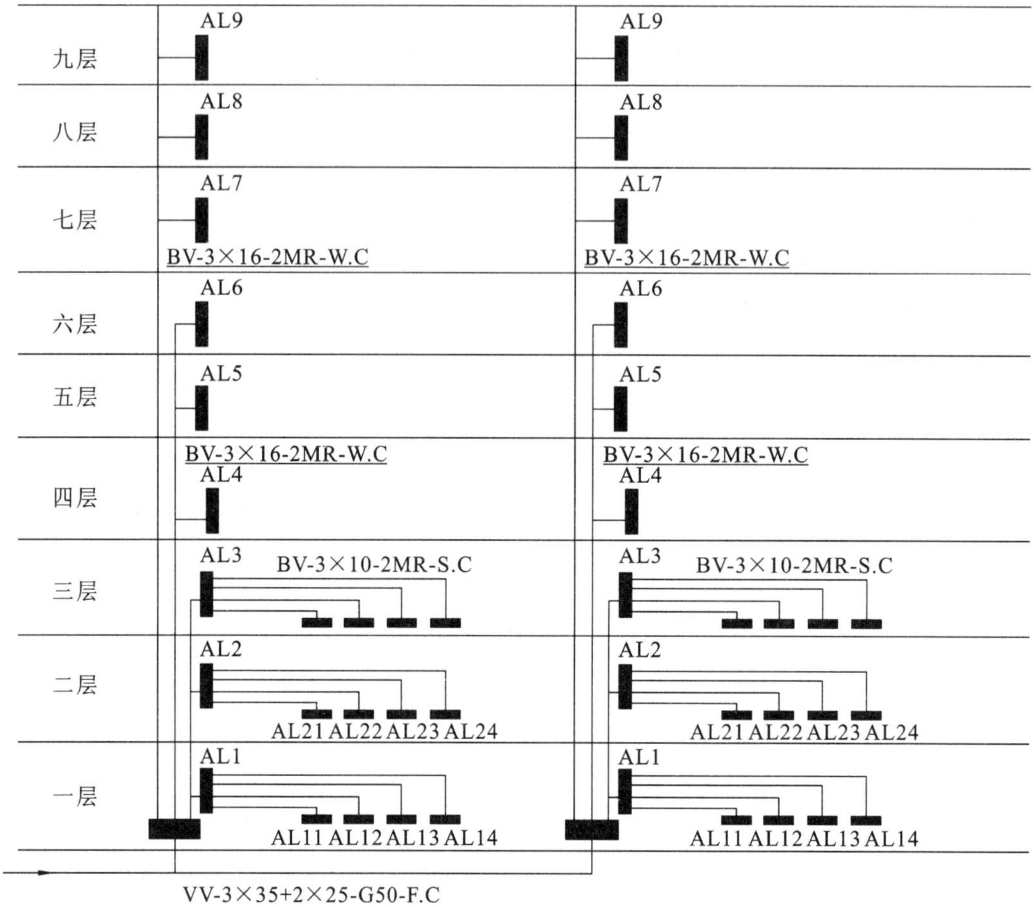

图 10.14　住宅楼照明配线系统图

10.2.5　建筑防雷接地图阅读

防雷平面图是指导具体防雷接地施工的图纸。通过阅读，可以了解工程的防雷接地装置所采用设备和材料的型号、规格、安装敷设方法、各装置之间的连接方式等情况，在阅读的同时还应结合相关的数据手册、工艺标准以及施工规范，从而对该建筑物的防雷接地系统有一个全面的了解和掌握。

建筑物防雷接地工程图一般包括防雷工程图和接地工程图两部分。图 10.15 为某住宅建筑防雷平面图和立面图，图 10.16 为该住宅建筑的接地平面图，图纸附施工说明。

施工说明：① 避雷带、引下线均采用 25×4 的扁钢，镀锌或做防腐处理。

② 引下线在地面上 1.7 m 至地面下 0.3 m 一段，用 50 mm 硬塑料管保护。

③ 本工程采用 25×4 扁钢做水平接地体，绕建筑物一周埋设，其接地电阻不大于 10 Ω。施工后达不到要求时，可增设接地极。

④ 施工采用国家标准图集 D562、D563，并应与土建工程密切配合。

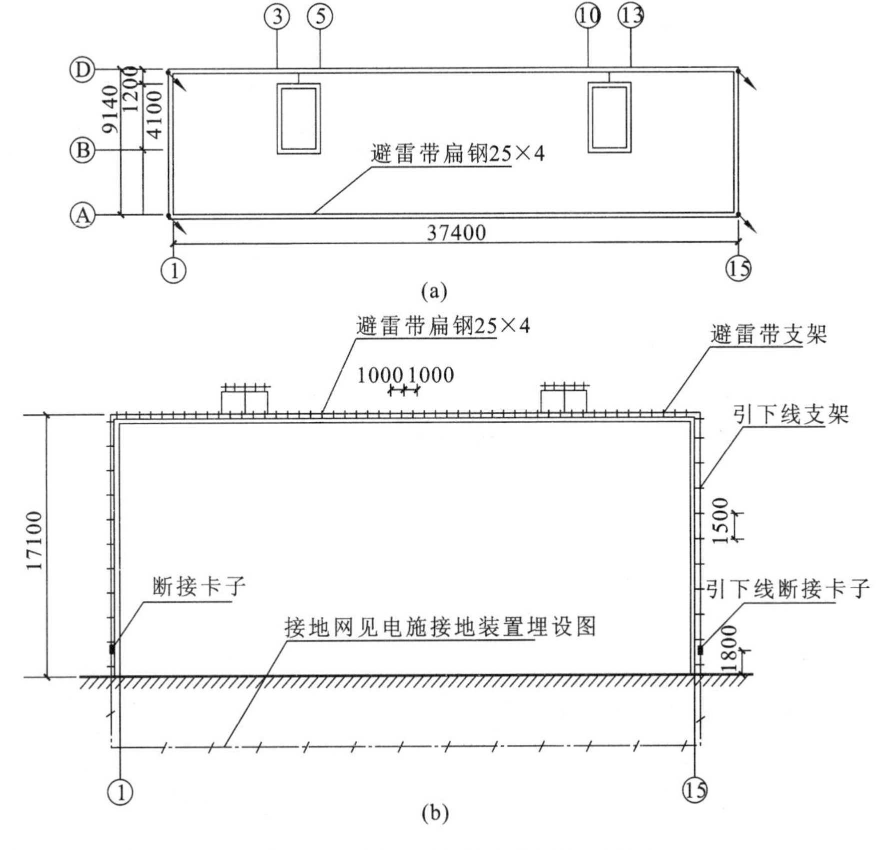

图 10.15　住宅建筑防雷平面图和立面图

(a)平面图;(b)北立面图

(1) 工程概况

由图 10.16 知,该住宅建筑避雷带沿屋面四周女儿墙敷设,支持卡子间距为 1 m。在西面和东面墙上分别敷设 2 根引下线(25×4 扁钢),与埋于地下的接地体连接,引下线在距地面 1.8 m处设置引下线断接卡子。固定引下线支架间距 1.5 m。接地体沿建筑物基础四周埋设,埋设深度在地平面以下 1.65 m,在−0.68 m 开始向外,距基础中心距离为 0.65 m。

(2) 避雷带及引下线的敷设

首先在女儿墙上埋设支架,间距为 1 m,转角处为 0.5 m,然后将避雷带与扁钢支架焊为一体。引下线在墙上明敷设与避雷带敷设基本相同,也是在墙上埋好扁钢支架之后再与引下线焊接在一起。避雷带及引下线的连接均用搭接焊接,搭接长度为扁钢宽度的 2 倍。

(3) 接地装置安装

该住宅建筑接地体为水平接地体,一定要注意配合土建施工,在土建基础工程完工后,未进行回填土之前,将扁钢接地体敷设好。并在与引下线连接处引出一根扁钢,做好与引下线连接的准备工作。扁钢连接应焊接牢固,形成一个环形闭合的电气通路,实测接地电阻达到设计要求后,再进行回填土。

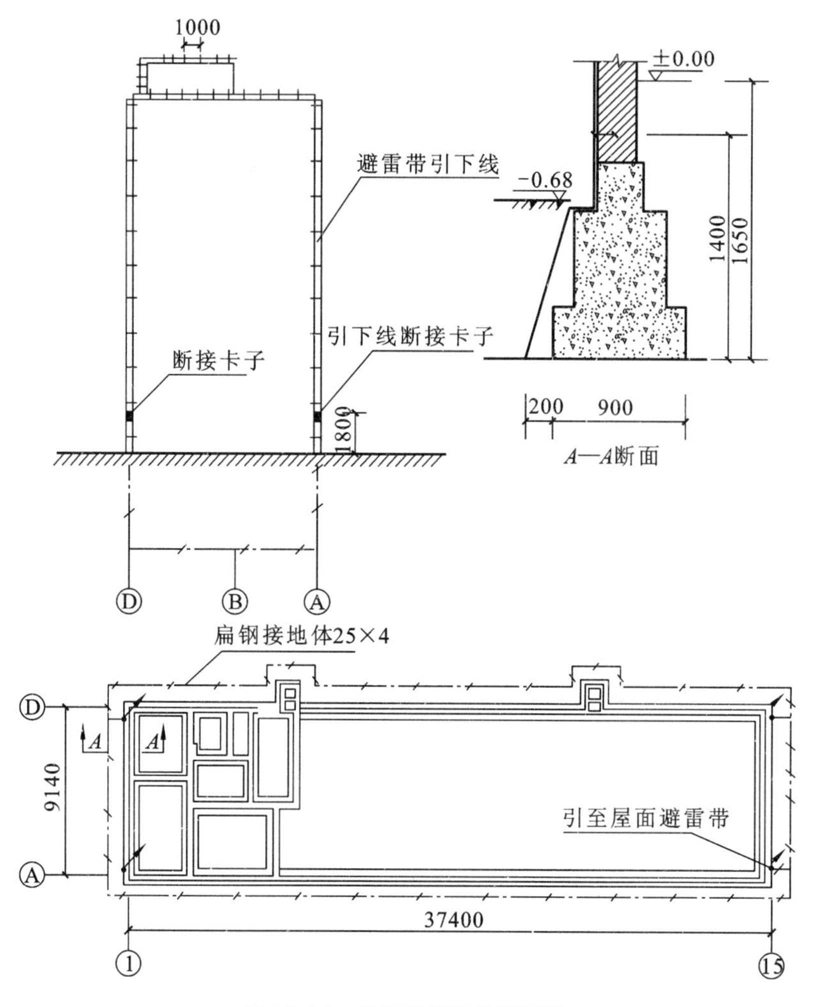

图 10.16　住宅建筑接地平面图

10.2.6　建筑弱电工程图阅读

目前，建筑弱电系统主要有计算机网络系统、CATV与卫星电视接收系统、闭路电视系统、电话通信系统、公共广播系统、安全防范与公共管理系统、火灾自动报警与自动灭火控制系统、综合布线系统等。

弱电工程是建筑工程中一个重要的分部工程。完成一个弱电工程，首先要学会分析弱电工程图。弱电工程图与强电工程图一样，有各种形式的工程图，常用的有弱电平面图（火灾自动报警平面图、联动装置平面图、防盗报警装置平面图、电视监视装置平面图、电话计算机综合布线平面图、共用天线有线电视平面图、有线广播平面图）、弱电系统图和框图（火灾自动报警联动控制系统图和火灾自动报警联动控制原理框图、共用天线系统图、电视监视系统框图、电话系统图等）。

弱电平面图是决定装置、设备、元件和线路平面布置的图纸，与照明平面图类似。弱电工程比照明工程要复杂得多，但弱电平面图的阅读并不困难。因为在弱电工程中传输的信号往往只有一路信号，使线路敷设简化，只要有阅读照明平面图的基础，就可以看懂弱电平面图。

弱电平面图是指导弱电工程施工安装不可缺少的图纸，是弱电设备布置安装、信号传输线路敷设的依据，所以首先要熟悉弱电平面图。

弱电工程中应重点分析弱电系统图和弱电装置原理框图。弱电系统图是表示弱电系统中设备和元件的组成、元件和器件之间相互连接关系的图纸，对于指导安装施工有至关重要的作用。弱电装置原理框图是说明弱电设备的功能、作用、原理的图纸，主要用于系统调试。阅读分析弱电装置原理框图难度较高。弱电工程的系统调试一般由专业技术人员（设备生产厂家或系统集成商）负责。所以对于弱电工程的安装，弱电平面图、弱电系统图、弱电设备原理框图都是不可缺少的图纸。因此应重点分析各弱电系统的平面图、系统图、装置原理框图等。

1. 火灾自动报警系统工程图

(1) 火灾自动报警系统工程图常用图形符号

绘制火灾自动报警系统工程图应首先选用国家标准（GB/T 4728.7、GB/T 4327）和相关部颁标准所规定的图形符号和附加文字符号，分别见表10.7和表10.8。至于线路的表示，则和动力、照明线路的表示相同。

表10.7　火灾自动报警设备常用图形符号

序号	图形符号	名称	序号	图形符号	名称
1		消防控制中心	8		手动报警按钮
2		火灾报警装置	9		报警电话
3	B	火灾报警控制器	10		火灾警铃
4	或 W	感温火灾探测器	11		火灾警报发声器
5	或 Y	感烟火灾探测器	12		火灾警报扬声器（广播）
6	或 G	感光火灾探测器	13		火灾光信号装置
7	或 Q	可燃气体探测器			

表 10.8　火灾自动报警设备附加文字符号

序号	文字符号	名称	序号	文字符号	名称
1	W	感温火灾探测器	8	WCD	差定温火灾探测器
2	Y	感烟火灾探测器	9	B	火灾报警控制器
3	G	感光火灾探测器	10	B—Q	区域火灾报警控制器
4	Q	可燃气体探测器	11	B—J	集中火灾报警控制器
5	F	复合式火灾探测器	12	B—T	通用火灾报警控制器
6	WD	定温火灾探测器	13	DY	电源
7	WC	差温火灾探测器			

(2) 火灾自动报警系统图和平面图

图 10.17 为某建筑火灾自动报警系统图。该火灾报警系统在首层设有报警控制器，联动控制。各层装有感烟探测器、手动报警按钮、防火卷帘、控制模块、水流指示器和信号阀，地下还装有防火卷帘。火灾报警控制器采用 2N905 型。每层信号线进线都采用总线隔离器，系统 2 条信号总线采用 RV-2×1.5 导线；电源线为 BV-2×2.5；信号线为 2 个回路：地下室及 1、2 层为一个回路；3 层至 5 层为一个回路。当火灾发生时，2N905 控制器收到感烟探测器、手动报警按钮的报警后，联动部分动作，通过电铃报警并启动消防灭火。

消防电气平面图除有各层的消防电气平面图外，还需要有消防控制中心电气设备布置图。图上应标注各层分线箱、层显示器、声光报警器、感烟或感温探测器、手动报警按钮、消火栓报警按钮、消防通信出线口、消防广播箱、扬声器的位置、距地高度、编号等，以及配线型号、根数、穿管管径、敷设方式等。

图 10.18 为某建筑一层火灾自动报警平面图。火灾报警控制器和一层总线隔离器安装在过厅控制室内，采用壁挂式安装，线路在墙内采用穿管垂直通过配线进入控制器。系统信号两总线采用 RV-2×1.5 导线穿管沿柱暗敷设，在走廊和过厅、商店等地方的屋顶安装感烟探测器，采用吸顶安装，控制模块距顶 0.2 m 安装；手动报警按钮距地 1.5 m 安装在楼梯墙上。该平面图表示了火灾探测器、手动报警按钮等电器平面布置以及线路走向、敷设部位和敷设方式。

2. 电话系统工程图

某住宅楼电话工程系统如图 10.19 所示，A、B 单元标准层弱电电气平面图见图 10.21。系统图中，进户使用 HYA 型电缆，埋地敷设，电缆为 50 对 $2\times0.5\ mm^2$。分线箱 TP-1-1 为一个 50 对线分线箱，进线电缆在这里与本单元分户线和分户电缆及下单元干线电缆连接。下单元干线为 HYA 型 30 对线电缆。从分线箱 TP-1-1 引出 1、2 层用户线，各用户线使用 RVS 型双绞线，每条为 $2\times0.5\ mm^2$。在 3 层和 5 层各设一只分线箱，两分线箱均为 10 对线分线箱，从 TP-1-1 到分线箱用一根 10 对线电缆，中间在 3 层分线箱做接头，3 层到 5 层也为一根 10 对线电缆。每只分线箱连接上、下层 4 户的用户出线盒。从图 10.19 中可以看到，电话分线箱在楼道内，用户室内有两个房间有出线盒，两出线盒为并联关系，两个话机并接在一条电话线上。

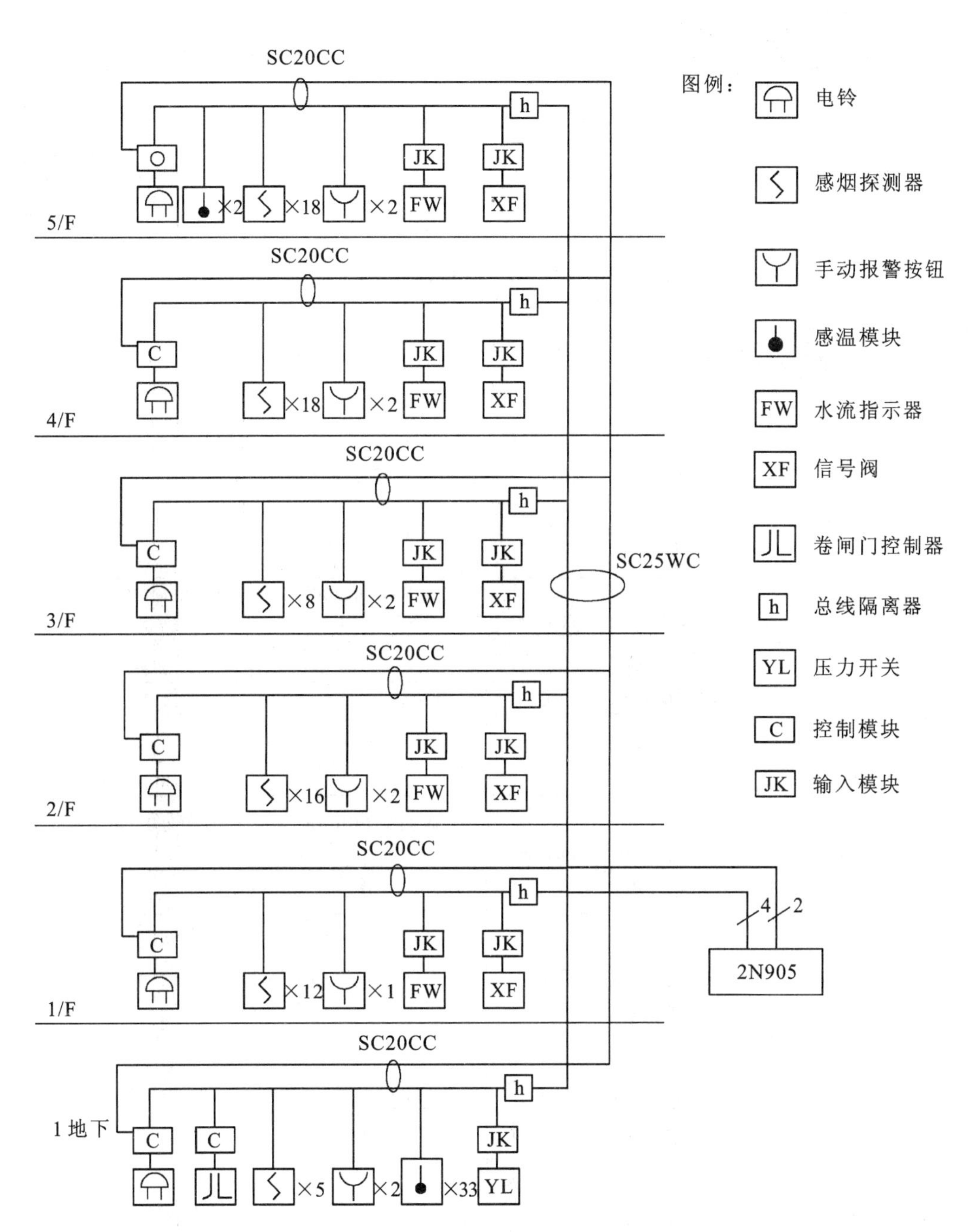

图 10.17 某建筑火灾自动报警系统图

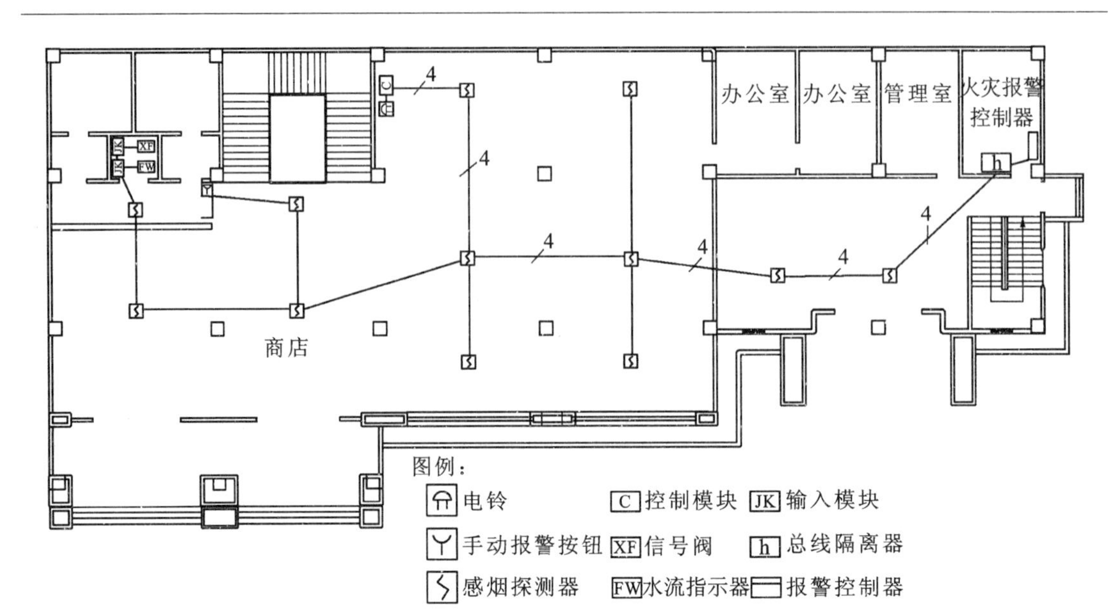

图 10.18　某建筑一层火灾自动报警平面图

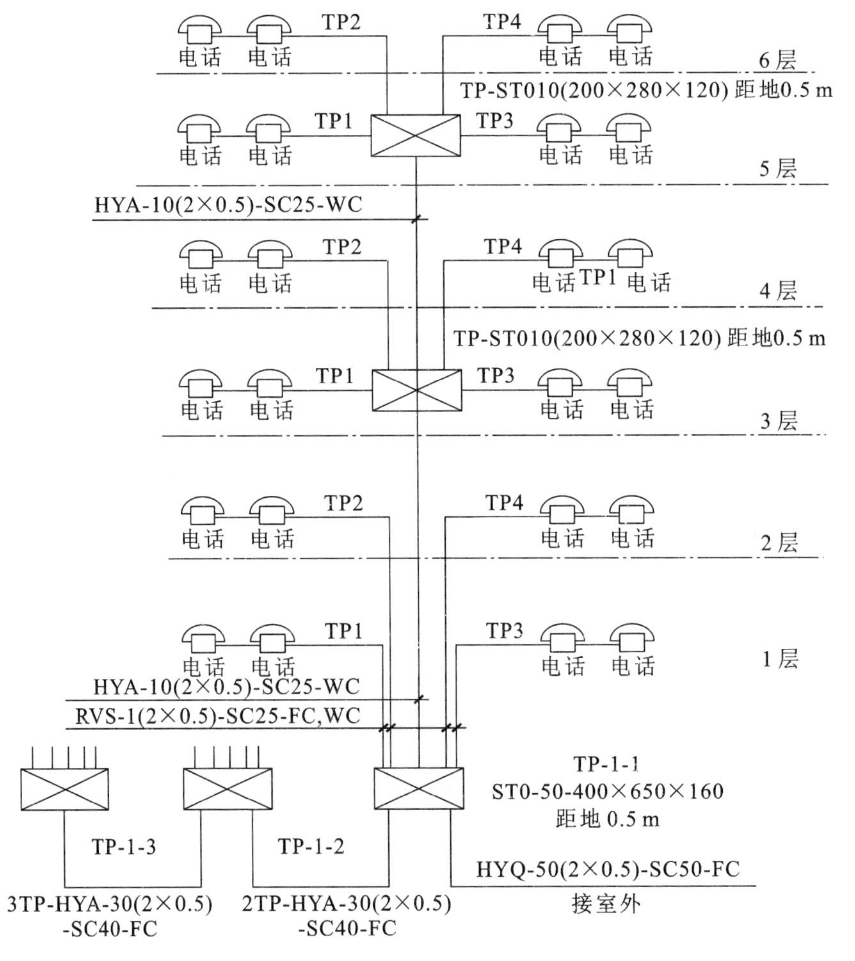

图 10.19　某住宅楼电话工程系统图

3. 共用天线电视系统图

图10.20为某住宅楼的共用天线电视系统图。本楼有3个单元，每单元6层12户，每户预留两个电视终端接口。为了提高收视效果，每单元在1层楼道内设电视中间箱，箱内有一台干线放大器和一只二分支器，二分支器干线出口向下一单元传输，分支口为本单元干线，3单元分支器干线出口准备向下一栋楼传输。在每层楼道内设一只分支器箱，箱内装一只二分支器，各层分支器衰减量由下向上依次递减。每个用户室内的管线从分支器箱引出，由于每户为两个用户终端盒，需使用一只二分支器，各户室内电视终端盒的布置情况如图10.21所示。

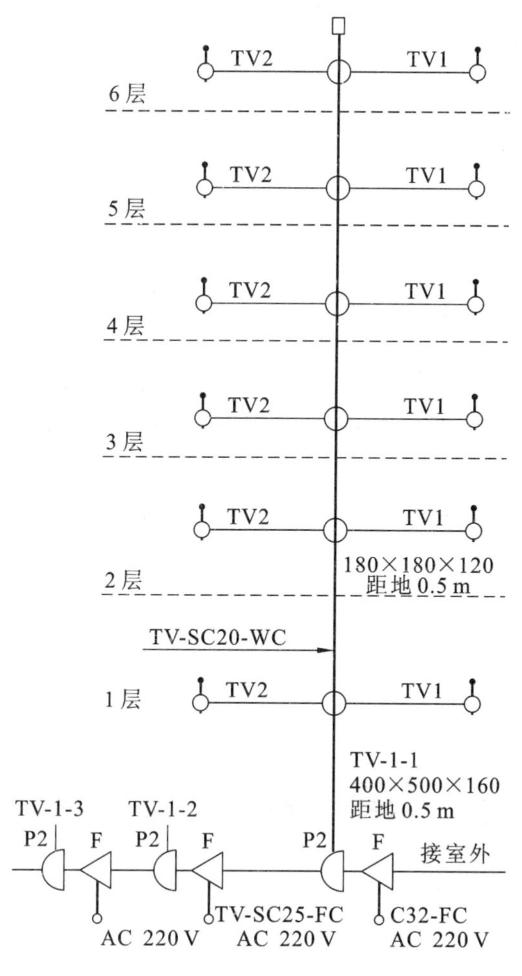

图10.20 共用天线电视系统图

在图10.21所示弱电平面图中，可以看到电视分支器箱在楼道内对着楼梯的墙上，干管从1楼穿到6楼，A单元用户终端盒在起居室和主卧室内，B单元用户终端盒在起居室和卧室内。共用天线电视系统要求有施工许可证的专业公司进行施工，但建筑内的管、盒、箱的预埋，由建筑施工单位在主体施工过程中与其他电气管线同时进行预埋施工。

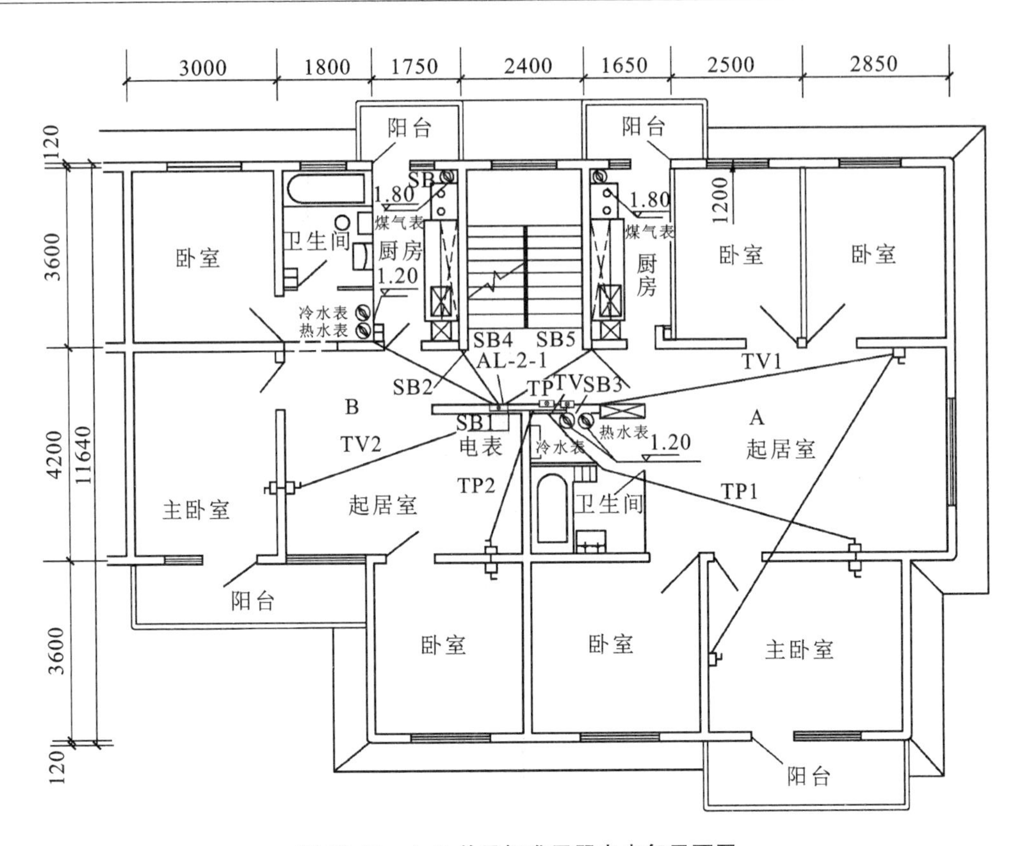

图 10.21　A、B 单元标准层弱电电气平面图

习　　题

1. 电气工程图由哪几部分组成？
2. 识读电气工程图的一般步骤是什么？
3. 请说明下列图例的含义。

4. 解释下列文字标注的含义：

(1) 6-BLV(2×4+1×4)DG25-QA　　(2) WLM2-BVV(2×2.5)-PM

(3) YG2-1 $\frac{1\times40}{2.4}$Ch　　(4) $\frac{1\times32}{—}$

5. 画出图 10.22 的单线接线图。

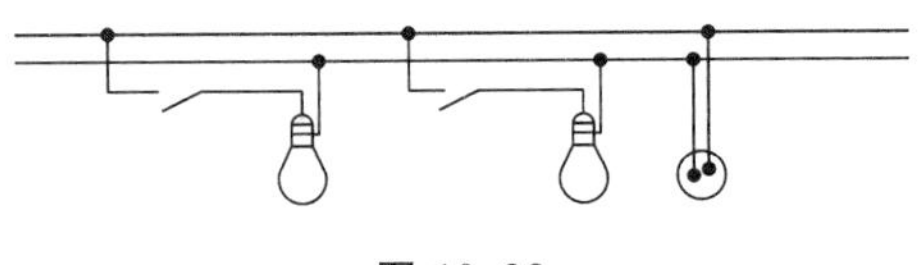

图 10.22

6. 请标出下列照明线路的导线根数。

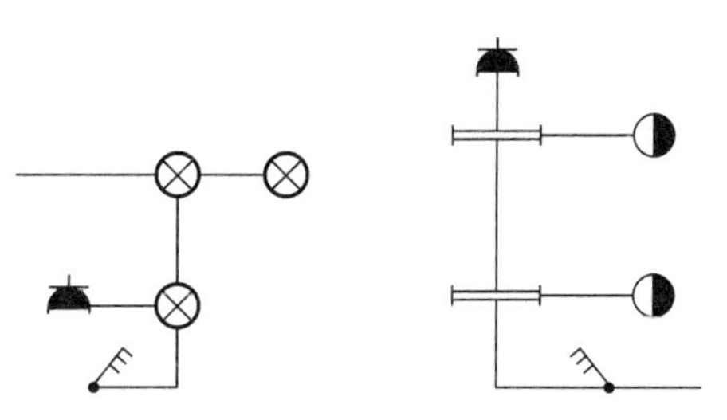

7. 图 10.23 为一电气照明平面图，试分析每段导线根数及各段导线的组成情况（相线、中性线、接地保护开关线）。

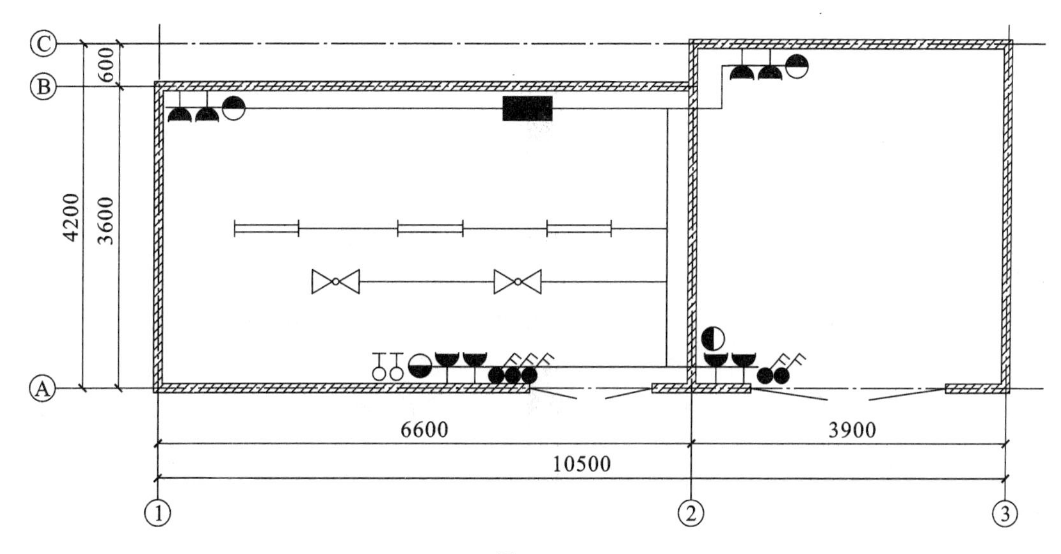

图 10.23

实训三　阅读或绘制所在教学楼或宿舍楼的电气施工图

为提高综合看图能力，特选某小学教学楼电气工程实例较完整的电气施工图纸，请自行练习阅读识图。

一、设计说明

1. 本工程拟由室外埋地引来一路 380/220 V 三相四线电源，引至地下室的低压配电柜，再分别引至各用电点；进户处零线须重复接地，接地电阻不大于 4 Ω，实测达不到要求时，补打接地极；PE 线从低压柜处与零线严格分开。

2. 电话、电视、广播线引自原教学楼。

3. 计量方式为电源进线外设总表。

4. 低压配电干线、支线选用 BV 型电线穿钢管沿墙、地面、顶板暗敷设。

5. 配电箱明装时底边距地 1.2 m，暗装时底边距地 1.4 m；地下室配电柜落地安装，柜下敷设 10 号槽钢；电话分线箱、电视分支分配器箱、广播切换盒暗装，底边距地 0.3 m；音箱暗装，底边距地 2.5 m；电铃为顶板下 0.3 m；厕所排气扇壁装；扳把开关、电铃按钮距地 1.4 m；未注明安装高度的插座距地 0.3 m；电视、电话出线口暗装，底边距地 0.3 m。

6. 安装高度低于 2.4 m 的灯具加装一根保护接地线。

7. 未注明的做法均按《建筑电气通用图集》及有关规范、规定执行。

二、图纸目录

附图 1	配电干线系统图	附图 7	1AP-2 动力配电箱系统图	附图 13	二层照明平面图
附图 2	AL 配电箱系统图	附图 8	1AP-3 动力配电箱系统图	附图 14	首层插座平面图
附图 3	D1AL 配电箱系统图	附图 9	2AL 配电箱系统图	附图 15	二层插座平面图
附图 4	1AL 配电箱系统图	附图 10	顶层楼梯间照明平面图	附图 16	地下室弱电平面图
附图 5	1AP 配电箱系统图	附图 11	地下室照明平面图	附图 17	二层弱电平面图
附图 6	1AP-1 动力配电箱系统图	附图 12	首层照明平面图		

三、图例及主材表

序号	符号	设备名称	型号规格	备注
1	▬	照明配电箱	SDB-DB512 MS	
2	▭	配电柜	XL21-04	
3	▬	电力配电箱	SDB-DB512 MS(改)	
4	◒	壁灯	CHB110	
5	═	双管荧光灯	YG4-2	

续表

序号	符号	设备名称	型号规格	备注
6		双管荧光灯	HYG205-2	
7		单管荧光灯	HYG345A-1	
8		双控开关	P86Z 系列	250 V,10 A
9		引线标记	—	
10		引线标记	—	
11		引线标记	—	
12		引线标记	—	
13		引线标记	—	
14		天棚灯	YX32-1B	
15		暗装单极开关	P86Z 系列	
16		暗装双极开关	P86Z 系列	
17		密闭三极开关	P86Z 系列	250 V,10 A
18		防水防尘灯	CHG11C	
19		暗装三相插座	P86Z 系列	380 V,15 A
20		单相二孔＋三孔暗装插座	P86Z 系列	250 V,10 A
21		单相带开关、指示灯暗装插座	P86Z 系列	250 V,15 A
22		防水单相插座	P86Z 系列	250 V,10 A
23		排气扇	型号见设施图	
24		电铃按钮	P86Z 系列	
25		电铃	UN4-150	
26		插座箱	DCR-X 系列	
27		音箱	HK1005	
28		接线盒	P86Z 系列	
29	TV	电视插座	P86Z 系列	
30	TP	电话插座	P86Z 系列	
31	VP	电视分支、分配器值	92D011、11-34	
32		交接线	ST0 -10	
33	—	铜芯聚氯乙烯绝缘导线	BV-2.5	
34	—	铜芯聚氯乙烯绝缘导线	BV-16	
35	—	铜芯聚氯乙烯绝缘导线	BV-6	
36	—	铜芯聚氯乙烯绝缘导线	BV-4	
37	—	焊接钢管	SC15	
38	—	焊接钢管	SC25	

四、设备材料表

序号	设备名称	型号规格	备注
1	铜芯聚氯乙烯绝缘软线	RVB-2×0.8	
2	焊接钢管	SC40	
3	铜芯聚氯乙烯绝缘软线	RVS-2×0.5	
4	同轴电缆	SYKV-75-9	
5	铜芯聚氯乙烯绝缘软线	RVB-2×0.8	
6	电话电缆	HYA-10(2×0.5)	
7	铜芯聚氯乙烯绝缘导线	BV-10	
8	铜芯聚氯乙烯绝缘导线	BV-35	
9	焊接钢管	SC20	
10	电力电缆	VV23-4×95	
11	焊接钢管	SC32	
12	焊接钢管	SC50	
13	焊接钢管	SC100	
14	镀锌扁钢	40×4	
15	接地极	L50×50×5	

五、附施工图

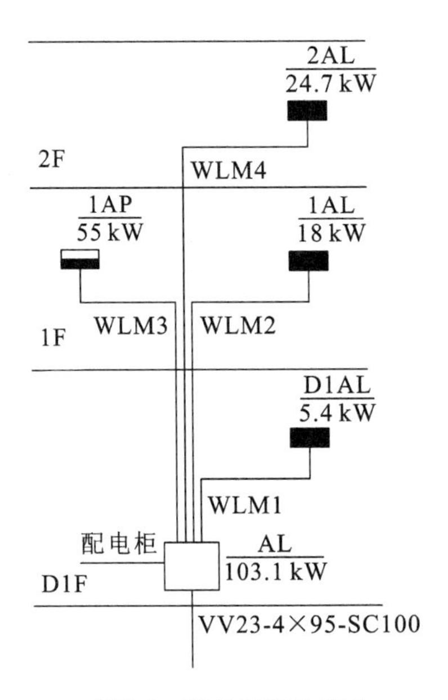

附图1　配电干线系统图

DT862-2
380/220V-5A
Wh
AL
103.1 kW
SV
V 3× A
6L2-450V 3×6L2-200V 3×LMK-0.66-200/5
TG-225
175A
VV23-4×95-SC100
Pe=103.1 kW
Kx=0.8
Pjs=82.5 kW
Ijs=148A
XL21-04(改)
600×470×1600
S254S-C25 WLM1-BV-5×6-SC25-FC D1AL 5.4 kW
S254S-C40 WLM2-BV-5×10-SC32-FC 1AL 18 kW
S273S-C100 BV-4×35+1×16-SC50-WE 1AP 55 kW
S254S-C50 WLM4-BV-5×16-SC40-FC 2AL 24.7 kW
S254S-C16 L2 WLM5 备用
S254S-C16 WLM6 备用

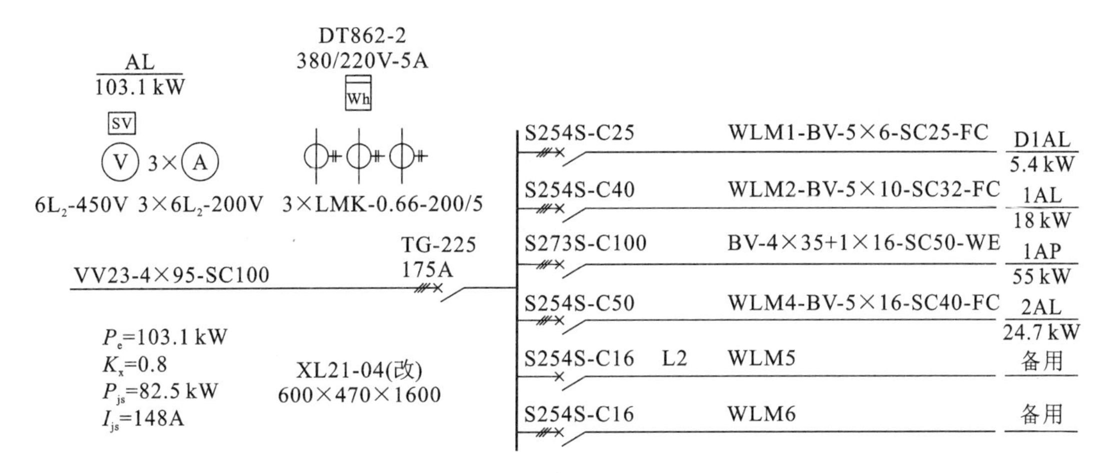

附图 2 AL 配电箱系统图

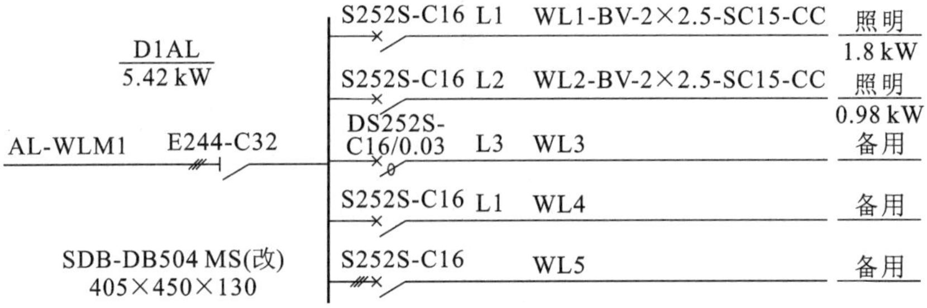

D1AL
5.42 kW
AL-WLM1 E244-C32
SDB-DB504 MS(改)
405×450×130
S252S-C16 L1 WL1-BV-2×2.5-SC15-CC 照明 1.8 kW
S252S-C16 L2 WL2-BV-2×2.5-SC15-CC 照明 0.98 kW
DS252S-C16/0.03 L3 WL3 备用
S252S-C16 L1 WL4 备用
S252S-C16 WL5 备用

附图 3 D1AL 配电箱系统图

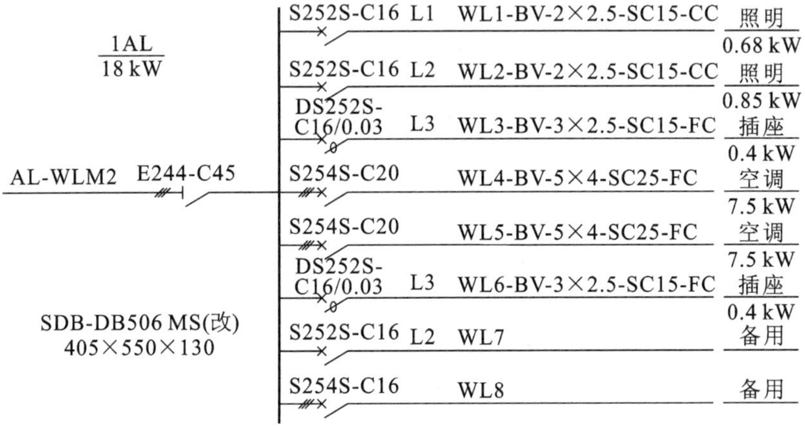

1AL
18 kW
AL-WLM2 E244-C45
SDB-DB506 MS(改)
405×550×130
S252S-C16 L1 WL1-BV-2×2.5-SC15-CC 照明 0.68 kW
S252S-C16 L2 WL2-BV-2×2.5-SC15-CC 照明 0.85 kW
DS252S-C16/0.03 L3 WL3-BV-3×2.5-SC15-FC 插座 0.4 kW
S254S-C20 WL4-BV-5×4-SC25-FC 空调 7.5 kW
S254S-C20 WL5-BV-5×4-SC25-FC 空调 7.5 kW
DS252S-C16/0.03 L3 WL6-BV-3×2.5-SC15-FC 插座 0.4 kW
S252S-C16 L2 WL7 备用
S254S-C16 WL8 备用

附图 4 1AL 配电箱系统图

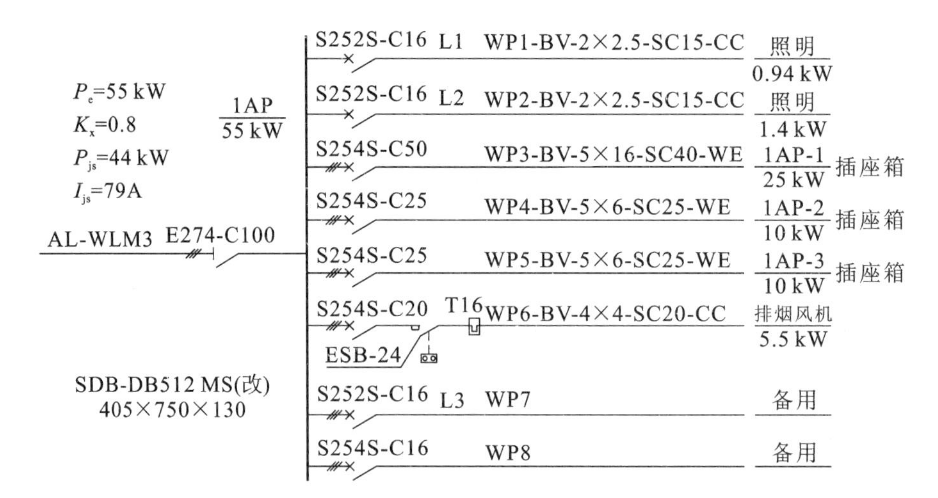

附图 5　1AP 配电箱系统图

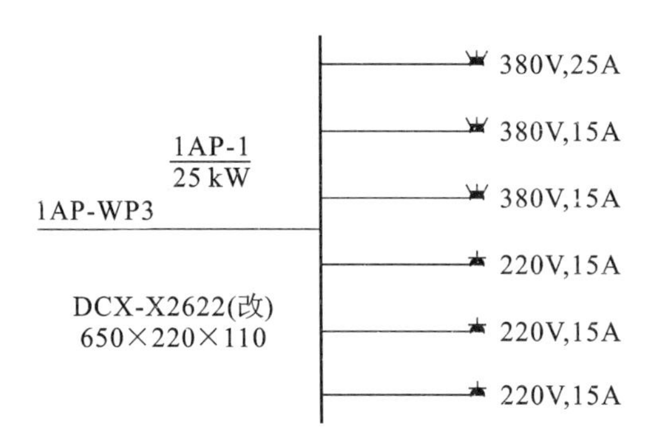

附图 6　1AP-1 动力配电箱系统图

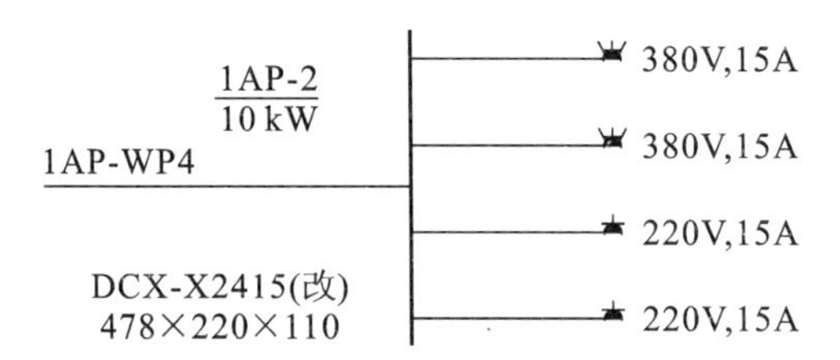

附图 7　1AP-2 动力配电箱系统图

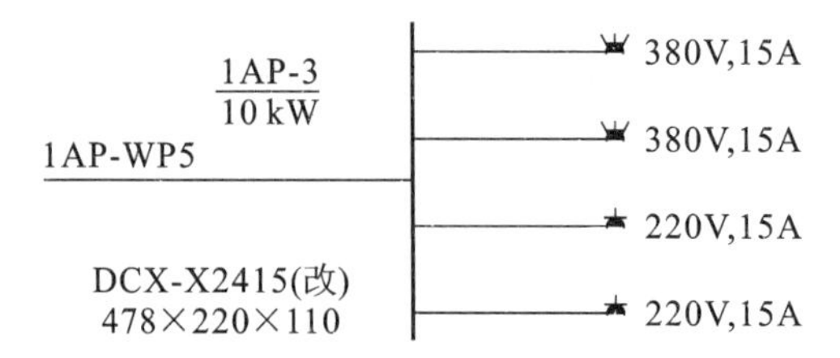

附图 8　1AP-3 动力配电箱系统图

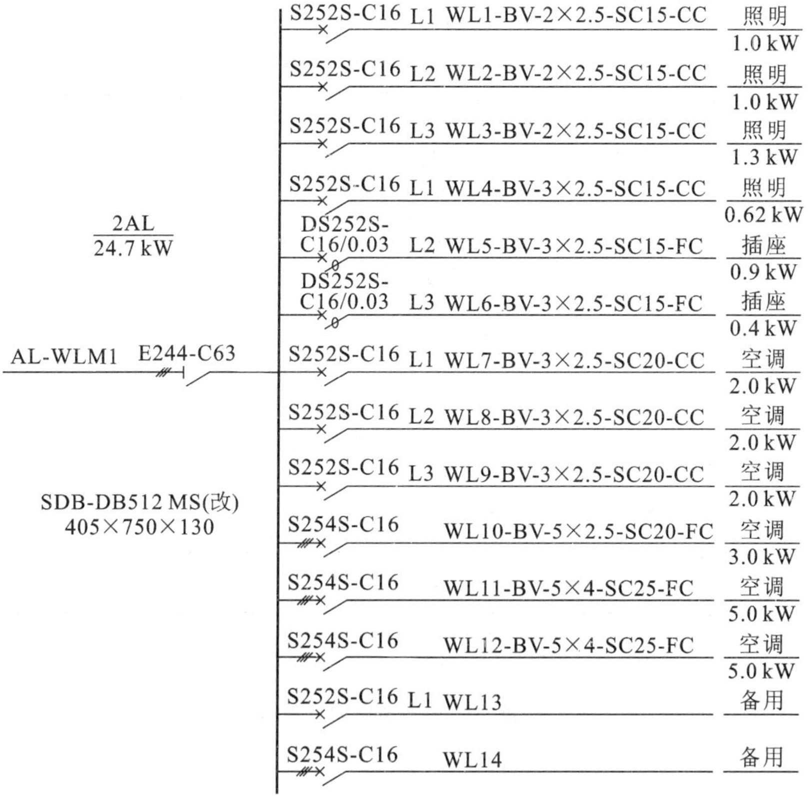

2AL
24.7 kW

AL-WLM1　E244-C63

SDB-DB512 MS(改)
405×750×130

断路器	相序	回路	用途	功率
S252S-C16	L1	WL1-BV-2×2.5-SC15-CC	照明	1.0 kW
S252S-C16	L2	WL2-BV-2×2.5-SC15-CC	照明	1.0 kW
S252S-C16	L3	WL3-BV-2×2.5-SC15-CC	照明	1.3 kW
S252S-C16	L1	WL4-BV-3×2.5-SC15-CC	照明	0.62 kW
DS252S-C16/0.03	L2	WL5-BV-3×2.5-SC15-FC	插座	0.9 kW
DS252S-C16/0.03	L3	WL6-BV-3×2.5-SC15-FC	插座	0.4 kW
S252S-C16	L1	WL7-BV-3×2.5-SC20-CC	空调	2.0 kW
S252S-C16	L2	WL8-BV-3×2.5-SC20-CC	空调	2.0 kW
S252S-C16	L3	WL9-BV-3×2.5-SC20-CC	空调	2.0 kW
S254S-C16		WL10-BV-5×2.5-SC20-FC	空调	3.0 kW
S254S-C16		WL11-BV-5×4-SC25-FC	空调	5.0 kW
S254S-C16		WL12-BV-5×4-SC25-FC	空调	5.0 kW
S252S-C16	L1	WL13	备用	
S254S-C16		WL14	备用	

附图 9　2AL 配电箱系统图

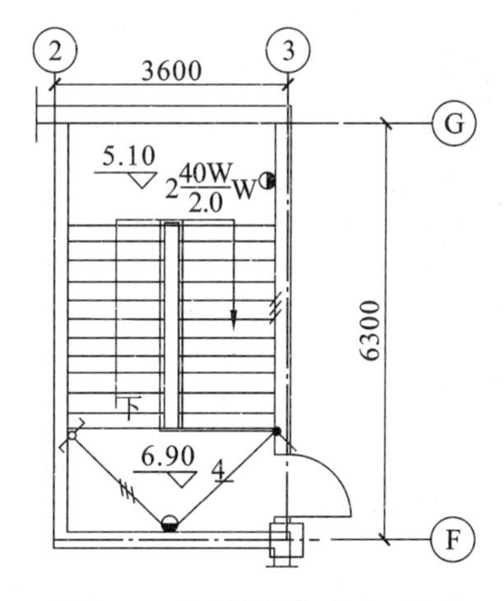

附图 10　顶层楼梯间照明平面图

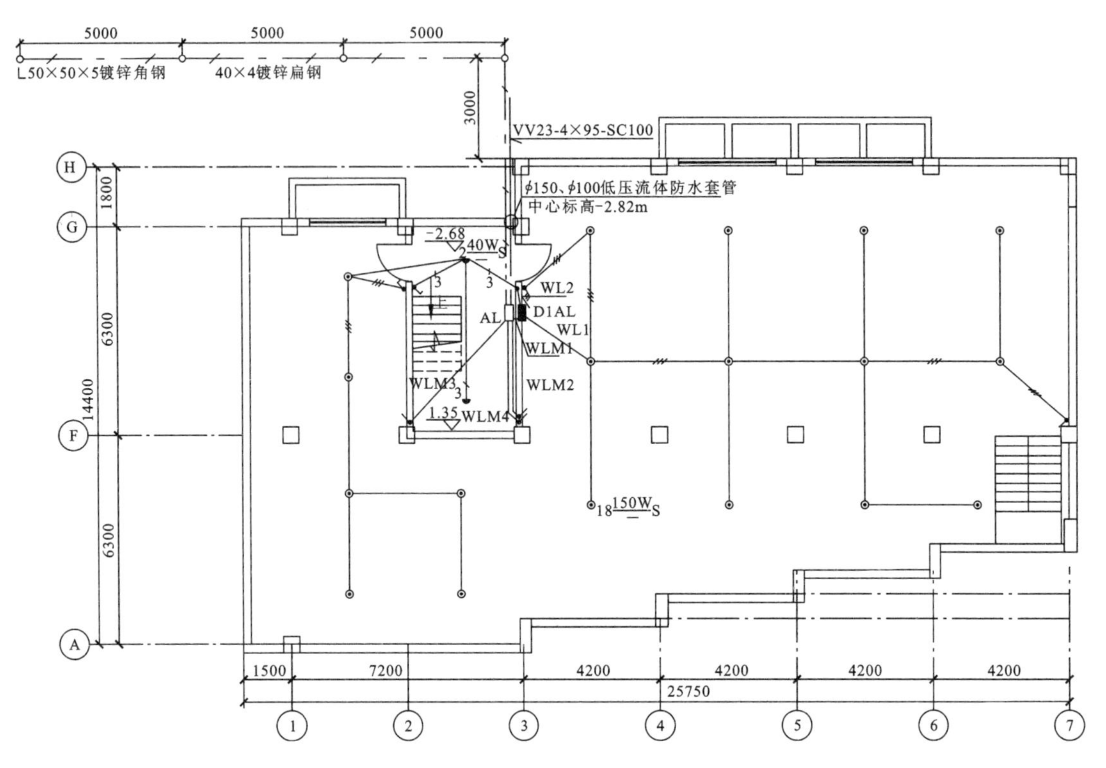

附图 11　地下室照明平面图

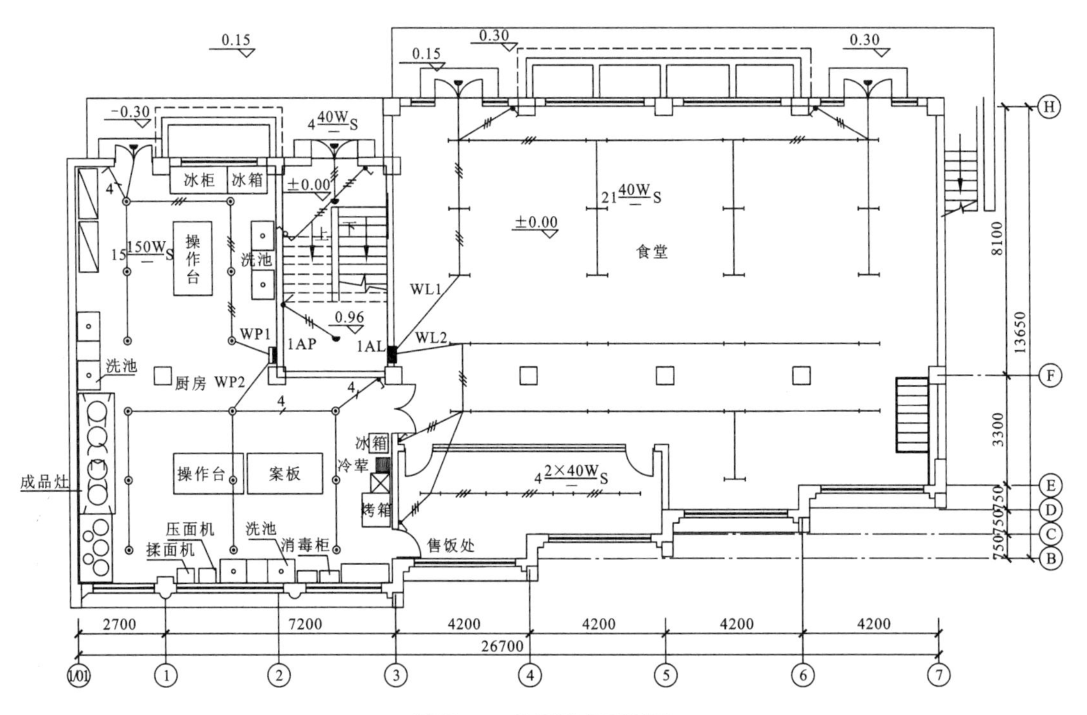

附图 12　首层照明平面图

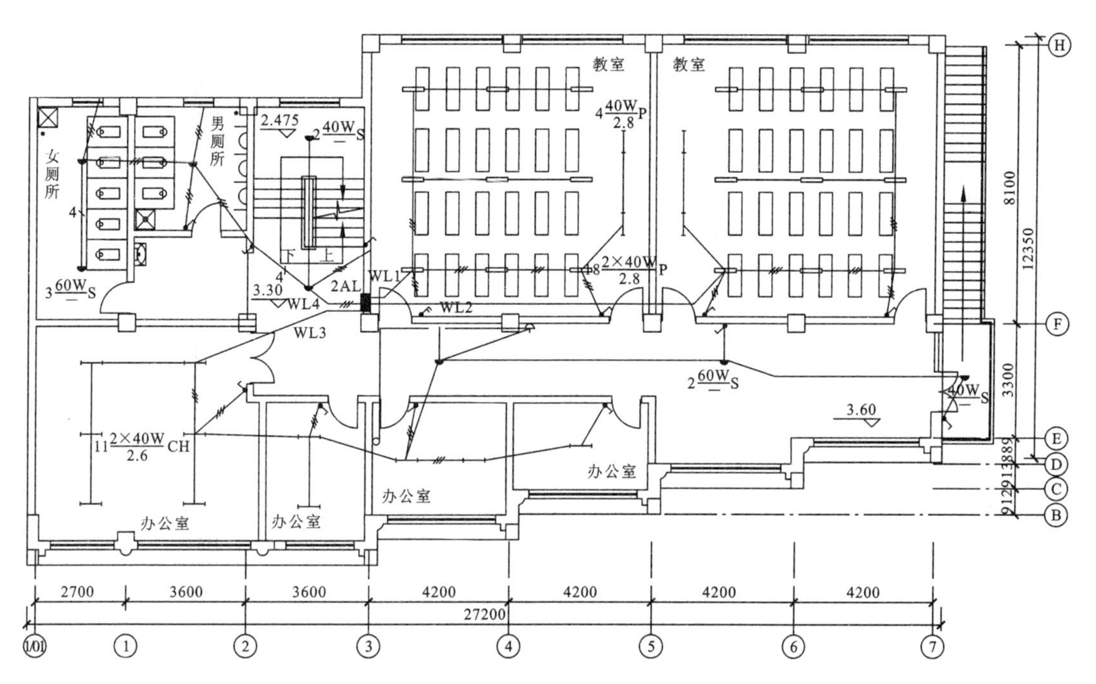

附图13　二层照明平面图

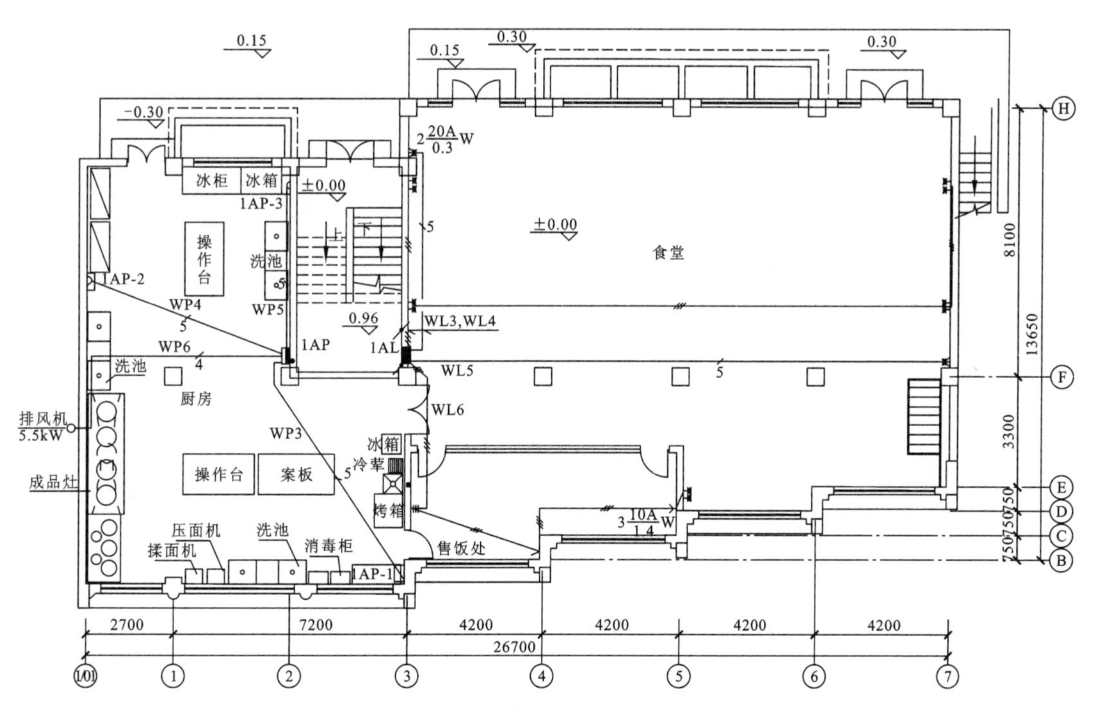

附图14　首层插座平面图

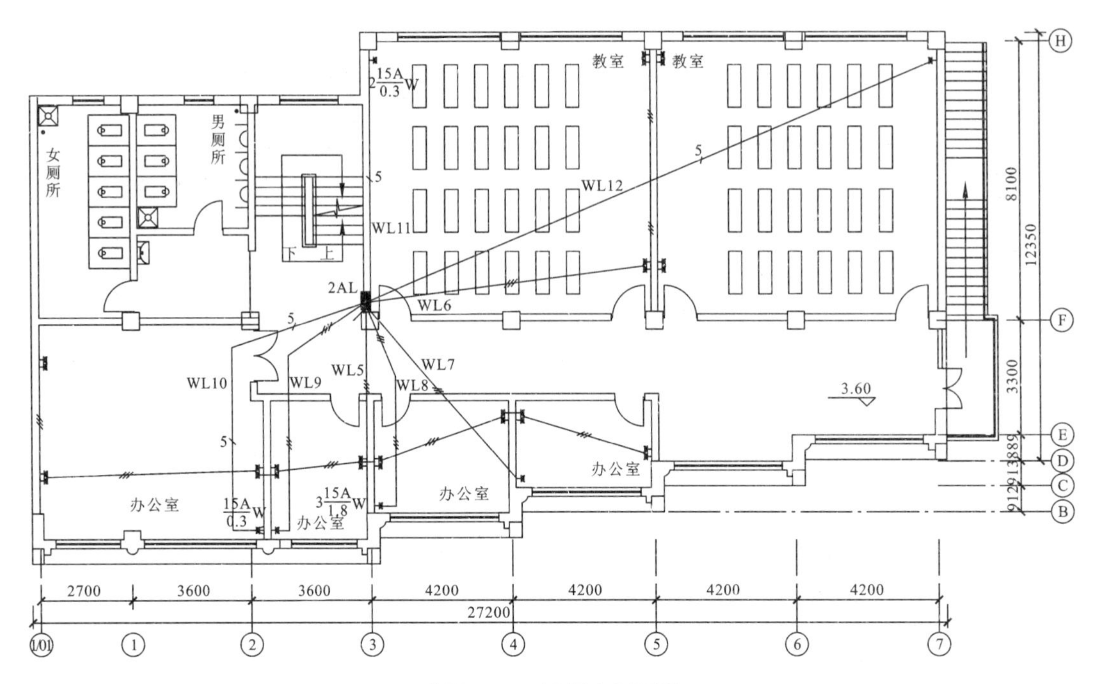

附图 15　二层插座平面图

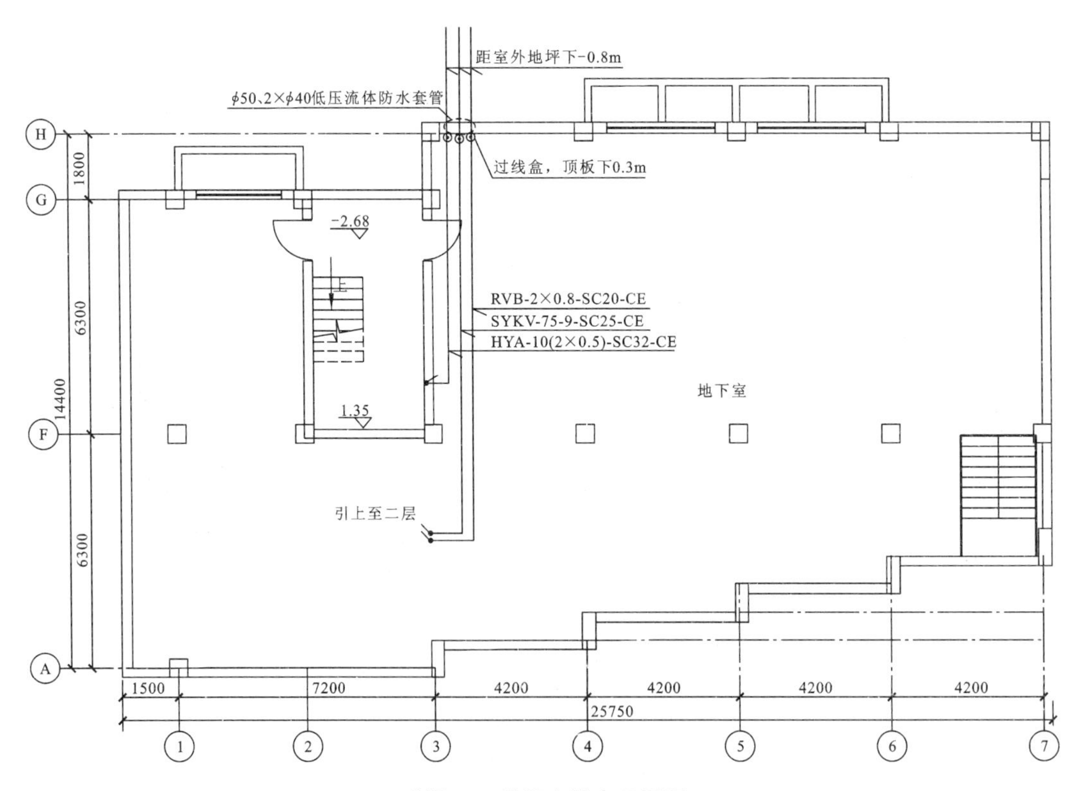

附图 16　地下室弱电平面图

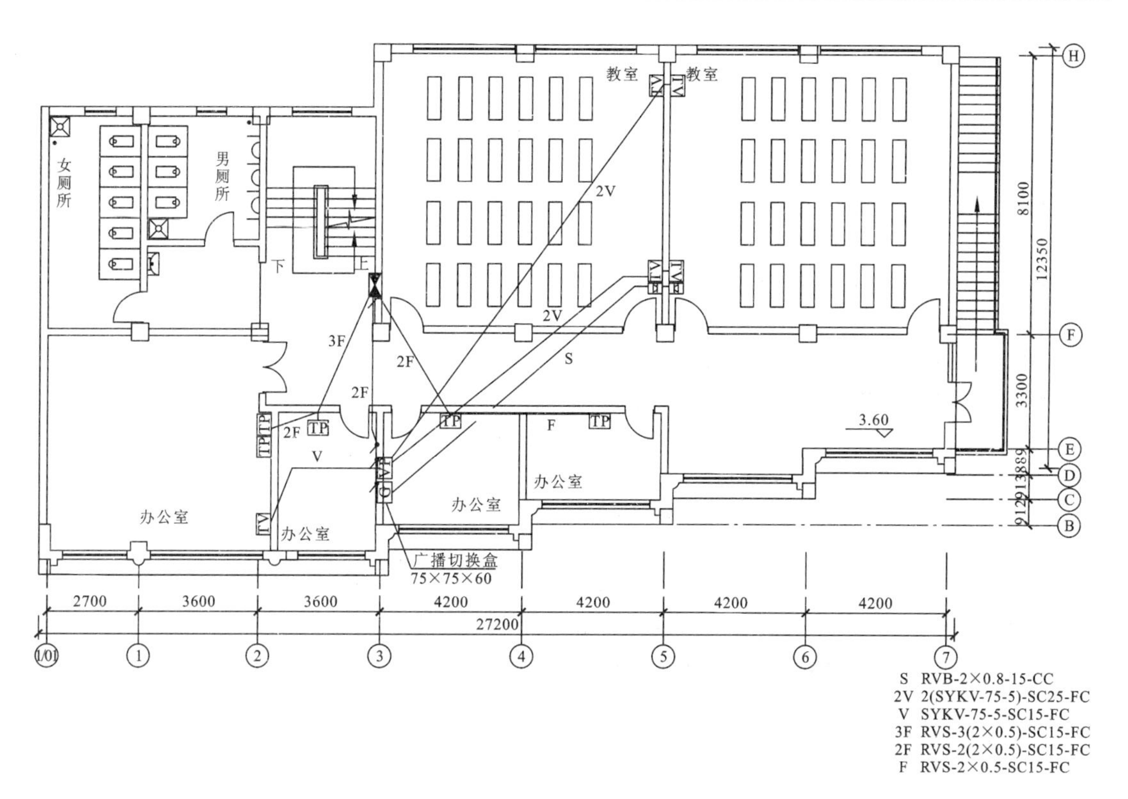

附图 17　二层弱电平面图

参考文献

［1］ 李海，黎文安.实用建筑电气技术.北京：中国水利水电出版社，1997.
［2］ 阎明光.建筑电工初级技能.北京：高等教育出版社，2004.
［3］ 张建英.建筑设备与识图.北京：高等教育出版社，2005.
［4］ 孙爱东.电工基本知识及技能.北京：中国建筑工业出版社，2006.
［5］ 周绍敏.电工基础.北京：高等教育出版社，2006.
［6］ 孙志杰.建筑电气照明系统安装.北京：中国建筑工业出版社，2007.
［7］ 杨其富.建筑供配电系统安装.北京：中国建筑工业出版社，2007.
［8］ 关光福.建筑应用电工.武汉：武汉理工大学出版社，2007.
［9］ 王明昌.建筑电工学.重庆：重庆大学出版社，2007.
［10］ 朱克.建筑电工.北京：中国建筑工业出版社，2008.
［11］ 于业伟，张孟桐.安装工程计量与计价.武汉：武汉理工大学出版社，2009.
［12］ 李家坤，朱华杰.发电厂及变电站电气设备.武汉：武汉理工大学出版社，2010.
［13］ 刘利宏.电机与电气控制.北京：机械工业出版社，2011.